谨以此书对引领和指导我集成电路设计生涯的东南大学射频与光电集成电路研究所王志功教授表达我最崇高的敬意！

集成电路设计

INTEGRATED CIRCUIT DESIGN

主　编　徐　勇

参　编　吴元亮　赵　斐

审　校　孟　桥　徐志军

東南大學出版社
SOUTHEAST UNIVERSITY PRESS
·南京·

内容提要

本书是集成电路设计领域相关专业入门教材，主要介绍与集成电路设计相关的基础知识与基本经验。全书共分为10章，以集成电路设计基础理论、方法、流程和工程经验为中心，兼顾介绍与设计紧密相关的材料、结构、工艺，以及与产品化密切相关的封装测试和设计加固等内容。教材不仅注重集成电路设计基础理论，例如SPICE模型与运用，而且更加关注集成电路工程化设计转化经验讲授，例如ESD设计防护，以期助力读者在入门集成电路设计之后，能够快速完成从基础入门到工程实践的角色转换。

本书可作为高等院校本科生、研究生教材或参考书，高职高专院校也可以精简选用本教材部分内容。

图书在版编目(CIP)数据

集成电路设计 / 徐勇主编. —南京 ：东南大学出版社，2025.2

ISBN 978-7-5766-1014-7

Ⅰ.①集… Ⅱ.①徐… Ⅲ.①集成电路-电路设计-高等学校-教材 Ⅳ.①TN402

中国国家版本馆CIP数据核字(2023)第236530号

集成电路设计

Jicheng Dianlu Sheji

主　　编　徐　勇
责任编辑　张　烨　**责任校对**　咸玉芳　**封面设计**　王　玥　**责任印制**　周荣虎
出版发行　东南大学出版社
社　　址　南京市四牌楼2号(邮编：210096　电话：025-83793330)
出 版 人　白云飞
网　　址　http://www.seupress.com
电子邮箱　press@seupress.com
经　　销　全国各地新华书店
印　　刷　常州市武进第三印刷有限公司
开　　本　787 mm×980 mm　1/16
印　　张　19.25
字　　数　408千字
版　　次　2025年2月第1版
印　　次　2025年2月第1次印刷
书　　号　ISBN　978-7-5766-1014-7
定　　价　68.00元

前言

PREFACE

回顾自己的芯片设计历程，从年轻时偷偷看报纸应聘，参与人生第一次的芯片版图逆向提取开始，到后来由通信工程专业转行，师从东南大学王志功教授，主攻模拟与射频集成电路设计的学术研究，以及后来投身高校芯片成果的产品化设计转换创业，再往后申请到国家留学基金资助，只身一人去美国访学交流，并完成自己申请负责的芯片设计领域国家自然科学基金项目，一圈下来，我的人生就过去了 20 多年。回顾这 20 多年，我做过很多年的芯片设计产品化创业，但更多的时间是在从事芯片设计相关的教学与科研工作，亲眼见证了国内芯片设计教育界与工业界的发展历程，一直想自己总结点什么，梳理一下有用的经验和收获，一方面传授给我的学生，另一方面也可以和刚入芯片设计行业的年轻同行分享，希望他们能够茁壮成长，在芯片设计的道路上走得更稳健、更长远，就像王志功老师当年回国带领我们一样，在我们年轻刚刚步入集成电路设计行业时，给予我们勇气、智慧和力量！

然而，由于各种因素干扰，当然主要还是因为自己意志不够坚定，决心不够强大，一直拖着没有动手写作，确有遗憾。如今恰逢芯片战争狼烟四起，国内芯片设计行业奋发图强，整个行业蒸蒸日上，大有一种锐不可当、胜战到底的势头。作为一名涉足芯片设计行业的老兵，我下定决心参与到这股伟大洪流之中，故而终于拿起笔墨，于是就有了这本书。

本书适合所有矢志于芯片设计行业的本科高年级同学，以及已经进入研究生阶段准备转行学习芯片设计的同学。集成电路设计作为一门专业课程，前序相关专业背景课程主要包括模拟电子电路与数字逻辑电路。当然，如果了解一些芯片的器件工艺知识、学过相关的课程那是更好不过了。另外，如果将来想要从事的是通信类相关芯片设计，通信类相关课程也需提前学习；如果是计算机类芯片设计，那么计算机硬件相关类课程，如计算机原理需要先修。如果还有一定的专业背景工程实践经验，掌握较好的专业课程理论知识，对今后从事专业领域芯片设计开发将有非常有益的支撑作用。一个好的芯片设计工程师如果懂得实际专业应用需求，能够从专业应用场景与需求出发，可以设计出更有竞争力的芯片产品。

本书根据笔者多年芯片产品化设计项目经验和集成电路设计方向研究生教学经验总结整理而成，简要介绍了集成电路专业领域必要的器件材料、器件工艺、流片加工与生产制造过程等基础知识，重点内容在于介绍理论学习向实践设计转换进程中的思路与方法，普及一些基本的工程经验与产品化设计意识，希望以此帮助初学者很快地从集成电路设计专业的学生转变为有一定实践经验的行业工程师。集成电路生产和工艺基础知识与集成电路设计技能之间的关系，犹如士兵使用枪支一样，士兵如果能够懂得基本的枪械与弹药工作原理与特性，使用枪支时自然更加得心应手，更能体现出自己的专业水平与素养。所以从事集成电路设计专业，电路与算法设计虽是重点，但产业链其他层面的知识与能力也需要具备一些，今后如果创业办公司，芯片设计上下游方方面面的事情最好都懂一些。

对于集成电路设计专业初学者，通过本书的学习，不但能够理解并熟悉集成电路设计相关工艺、材料、设计流程与封装测试等方面的经验与知识，更能够借助本书完成运算放大器、带隙基准电压源等经典功能电路的完整前后端设计，真正实现本书倡导的从理论到实践的跨越，特别是带隙基准电压源设计，其前后端设计过程几乎涵盖了集成电路全定制设计理论分析、仿真验证与版图设计，以及前后端设计综合与优化等全部流程。另外，对于首次参与流片的读者，本书也给出了实战指导，读者如果能够借助本书完成任何一种形式的带隙基准电压源课题设计任务，即说明已经初步具备了芯片设计工程师的基本素养。所以建议读者的课程结课形式最好采用完成一个基准电压源芯片完整的前后端设计的方式，以验证学习效果。

本书主要由徐勇编写与统稿，吴元亮、赵斐等参与编写了部分章节，并协助完成部分图片与文字整理工作，东南大学出版社张烨编辑对本书的出版工作给予了大力支持。全书由东南大学孟桥教授、原解放军陆军工程大学徐志军教授审校。在此对上述各方人士表示衷心的感谢！

鉴于时间和能力水平有限，书中难免有表述不当之处，欢迎读者批评与指正。

最后，送给即将开启集成电路设计学习之旅的读者一句话，中国人民解放军国防大学的金一南教授说过："做难事，必有所得！"共勉。

编者

本书免费配套教学 PPT、仿真设计实例等电子资源。请扫码下载。

目 录

CONTENTS

01

第 1 章 集成电路设计概述

关键词

- 集成电路发展历史
- 集成电路设计与制造流程
- 自顶向下与自底向上设计方法
- FPGA 设计与 ASIC 设计区别

内容简介

本章概要介绍了集成电路发展历程与不同阶段的技术特征,以及集成电路设计与制造简要流程。另外针对集成电路设计入门读者提出的一些常见问题,以从事行业经历 20 余年者的角度尝试回答,帮助集成电路设计初学者理清思路、辨清前进方向,例如原先的通信领域研究方向或者嵌入式系统研究方向等从业人士,如果想转行从事全定制集成电路设计,需要从哪入手,需要补齐哪些知识与技能。

1.1 节至 1.3 节以及 1.7 节,主要概要介绍集成电路与集成电路设计基本问题,包括历史发展、当前现状,以及主要设计方法、基本流程和常用设计软件等等。

1.4 节至 1.6 节,尝试归纳总结了一些自己的研究生与工程师常常提出的问题,希望年轻的刚刚入门 IC 设计的你,在学具体技术的同时,也要了解 IC 行业的整个知识架构,做到“见木又见林”,便于明确今后自己的重点研究方向。

1.1 集成电路发展历程

集成电路(Integrated Circuit,简称 IC)技术是当代信息技术(Information Technology,简称 IT)的核心与基础,各行各业 IT 技术的开发与应用,均离不开大量的集成电路,围绕各种集成电路(又称芯片)的广泛应用,IT 技术目前已经涉足现代人类生活的方方面面。可以说,没有集成电路技术的高速发展,就不会有当今社会的信息时代与信息生活。

从 1947 年美国贝尔实验室 William B. Shockley、Walter H. Brattain 与 John Bardeen 等三人发明晶体三极管开始,到 1958 年美国得州仪器(Texas Instruments,简称 TI)从事研究工作的 Jack Kilby 发明世界第一块集成电路,再到目前 Intel 公司开发的集成上亿 MOS 器件规模的单片集成电路,仅仅 70 余年历史,集成电路的发展速度非常迅捷。

1965 年 Intel 公司创始人 Gordon E. Moore 提出了著名的摩尔(Moore)定律:集成电路内部规模,即芯片内晶体管的数目,每隔 18 个月增加 1 倍。集成电路发展的前几十年,其集成规模基本都是准确地按照 Moore 定律发展,典型的产品代表就是动态存储器(DRAM)与 Intel 公司的微处理器(MPU),无论是存储容量,还是工作主频,基本上是每隔 2 年左右时间就翻一番。

集成电路发展过程中,最具里程碑意义的事件为晶体三极管的发明与第一片集成电路的发明,如图 1.1(a)(b)分别是最原始的点接触晶体管以及发明人 William B. Shockley、Walter H. Brattain 与 John Bardeen 三人小组。鉴于他们的伟大贡献,三人在 1956 年获得了诺贝尔物理学奖。Jack Kilby 发明的世界上第一片集成电路及其个人照片如图 1.2(a)(b)所示,同样基于其重大贡献,Jack Kilby 获得了 2000 年的诺贝尔物理学奖。

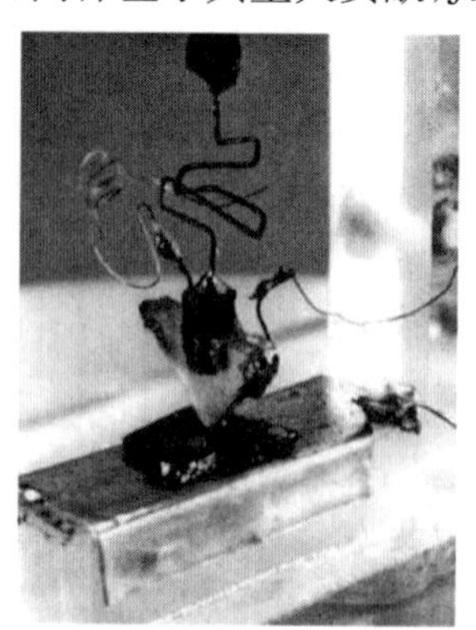

(a) 点接触晶体管

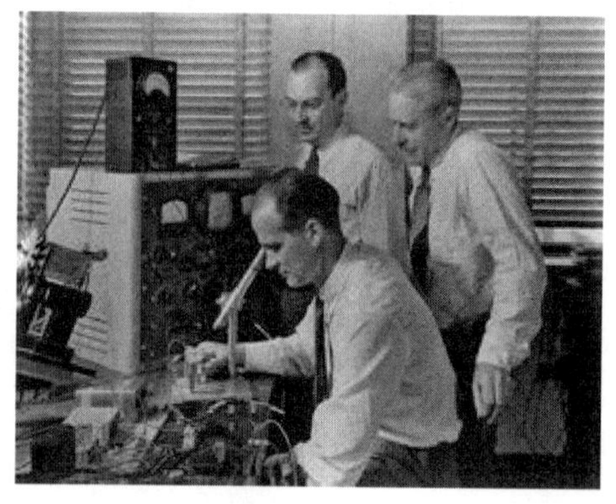

(b) 三人小组

图 1.1 最早的点接触晶体管及其发明人

(a) 世界上第一块集成电路

(b) Jack Kilby

图 1.2　世界上第一块集成电路及其发明人

1.2 集成电路发展特征

1.2.1　集成电路技术发展特征

近代电子技术的发展，基本经历了从真空电子管、晶体管到集成电路的三个主要发展历程(图 1.3)。从最早 1906 年真空电子管的发明，到 1947 年美国贝尔实验室的梦幻三人组 William B. Shockly、Walter H. Brattain 和 John Bardeen 发明世界上第一个晶体管，再到 1958 年美国得州仪器公司(TI)的 Jack Kilby 发明世界上第一块集成电路，短短五六十年的时间，电子信息技术获得了突飞猛进的发展，上述几项革命性的发明已经将人类社会推进到了信息时代，而且，作为人工智能信息处理的载体，集成电路的飞速进步也为人类社会进入智能时代奠定了坚实的基础。

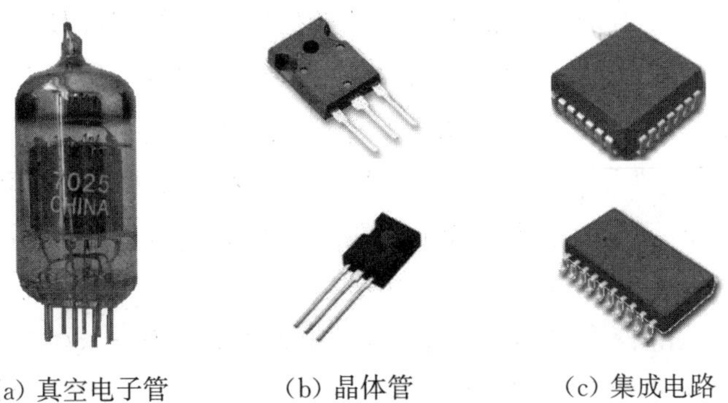

(a) 真空电子管　(b) 晶体管　(c) 集成电路

图 1.3　真空电子管、晶体管和集成电路实例照片

图 1.3(a)(b)(c)分别给出了典型真空电子管(现代国产型号,体积和性能与早期相比已经明显缩小和改善)、晶体管和集成电路照片,表 1.1 则给出了电子管、晶体管到集成电路的历史发展概况。

表 1.1　电子管、晶体管与集成电路规模与产品发展概况

年份	1906	1947	1961	1966	1971	1980	2003	2016
工艺	电子管	晶体管	小规模 IC (SSI)	中规模 IC (MSI)	大规模 IC (LSI)	超大规模 IC (VLSI)	系统芯片 (SOC)	系统级封装 (SIP)
产品单管数目	1	1	10~100	100~1 000	1 000~20 000	20 000~1×10^6	$>5\times10^7$	$>1\times10^9$
典型产品	真空电子管	双极型晶体管	逻辑门,触发器	计数器,加法器	8 位 MCU, ROM/RAM	16/32 位处理器,复杂数字电路	PIV CPU,手机芯片	华为、苹果等手机芯片

1.2.2　集成电路产业发展特征

从 20 世纪 60 年代开始,集成电路产品从小规模集成电路逐渐发展到现在的特大规模集成电路,甚至于微系统芯片级封装。在这一历史进程中,世界集成电路产业为适应技术发展和市场需求,产业结构经历了三次变革。第一次变革是加工制造为主导的集成电路产业发展阶段,即集成器件制造商模式(Integrated Device Manufacturing, IDM 模式);第二次变革体现为专注芯片设计的集成电路设计公司(Fabless 模式)与以制造加工为主的代工型公司(Foundry 模式)分离的晶圆代工模式的发展;第三次变革是设计公司不需要完整设计整个芯片,而是以 IP 核(Intellectual Property Core,知识产权核)授权或转让模式以获取企业利润。

IDM 模式是指集成电路制造商自行设计、自建生产线加工、封装、测试,成品后的芯片再自行销售,如早期的英特尔、东芝、三星等公司均采用这种模式。IDM 模式的优点在于 IDM 厂商可以根据市场特点制定综合发展战略,可以更加精细地对设计、制造、封装与测试每个环节进行质量控制。IDM 模式的优势在于不需要外包并且利润较高,IDM 模式的劣势在于投资额巨大、风险较高,要有优势产品保证。IDM 模式技术横跨设计、制造、封装与测试四大环节,企业不仅要考虑每个环节技术问题,而且要综合协调各个环节的成本与运营。不过随着国际半导体产业发展的不断演变,IDM 大厂外包代工趋势逐渐形成,催化了晶圆代工厂商模式,1986 年,张忠谋创办台积电(TSMC),标志着晶圆代工模式的诞生,正式拉开了集成电路产业的第二次变革。

晶圆代工模式(Fabless & Foundry 模式)是指集成电路设计工作与标准工艺加工线相结合的模式,即设计公司将所设计芯片最终的物理版图交给芯片加工企业,也就是委托代工厂加工制造,同样,封装、测试也委托专业厂家完成,最终设计产品由集成电路设计公司自行销售。由于这种模式省去了费用高昂的晶圆制造环节，集成电路设计行业整体门槛降低，诞生了一大批新生的具有活力的新型集成电路设计公司，美国如高通、博通、AMD 等公司，我国如华为海思、龙芯中科、上海展讯等公司，为整个集成电路行业带来了新的活力与创新。

由于芯片的加工流片需要很大的资金投入，因此很多芯片设计公司会专注于设计芯片子模块功能电路，如微处理器模块、频率合成模块、DSP 模块等，之后通过知识产权如专利、版权等的授权、版税与转让来获取利润，这就是 IP 模式即第三次变革。最早的 IP 模式案例就是 ARM，早在 1991 年，ARM(Advanced RISC Machines Limited)公司成立于英国剑桥，主要从事 RISC 架构的微处理器设计，公司成立后，其业务一度很不景气，工程师们担心将要失业。由于缺乏资金，ARM 公司做出了一个意义深远的决定——自己不制造与销售芯片，只将芯片的设计方案授权给其他公司，由此开创了集成电路设计 IP 商业模式的先河。

ARM 微处理器以 IP 核的形式出售给芯片设计公司，芯片设计公司根据各自项目实际需求，在 ARM 微处理器基础上搭建外围电路，就可以直接生产芯片。ARM 微处理器属于专用处理器，主要优势是低功耗、低成本，在智能手机、平板电脑、汽车电子与网络设备等众多领域应用非常广泛。

IP 模式的繁荣，是 SOC(System On Chip)发展壮大的温床。IP 核可以自己设计，也可以根据需要从 IP 设计公司或者工艺厂家直接购买，所以 SOC 设计具有很大的灵活度，并且完全可以按需打造，这样就可以实现成本最小化，性能最优化。SOC 已经是集成电路设计的热点方向之一，随着集成电路设计、制造的进一步分离，会有越来越多优秀的 IP 核设计，有机地组合这些 IP 核，集成电路功能一定会变得越来越强大，也越来越有“个性”，最终越来

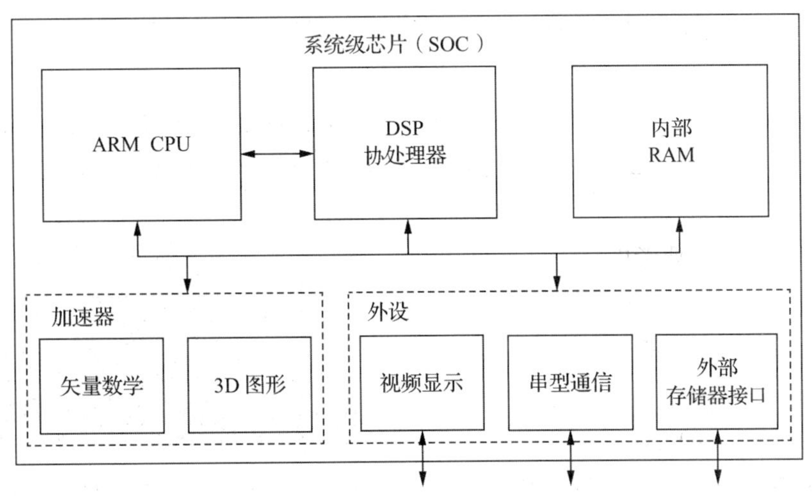

图 1.4　某型 SOC 内部 IP 架构

越方便使用。以图 1.4 某款 SOC 为例，整个芯片由多个重要的 IP 核组成，包括 ARM 处理器核、DSP 核和 AD /DAC 核等，分别承担数据计算、信号处理和模数/数模转换等任务。

1.3 集成电路设计与制造流程

集成电路从提出性能指标需求到生产出最终产品，一般需要经过电路设计、制造、封装、测试等众多环节。如图 1.5(a)为一款未封装的集成电路裸片显微镜下的版图照片，经过测试封装后，便可形成如图 1.3(c)所示集成电路成品。如果对比图 1.5(b)一款印刷电路板(PCB)版图照片可以发现，集成电路版图与 PCB 版图之间主要差异在于：

(1) PCB 制版只是加工制作金属连线，版图上只有金属连线，所用器件则是通过另行焊接完成，而集成电路制版则是将金属连线与各种器件一次性加工完成，因此生产程序会更为复杂。

(2) PCB 制版精度一般是毫米数量级，肉眼多数可以分辨，而集成电路制版精度一般在微米、纳米数量级，所以肉眼无法分辨，精度高集成度更高，大规模数字集成电路内部器件数量已经超过 10 亿。

(3) PCB 版图文件绘制完毕后，一般 1 天至 2 天就可以委托厂家制作加工完成，而芯片从版图文件提交到制作加工完成，整个加工流水线制造流程至少得 6 周以上。

(4) 以上两者的精度、电路规模以及制造周期等差异，决定了两者的成本与费用也是天壤之别。

既然芯片版图与读者此前熟悉的 PCB 版图有如此大的差异，那么下面就概要介绍一下芯片设计与制造的基本流程，便于读者总体把握芯片设计与制造特点。

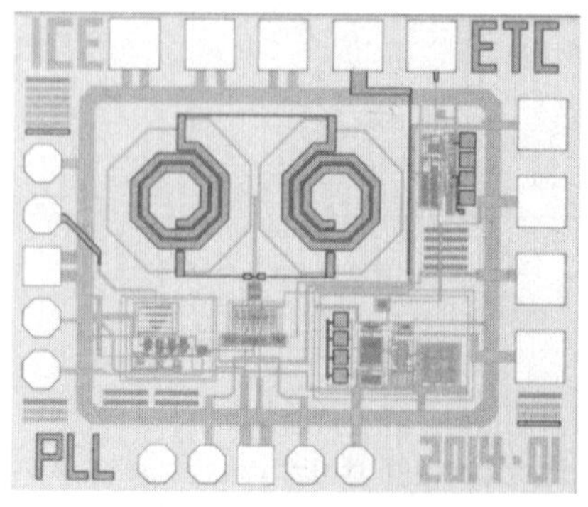

(a) 显微镜下放大后的芯片裸片版图

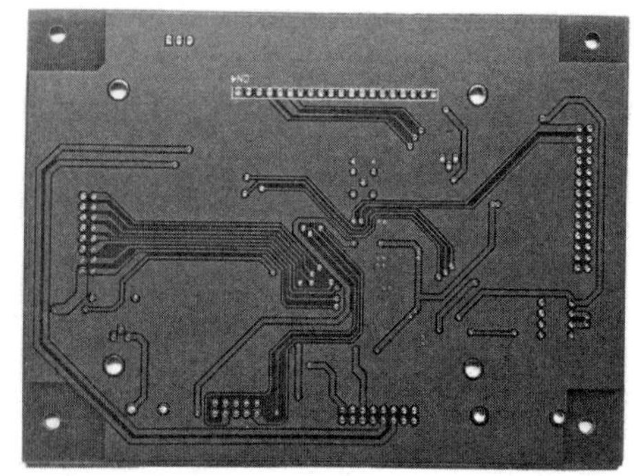

(b) 肉眼可视的 PCB 版图

图 1.5　芯片裸片版图与 PCB 版图

1.3.1 集成电路设计流程

集成电路设计是指根据电路功能和性能要求，在正确选择系统架构、模块电路、器件类型、工艺方案和封装形式的情况下，尽量减小芯片面积、降低集成电路设计制造成本、缩短设计周期，以保证集成电路全局最优的设计过程。

如前所述，基于目前无生产线设计与代工制造的分离模式，整个集成电路设计制造流程如图 1.6 所示。在集成电路设计前，IC 设计人员首先需要选择合适的代工厂，代工厂则需要将经过前期工艺开发调试后确定好的一套工艺设计文件（Process Design Kit，简称 PDK）交给 IC 设计单位。PDK 文件包括集成电路设计仿真需用的各种工艺线器件参数模型，版图设计层次定义、晶体管、电阻、电容等元件物理结构说明，另外还包括众多与设计工具相关联的设计规则检查文件。集成电路厂家提供的 PDK 文件的准确程度与丰富程度，将直接影响集成电路最终设计性能的优劣。

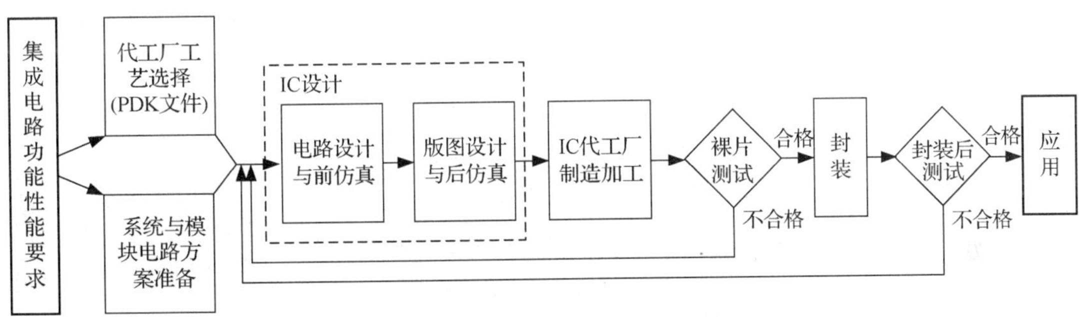

图 1.6　集成电路设计制造流程

IC 设计人员根据客户提出的功能及性能指标要求，在选择好合适代工厂和封装形式之后，根据所设计电路在系统中的功能首先确定电路架构，然后利用 PDK 提供的工艺参数和电子设计自动化（ Electronic Design Automation，EDA）工具，进行具体电路设计，包括电路结构和器件参数设计，通过电路仿真实现设计优化，电路原理图设计与仿真验证过程，通常被称为集成电路“前端设计”。

完成电路设计仿真之后，IC 设计人员需要接着完成版图设计及多项版图物理检查与验证工作，该过程称为集成电路“后端设计”。版图物理检查与验证用以确保版图设计无误并且符合代工厂生产加工要求，主要工作包括：DRC 检查（Design Rule Check，设计规则检查）、LVS 验证（Layout Versus Schematic，版图与原理图对照）以及 EXT 验证（Extraction，版图电路信息提取再验证，俗称“后仿真”），最后生成 GDS-Ⅱ（Graphic Design System Ⅱ，图形设计系统Ⅱ)格式的版图文件,交给代工厂加工生产。

通常在没有耽搁的情况下,集成电路代工厂家生产集成电路裸片的加工周期一般至少6周。IC设计单位收到厂家寄回的裸片后对其进行参数测试与性能评估,符合性能要求的进行封装,封装完成后还要进行老化等测试,测试合格的进入系统应用环节,从而完成一次集成电路的设计、制造、测试、封装直至应用全过程,当测试不合格时,则需要对电路进行改进、优化或重新设计。

模拟集成电路具体设计过程中,需要重点掌握的几个环节如图1.7所示。首先是电路性能指标消化吸收,其次是电路拓扑结构设计与指标性能优化,其中电路结构设计根据不同的设计应用软件,可以分为图形化设计输入和网表设计输入两种不同方式,相比而言,图形化输入方式更为方便。仿真结果是确认电路性能优劣的重要标准,仿真结果一般以仿真波形或数据输出为参考。集成电路版图与PCB版图原理类似,是电路工程师完成电路物理实现的唯一依托,优秀的版图设计不但要求与电路原理图电气连接完全一致,而且还需特别考虑版图实际加工过程中工艺容差与实际应用中信号匹配等特点,某种程度上说,模拟集成电路版图设计犹如一门艺术,非常讲究。

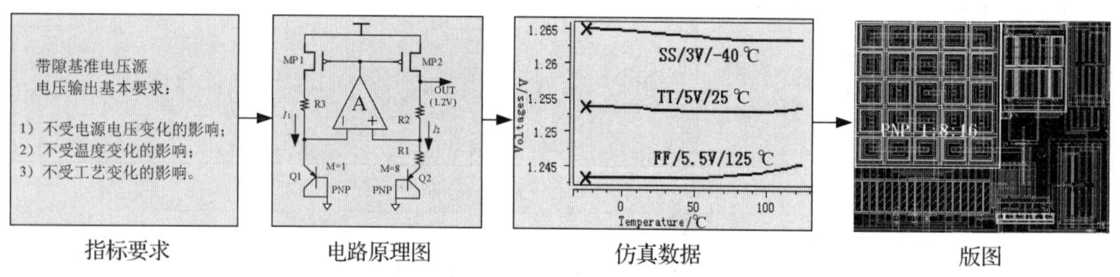

图1.7 模拟集成电路设计的重要环节

数字集成电路一般由于电路规模比较庞大,动辄上百万、上千万门级电路,有的甚至上亿门电路规模,模拟集成电路那种自底向上(Bottom Up)搭积木式的设计方式不再适合数字集成电路设计,由于数字集成电路通常只涉及晶体管的导通与截止,所以可以广泛采用数字标准单元器件,并在其基础上采用逻辑综合与版图综合提高设计效率,这种方式称之为自顶向下(Top Down)设计,所以EDA工具软件取代了人工更多的设计工作,数字集成电路的设计过程通常包括功能级设计、行为级设计、逻辑综合、门级验证、布局布线等步骤,其中关键设计环节如图1.8所示,主要包括行为级代码至门级网表的自动综合,以及门级网表至电路版图的自动综合。

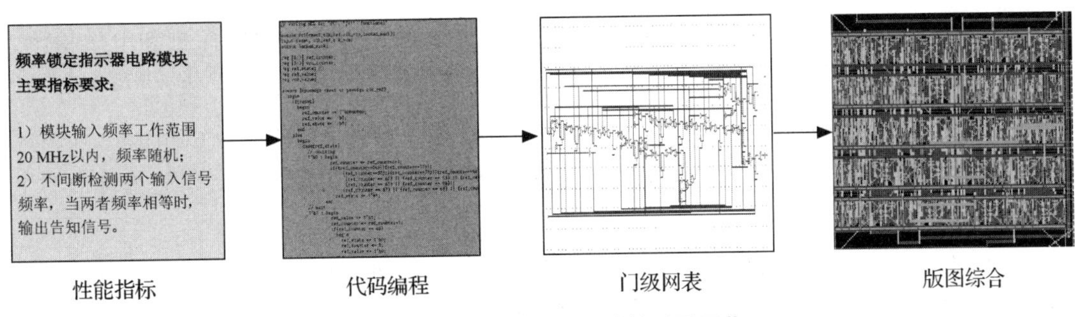

图 1.8　数字集成电路设计的重要环节

1.3.2　集成电路制造流程

集成电路通常是在一片如图 1.9 所示的晶圆片上批量制作出来的，晶圆圆片上面的微芯片(die)，又称管芯，是指未经封装的集成电路，即前面提到的裸片。晶圆圆片基底通常称为衬底，根据每个晶圆其尺寸大小的不同，可以一次性生产出几百至上万颗一样的管芯。随着制造工艺的不断发展，晶圆的直径从最初不到 1 英寸(1 英寸＝25.4 mm)，发展到今天的 8 英寸(约 200 mm)、12 英寸(约 300 mm)、18 英寸(约 450 mm)，随着晶圆直径的不断增加，一片晶圆上可以制造出更多的芯片，从而大幅降低了制造成本。

图 1.9　晶圆与晶圆上的管芯

图 1.10　硅锭与晶圆

集成电路制造过程包括硅片制备、芯片制造、芯片中测/拣选、装配与封装、终测等 5 个主要的制造阶段。首先是硅片制造厂商将硅从原材料沙中提炼出来，生产成硅锭，然后再切割成一片片可以用来制造芯片的薄硅圆片，如图 1.10 所示。裸露的硅圆片送到代工厂即可进行芯片制造，芯片制造便是通常所说的集成电路流片过程。利用平面光刻工艺，通过清洗、制膜、光刻、刻蚀、掺杂等工艺步骤，将设计单位提交的版图 GDS-Ⅱ文件对应的图形永久性地刻蚀在硅片上即完成了集成电路的芯片制造过程。

芯片制造完成后，硅片被送到测试、拣选区，在那里进行单个芯片的探测和电学检测。通过测试的芯片将进入后续工序。测试合格的芯片，继续送往装配、封装厂家，进行压焊、装配和封装。为了确保芯片的功能，要对每一个封装好的集成电路进行各种严格的电气测试和老化试验，检测合格后方能成为商品进入市场。图 1.11 给出了集成电路制造过程中的主要环节。

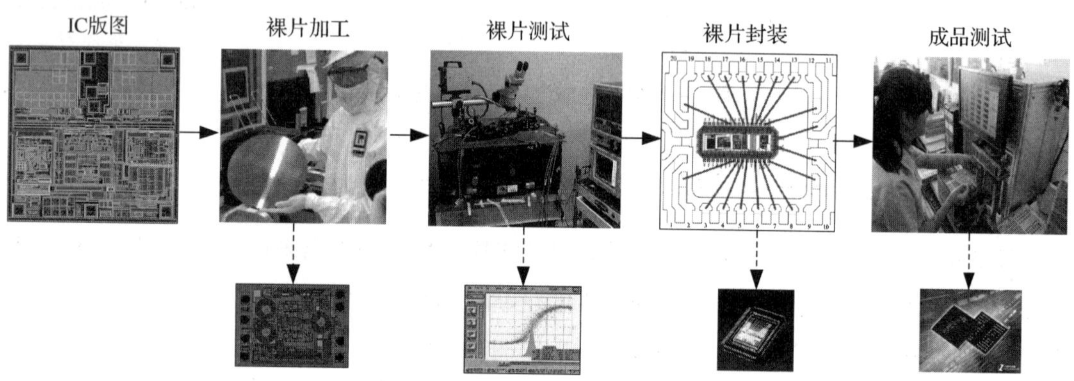

图 1.11　集成电路制造过程中的主要环节

1.3.3　集成电路技术水平主要评价指标

集成电路作为一个国家信息技术产业的基础，其重要程度日益突出。集成电路设计与制造能力，尤其是工艺技术水平，决定了一个国家集成电路产业水平。通常衡量集成电路技术水平的指标包括下列几个方面。

1) 集成度(Integration)

集成度是指单个芯片所包含的器件数目(晶体管数或门数，包括有源和无源器件)。集成度越高表明相同芯片面积集成的器件数越多、电路功能越强大，如果集成度提高的同时芯片速度和可靠性更高、功耗也更低，那么在体积、重量和成本下降情况下，可以进一步提高芯片产品性价比，因此集成度是 IC 技术水平的重要标志。为了提高集成度，可以采用增大单个芯片总面积、缩小器件尺寸、改进电路结构设计等措施，同时普遍采用多层布线结构，现已达到了 9～10 层金属布线，正因为集成度不断提高，集成电路已经进入片上系统 SOC 时代。

2) 特征尺寸(Feature Size)

特征尺寸定义为芯片内部器件最小线条宽度(例如：对 MOS 器件而言，通常指器件栅极所决定的沟道几何长度)，也可定义为芯片内最小线条宽度与线条间距之和的一半。减小特征尺寸是提高集成度、改进器件性能的关键，特征尺寸的减小主要取决于光刻技术的改进。集成电路的特征尺寸目前已经进入纳米级别，目前市场上根据芯片产品类型与功能需求的不同，量产化的芯片产品线从 0.18 μm、0.13 μm 与 0.09 μm 工艺，到 65 nm、40 nm、28 nm 与 14 nm 等工艺，都有广泛的应用市场。

3）晶圆直径（Wafer Diameter）

为了提高集成度，可适当增大芯片面积，然而芯片面积的增大会导致每个晶圆圆片内所包含的芯片数量减少，从而使生产效率降低、成本提高，如果采用更大直径的晶圆就可以解决这一问题，所以当前的主流晶圆直径尺寸正在从 8 英寸和 12 英寸向 14 英寸迈进。

4）封装（Package）

集成电路封装最初采用插孔封装（Through-Hole Package，简称 THP）形式。为适应电子设备高密度组装要求，表面贴片封装（Surface-Mount Package，简称 SMP）技术已广泛应用，在电子设备中使用 SMP 的优点是能节省空间、改进性能和降低成本，SMP 不仅体积小，而且可安装在印制电路板两面，使电路板费用降低 60%，并可以改进电路性能。近几年系统级封装技术（System In Package，简称 SIP）也得到迅速发展，SIP 能最大限度地优化系统性能、避免重复封装、缩短开发周期、降低成本、提高集成度，目前 SIP 主要用于低成本、小面积、高频高速，以及生产周期短的电子产品上，如功率放大器、全球定位系统、蓝牙模块、影像感测模块和记忆卡等便携式产品市场。

1.4 集成电路设计相关专业知识

集成电路种类繁多，材料工艺与应用场景不尽相同。

集成电路按照功能和结构的不同，可以分为模拟集成电路（Analog IC）、数字集成电路（Digital IC）和数模混合集成电路（Mixed-mode IC）。

按照半导体制造工艺的不同，又可以分为双极型工艺（Bipolar）、CMOS 工艺、BiCMOS 工艺（该工艺可以在同一芯片上同时集成 Bipolar 与 CMOS 器件）以及 BCD 工艺（该工艺可以在同一芯片上同时集成 Bipolar、CMOS 以及 DMOS 工艺器件）等。

因此集成电路设计需要涉及的专业知识覆盖范围广泛，一个优秀的集成电路设计工程师，首先需要学习掌握电子信息大类专业基础课程，如电路基础、信号与系统、模电与数电等基础知识，用于奠定相应的电路设计能力基础；其次，还需要补充一定的微电子器件材料、工艺与模型知识，用以提高对设计所用材料与工艺器件的理解，利于设计优化出更好的电路性能，其两者关系犹如一个优秀的士兵，除了熟练掌握枪支使用之外，应该对其所用的子弹与枪械原理有所了解；另外，熟练掌握必要的软件也是必须的，软件使用的熟练程度，很大程度上会影响电路设计验证的完善程度，影响电路性能可靠性；最后，针对不同的芯片设计应用领域，如通信、计算机等领域，设计者最好还需要掌握一定的专业知识储备，带着专业背景与需求去设计集成电路，可以更好地理解芯片架构与性能指标，利于芯片总体性能指标优化。

下面具体展开，简述如下：

（1）电路与模块知识

电路与模块是集成电路的基本底层单元，无论是模拟电路的单级放大器、多级放大器和运算放大器，或者数字电路各种门电路、触发器、存储器，还是功能相对丰富一点的 AD/DA 转换器、频率合成器或者其他的一些 IP 核，在进入集成电路设计之初，最好系统学习一下其结构与工作原理，了解芯片最底层架构，对于设计中选择正确的设计方法、合适的设计流程非常有益。

（2）材料与工艺知识

本书讲授集成电路设计以硅基材料 CMOS 工艺为主，其中硅是集成电路设计中的半导体材料，CMOS 则是设计过程中用到的电路器件工艺。

集成电路是一个导体、半导体和绝缘体有机组合的混合体，其中导体主要包括各种金属，用于电路电气连接；绝缘体主要是二氧化硅（SiO_2）等，用于电路电气隔离；半导体主要包括硅（Si）和锗（Ge），利用半导体特有的掺杂特性，用于设计产生各类不同类型的功能器件。

目前，主流基于硅材料的集成电路器件工艺，主要包括双极型工艺（Bipolar）、NMOS 工艺、CMOS 工艺和 BiCMOS 工艺，不同的器件工艺，特性上略有区别。双极型工艺工作频率高、功率大，其优势适合于高频高功率设计应用；CMOS 工艺是单个器件尺寸小、功耗低，易于大规模集成，其优势是更适合于大规模数字集成电路设计应用；BiCMOS 工艺则是一定程度上兼具了上述两种工艺的优点，适用领域更加灵活。

当然，目前除了硅基材料相关工艺之外，还有许多其他材料类型与器件工艺，如锗硅（SiGe）、砷化镓（GaAs）、磷化铟（InP）等化合物材料，读者在深入钻研某一 IC 设计领域之前，对集成电路材料与器件工艺应该有一个总体上的了解，力争做到“见木又见林”。

（3）软件与工具知识

IC 设计所涉及的电子设计自动化（Electronic Design Automation，EDA）工具是整个行业基础之一，随着设计自动化水平的提高，涌现出类似于 Cadence、Synopsis 和 Mentor Graphics 这样的国外 IC 设计专业软件公司，也出现了类似于中电华大这样的国内 IC 设计软件专业公司，软件自动化水平的高低、设计师对相应软件工具运用的熟练程度，都在很大程度上影响着 IC 产品设计的质量与效率。

IC 设计软件基本分为模拟设计、数字设计和射频设计三大类，同类型的 IC 设计软件工具众多，风格不一，设计仿真背后的机理类似，学习使用过程中可以触类旁通。设计师可以根据自己的设计任务需求和个人的擅长与爱好，重点选择使用某一种或两种软件，用精用透即可。

另外需要注意的是，集成电路设计软件，还分为前端仿真验证和后端版图绘制等不同软件，所以无论是模拟、数字还是射频电路设计，建议初学者对前后端的设计流程、设计方法与设计软件都应该有所了解，原因在于前端设计与后端设计之间一定程度上会相互关联，在主要技术指标如芯片的整体面积、功耗与工作速度，以及工艺的误差控制与电路匹配等方面，需要前后端设计密切配合。

(4) 专业背景知识

专业背景知识是读者学完集成电路设计入门课程后，选择课题方向或者找寻研发工作的重要考量。芯片设计涉及的各类专业领域很多，电子类、通信类或雷达类等专业方向都需要芯片，掌握了初步的集成电路设计知识，再结合自己已有的专业背景知识储备，两者交叉融合，就可以按需设计出相关专业与行业需要的芯片，实现自己的职业梦想。

1.5 集成电路设计学习相关问答

1.5.1　集成电路设计主要学习什么

集成电路设计到底需要学些什么？这个问题对于初涉 IC 设计领域的学生来讲，是个特别需要关注的问题，特别是对于那些跨专业转行过来的学生，更是应该首先要搞明白的问题。

从生产工艺开发到对应的设计模型库开发，再到功能电路设计、生产流片、封装测试等，集成电路行业是一个完整的生态产业链，集成电路设计工作是其中非常小但非常重要的一个环节。从事集成电路设计研发，在重点关注设计方法、设计流程、设计软件等基础上，如果能对整个 IC 生态产业链中的其他环节有所了解，例如熟悉所用器件工艺特点，了解芯片加工、封装与测试验收工序，掌握常见的芯片运用场景等，那么设计师在整个芯片设计验证过程中，就会更加完善地完成设计与验证。

单就集成电路设计本身而言，其涉及领域也非常广阔，常见分类一般分为模拟集成电路设计、数字集成电路设计和射频集成电路设计等。

那么，初次涉足 IC 设计领域，在还没确定今后从事哪方面芯片设计领域之前，需要学习哪些基础而又通用的知识呢？如图 1.12 所示，其中需要掌握的核心内容包括：器件与电路工艺、模拟与数字电路设计理论、仿真软件与编程语言、版图绘制与验证。另外，需要一般性了解的外围内容还包括：芯片历史与发展、材料与制造工艺、芯片封装与测试、芯片系统级应用等内容。

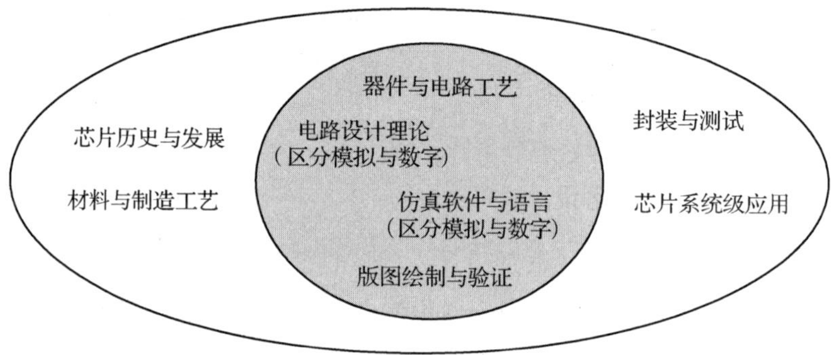

图 1.12　IC 设计知识学习的主要内容

1）掌握基本的模拟与数字模块电路

基本的模拟电路功能模块包括电流源、基准电压源，单级放大器与多级放大器级联，差分电路与各种运算放大器电路等，这些电路设计都是熟练掌握模拟集成电路设计方法的基本功，特别是运算放大器电路，由于应用场景不一样，性能指标侧重点各不相同，有的要求高精度，有的要求大带宽，有的又要求超低功耗，所以单就一个运算放大器，稍大一点的 IC 设计公司提供的产品设计品种就有几十种或上百种，因此熟练掌握运算放大器的设计，可以为今后模拟集成电路设计生涯的发展奠定一个非常扎实的基础。

那么，基本的数字模块电路有哪些呢？打开任何一家工艺厂家的标准单元库查看，至少包括以下几种：反相器、与非门、或非门和异或门等基本组合逻辑；D 触发器或 JK 触发器等基本时序逻辑；传输门、三态门等其他电路。

稍微上点规模的数字集成电路设计，一般都是采用写代码并通过逻辑综合，调用数字标准单元库(Standard Cell Lib)的方式完成，也就是我们常说的“自顶向下”(Top Down)的设计方式，那基本的数字电路功能模块为何还需要熟练掌握呢？原因与答案至少有以下几点：首先，数字 ASIC 设计工程师在调用标准数字单元库时，最好能够了解不同的数字标准单元硬件电路的不同特点，对单个基本单元的面积、延时与驱动能力等特点有所了解，这样逻辑综合的过程中，对优化电路性能指标才会有更深的理解。就拿最基本的标准单元反相器来讲，单就一个反相器(INV)，许多厂家提供的标准单元库供选择的反相器单元就有几十种，比如 INV1、INV2、INV3 等，为何有这么多种呢？如果打开其基本单元的内部结构，可以发现这些反相器内部结构都相同，不同之处在于 PMOS 管与 NMOS 管的沟道尺寸有所区别，所以导致了其驱动能力有所区别，当然自身带来的功耗也有所不同。了解了这些特点，后面在做数字 ASIC 逻辑综合设计时，就可以更好地优化选择。

2) 理解仿真工具背后的语法与原理

业界不同的 IC 设计仿真工具品种很多，有早期经典的文本输入方式仿真工具，如各种 SPICE，包括业界视作标准的 HSPICE，以及 SmartSPICE、PSPICE 等，目前用得更多的是基于 GUI 图像化用户接口仿真工具，比如 Cadence 等。Cadence 相比于 HSPICE 而言，可以直接输入原理图、层次化、模块化设计，视觉效果更加清晰，运用范围更为广泛。不管是 Cadence 还是 HSPICE 等各类软件，虽然用户界面有所区别，用户使用感受有所不同，但是其内部仿真引擎都是基于 SPICE 内核，所有的仿真网表、仿真库模型与仿真语法都必须符合 SPICE 标准。所以对于矢志学深学透 IC 设计的同学来讲，有必要深入学习 SPICE 语法。学习 SPICE 语法比较好的一种方法，就是通过 HSPICE 软件设计一些基本的功能电路，本书将辟专门章节予以介绍。

对于大规模数字 IC 设计而言，一般都是采用自顶向下(Top Down)模式，采用逻辑综合的方法进行设计。因此，学习数字 IC 设计，还需要至少掌握一门硬件描述语言，比如 Verilog HDL 或者 VHDL，而这两种语言又是系统级工程师做可编程逻辑器件设计时必不可少的语言，所以，学习 IC 设计过程中，如果前期有 FPGA(现场可编程门阵列)或 CPLD(复杂可编程逻辑器件)编程开发经验，将会非常有利于数字 IC 的设计。如果要说两者的区别，FPGA 或 CPLD 设计是基于现有母片基础上的半定制设计，而数字 IC 设计则是无母片从芯片底层器件开始的全定制设计。

3) 熟悉常用的集成电路设计软件

业界很早就流传一种说法，说 IC 设计新手 80%的工作是靠电路仿真去优化电路性能，只有 20%的工作在于设计计算，而有经验的资深 IC 设计师，其工作可能正好相反，80%的工作是分析计算，只有 20%的工作用在软件仿真方面。设计高手在仿真之前，通过手工分析计算，基本上能够将电路功能分析得八九不离十。

那是不是熟练掌握 IC 设计软件就不重要了呢？错！IC 软件的熟练掌握非常重要，不但建议能熟练掌握一种 IC 设计软件，同时了解多种其他软件，而且希望最好能够将各种软件的使用方法与流程打通，这样在做电路设计仿真与验证时，可以及时快捷地验证脑海中瞬间的设计思路与灵感，将分析计算与仿真验证及时对照起来，提高设计工作效率。

IC 设计领域涉及的工具软件品种非常丰富，有数字 IC 设计与模拟 IC 设计软件区分，也有 IC 前端仿真和 IC 后端版图绘制软件区分，模拟 IC 设计软件还可以区分低频电路设计与射频电路设计等，即便是相同的功能，业界可供选择的软件也有多种。

4）了解集成电路材料与制造工艺

需要大致了解集成电路制造的基本流程、基本材料、器件工艺等，这些知识的掌握对设计工程师行业入门是有一定帮助的，便于熟悉集成电路行业的基本背景。另外，在自己设计生涯逐渐上升到一定层次，需要自己面对芯片工艺选择、工艺性价比评估、流片周期与出货速度判别等一系列工程问题时，了解这些知识，对工作有相当大的帮助。当然，初涉设计工作时，可能没有那么多烦恼的问题，所有的一切工艺选择、工艺库安装、IC 设计软硬件配置等工作，都会由学校的老师或者公司资源管理部门同事帮你事先搞定，你要做的 IC 设计主要工作，就只是定芯片方案、定电路结构、完成仿真验证与版图绘制等。

5）了解芯片封装与测试

封装是芯片成品的必要环节，芯片封装对电路性能，特别是对高频高速芯片性能影响非常巨大。所以了解芯片封装的方法与流程，了解封装材料与结构的电路性能影响非常重要，有经验的工程师需要在电路仿真设计时，提前导入芯片的封装模型一并进行仿真，以此提高后续芯片测试与仿真的一致性。芯片测试是芯片整个研发过程的最后环节，对于测试方法的种类与流程，测试过程对电路性能的影响因素等，IC 设计师同样需要提前考虑。

以上要求，更多的是指集成电路横向“面”上的知识与工作，是基础及入门必须，但是一位优秀的 IC 设计工程师能体现其技术水平的工作，更多的在于对电路结构与工作原理的设计与把握上，比如如何使自己设计的电路更加可靠、更加稳定，性能指标更加突出等。模拟电路设计工程师需要用尽可能少的器件实现尽可能好的电路性能，而数字电路设计工程师则往往在“速度”、“功耗”和“面积”等指标之间来回优化，无论是模拟设计工作还是数字设计工作，在“鱼和熊掌不能兼得”的情况下，电路多个性能指标之间，往往需要根据项目的实际需求进行折中与权衡，英文专著常常称作“Trade Off”。

1.5.2 跨专业转行学集成电路设计可行性

“我原来是××专业，现在想转行学习 IC 设计能行不?”

很多想进入 IC 设计行业，或者刚刚涉足 IC 设计领域的同学经常会问一个类似这样不自信的问题，其实问题的答案就在前面两节内容之中。能不能转行学习 IC 设计，可以对比一下自己已经掌握的知识范畴，以及需要学习的内容。如果已经学习掌握，或者即使暂时没有学习但是有信心与勇气坚持学习下去，都可以进入 IC 设计行业。你和从事 IC 设计相关专业的同学之间的差距，可能也就是一两门专业课程的距离，不需要过分担心学不成、学不会的问题。相反，如果原来学习某个专业领域，如通信专业或计算机专业，转行学习 IC 设计时，其掌握的专业领域知识对于今后从事通信芯片或计算机类芯片设计将大有裨益，如今芯片设计已经进入 SOC(片上系统)和 SIP(系统级封装)时代，芯片设计不仅仅需要工艺级、电路级专业知识，在一些专业设计软件的支持下，更需要系统级专业知识去支撑，此时如果具备其他专业领域知识转行从事 IC 设计，竞争优势可能更强，因为本身你就"自带光芒"。目前很多院校已经开始进行大类专业设置，无论是通信工程、计算机工程还是集成电路设计工程等专业，已经都被合并为电子信息大类专业，专业方向区分度并不大。

笔者曾经招收过一个这样的学生，该学生大专毕业后，服役当兵 3 年，退役之后再自考计算机专业本科，最后参加全国研究生统考，录取后跟随我学习 IC 设计。该同学专业背景课程基础相对较弱，但是"自我驱动能力"很强，好学肯钻，最后研究生阶段学术成果和毕业论文评价都很不错，目前就职于上海一家知名的 IC 设计企业，也算是通过努力实现了人生的一次成功跃变。从这名同学的人生经历可以看出，跨专业转行学习 IC 设计并没有想象的那么困难，只要明确目标知道为什么学，且具备一定的自我驱动能力，自然会摸索出一套适合于自己的 IC 设计学习方法。

回到本节标题问题，跨专业能否转行学习 IC 设计？答案是当然可以！就前文所提及的各种 IC 设计涉及的知识范畴，缺什么就补学什么，再结合自己的专业背景，可能比别人有更多的创新创业机会。笔者写到此时，脑海中再一次想起了东南大学王志功老师的"阿凡达之手"科研创新项目，王志功老师的 IC 设计团队和东南大学医学院吕晓迎老师的医学团队跨学科交叉合作，竟然短时间内做出了国内首颗远程网络控制的手臂神经控制芯片，这就是一个典型的跨学科交叉融合的成功范例。

当然，跨专业学习 IC，相比由 IC 设计本科相关专业起家的同学而言，可能会有些意想不到的困难，但是这些都在可控范围之内，通过短时间的努力完全可以克服。

1.6 不同集成电路设计方法区别与关联

1.6.1 “自顶向下”与“自底向上”设计方法

集成电路设计基本方法基本可以分为两大类，一种是传统的称之为自底向上(Bottom Up)的设计方法，另一种称之为自顶向下(Top Down)的设计方法，两种方法适用对象、设计流程及优点缺点有所区别。

Bottom Up 设计方法主要适合于模拟集成电路、射频集成电路和部分小规模数字集成电路，采用类似于搭积木一样的方式，从子模块设计开始，按照电路层次逐级向上设计构建整个系统。这种方法的典型优势是利用电路设计工程师本人的技术经验，对电路各个模块进行最优化设计，无论是电路性能，还是版图面积等各方面，都可以获得专属定制的最佳效果。正是这种方式的特点，决定了其突出的缺点，就是电路设计性能更多将依赖于设计工程师本身的技术经验与能力，常见的看法认为，模拟或射频集成电路设计入手难于数字集成电路设计，可能就是源于这个原因。

Top Down 设计方法主要适合于大规模数字集成电路，如 ASIC 设计，这种设计方法的典型特征是“像设计软件一样去设计芯片硬件电路”。通过软件编程，通常采用编程语言 Verilog 或者 VHDL 对数字电路行为或者数字电路结构进行描述，然后基于芯片生产厂家提供的数字标准单元库(Standard Cell Lib)，通过数字逻辑综合的方法实现硬件描述语言向门级电路网表的自动转化，自动生成电路原理图，在其之后，可以继续通过相关版图综合工具进一步将电路网表综合成可以加工的版图数据，整个过程依托数字芯片设计软件自动综合程度较高。Top Down 设计方法的优势是对于大规模集成电路设计而言方便快捷，借助计算机高效的运算能力，可以设计出数以亿计门级规模的数字电路，电路规模巨大、功能丰富是数字 ASIC 的典型特点，大规模数字电路如果采用 Bottom Up 设计方法设计，设计工作量将非常巨大，几乎难以实现。当然，这种 Top Down 主要依托数字综合完成电路设计的方法也存在缺陷，由于厂家提供的数字标准单元库的性能受限，同一芯片工艺性能未必能发挥到最大极限，比如，同样基于 65 nm CMOS 工艺，采用数字综合设计的 ASIC 芯片最高工作频率，一般要比采用手工定制的数字电路最高工作频率要低。

1.6.2 FPGA 设计与 ASIC 设计区别

数字 ASIC 设计方法与流程和 FPGA 设计有部分类似之处，两者前端设计软件、编程语言等基本类似，不同之处仅仅在于后端设计有所区别。

FPGA 后端版图设计是将设计验证过的电路烧录到现有的 FPGA 母片上，这种版图的设计综合基于 FPGA 芯片内部的逻辑宏单元，通过调用不同的宏单元、设计不同的逻辑连接，实现 FPGA 母片的功能与管脚的定制，这种一般称为"半定制"设计。

ASIC 后端版图设计则是基于芯片厂家的数字标准单元库或者 IP 核，设计过程始于最底层的门电路，直至完成整个芯片的所有功能与管脚定义，不存在所谓现成的母片，设计验证的规模更大、周期更长，其生产周期取决于芯片加工厂家流水线，一般生产线上至少 6 周，这种方式一般称为"全定制"设计。

FPGA 设计与 ASIC 设计特点不一样，成本有所区别，所以适用的场合也不尽相同。对于工程运用规模较少的项目，比如几十片或上百片的订单，鉴于成本、开发周期等因素考虑，一般选用 FPGA 设计；而对于运用需求规模巨大的项目，如果有成千上万片以上的芯片需求，还是建议采用 ASIC 设计，因为虽然 ASIC 设计流片(Tape Out)一次成本很高，但是数量巨大的情况下可以大幅分摊单个芯片成本，规模效应下单片成本可以比 FPGA 芯片更低，而且 ASIC 芯片本身的使用寿命、抗各种辐照效应等性能相对而言比 FPGA 能力更好。

1.7 集成电路设计常用软件简介

IC 设计软件分类标准多样，从芯片功能上区分，主要可以分为模拟、数字和射频 IC 设计软件；从设计任务与工序上区分，又可以分为前端设计仿真软件和后端版图绘制验证软件。

模拟 IC 设计软件从电路仿真输入方式上区分，可以分为文本式电路网表输入和原理图输入两种方式，其中代表性的网表输入方式相关软件包括：HSPICE、SMARTSPICE 和 PSPICE 等；代表性的原理图输入方式设计软件有如 Cadence 的 Spectre，原理电路设计验证属于 IC 设计前端工作，版图绘制与物理验证则属于 IC 设计后端工作，Cadence 可以提供一体化 IC 前后端设计集成平台，目前行业领域应用最为广泛。

数字 IC 设计同样区分为前端设计和后端设计，前端设计典型软件有 VCS、VERDI、DVE 及 Modelsim，其中 VCS 用于整体数字仿真验证，VERDI 以及 DVE 用于覆盖率以及波形查看，VERDI 和 DVE 功能相似，使用时任选其一即可，而 Modelsim 一般用于行为级验证。数字设计后端软件有两类，Synopsys 及 Cadence 公司各有一套自己的数字后端开发流程，相关软件较多，实际工程中常用的数字后端软件，如形式验证用 Formality，数字综合用 DC，Synopsys 布局布线以及寄生参数提取有 ICC 及 Startrc，Cadence 则有 Innovus 和 QRC，时序分析以 Primetime 为准，功耗分析为 PTPX。

另外，如果从事射频集成电路设计，除了 Cadence 的 Spectre RF 之外，还有 ADS 等软件。

近年来，IC 设计软件国产化替代工作正加紧推进，在模拟电路全定制设计软件方面，代表性的软件产品如中电华大的 Aether 软件，该软件在模拟前端与后端设计开发性能方面不差于任何国外 IC 设计同类软件，可能唯一欠缺的是整个 IC 设计生态链的构建与推广，比如需要更多的 IC 流片生产厂家提供针对该软件的配套工艺单元库。

无论哪种设计软件，评价软件性能的主要标准包括仿真精度、仿真效率和操作便捷性等性能。工程师可以根据项目需求或自己个人爱好自行选择相关软件工具。尽管不同 IC 设计软件界面风格不一样、收敛性有差别、精度有出入，但是其仿真引擎都是基于 SPICE 内核，所以学习 IC 设计，还是建议适当学习一些 SPICE 语法知识，今后无论是对于各种仿真软件的理解，还是对于 IC 厂家工艺模型库的识读都会有很好的帮助。

另外，专注于数字 IC 设计的工程师，如果有一定的 C 语言编程基础或者 FPGA 相关硬件描述语言编程基础，如熟悉一定的 Verilog HDL 语法与运用，对于快速进入数字 IC 前端设计会有相当的益处。

一个成功的 IC 项目设计，既需要项目工程师对项目技术指标的深入理解，也需要对所选用 IC 生产工艺性能特点的熟练把握，还需要对设计电路与设计工具的熟练运用，也就是说，一个好的芯片项目设计，从底层到系统，需要团队对“器件模型”“电路结构”“系统整合”及“软件工具”等的整体良好掌控，需要团队集体合作与团队设计经验的长期积累。

【拓展阅读】

戈登·摩尔简介(1929—2023)

戈登·摩尔(Gordon Moore)：摩尔定律提出者、英特尔联合创始人。

摩尔 1929 年出生于美国加州古老的旧金山，相对而言，摩尔的童年比较温和，家庭幸福美满。1954 年，摩尔获得加州理工大学伯克利分校物理化学博士学位。当时大名鼎鼎的肖克利正好需要一位化学家，并找到了摩尔。早已仰慕肖克利大名的摩尔倍感荣幸，顺利地加入了他们的行列。

摩尔很大程度上像是一个谦和、儒雅的学者，有点害羞，但又十分有条理。在公司管理方面，摩尔表现出非凡的才能，他总能冷静地思考，做出最艰难的决策。摩尔说："决策越难做，说明两者之间的差别越小，但最愚蠢的方法是什么也不做，有时候差别足够小，有一种最简单的方法，那就是抛硬币。"

摩尔说："我们可能是最后一代能够在地球上看到荒无人烟地方的人。"这让他开始热衷于保护自然环境，到2005年止，摩尔夫妇共捐款73亿美元，他对此十分低调，堪称最低调的慈善家。摩尔沉着、平静，喜欢垂钓、划船游憩这类比较悠闲的活动。2023年3月24日，戈登·摩尔去世，享年94岁。

习题与思考题

1. 什么是集成电路？什么是摩尔定律？
2. 集成电路主要技术评价指标有哪些？
3. 什么是工艺特征尺寸？有何物理意义？
4. 什么是IDM模式？有何特点？
5. 集成电路设计加工主要流程包括哪些步骤？
6. 模拟集成电路设计存在哪些重要的设计环节？
7. 数字集成电路设计存在哪些重要的设计环节？
8. 集成电路根据哪些不同依据如何分类？
9. Top Down和Bottom Up两种设计方法有何区别，各适合于何种类型的电路设计？
10. ASIC设计与FPGA设计有何主要区别？

参考文献

[1] 王志功，陈莹梅. 集成电路设计[M]. 3版. 北京：电子工业出版社，2013.
[2] 张亚非. 半导体集成电路制造技术[M]. 北京：高等教育出版社，2006.
[3] 张有光，王梦醒，赵恒. 电子信息类专业导论[M]. 北京：电子工业出版社，2013.
[4] 罗萍，张为. 集成电路设计导论[M]. 北京：清华大学出版社，2010.

02

第 2 章
集成电路材料与工艺

关键词

- 集成电路材料、导体、绝缘体、半导体
- 制造工艺、基片、晶圆、裸片
- 器件工艺、MOS 工艺与 BiCMOS 工艺

内容简介

本章首先简要介绍集成电路制造常用的基本材料，然后依次对集成电路制造工艺与器件工艺展开讲授，梳理了集成电路生产加工的几项主要环节，以及目前常用的主要器件工艺结构。

2.1 节介绍集成电路材料可以归纳为三类，分别是绝缘体、导体和半导体，半导体材料的特殊性质，特别是掺杂特性，是其在集成电路领域得以广泛运用的基础。Si 材料占据了目前集成电路半导体材料的主流，但是在一些特殊领域，比如大功率、高频和高速领域，GaAs、InP 等化合物半导体仍然发挥着不可替代的重要作用。

2.2 节简要介绍了集成电路制造工艺主要环节，从基片准备，到晶圆生产加工，再到晶圆划片以及封装测试，介绍不同环节工艺过程的不同目的与主要特点。

2.3 节介绍集成电路设计所采用的器件工艺，从传统经典的双极型工艺，到 MOS 工艺，以及目前经常见到的 BiCMOS 工艺，介绍不同工艺特点及其前后器件工艺之间的发展演化过程。

2.1 集成电路基本材料

集成电路设计制造涉及的材料除了导体、绝缘体之外，核心材料是半导体材料，主要通过利用半导体材料的光敏特性、热敏特性，特别是掺杂特性，可以设计制作各种类型的集成电路功能器件。

通常把导电性能比较差的材料，如陶瓷、金刚石、人工晶体、琥珀和玻璃等，称为绝缘体；把导电性能比较好的材料，如金、银、铜、铁、锡、铝等金属，称为导体；导电性能介于导体和绝缘体之间的材料称为半导体。一般来说，导体的电阻率小于 10^{-4} Ω·cm，绝缘体的电阻率大于 10^{10} Ω·cm，而半导体的电阻率在 10^{-3}～10^{9} Ω·cm 之间，常见的半导体材料除了包括硅(Si)、锗(Ge)等元素半导体之外，还包括砷化钾(GaAs)、磷化铟(InP)等化合物半导体。

下面对集成电路使用的几种常见材料作简要介绍。

2.1.1 金属材料

集成电路中，金属材料主要有 3 个功能：① 形成器件内部的连接；② 形成器件间的电气互连；③ 制作焊盘。

在硅基集成电路中，由于金属铝几乎可以满足金属连接的所有要求，所以被广泛用于制作金属电极及导线。随着器件尺寸日益减小，金属连线宽度越来越小，导致连线电阻越来越高，其 *RC* 时间常数逐步成为限制电路速度的重要因素，所以若要减小连线电阻，采用低电阻率的金属铜逐渐成为优先考虑的金属材料，另外，在一些纯金属不能满足重要电学参数、可靠性达不到要求的情况下，集成电路中的金属材料就会采用合金，例如硅铝、铝铜、铝硅铜及钨锑等合金已经逐步开始用于减小峰值、增大电子迁移率、增强扩散屏蔽和改进附着特性等。

例如，在铝中多加 1%比例的硅可以使铝导线的缺陷减至最少，在铝中加入少量的铜，则可使电子迁移率提高 10～1000 倍，通过金属之间或者金属与硅之间的互相掺杂还可以增强热稳定性。

随着处理器芯片的时钟频率越来越高，大规模集成电路(LSI)高速化设计进展明显加速。由于电气信号的延迟时间常数与布线电阻与布线电容之积成正比，因此电阻率更低的铜布线开始逐步取代铝布线。

因为铜的电阻率为 1.7 μΩ·cm，比铝的电阻率(2.9 μΩ·cm)低，从而在相同条件下可以减少约 40%的功耗，能轻易实现更快的主频，并能减小现有管芯的体积；另外，铜的熔点高、原子质量大、耐热迁移和电子迁移特性好，布线寿命可以提高 10 倍以上，所以用金属铜这种优良的导体来代替金属铝用于集成电路内部晶体管之间的互连已经成为半导体技术发展的趋势。

Tips　金属铜布线之所以晚于金属铝布线的原因

集成电路内部铜布线之所以晚于铝布线，主要原因在于以下几点：① 铜难以利用干法刻蚀进行微细加工；② 铜向层间绝缘膜(SiO_2)及硅基板的扩散较快，容易造成对器件特性的不良影响；③ 铜与层间绝缘膜间的附着性较弱。为了解决这些问题，人们成功地开发出称之为“大马士革法”的新布线方法，配合铜的水溶液电镀法，才使得铜在集成电路内部的布线中得以推广。

金属层数是集成电路工艺中的一个重要特性。在 IC 技术发展早期，由于采用的是单层布线，故电路网络的交叉连线问题很难解决，而现在几乎所有的 IC 连线都采用至少两层金属，交叉连线已不再成为问题，有的芯片制造工艺内部金属连线层数已达 5～6 层，甚至于更多。图 2.1(a)所示为采用深亚微米 CMOS 工艺多层金属构成的“立交桥”布线结构透视图，图 2.1(b)为集成电路剖面示意图，可以发现在半导体器件上方，该集成电路工艺有 6 层金属连线层，第 1 层金属主要用于器件本身的接触点及器件间的部分连线，这层金属通常较薄、较窄、间距较小，第 2～5 层金属主要用于器件间互连，以及提高布线密度且方便自动化布线，最上面第 6 层即顶层金属相对更厚一些，通常用于供电及形成牢固的接地。

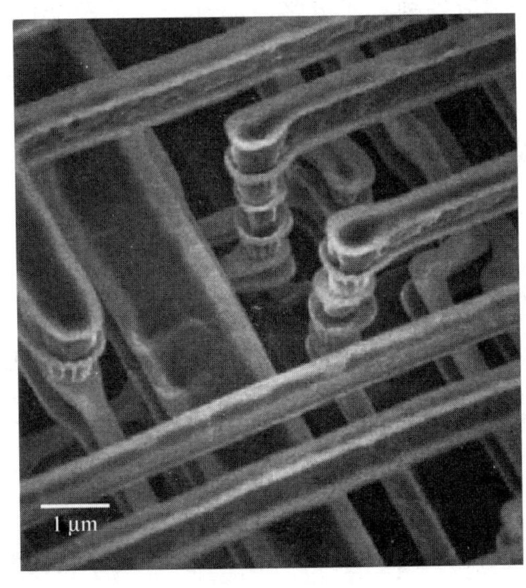

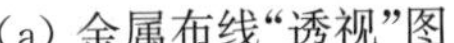

(a) 金属布线“透视”图

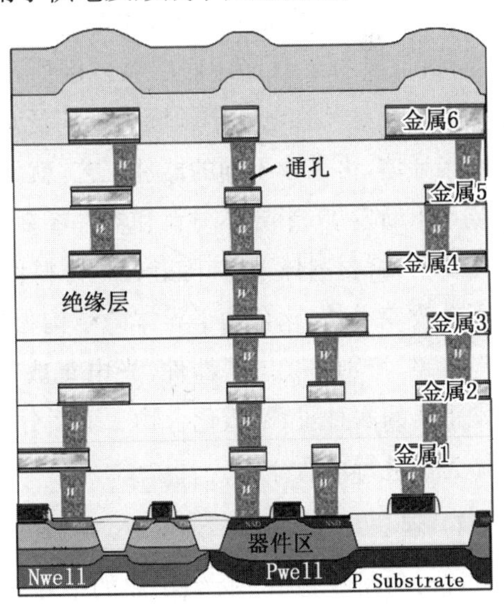

(b) 金属布线剖面图

图 2.1　集成电路中的金属布线

在工作频率较高的情况下，各层金属连线之间寄生的耦合电容影响会逐步显现，频率越高，影响会越明显，所以对于电路设计者而言，版图布线时需要考虑寄生电容导致的不同金属线之间的串扰影响，版图绘制时必须合理使用金属层布线。当然寄生电容带来的影响未必都是坏事，有时合理利用“电源”金属走线与“地”金属走线之间的耦合电容，可以增强芯片电源电压的噪声滤除性能。

2.1.2 绝缘体材料

集成电路材料系统中，绝缘体材料同样起着不可或缺的作用。

绝缘体材料的主要功能包括：① 用于器件之间、有源层及导线层之间的绝缘层，以实现它们之间的电隔离，特别是在 MOS 器件里，栅极与沟道之间的绝缘更是必不可少；② 充当离子注入及热扩散的掩模；③ 作为生成器件表面的钝化层，以保护器件不受外界影响。

二氧化硅（SiO_2）是目前应用最为广泛的集成电路绝缘体材料，另外 SiON 和 Si_3N_4 也是集成电路中常用的几种绝缘体材料。

典型的绝缘体材料布局如图 2.1(b)中所示，其中金属层之间的填充物均为绝缘体材料。

2.1.3 半导体材料

半导体材料是现代信息技术的基础，是加工制造各种集成电路内部有源与无源器件的主要材料，如图 2.1(b)中底层器件区所示。由本科阶段模拟电子技术课程所学可知，半导体掺杂特性是其在电子学领域得以广泛运用的基础，通过向纯净半导体中掺入不同浓度的杂质半导体，再结合不同的器件工艺，就可以制成很多不同类型的半导体器件。如今随着信息技术不断发展，半导体材料和器件还在不断发展进步，永无止境。

目前，就材料体系看，除硅(Si)材料作为当代微电子技术的基础在 21 世纪中叶之前几乎不会改变之外，化合物半导体微结构材料以其优异的光电性能在高速、低功耗、低噪声器件与电路，特别是光电子器件、光电集成等方面发挥着越来越重要的作用，其中 GaAs、InP 等是重要的两种Ⅲ/Ⅴ族化合物。下面分别以 Si 与 GaAs 作为单一元素半导体和化合物半导体为例进行概要介绍。

1) 硅

硅材料是一种单一元素组成的半导体材料，从材料基本性质看，有 10 多种元素可以成为元素半导体材料，如硅(Si)、锗(Ge)、硼(B)、碳(C)、硒(Se)、锡(Sn)等，但是大部分元素半导体不能实现高纯度提纯，无法制造高纯度的半导体材料，导致不能有效掺杂，另一方面，由于它们无法简单快捷地制成单晶材料，所以除了硅与锗之外，大部分元素半导体不能实际应用。

相比于锗而言，硅的高温特性更加稳定，所以自 20 世纪 50 年代开始，硅基材料得到了更为广泛的应用。另外，由于地球上硅材料含量丰富，所以硅已经成为目前主要的半导体材料，硅也是当代电子行业与太阳能光伏工业的基础材料，半导体硅材料的发展，直接促进了国际科技与工业的高速发展，人类社会因此进入了“硅时代”。

硅是现代微电子工业的基础。在过去 40 年中，基于硅材料的多种器件工艺技术得以发展并逐步成熟，如双极型晶体管(BJT)、结型场效应管(JFET)、P 型场效应管(PMOS)、N 型场效应管(NMOS)、互补型金属-氧化物-半导体场效应管(CMOS)以及双极型管与 CMOS 集成技术(BiCMOS)等。

硅材料来源丰富，技术成熟，硅基产品价格低廉，举例来说，6 英寸 GaAs 晶圆价格目前约为 400 美元，而 6 英寸 Si 晶圆价格则只有 25 美元。所以在满足性能指标情况下，硅基集成电路自然作为系统集成的首选方案，目前市场上 90%的 IC 产品都是基于 Si 工艺设计制作的。

2) 砷化镓

GaAs 是优良的Ⅲ/Ⅴ族化合物固态半导体材料，广泛应用于高速、高频芯片设计领域，其原因在于该材料具有更高的载流子迁移率和近乎半绝缘的电阻率。在集成电路中，由于器件速度取决于载流子通过有源区的时间以及器件本身寄生电容的充放电时间，而 GaAs 与其他Ⅲ/Ⅴ族化合物器件具有较高的载流子迁移率，以及近乎半绝缘的电阻率等特性，为提高器件速度提供了可能。此外，由于这些特性的存在，器件寄生电容会有所减小，同时在较低的工作电压下载流子能更有效地加速，致使晶体管工作时耗能更低。

经过数十年努力，GaAs 工艺虽然还不能和 Si 工艺相提并论，但是也已经逐渐成熟。基于 GaAs 的 MESFET(金属-半导体场效应管)和 HEMT(高电子迁移率晶体管)微波毫米波放大器、振荡器、混频器、开关、衰减器、调制器、限流器等的工作频率可达 100 GHz，而高性能数字 LSI 和 VLSI 也已经设计制造出来并且得到了广泛应用。如果兼顾速度与功耗两方面重要性能，GaAs 集成电路则可提供更好的选择，而且在毫米波芯片设计领域，如40 GHz 以上的汽车雷达芯片领域，GaAs 技术已经处于主导地位。

GaAs 集成电路主要基于 3 种有源器件：MESFET、HEMT 和 HBT(异质结双极型晶体管)，前两种与 Si 的结型场效应管(JFET)原理类似，HBT 则与 Si 的双极型晶体管(BJT)原理类似。本书以硅基材料 CMOS 集成电路设计为主，所以 GaAs 材料相关集成电路设计技术涉及不多，感兴趣的读者可以另行寻找相关教材学习了解。

Tips　技术前沿：神奇的碳基新材料——石墨烯

近些年来，石墨烯(graphene)的问世引起了全世界的研究热潮，作为新一代材料受到人们的高度关注。特别是由于其具有良好的导电性和高速的电子迁移特性，在微电子技术和光电子技术领域具有重大应用价值，甚至有些学者认为这种碳基材料将引发新一代超高性能微电子、光电子器件，就像硅基材料引发“硅芯片”一样，碳基材料有望引发“碳芯”(carbon chip)时代。石墨烯就是单层石墨，是一种只有一个碳原子厚度(0.142 nm)的二维材料，如图 2.2 所示，在电子显微镜下，碳原子在平面上排列成紧密的蜂窝状六边形网络。

石墨烯的制备非常具有戏剧性，英国曼彻斯特大学的盖姆实验组有“星期五之夜实验”的传统，他们会把 10%的时间用于专门尝试各种各样稀奇古怪的事情。石墨烯的制备，也正是从“星期五之夜”开始的。这个看起来不太靠谱的尝试随着实验的进行越发不靠谱起来。经过一些失败，他们开始采用“透明胶粘贴大法”来尝试制备石墨烯，即用透明胶粘住石墨层的两个面，然后撕开，使之分为两片，重复这个过程，直至分离出单层的石墨烯。然而正是这种看上去不靠谱的尝试，最终成功制备出了石墨烯。

图 2.2　石墨烯结构显微照片

图 2.3　石墨烯发明人

“用透明胶粘出的诺贝尔奖”，媒体纷纷这样报道盖姆实验组制备石墨烯的贡献，然而，这并不是人们想象中那么简单的事情。“透明胶粘贴大法”并不是盖姆们的首创，之前就有人曾经这样尝试过，但是没能辨识出单层的石墨烯。这是因为石墨烯的透明度很高，又极薄，所以如何辨识石墨烯是一个难题。盖姆实验组解决这一问题的方法，是巧妙地利用了石墨烯在厚度 300 nm 的二氧化硅晶片衬底上产生的光线干涉效应，这一点是他们胜过其他研究组的关键所在。凭借着石墨烯的制备和辨识，图 2.3 中石墨烯发明人盖姆(左)和诺沃肖洛夫两人获得了 2010 年度诺贝尔物理学奖。

2.2 集成电路制造工艺

集成电路制造工艺主要包括硅片制造准备、基片外延生长、掩模(Mask)制造、曝光、氧化、刻蚀、扩散、离子注入、多晶硅沉积、金属层形成等步骤,制造一片集成电路通常需要几百道工序,概括起来主要分成两大部分:前道工序和后道工序。

前道工序主要包括:硅片制造准备、晶圆生产加工与晶圆裸片测试。

后道工序主要包括:晶圆划片切割、芯片封装键合和芯片成品测试。

集成电路设计人员虽然不需要直接参与集成电路生产制造过程,但是一定程度上了解制造工艺的一些特点,了解集成电路生产制造基本原理和过程,对于集成电路设计会很有帮助,所以本节将对集成电路生产制造工艺流程做一简要介绍。

2.2.1 硅片制造准备

首先将硅从沙中提炼出来并纯化,然后经过单晶生长、单晶硅锭、单晶去头、径向研磨以及定位研磨后得到硅锭,硅锭的纯度可以达到99.99%。接着将硅锭切割成用于制造芯片的薄硅片,硅锭和切割后的硅片如图 2.4 所示。硅片的制备通常是由专门从事晶体生长和硅片制造的工厂完成。

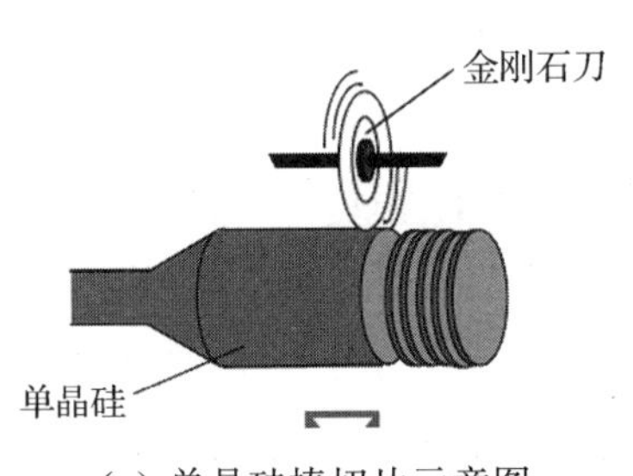

(a) 单晶硅棒切片示意图

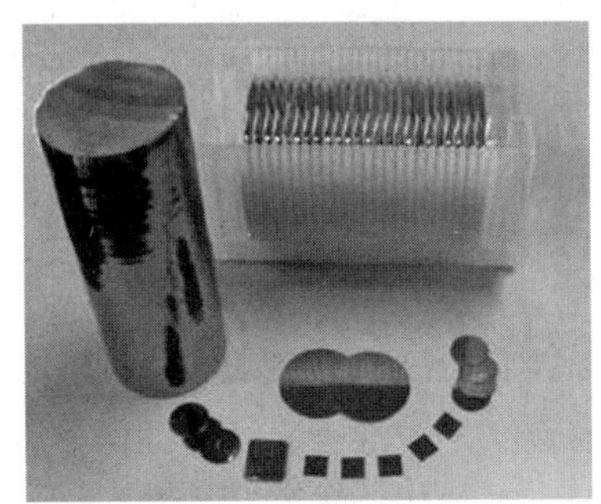

(b) 半导体硅片

图 2.4　硅棒与硅片

2.2.2 晶圆生产加工

晶圆生产加工环节是芯片制造的最重要环节,是将纯净的半导体硅片加工成具有一定功能的未封装芯片即裸片的过程，具体生产步骤相对复杂，主要涵盖下列工序。

1）外延生长

半导体工艺流程中基片是抛光过的晶圆硅片，直径在 50～300 mm（约 2～12 英寸）之间，厚度几百微米。尽管有些器件和 IC 可以直接做在未外延的硅片上，但大多数器件和 IC 都做在经过外延生长（Epitaxy）的衬底上，这是因为未经过外延生长的硅片通常不具有制作器件和电路所需要的性能。外延生长的目的是用同质材料形成具有不同掺杂种类及浓度而具有不同性能的晶体层，外延生长也是制作不同材料系统的技术之一。外延生长后的衬底适合于制作有各种要求的器件与集成电路，且可进行进一步处理。

硅片外延生长的方法主要包括：① 液态生长；② 气相外延生长；③ 金属有机物气相外延生长；④ 分子束外延生长。感兴趣的读者可以通过网络详细了解各种外延生长过程及其特点，图 2.5 为某一款外延生长设备。

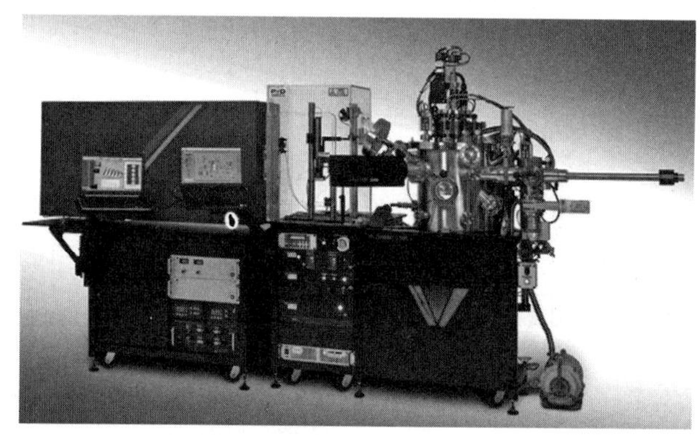

图 2.5　某款外延生长设备

2）掺杂

掺杂的主要目的是改变半导体的导电类型，形成 N 型半导体或 P 型半导体，以构成各种类型的晶体管或二极管的 PN 结，或以此改变材料的电导率用于制作芯片内部不同阻值的电阻等器件。经过掺杂原材料的部分原子被杂质原子代替，同时引入了大量的杂质粒子，此时材料的导电性能发生显著变化，掺杂后的材料类型决定于杂质的化合价。掺杂材料是五价元素时，杂质半导体以自由电子为多子，称之为 N 型半导体；而掺杂材料是三价元素时，杂质半导体以空穴为多子，此时称之为 P 型半导体。掺杂可与外延生长同时进行，也可在其后进行。例如，双极型硅 IC 的掺杂过程主要在外延之后，而大多数 GaAs 及 InP 器件的掺杂与外延同时进行。

常用的掺杂方法有热扩散掺杂和离子注入掺杂。

3）掩模制造

从物理上讲，任何半导体器件及集成电路都是一系列互相联系的基本单元的组合，如导体、半导体及在基片不同层上形成不同尺寸与形状的隔离材料等，要制作出这些不同的结构需要一套掩模，掩模的功能类似于早期冲洗照片时所用的胶卷底片，光穿过涂有不同形状的掩模后完成对不同材料的光刻。一个光学掩模通常是一片涂着特定图形的铬（Cr）薄层的石英玻璃如图 2.6 所示。一层掩模规范芯片某一层材料的加工，工艺流程采用的材料加工层数越多，所需要的掩模层也就越多，自然流片时的掩模加工费用就会越高。

Tips　节省芯片流片成本的一种方法

实际芯片产品化设计过程中，为了降低芯片流片掩模的加工费用，设计师有时可以考虑在不影响电路性能的情况下，尽可能少用芯片内部可供选用的金属连线层数，例如针对有 6 层金属走线的工艺，只选用 2 层金属走线，以此降低芯片整体加工过程中需要的掩模套数，可以一定程度上降低加工成本。

图 2.6　掩模版

图 2.7　光刻系统举例

工艺流程中需要的掩模必须在工艺流程开始之前制作出来。为了维持半导体工业的飞速发展，并提高各种器件的性能，人们对掩模版的制造提出了更高要求。

常用的掩模制造方法有：① 图案发生器法；② X 射线制版法；③ 电子束扫描法。

目前装备先进的掩模公司、半导体制造厂都采用电子束扫描法（ E-Beam Scanning）制造掩模，这种技术采用电子束对抗蚀剂进行曝光，由于高速电子的波长很短，分辨率很高，先进电子束制版设备分辨率可达 7 nm 甚至更小，这就意味着电子束的步进距离可以小于 7 nm，为后续更为先进的光刻工序提供技术保障。

4）光刻

光刻是集成电路制造的一道重要工序，其作用是把掩模上的图形转换成晶圆上的器件

结构,图 2.7 所示为某公司一款光刻装置,光刻基本步骤包括:

(1) 清洗晶圆。清洗晶圆后需要在 200 ℃温度下烘干 1 h,防止水汽引起光刻胶薄膜出现缺陷。

(2) 涂光刻胶。等晶圆冷却后,立即涂光刻胶,光刻胶有两种类型:负性(Negative) 光刻胶和正性(Positive) 光刻胶。使用正性光刻胶时,其感光部分能被适当的溶剂刻蚀,而未感光的部分则留下,所得图形与掩模版图形相同,所以适合做金属连线等长条形状;使用负性光刻胶时,未感光部分能被适当的溶剂刻蚀,而感光的部分则留下,所得图形与掩模版图形相反,所以适合做接触孔(Contact)、通孔(Via)和焊盘(Pad)等窗口结构。

(3) 烘干晶圆。烘干晶圆目的在于将溶剂蒸发掉,准备下一道工序曝光。

(4) 曝光。曝光所用光源可以是可见光、紫外线、X 射线或电子束;曝光光量的大小和时间长短取决于光刻胶的型号、厚度和成像深度,曝光方式有接触式和非接触式两种,非接触方式又可分为接近式和投影式两种。

(5) 显影。晶圆用真空吸盘吸牢,高速旋转,将显影液喷射到晶圆上,即可实现显影操作,显影后用清洁液喷洗干净再次烘干,将显影液和清洁液全部蒸发掉。

5) 氧化

由硅生长成二氧化硅(SiO_2)的过程,称之为氧化。

二氧化硅是将裸露的硅片放在 1000 ℃左右的氧化气体环境(如氧气)中生长而成,其生长速度取决于氧化环境的类型和压强、生长的温度及硅片的掺杂浓度。

栅氧化层的生长是非常关键的一道工序。因为氧化层的厚度 t_{ox} 决定了晶体管的电流驱动能力和可靠性,所以其精度必须控制在几个百分点以内,这就要求整个晶片上的氧化层厚度具有极高的均匀性,因此要求氧化层缓慢生长,而且其下面的硅表面“清洁程度”也会影响沟道中载流子的迁移率,并因此影响晶体管电流驱动能力、跨导和噪声。

6) 淀积与刻蚀

硅芯片工艺是一个平面加工的过程,在平面加工过程中会在硅片表面生长各种各样的薄膜,如 SiO_2 薄膜等。薄膜的生长可采用淀积的方法来实现,集成电路中需要淀积的薄膜层主要包括金属薄膜、绝缘薄膜、半导体薄膜等几种薄膜。金属薄膜主要用于器件间的互连线,目前集成电路的金属薄膜材料主要是铝合金或铜,而且目前采用铜金属薄膜作为互连线的情况越来越多,铜金属互联可以进一步增加芯片工作速度并减少工艺步骤。

薄膜层淀积完毕之后开始刻蚀,刻蚀是很重要的环节,被刻蚀的材料有半导体、绝缘体、金属等，常用的刻蚀方法有湿法和干法两种。集成电路在制作不同的器件结构时，如线条、接触孔、晶体管、凸纹以及栅等，都需要刻蚀。

2.2.3　晶圆裸片测试

晶圆在未划片封装前被称为裸片。裸片的测试目的分为两种情形，一种与生产工艺质量控制相关的测试，由芯片生产厂家实施自测；另一种测试主要针对芯片功能与性能，目的是在封装之前将不良产品进行标记并予以剔除，该测试由芯片设计方主导，需借助相关裸片测试平台完成测试，该项测试区别于芯片封装后的成品终测，通常称之为中测。晶圆裸片测试如图 2.8(a)所示，其对应显微镜下放大后看到的芯片裸片与探针布局案例见图 2.8(b)所示，图中左右两侧是交流信号探针，分别是 3 针 GSG 类型和 5 针 GSGSG 类型，其中 G 是指 Ground(交流地)，S 是指 Signal(信号)，G 与 S 交错布置，适合于噪声隔离与减小干扰，图中上下两侧则是直流探针，分别是 5 针与 7 针直流探针，可以用于直流供电、直流偏置或直流电压监测等。

(a) 裸片测试探针台

(b) 显微镜下的裸片探针连接照片

图 2.8　裸片测试案例

2.2.4　晶圆划片封装与产品终测

一个晶圆通常包含成千上万颗相同的芯片裸片，如图 2.9(a)所示晶圆，一般由划片机实施划片切割，因此芯片版图设计时如果进行多个项目芯片的拼图，需要提前预留合适的划片槽空间，以避免划片时损伤芯片有用区域。

完成划片后需要进行下一步封装与键合，封装结构的选型取决于成本、应用环境、客户需求等多种因素，如图 2.9(b)所示，单个芯片裸片置于封装引线框架(Frame)中间，根据事先设计好的芯片焊盘(PAD)与引线框架管脚之间的对应关系，采用金属线(一般是金丝)完成图中的连线,这个过程称为键合,对应连线称为键合线,芯片键合示意图参见图 2.9(c)。

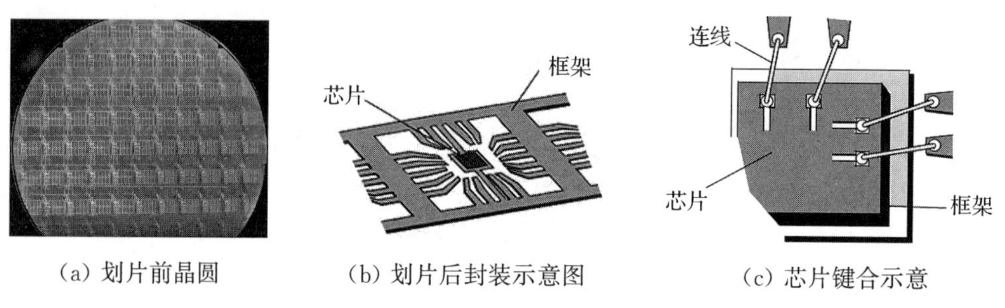

(a) 划片前晶圆　(b) 划片后封装示意图　(c) 芯片键合示意

图 2.9　晶圆裸片、封装与键合

芯片键合后根据不同应用条件或者客户需求,可采用塑料、陶瓷等不同材料进行封装填充,芯片封装后需要完成最后的产品终测,批量化产品终测一般借助于芯片测试机自动完成测试,主要进行芯片直流参数等性能测试,测试成功后即可包装上市。

2.3 集成电路器件工艺

根据电路采用器件类型的不同,集成电路的构造形式有所不同,如表 2.1 所示,不同材料可以采用不同的器件工艺类型。基于硅材料的集成电路包括双极型(Bipolar Junction Transistor,简称 BJT)工艺、PMOS 工艺、NMOS 工艺、CMOS 工艺和 BiCMOS(Bipolar 与 CMOS 混合)工艺等,目前占市场统治地位的是硅基 CMOS 工艺,单纯采用双极型 BJT 工艺的目前虽然仍在一定场合得到应用,但以锗、硅异质结晶体管(Heterojunction Bipolar Transistor,简称 HBT)为工艺的 BJT 电路和 BiCMOS 电路异军突起,在高频、高速和大规模集成方面都展现出较大的性能优势。基于化合物砷化镓材料的集成电路包括金属半导体场效应管(Metal-Semiconductor Field Effect Transistor,简称 MESFET)工艺、高电子迁移率晶体管(High Electron Mobility Transistor,简称 HEMT)工艺和 HBT 工艺,基于化合物磷化铟材料的集成电路主要包括 HEMT 工艺和 HBT 工艺。

每种器件工艺类型可以加工制造的器件参见表 2.1,设计师根据需要可以合理选择调用。

表 2.1　常见的几种集成电路器件工艺

材料	器件工艺	器件
Si 硅	BJT	D、BJT、R、C、L
	NMOS	D、NMOS、R、C
	CMOS	D、PMOS、NMOS、R、C、L
	BiCMOS	D、BJT、PMOS、NMOS、R、C、L
GaAs 砷化镓	MESFET	D、LD、PD、MESFET、R、C、L
	HEMT	D、LD、PD、HEMT、R、C、L
	HBT	D、LD、PD、HBT、R、C、L
InP 磷化铟	HEMT	D、LD、PD、HEMT、R、C、L
	HBT	D、LD、PD、HBT、R、C、L

注　表中部分英文简写说明如下：
*LD：Laser Diode，激光二极管；　*PD：Photo-Detector/Diode，光电探测器/二极管。

集成电路中每一种器件工艺都有各自特性，其中最重要的两个特性为速度和功耗，每种器件工艺希望速度越快越好、功耗越低越好。图 2.10 展示了几种常见器件工艺的速度、功耗性能对比图，图中速度用门延迟来表示，门延迟越小表示速度越高，例如图 2.10 中左下角区域表示既高速又低功耗，是工艺开发和电路设计的理想目标，另外由图 2.10 还可以看出，GaAs 潜在速度最高，而 CMOS 显然可以做到功耗最小。

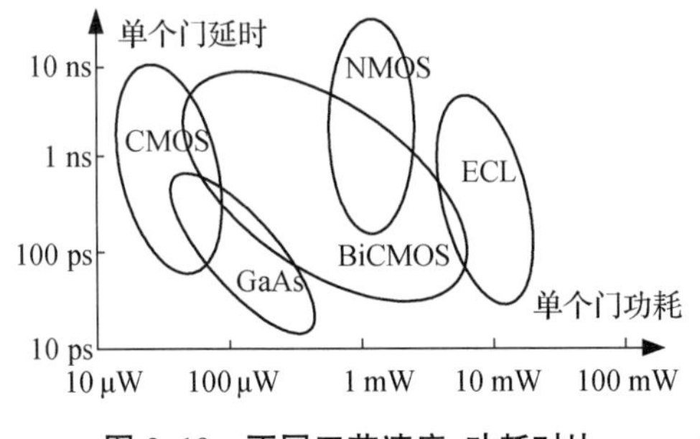

图 2.10　不同工艺速度、功耗对比

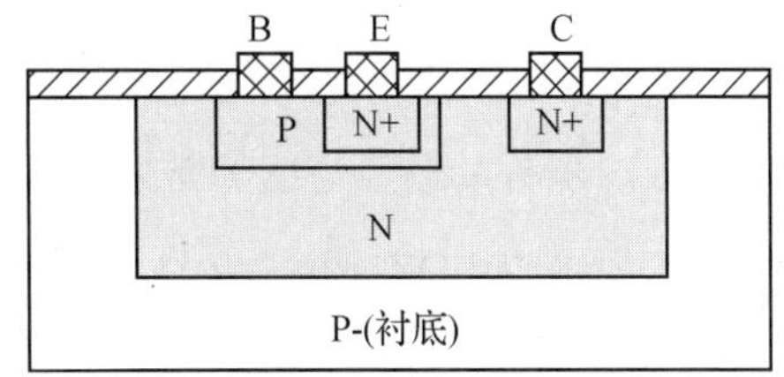

图 2.11　典型双极型硅晶体管剖面图

2.3.1　双极型工艺

双极型硅工艺具备高速度、高跨导、低噪声及阈值易控制等特性，典型的双极型硅工艺应用包括低噪声高灵敏度放大器、微分电路、复接器、振荡器等。图 2.11 所示为早期经典双极型 NPN 晶体管剖面图，其主要工艺特点包括：① 发射区高掺杂，利于带电粒子发射；② 基区面积很薄，利于控制基区电流；③ 集电极面积很大，便于收集发射区发射的绝大多数粒子。双极型晶体管最高速度取决于载流子通过基区到达集电区耗尽层的传输速度、主要器件寄生电容（如基区扩散电容和基区-集电区耗尽层电容）及向寄生电容充放电电流的大小。举例来说，当基区宽度小于 100 nm 时，传输时间可小于 10 ps，超高频 Si 双极型晶体管的特征频率 f_T 目前可以高于 40 GHz。

2.3.2 MOS 工艺

MOS 工艺，全称"金属-氧化物-半导体"工艺。具体包括 P 沟道 MOS（PMOS 工艺）、N 沟道 MOS（NMOS 工艺）和互补型 MOS（CMOS 工艺）等，有些 MOS 工艺还会集成双极型 BJT 工艺，所以又叫 BiCMOS 工艺。如图 2.12 所示，不同时期的 MOS 工艺可以按其沟道载流子特性和栅极材料及金属层数进行分类，早期 PMOS 工艺与 NMOS 工艺一般为铝栅工艺，后期随着技术的进步逐步出现了硅栅工艺。另外金属连线的层数也越来越多，从早期的 1 层、2 层连线，到现在的 6 层以上金属连线比比皆是。

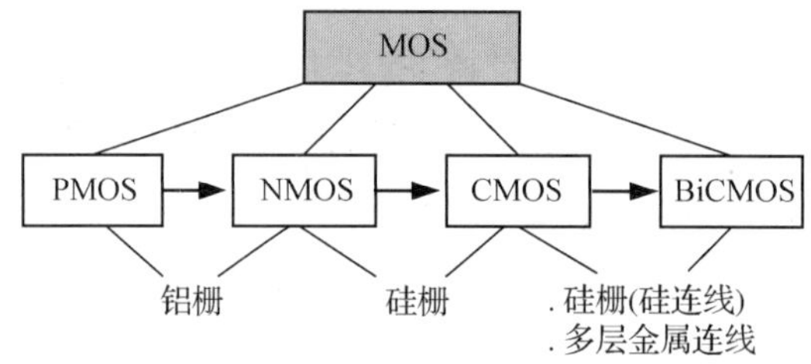

图 2.12　MOS 工艺的分类与特点

反映 MOS 工艺特征水平的另一个重要参数就是特征尺寸。所谓特征尺寸，就是工艺可以实现的平面结构的最小尺寸，通常是指该工艺条件下最窄的线宽。在数字集成电路设计中，由于 MOS 器件的栅极长度通常采用最窄的线条来实现，所以特征尺寸往往就是沟道方向栅极的长度，简称栅长，MOS 器件工艺的栅长已经从 20 世纪 70 年代 10 μm 附近，逐步改进减小至目前主流的 28 nm 与 14 nm，所有的 MOS 器件都属于场效应晶体管（Field Effect Transistor，简称 FET）类型，相比于现有双极型类型器件而言，主要优点为结构简单和体积小巧，作为现代超大规模集成电路（VLSI）的基础，MOS 器件工艺的发展史实际上就直接反映了 VLSI 的发展历史，下面按照历史发展的先后对 MOS 器件工艺加以简要介绍。

1) PMOS 工艺

(1) 铝栅工艺

铝栅 MOS 工艺的缺点是制造源极、漏极与制造栅极需要两次掩模步骤，而两次掩模不容易对齐,犹如早期报纸彩色印刷中各种颜色套印一样,如果对不齐,彩色图像就会发虚难看,铝栅工艺中两次掩模若对不齐,则可能造成所构造的晶体管参数存在误差,甚至于引起沟道中断,无法做好 MOS 器件,图 2.13 即为铝栅 PMOS 工艺中铝栅与氧化层之间错位示意图。

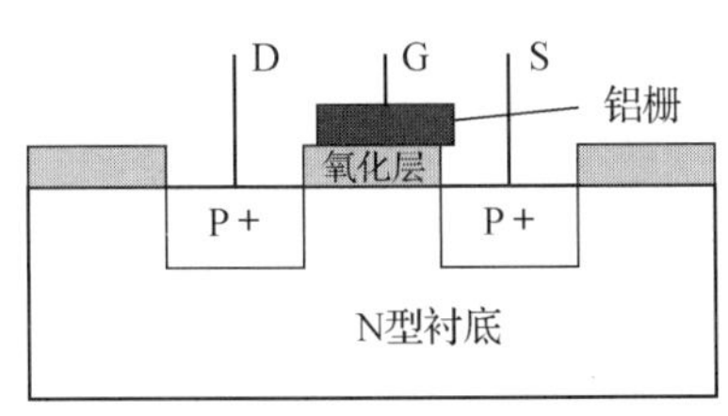

图 2.13　铝栅 PMOS 工艺错位示意图

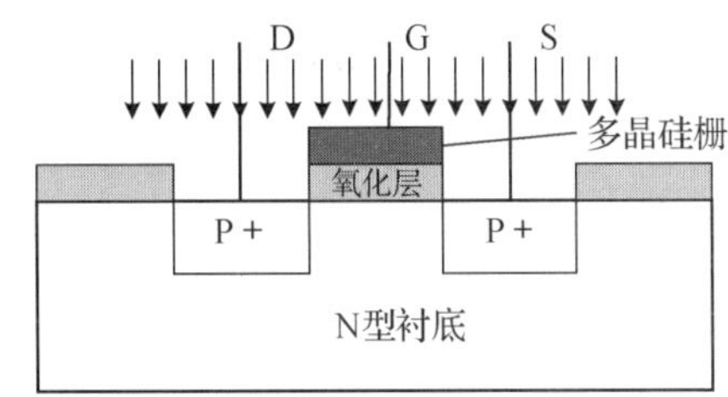

图 2.14　自对准硅栅工艺示意图

(2) 自对准硅栅工艺

20 世纪 70 年代前后,出现了如图 2.14 所示采用自对准技术的硅栅工艺。多晶硅(Polysilicon)原是绝缘体,经过重度掺杂扩散后,由于增加了可以移动的载流子从而变为导体,可以用作电极和电极引线。在硅栅工艺中,MOS 管的三个电极源极 S、漏极 D 与栅极 G 采用一次掩模步骤形成,避免了铝栅工艺二次掩模对不齐的缺陷,其加工过程中先利用感光胶保护,刻出栅极,再以多晶硅为掩模,刻出源极与漏极区域,此时的多晶硅还是绝缘体或非良导体,经过扩散后,杂质不仅进入源区与漏区形成了源极和漏极,还进入多晶硅使其成为导电的栅极和栅极引线。

硅栅工艺的优点主要表现在:① 采用自对准技术,无须重叠设计,减小了电容,提高了速度;② 无须重叠设计,减小了 MOS 管器件尺寸,MOS 管尺寸减小,不但提高了速度,同时也增加了集成度;③ 电路可靠性进一步增强。

2) NMOS 工艺

事实上,由于电子的迁移率 μ_e 大于空穴的迁移率 μ_h,一般情况下有 $\mu_e \approx 2.5\mu_h$,所以采用 N 沟道的 FET 工作速度要比 P 沟道的 FET 工作速度更快,因此,在 1972 年 NMOS 制作工艺被攻克后,MOS 工艺迅速从 PMOS 转换为 NMOS 工艺。

图 2.15 为基于 P 型衬底的 NMOS 结构示意,与 PMOS 工艺一样,NMOS 工艺中只存在单一类型的 N 型导电沟道,只能构建 NMOS 器件,所以为了进一步提高 MOS 工艺电路的灵活性,一种可以同时构建 PMOS 与 NMOS 器件的 CMOS 工艺应运而生。

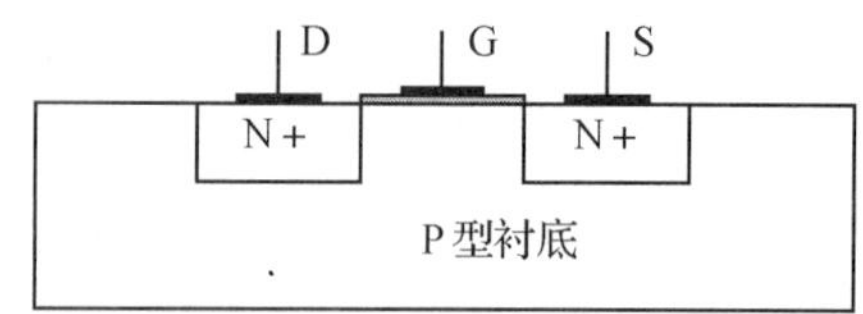

图 2.15 NMOS 工艺结构示意

3) CMOS 工艺

常见的 CMOS 工艺可以分为 N 衬底 P 阱 CMOS 工艺、P 衬底 N 阱 CMOS 工艺以及双阱 CMOS 工艺，目前以 N 阱工艺与双阱工艺应用居多。

(1) P 阱 CMOS 工艺

P 阱 CMOS 工艺以 N 型单晶硅为衬底，在 N 型衬底上制作 P 阱。NMOS 管做在 P 阱内，而 PMOS 管直接做在 N 型衬底上。P 阱工艺包括用离子注入或扩散的方法，在 N 型衬底中掺进浓度足以中和 N 型衬底，并使其呈现 P 型特性的 P 型杂质，由此形成 P 阱，以保证 P 阱中 N 沟道器件的正常特性。电连接时 P 阱接最低电位，N 衬底接最高电位，通过反向偏置的 PN 结实现 PMOS 器件与 NMOS 器件之间的相互隔离。P 阱 CMOS 芯片剖面如图 2.16 所示。

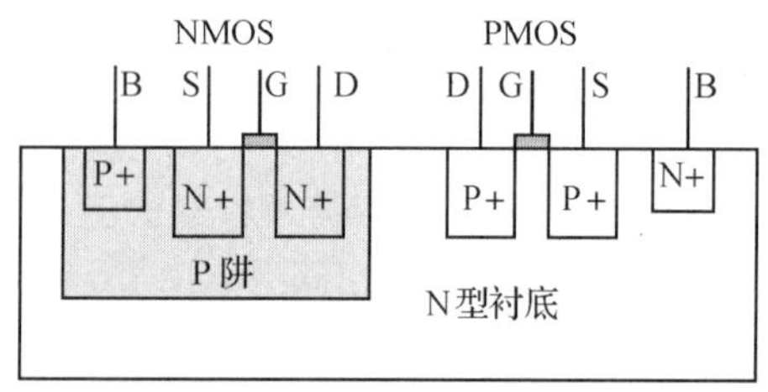

图 2.16 P 阱 CMOS 芯片剖面图

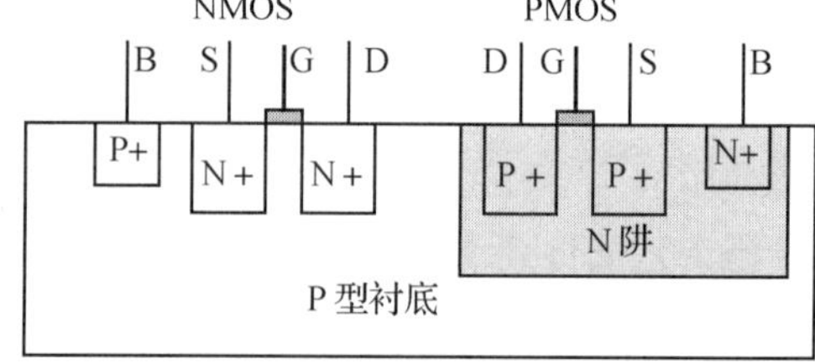

图 2.17 N 阱 CMOS 芯片剖面图

(2) N 阱 CMOS 工艺

N 阱 CMOS 工艺恰恰与 P 阱 CMOS 工艺相反，如图 2.17 所示，它在 P 型衬底上形成 N 阱，PMOS 管在 N 阱中制作，而 NMOS 管则是直接在 P 型衬底上制作，这种方法与标准的 NMOS 工艺是兼容的。在这种情况下，只是 N 阱中和了 P 型衬底，然后在 N 阱中增加了 PMOS 器件。电连接时 P 型衬底接最低电位，N 阱接最高电位，同样通过反向偏置的 PN 结实现 PMOS 器件与 NMOS 器件之间的相互隔离。

早期 CMOS 工艺中的 N 阱工艺和 P 阱工艺两者并存发展。但是由于 N 阱 CMOS 工艺中 NMOS 管直接在 P 型硅衬底上制作，有利于发挥 NMOS 器件高速性能的优势，因此，N 阱 CMOS 工艺逐渐成为最常用工艺。

(3) 双阱 CMOS 工艺

随着集成电路工艺的不断进步,集成电路的特征尺寸不断缩小,传统单阱工艺在某些条件下已不能满足设计要求,双阱工艺由此应运而生。通常双阱 CMOS 工艺采用的原始材料是在 N+或 P+衬底上外延一层轻掺杂的外延层,然后用离子注入的方法同时制作 N 阱和 P 阱。使用双阱工艺不但可以提高器件密度,还可以有效地控制寄生晶体管的影响,抑制闩锁效应。如图 2.18(a)为双阱 CMOS 工艺剖面示意图,图中双阱中各自对应的 PMOS 管与 NMOS 管通过外部电路连接,构成了一个 CMOS 反相器电路,对应反相器电路如图 2.18(b)所示。

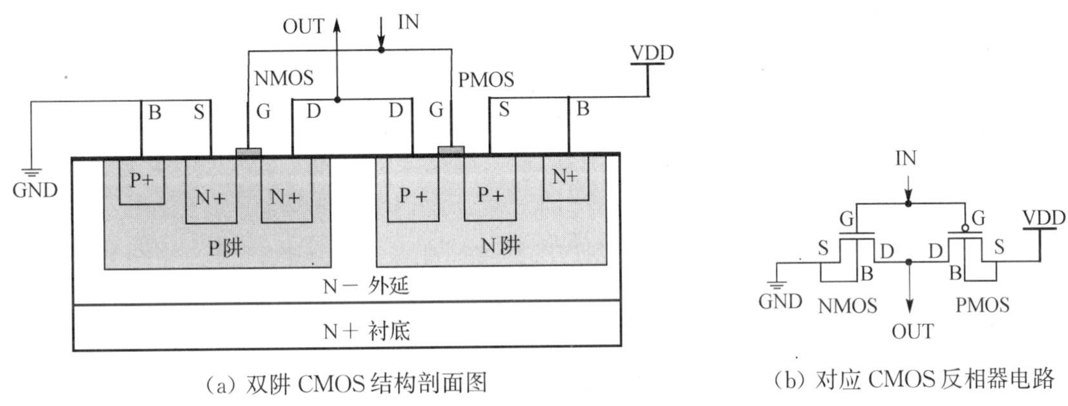

(a) 双阱 CMOS 结构剖面图　　(b) 对应 CMOS 反相器电路

图 2.18　双阱 CMOS 反相器结构剖面与反相器电路图

2.3.3 BiCMOS 工艺

双极型器件具有速度快、驱动能力强和噪声低等性能优点,但功耗大且集成度低,相比而言,CMOS 器件则具有功耗低、集成度高和抗干扰能力强等优点,但是其工作速度相对较低、驱动能力弱,在有高频、高速、大功率驱动等要求环境下难以适应,所以一种集成了双极型工艺与 CMOS 工艺双重技术优点的 BiCMOS 工艺技术应运而生。BiCMOS 工艺是将双极型器件与 CMOS 器件制作在同一芯片上,这样就同时集成了双极型器件的高跨导、强驱动和 CMOS 器件高集成度、低功耗优点,可以使它们互相取长补短,发挥各自器件的优点,从而实现高速、强驱动性能的同时,实现高集成度设计。

BiCMOS 工艺技术大致可以分为两类,即基于 CMOS 工艺的 BiCMOS 工艺和基于双极型工艺的 BiCMOS 工艺。一般来说,基于 CMOS 工艺的 BiCMOS 工艺,源自于 CMOS 工艺,对保证 CMOS 器件的性能比较有利;同样基于双极型工艺的 BiCMOS 工艺,其源自于双极型工艺,故对保证双极型器件的性能有利。影响 BiCMOS 器件性能的主要部分是双极型部分,因此以双极型工艺为基础的 BiCMOS 工艺应用较多。以 N 阱 CMOS 工艺为基础的

BiCMOS 工艺实现的器件结构示意如图 2.19 所示，可以看到图中纵向 NPN 双极型晶体管直接在 P 型衬底上生成。

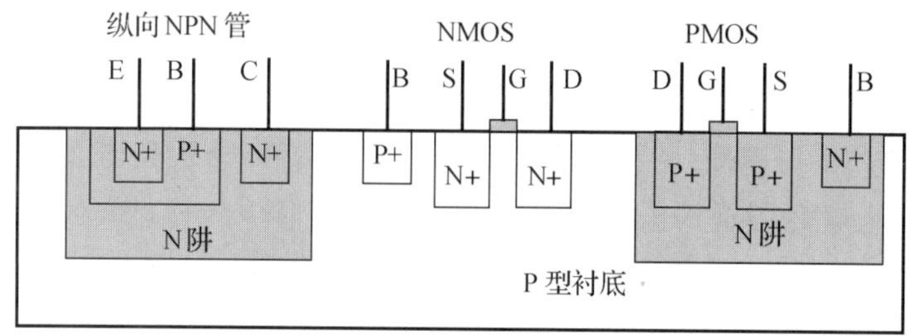

图 2.19　N 阱 BiCMOS 工艺结构示意图

集成电路设计特别是模拟集成电路设计中，往往在多数用到 CMOS 器件的同时，也会部分或少量地用到双极型器件（BJT 器件），例如集成电路中一种十分常用的带隙基准电压源电路如图 2.20 所示，该基准电压源电路用于产生不随温度与电源电压变化而变化的直流电压，一般作为芯片内部的参考基准电压使用，该电路典型设计方案中，除了用到 CMOS 器件之外，还需少量用到 PNP 晶体管，此时除了可以采用 BiCMOS 工艺之外，也可以采用标准 CMOS 工艺，此时利用标准 CMOS 工艺中寄生 PNP 晶体管就可以设计实现该功能电路。带隙基准电压源电路原理图如图 2.20(a)所示，图中 T_1 与 T_2 晶体管即为标准 CMOS 工艺中常带的寄生 PNP 管，寄生 PNP 管三个电极 E、B、C 参见图 2.20(b)所示，分别为 P＋注入、N 阱和 P 型衬底。

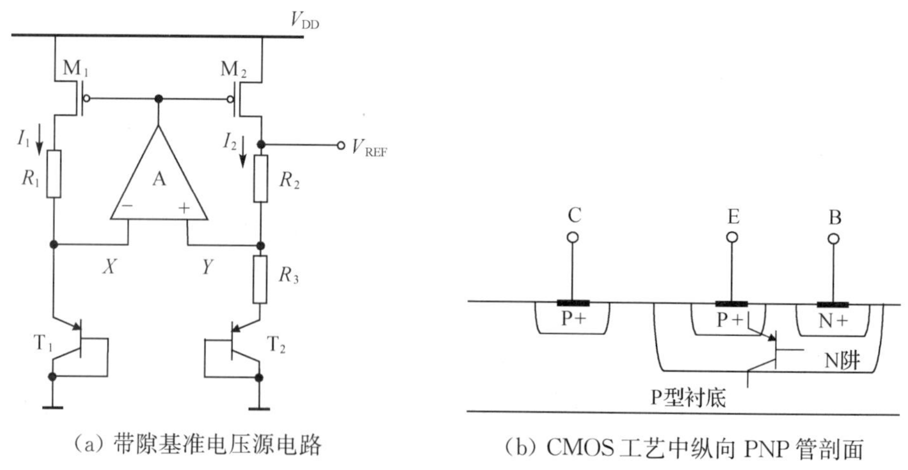

(a) 带隙基准电压源电路　　(b) CMOS 工艺中纵向 PNP 管剖面

图 2.20　带隙基准电压源电路举例

有关利用标准 CMOS 工艺，如何设计实现带隙基准电压源的具体案例，后续章节会逐步展开详细分析、阐述。

集成电路设计领域的主要材料，包括导体、绝缘体和半导体，集成电路加工过程中利用其材料的不同特点，制作加工集成电路的不同结构部分，材料性质的不同，直接影响集成电路电气性能。导体主要包括铝或铜，绝缘体主要是指二氧化硅，半导体可区分纯净半导体和化合物半导体，考虑到不同的性能需求和成本开销，两种半导体材料均有不同运用领域。

有关集成电路制造工艺，作为集成电路设计工程师，了解掌握集成电路整个生产加工流程，对提高芯片设计流片“一次性成功率”与改善芯片性能均大有裨益，毕竟再好的芯片设计最终还得依靠生产线加工实现。生产线的制造水平、工艺特点，以及由生产线提取出的器件工艺模型精度，与芯片的最终设计性能息息相关。

最后，本章还着重介绍了集成电路器件工艺，并重点介绍了目前应用最为广泛的硅基材料 CMOS 工艺，鉴于 CMOS 工艺目前市场上的广泛应用，本书后续各种案例均是以硅基 CMOS 工艺为基础开展设计方法与设计流程介绍的。

Tips　技术前沿：从平面型 MOSFET 到三维立体 FinFET

随着半导体器件特征尺寸按摩尔定律等比例缩小，芯片的集成度不断提高，出现众多的负面效应使得传统的平面型 MOSFET 在半导体技术发展到 22 nm 时遇到了瓶颈，尤其是短沟道效应显著增大，导致器件关断后的漏电流也会急剧增加，针对此问题三维立体鳍式场效应管(FinFET)应运而生。

三维立体 FinFET 与平面型 MOSFET 结构的主要区别在于其导电沟道由绝缘衬底上凸起的高而薄的鳍(Fin)构成，如图 2.21(a)所示，其中漏、源两极分别在其两端，而栅极则是围绕鳍片的顶部与两侧构成三栅结构，不同于图 2.21(b)所示传统的平面型 MOSFET，FinFET 这种立体三栅结构增大了栅极对沟道的控制范围，从而可以有效缓解平面器件中出现的短沟道效应。

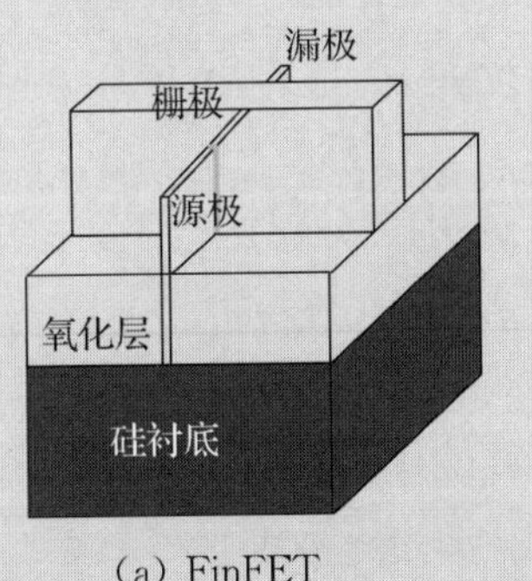

(a) FinFET

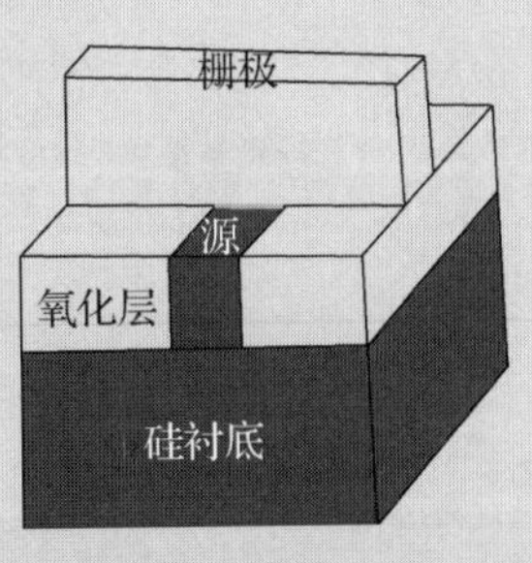

(b) 平面型 MOSFET

图 2.21　FinFET 与 MOSFET 结构示意图

习题与思考题

1. 集成电路内部材料主要分为哪几类？各自有何特点，分别用作集成电路的何种结构？

2. 简述集成电路制造加工主要流程，并概要介绍各个步骤主要作用。

3. 硅基材料主要的集成电路器件工艺包括哪些？

4. 绘制 N 阱/P 型衬底情况下的 CMOS 反相器剖面结构图，并对照反相器电路完成各电极的正确连接。

5. 相比于早期的铝栅工艺，硅栅工艺的技术优点主要体现在哪些方面？

6. 为何相同条件下 NMOS 器件的工作速度要比 PMOS 的工作速度更快？

参考文献

[1] 王志功，陈莹梅. 集成电路设计[M]. 3 版. 北京：电子工业出版社，2013.

[2] Donald A Neamen. 半导体物理与器件[M]. 赵毅强，姚素英，史再峰，等译. 4 版. 北京：电子工业出版社，2011.

[3] 田民波. 图解芯片技术[M]. 北京：化学工业出版社，2022.

[4] R Jacob Baker. CMOS 集成电路设计手册：模拟电路篇[M]. 张雅丽，朱万经，张徐亮，等译. 3 版. 北京：人民邮电出版社，2014.

03

第3章 MOSFET 特性回顾与进阶

关键词

- PMOS、NMOS、沟道长度、沟道宽度、栅氧层厚度
- 阈值电压、过驱动电压、线性区、深线性区、饱和区、截止区、伏安特性方程
- 衬底偏置效应、沟道调制效应、亚阈值效应、温度效应
- 按比例缩小特性、高阶效应

内容简介

本章是对 MOSFET 基本特性的回顾与深入学习。

3.1 节至 3.3 节，回顾了 MOS 器件基本知识，多数内容本科电子技术基础或者模拟电子技术等课程中已经讲述，是集成电路设计或电子信息大类本科专业的必修内容。本章首先对其做一简要回顾，特别加强了芯片设计需要的 MOS 器件几何参数内容，这一点有别于本科阶段前序课程。

从 3.4 节开始，补充加强集成电路设计需要考虑且经常用到的 MOS 特性与效应，可以作为 MOSFET 特性学习的进阶。毕竟集成电路设计因为需要设计和优化器件参数，而不仅仅是模电等课程简单使用器件，所以掌握 MOSFET 特性的广度与深度需要加强。本章顺序补充讲授了 MOS 器件的温度特性、噪声特性、高阶效应以及按比例缩小特性等，为后续电路设计参数选择与优化夯实理论基础。

3.1 MOSFET 概述

3.1.1 MOSFET 类型

金属-氧化物-半导体场效应管(Metal-Oxide-Semiconductor Field Effect Transistor,简称 MOSFET),由导体、绝缘体和杂质半导体三种材料组合而成,这一结构最主要作用是在外接电压作用下,于半导体表面感应出与原来掺杂类型相反的载流子,从而形成导电沟道,用于控制流经电流的大小。

根据导电沟道中载流子的不同类型,MOSFET 可分为 NMOS 管和 PMOS 管两类,其中导电沟道中多数载流子为电子的,称为 NMOS 管,导电沟道中多数载流子为空穴的,称为 PMOS 管。

根据沟道导通条件,当栅-源电压为零,即 $V_{GS}=0$ 时导电沟道是否存在,MOSFET 也可分为增强型和耗尽型两种。增强型(Enhancement-Mode)简称 E 型,在栅-源电压为零时不存在导电沟道;耗尽型(Depletion-Mode)简称 D 型,在栅-源电压为零时已经存在原始导电沟道。由于 CMOS 技术中全部采用增强型器件,因此除非另外说明,本书后续所有 NMOS 管和 PMOS 管均指增强型。

3.1.2 MOSFET 符号

MOSFET 典型符号如图 3.1 所示。图 3.1(a)画出了 MOS 管的所有四个电极,其中衬底用 B(Bulk)表示,因为 PMOS 管源极电位实际使用时比栅极电位要高,电路图设计时为直观方便,PMOS 管源极 S 放在上端,即更接近电源一侧。

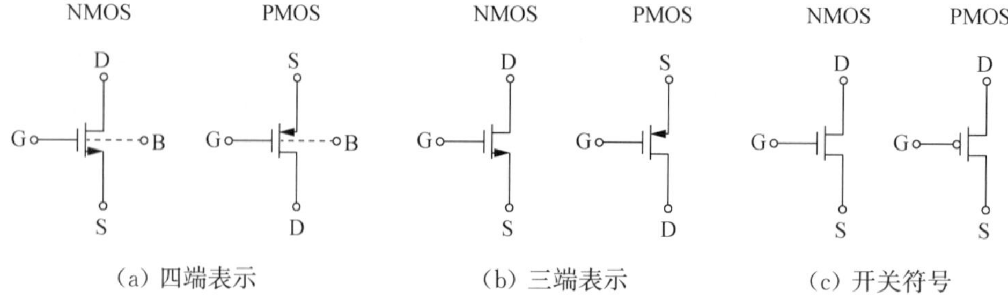

图 3.1 MOSFET 典型符号

图 3.1(b)只给出了 MOS 管的三个电极,这是由于在大部分电路中,NMOS 管和

PMOS 管的衬底分别默认接地和电源，所以电路原理图绘制时也常省略这一连接。注意，目前多数器件工艺，衬底 B 既可以接电源或地，也可以直接与源极 S 相连，特别是多层 MOS 器件堆叠时，中间层 MOS 器件的 B 极直接与源极 S 相连情况更多，此时如果中间层 MOS 器件的 B 极还依然接电源或地，无论是 PMOS 还是 NMOS 器件，均会产生衬底偏置效应，模拟电路设计时往往需要考虑其产生的影响。

图 3.1(c)是数字电路中习惯使用的开关符号。数字电路中两种 MOS 管都工作于线性区，处于开关状态，对于衬底 B 的连接方式不是很敏感，而数字电路规模一般都比较大，为简化起见，往往忽略衬底 B 的绘制，同时栅极用有无圈号可以更加快捷地区分 PMOS 与 NMOS 类型。

本书在没有特意强调衬底 B 特殊连接方式的情况下，均默认 MOS 管的衬底 B 与源极 S 连接在一起。

3.1.3 MOSFET 结构

NMOS 管纵向剖面结构如图 3.2(a)所示。器件制作在 P 型衬底(Substrate，也称作 Bulk)上，两个重掺杂的 N+区分别称为源区和漏区，通过与金属导体的欧姆接触，形成器件的源极 S(Source)、漏极 D(Drain)，多晶硅区(Poly)构成器件的栅极 G(Gate)，一层薄薄的 SiO_2(称为栅氧层)使栅极与衬底相隔离，栅氧层以下的衬底区域为有效工作区。由于衬底电位对器件的特性有很大影响，通常情况下 NMOS 管的衬底通过 P+区连接到系统的最低电位上，以确保源-漏区的 PN 结反向偏置。

> **Tips　欧姆接触**
>
> 半导体通过高掺杂，实现与金属之间的低阻值连接。

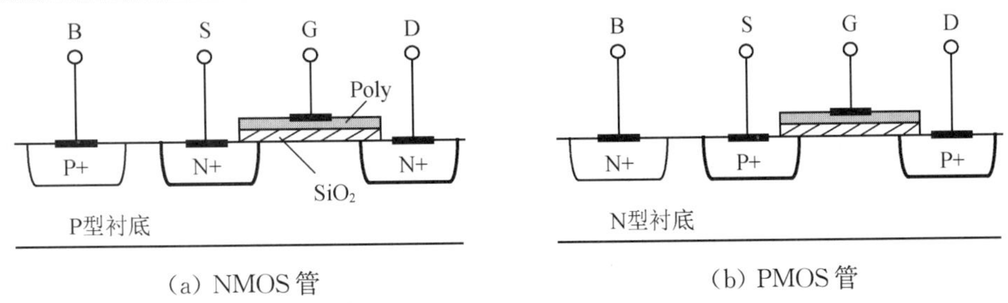

(a) NMOS 管　　(b) PMOS 管

图 3.2　MOS 管纵向剖面示意图

图 3.2 结构中源极和漏极是对称的，在没有确定外接偏置电压高低之前，漏极与源极是可以互换使用的，一般而言，提供载流子的电极为源极，收集载流子的电极为漏极，对于 NMOS 管而言，多数载流子形成的是电子电流，由源极流进、漏极流出，所以漏极 D 电位高

于源极 S 电位；对于 PMOS 管而言，多数载流子形成的是空穴电流，同样由源极流进、漏极流出，所以漏极电位低于源极电位。

PMOS 管纵向剖面结构如图 3.2(b)所示，在 N 型半导体上制作 2 个高掺杂 P+型区和 1 个隔离栅极。CMOS 工艺中，当 NMOS 与 PMOS 两种类型的器件制作在同一衬底上时，其中某一种类型的管子就要做在一个“局部衬底”上，这个局部的衬底称之为“阱”。目前大多数的单阱 CMOS 工艺是将 PMOS 管做在 N 阱中，而 N 阱则是坐落在 P 型衬底之上，如图 3.3 所示，所有 NMOS 管共享同一 P 型衬底，该衬底一般连接到系统最低电位(通常是地)上，PMOS 管则是制作在 N 阱中，可以有不同的阱电位，但每个阱电位在任何情况下都必须确保 N 阱与 P 型衬底之间的电压反偏，防止 P 型衬底与 N 阱之间的导通漏电，因此 N 阱多数是连接到系统的最高电位(通常是 V_{DD})上，个别有多层 MOS 器件结构的电路，有些 N 阱也会独立与中间层的 PMOS 源极相连，从而取电源与地之间的中间某电位。

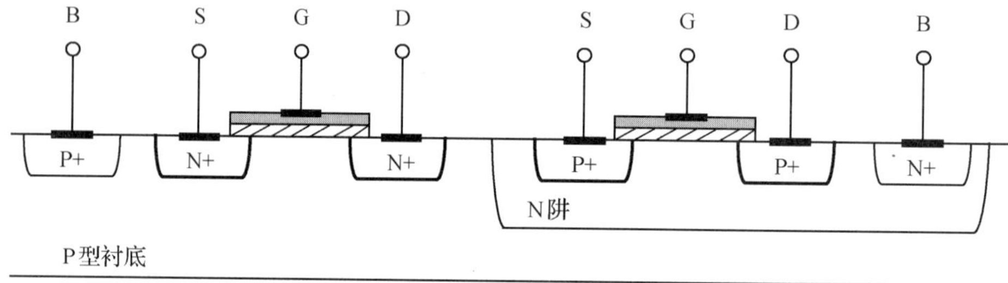

图 3.3　单阱 CMOS 工艺 N 阱纵向剖面示意图

随着集成电路特征尺寸不断缩小，传统单阱工艺有时已经不能满足要求，因此出现了双阱工艺。参见前文图 2.18 所示就是把 NMOS 管和 PMOS 管都制作在各自的阱内，NMOS 管在 P 阱内，PMOS 管在 N 阱内，每个管子都可以有各自的阱电位。应用双阱工艺不但可以提高器件密度，还可以有效消除 MOS 管的一些二阶效应，同时减小寄生器件影响，另外还可以降低芯片衬底噪声扩散导致的各种影响。

3.1.4　MOSFET 几何参数

MOSFET 有三个主要的几何参数，即栅极下方导电沟道长度 L、沟道宽度 W 以及栅氧层厚度 t_{ox}，实际版图绘制时，分别以栅极的长度/宽度代替导电沟道的长度和宽度，图 3.4 描述了几何参数与 MOS 管物理结构之间的关系。漏-源方向沟道尺寸称为沟道长度，与之垂直方向的沟道尺寸称为沟道宽度，栅极与衬底之间 SiO_2 的厚度称为栅氧层厚度。其中 L 和 t_{ox} 对 MOS 电路性能起着非常重要的作用，CMOS 工艺技术的进步历程，就是在不使器件其他参数退化的前提下，不断减小这两个参数，使得芯片尺寸越来越小、速度越来越高。

上述三个主要参数中，可供芯片电路设计工程师修改的参数，只有水平方向的沟道长度 L 和宽度 W，芯片垂直方向的栅氧层厚度 t_{ox} 是由工艺厂家固定给出的，电路设计工程师不允许自行修改。

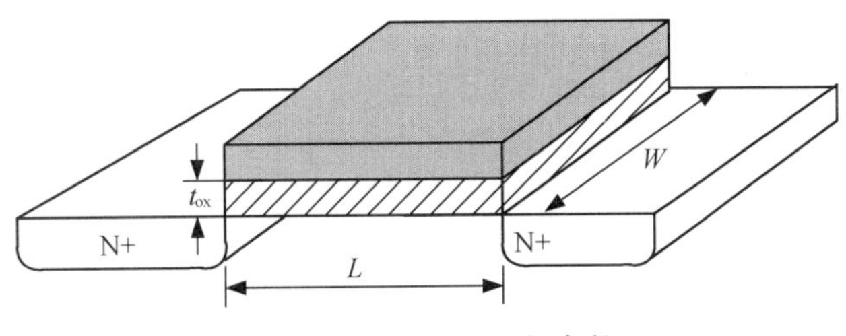

图 3.4　MOSFET 几何参数

另外需要注意的是，芯片加工过程中，器件实际 L 和 W 并不是原先版图上所绘制的沟道长度和宽度，存在一定工艺偏差。以沟道长度为例，设版图上所绘制的沟道长度为 L_{drawn}，由于在蚀刻过程中多晶硅被腐蚀掉了，因此加工完成后的实际沟道长度缩小为 L_{final}，又由于制造过程中源极与漏极的横向扩散，所以漏-源之间的实际距离仅为 L，称为有效沟道长度，如图 3.5 所示。

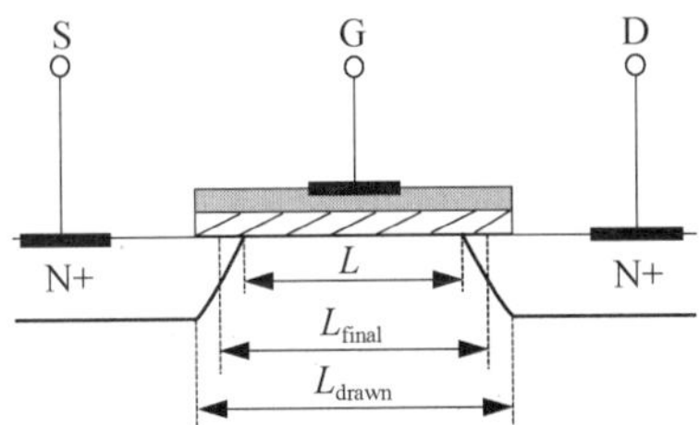

图 3.5　MOSFET 有效沟道长度

3.2 MOSFET 阈值电压

NMOS 管阈值电压的产生过程如图 3.6 所示。在图 3.6(a)中，在正栅源电压($V_{GS}>0$)，绝缘层介质中产生了一个垂直于半导体表面的、由栅极指向 P 型衬底的电场。由于绝缘层很薄，因此即使只有很低的 V_{GS} 电压，也可产生高达 $10^5 \sim 10^6$ V/cm 数量级的强电场，该强电场排斥栅极附近 P 型衬底中的空穴，留下不能移动的负离子，形成耗尽层。

图 3.6(b)中，随着 V_{GS} 的上升，上述电场将排斥更多的空穴，使得耗尽层厚度增加，同时吸引 N+区的电子到达绝缘层下方的衬底表面，当这个区域聚积了足够数量的电子时，就形成一个 N 型薄层，称为反型层，该反型层把同为 N 型的源区和漏区连为一体，从而构成了从

漏极到源极的导电沟道，这种在 $V_{GS}=0$ 时没有导电沟道而必须依靠 V_{GS} 的作用才生成导电沟道的 FET 称为增强型 FET。

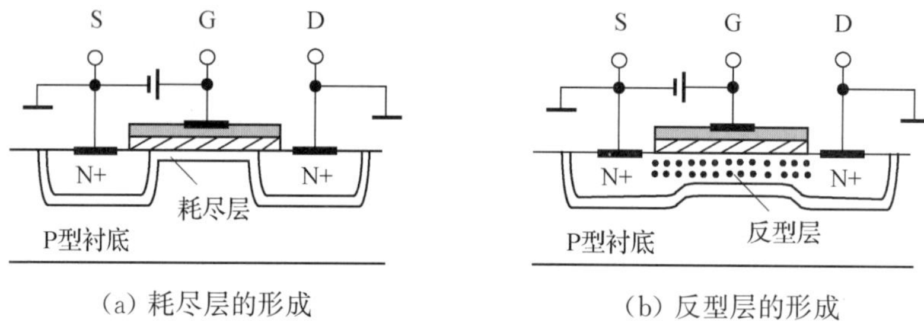

(a) 耗尽层的形成　　(b) 反型层的形成

图 3.6　NMOS 管导电沟道(即反型层)

以上刚刚形成的反型层只是一种弱反型层，即反型层中电子的浓度还低于原来空穴的浓度，显然 V_{GS} 越大，吸引到衬底表面的电子就越多，其浓度就越高。当电子浓度达到原先 P 型衬底空穴浓度时，就称为强反型层，此时 V_{GS} 称为阈值电压，又称沟道开启电压，记作 V_{TH}。不过阈值电压 V_{TH} 的定义并不适用于 V_{TH} 的测量，因为很难准确界定何时反型层中的电子浓度等于 P 型衬底中的空穴浓度。在半导体物理学中可以证明，若忽略氧化层中可移动的正离子和固定电荷的影响，同时忽略界面势阱的影响，则阈值电压为

$$V_{TH}=\Phi_{MS}+2\Phi_F+\frac{Q_d}{C_{ox}} \tag{3-1}$$

式(3－1)中，Φ_{MS} 为多晶硅栅与硅衬底之间的接触电势差；Φ_F 称为费米势，$\Phi_F=(kT/q)\ln(N_{sub}/n_i)$，其中 k 是玻尔兹曼常数，T 是热力学温度，q 是电子电量，N_{sub} 是衬底的掺杂浓度，n_i 是硅材料本征载流子浓度；Q_d 为耗尽区电荷密度，$Q_d=\sqrt{4q\varepsilon_{Si}|\Phi_F|N_{sub}}$，其中 ε_{Si} 是硅的介电常数；C_{ox} 为单位面积的栅氧电容，例如当栅氧层厚度 $t_{ox}\approx 50$ Å 时，$C_{ox}\approx 6.9\ \text{fF}/\mu\text{m}^2$，当 $t_{ox}\approx 100$ Å 时，$C_{ox}\approx 3.45\ \text{fF}/\mu\text{m}^2$，对于其他的 t_{ox}，C_{ox} 的值可以按比例确定(1 Å$=10^{-10}$ m)。

PMOS 管的导通现象类似于 NMOS 管，但导电沟道类型、电压极性以及电流方向等都与 NMOS 管相反。如图 3.7 所示，只要 V_{GS} 足够"负"，在栅氧化层和 N 型衬底之间就会形成一个由空穴组成的反型层，进而形成连接漏极和源极的 P 型导电沟道。PMOS 管的阈值电压可表示为

$$V_{TH}=\Phi_{MS}-2\Phi_F+\frac{Q_d}{C_{ox}} \tag{3-2}$$

由式(3－1)和式(3－2)可知，在工艺环境确定后，MOS 管的阈值电压 V_{TH} 受衬底的掺杂浓度 N_{sub} 影响明显，因此在器件制造过程中往往通过向沟道区注入杂质(称为离子注入技术)来调整阈值电压，目的是改变二氧化硅界面附近衬底的掺杂浓度。以图 3.8 NMOS

管为例，若在 P 型衬底中注入三价离子形成 P+薄层，那么为了形成强反型层，需要排斥更多的空穴以建立更厚的耗尽层，因此其栅极电压必须提高，从而提高了阈值电压。

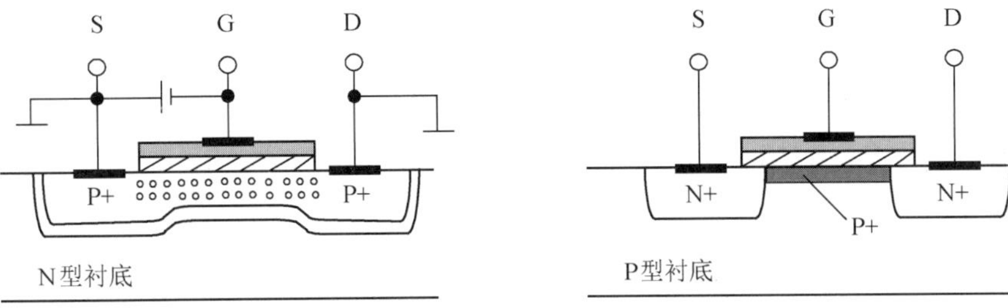

图 3.7　PMOS 管导电沟道　　图 3.8　通过离子注入技术改变 NMOS 管阈值电压

3.3 MOSFET 伏安特性

3.3.1 NMOS 管伏安特性

MOS 管输出特性是指在栅源电压 V_{GS} 一定的情况下，漏极电流 I_D 与漏源电压 V_{DS} 之间的函数关系，即

$$I_D = f(V_{DS})\Big|_{V_{GS}=\text{常数}} \tag{3-3}$$

NMOS 管输出特性曲线如图 3.9(a)所示。由图可见正常工作区域可分为截止区、线性区和饱和区三部分。为简化分析，以下采用强反型近似，即假定当 $V_{GS} \geqslant V_{TH}$ 时，表面发生强反型，沟道立即形成，器件导通；而当 $V_{GS} < V_{TH}$ 时，沟道突然消失，器件截止。

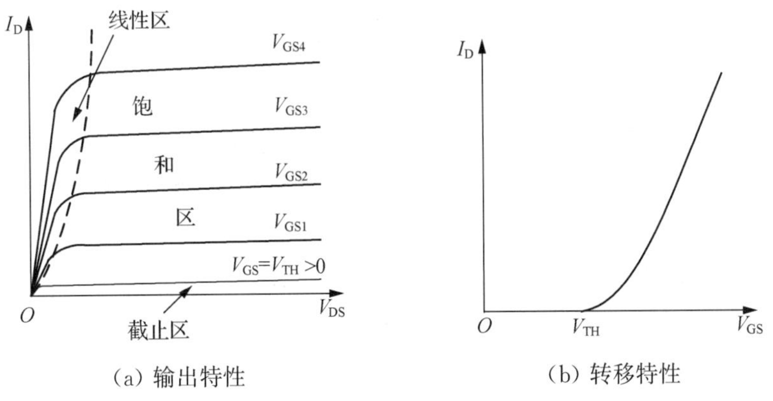

(a) 输出特性　　(b) 转移特性

图 3.9　NMOS 管伏安特性

1）截止区

$V_{GS}=V_{TH}$ 以下的区域。如前所述，当 $V_{GS}<V_{TH}$ 时，$I_D=0$，管内没有导电沟道，NMOS管截止；而当 $V_{GS}\geqslant V_{TH}$ 后，$I_D>0$，说明此时 NMOS 管被“开启”，故 V_{TH} 又称为开启电压。开启电压是增强型 MOS 管特有参数，对于增强型 NMOS 管，欲使管子导通，所加栅源电压必须为正值且满足 $V_{GS}\geqslant V_{TH}$。

2）线性区

当 $V_{GS}\geqslant V_{TH}$ 后，两个 N+区被连通，导电沟道形成。此时若 $V_{DS}=0$，则栅极与沟道中各点之间的电位差处处相等，因此沟道厚度处处相等，图 3.6(b)描述的正是这种情形。此时由于 $V_{DS}=0$，沟道内的电子不会产生定向移动，故漏极电流 $I_D=0$。注意 MOS 管一旦形成导电沟道，即使在无电流流过时也认为是导通的。

如果 $V_{DS}>0$，沟道内电子将产生定向移动，形成 I_D，方向从漏极流向源极。由于从漏极到源极电位不断降低，使得栅极与沟道中各点之间的电位差不再相等，于是沟道厚度不再均匀，如图 3.10(a)所示，由于栅极与源极之间的电位差最大为 V_{GS}，故此处的导电沟道最厚，而栅极与漏极之间电位差最小为 $V_{GD}=V_{GS}-V_{DS}$，故此处导电沟道最薄。

一旦 V_{DS} 增大到使得 $V_{GD}=V_{GS}-V_{DS}=V_{TH}$，即 $V_{DS}=V_{GS}-V_{TH}$ 时，则靠近漏极一侧的反型层消失，该处出现夹断点，称为预夹断，如图 3.10(b)所示。在预夹断发生之前，NMOS管工作的区域就称为线性区。

当 NMOS 管工作在线性区时，I_D 将随 V_{DS} 的增大而增大，两者之间的函数关系可近似表示为

$$I_D=K_N[2(V_{GS}-V_{TH})V_{DS}-V_{DS}^2] \tag{3-4}$$

其中

$$K_N=\frac{1}{2}\cdot K'_N\cdot\frac{W}{L}=\frac{1}{2}\cdot\mu_n C_{ox}\cdot\frac{W}{L} \tag{3-5}$$

式(3-5)中，K_N 称为导电因子；$K'_N=\mu_n C_{ox}$ 称为本征导电因子；μ_n 是电子反型层中的电子迁移率；C_{ox} 是单位面积栅氧电容；W/L 为导电沟道宽长比，注意这里的 L 是指有效沟道长度。由于对应每一个不同的 V_{GS}，沟道厚度是不同的，都有一条 I_D 随 V_{DS} 变化的曲线，因此输出特性是一族曲线，如图 3.9(a)线性区所示。

若 $V_{DS}\ll 2(V_{GS}-V_{TH})$，则式(3-4)可近似为

$$I_D=2K_N(V_{GS}-V_{TH})V_{DS} \tag{3-6}$$

说明此时 I_D 是 V_{DS} 的线性函数，称 NMOS 管工作于深线性区，可将 MOS 管等效为一只线

性电阻，阻值为

$$R_{ON}=\frac{V_{DS}}{I_D}=\frac{1}{2K_N(V_{GS}-V_{TH})} \tag{3-7}$$

R_{ON} 称为直流导通电阻。

由公式(3-7)和图 3.9(a)可见，V_{GS} 越大，直流导通电阻 R_{ON} 越小，所以 MOS 管作为数字开关导通使用时，一般都是工作于深线性区。

3) 饱和区

在预夹断发生之后，NMOS 管工作的区域称为饱和区。因为此时若 V_{DS} 继续增加，夹断点将从漏极开始向源极方向移动，从而出现一个夹断区，也就是反型层消失后的耗尽区，如图 3.10(c)所示。虽然沟道被夹断，但由于漏极与沟道之间仍存在强电场，故仍能将电子拉过夹断区而形成 I_D，只是 V_{DS} 增加的部分将主要降落在夹断区上，沟道未被夹断部分的压降则基本维持在($V_{GS}-V_{TH}$)，所以尽管 V_{DS} 增加，I_D 却基本不再增加，而是趋于饱和，呈现出恒流特性。

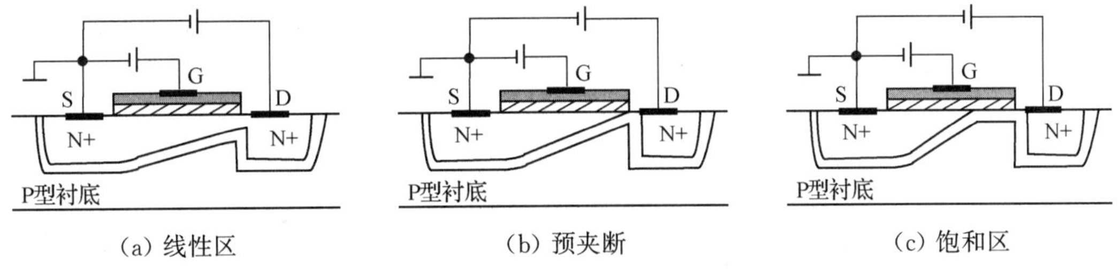

(a) 线性区　　(b) 预夹断　　(c) 饱和区

图 3.10 NMOS 管的线性区和饱和区

综上所述，图 3.9(a)中虚线 $V_{DS}=V_{GS}-V_{TH}$ 是线性区与饱和区的分界点，$V_{DS}<V_{GS}-V_{TH}$ 的区域为线性区，$V_{DS}>V_{GS}-V_{TH}$ 的区域为饱和区，($V_{GS}-V_{TH}$)称为过驱动电压。将 $V_{DS}=V_{GS}-V_{TH}$ 代入式(3-4)，便可得到饱和区的漏极电流为

$$I_D=K_N(V_{GS}-V_{TH})^2 \tag{3-8}$$

式(3-8)说明，饱和区 I_D 几乎与 V_{DS} 无关，而仅仅取决于 V_{GS}，I_D 与 V_{GS} 之间的关系曲线称为转移特性曲线，如图 3.9(b)所示。

为衡量 V_{GS} 对 I_D 的控制能力，引入跨导 g_m 概念。所谓 g_m 是指在漏源电压一定的情况下，漏极电流随栅源电压的变化率，即

$$g_m=\left.\frac{\partial I_D}{\partial V_{GS}}\right|_{V_{DS}=\text{常数}} \tag{3-9}$$

g_m 越大表示该 MOS 管越灵敏，在同样的($V_{GS}-V_{TH}$)作用下能控制更大的电流。

据式(3-8),饱和区的跨导为

$$g_m=\frac{\partial I_D}{\partial V_{GS}}\bigg|_{V_{DS}=常数}=2K_N(V_{GS}-V_{TH}) \tag{3-10}$$

恰好是深线性区 R_{ON} 的倒数。

据式(3-4),线性区的跨导为

$$g_m=\frac{\partial I_D}{\partial V_{GS}}\bigg|_{V_{DS}=常数}=2K_N V_{DS} \tag{3-11}$$

比较式(3-10)与式(3-11)可知,如果 NMOS 管从饱和区进入线性区,由于 $V_{DS}<(V_{GS}-V_{TH})$,g_m 就会下降。所以 MOS 管作为放大器件使用时,一般应处于饱和区。

3.3.2 PMOS 管伏安特性

不同于图 3.9 NMOS 管伏安特性曲线,PMOS 管的阈值电压 V_{TH} 是负值,PMOS 管的伏安特性曲线如图 3.11 所示。当 $V_{GS}\leqslant V_{TH}$ 时,导电沟道形成,管子导通。同样的,$V_{DS}=V_{GS}-V_{TH}$ 是线性区与饱和区的分界点,当 $V_{DS}>V_{GS}-V_{TH}$ 时,PMOS 管工作于线性区,当 $V_{DS}<V_{GS}-V_{TH}$ 时,PMOS 管工作于饱和区。

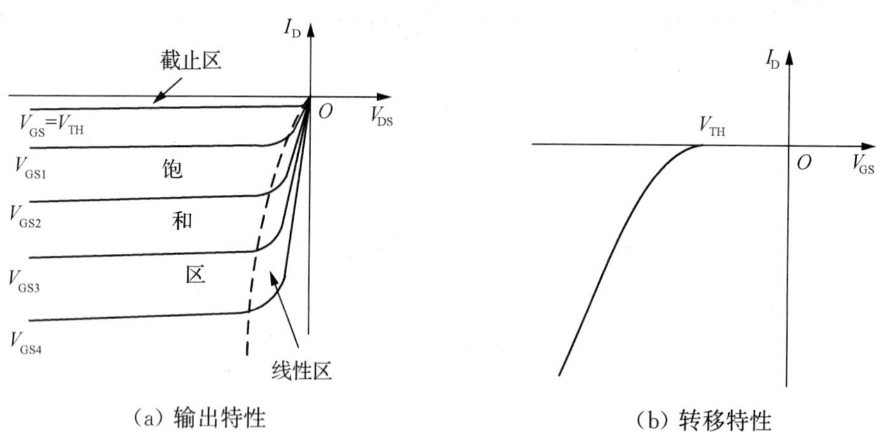

图 3.11 PMOS 管伏安特性

PMOS 管线性区输出特性方程为

$$I_D=-K_P[2(V_{GS}-V_{TH})V_{DS}-V_{DS}^2] \tag{3-12}$$

饱和区输出特性方程为

$$I_D=-K_P(V_{GS}-V_{TH})^2 \tag{3-13}$$

其中

$$K_P = \frac{1}{2} \cdot \mu_p C_{ox} \cdot \frac{W}{L} \tag{3-14}$$

式(3-14)中,K_P 是 PMOS 管的导电因子;μ_p 是空穴反型层中的空穴迁移率。式(3-12)和式(3-13)中之所以出现负号是因为假定 I_D 的参考方向为从漏极流向源极,而 PMOS 管 I_D 的实际流向是从源极到漏极。

应当指出,在大多数 CMOS 工艺中,PMOS 器件性能不如 NMOS 器件。例如通常情况下由于空穴迁移率 μ_p 是电子迁移率 μ_n 的 1/2～1/4,导致相同几何尺寸及工艺条件时 PMOS 器件的电流驱动能力较低。因此,只要有可能,设计师往往更倾向于采用 NMOS 器件而不是 PMOS 器件。

式(3-4)至式(3-6)以及式(3-12)至式(3-14)是 CMOS 电路设计的基础,它们描述了 I_D 与 $\mu_n C_{ox}(\mu_p C_{ox})$、$W/L$ 以及 V_{DS} 的关系,其中工艺项 $\mu_n C_{ox}(\mu_p C_{ox})$ 考虑的是工艺因素,几何尺寸项 W/L 则与器件的实际版图有关。以上六个公式构成了 MOSFET 的大信号模型,当信号会显著影响电路的偏置工作点时,尤其是要考虑非线性效应的情况下,大信号模型是必不可少的;反之,如果信号对偏置的影响非常小,就可以用小信号模型来简化计算,有关小信号等效模型,本科模拟电子线路课程已经详细介绍过,此处不再赘述。

3.4 MOSFET 温度特性

温度效应对 MOS 管性能的影响主要体现在阈值电压 V_{TH} 和导电因子 $K_N(K_P)$ 受温度的影响上,其中 $|V_{TH}|$ 将随着温度的升高而下降,而 $K_N(K_P)$ 是反型层载流子迁移率 $\mu_n(\mu_p)$ 的直接函数,实验表明在 MOS 管正常工作温度范围内,$\mu_n(\mu_p)$ 与温度近似成反比关系,因此 $K_N(K_P)$ 将随着温度的升高而降低,不过,因为 $K_N(K_P)$ 受温度的影响大于 $|V_{TH}|$ 受温度的影响,所以由式(3-4)、式(3-12)可知,当温度升高时,对于给定的 $|V_{GS}|$,总的效果是 $|I_D|$ 将减小,这种效应限制了功率 MOS 管的沟道电流,一定程度上有利于功率 MOS 管的稳定运行。

3.5 MOSFET 噪声特性

MOSFET 电路受到的噪声分为器件内部噪声和环境外部噪声,本节主要介绍器件内部噪声，主要包括两类，一类为热噪声(Thermal Noise)，另一类为闪烁噪声(Flicker Noise)。

1) 热噪声

和电阻一样，MOSFET 内部也存在热噪声，该热噪声主要由导电沟道内载流子无规则的运动产生。1 Hz 单位带宽内，热噪声电压值一般可以表示为：

$$\bar{v}_{n}^{2} \propto T\frac{2}{3g_{m}} \tag{3-15}$$

式中，T 是绝对温度；g_{m} 是 MOSFET 跨导，当 MOSFET 工作在饱和区时，g_{m} 可以近似表示为：

$$g_{m}=\sqrt{\frac{2\mu\varepsilon W}{t_{ox}L}I_{D}} \tag{3-16}$$

所以饱和区如果希望降低 MOSFET 热噪声，在降低温度的同时，可以考虑提高跨导的具体措施，例如提高沟道宽长比、提高漏极电流等。

2) 闪烁噪声

闪烁噪声是由沟道处二氧化硅栅氧层与硅衬底界面上载流子充放电引起的。单位带宽内，闪烁噪声电压值可以表示为：

$$\bar{v}_{n}^{2}=\frac{K}{C_{ox}WL}\cdot\frac{1}{f} \tag{3-17}$$

式中，K 是一个与工艺有关的常量，数量级为 $10^{-25}\,V^{2}\cdot F$。

由公式可以看出，MOSFET 闪烁噪声与温度和工作电流无关，但是同时我们也可以发现：

(1) 闪烁噪声与沟道面积成反比，面积越大闪烁噪声越低，所以许多低噪声设计中经常有采用大尺寸器件减小闪烁噪声设计的案例；

(2) 闪烁噪声与频率成反比，频率越低噪声越明显，所以闪烁噪声又经常称为“$1/f$ 噪声”。

本节简单了解 MOSFET 主要内部噪声来源与近似分析公式之后，在后续电路设计过程中，有利于进行电路噪声与其他性能的综合考虑与优化。

3.6 MOSFET 高阶效应

前述分析 MOS 管结构时，引入了各种简化假设。随着 MOS 工艺向着亚微米、深亚微米甚至于纳米方向的发展，其中有些假设已经不能满足精度要求，此时必须考虑 MOS 管的高阶效应。本节主要介绍后续分析中常见的几种高阶效应，包括衬底偏置效应、沟道调制效应、亚阈值效应以及温度效应等。

3.6.1　衬底偏置效应

前面所有推导 NMOS 管，都假设源极 S 和衬底 B 共同接地，如图 3.12(a)所示。实际上在许多场合，源极和衬底并不一定连接在一起，如果 NMOS 管衬底电位低于源极电位时会发生什么情况呢？图 3.12(b)中，当 $0<V_{GB}<V_{TH}$ 时，栅极下方已经产生了耗尽层但反型层尚未形成，若 V_B 变得更负，则 V_{GB} 增大，更多的空穴被排斥到衬底，而留下更多的负离子，从而使耗尽层变得更宽，需要更大的 V_{TH} 才能实现反型，因此随着 V_B 的下降，V_{TH} 会增大。

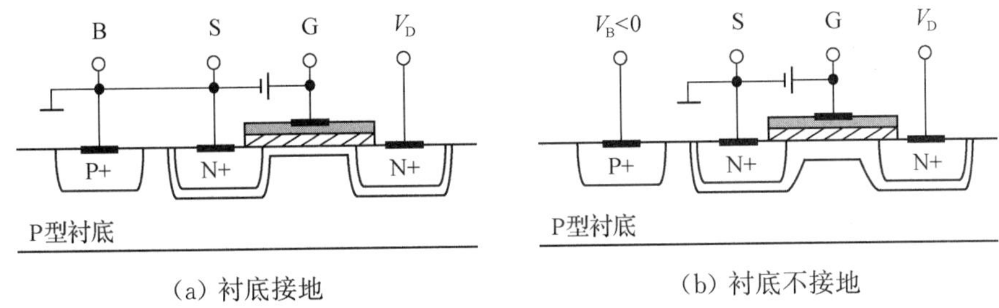

(a) 衬底接地　　(b) 衬底不接地

图 3.12　NMOS 管衬底偏置效应

显然，当源极电位 V_S 相对于 V_B 发生改变时，会出现同样的现象。一般而言，衬底是接地的，但源极未必接地，例如 NMOS 管的源极电位有时会高于衬底电位，而 PMOS 管的源极电位有时会低于衬底电位。可以证明，当 V_{SB} 不为零时，NMOS 管和 PMOS 管的 V_{TH} 将发生变化，这种变化效应称之为衬底偏置效应，简称衬偏效应，有时也称体效应。

衬偏效应下，改变后的阈值电压分别变为

$$V_{THN}=V_{TH0}+\gamma(\sqrt{|2\Phi_F+V_{SB}|}-\sqrt{|2\Phi_F|}) \tag{3-18}$$

$$V_{THP}=V_{TH0}-\gamma(\sqrt{|2\Phi_F+V_{SB}|}-\sqrt{|2\Phi_F|}) \tag{3-19}$$

式中，V_{TH0} 是无衬偏效应时的阈值电压；$\gamma=\sqrt{2q\varepsilon_{Si}N_{sub}}/C_{ox}$，称为衬偏效应系数，其典型值在 0.3 $V^{1/2}$～0.4 $V^{1/2}$ 之间。

式(3-18)和式(3-19)表明，当 V_{SB} 不为零时，会导致 MOS 管的 $|V_{TH}|$ 变大。由于衬底电位会影响阈值电压，进而影响 MOS 管的过驱动电压，所以衬底可视为 MOS 管的另一个栅极，常称为背栅，衬底偏置效应此时又可称为背栅效应。

为了衡量衬底偏置效应对 MOS 管伏安特性的影响，引入衬底跨导 g_{mb} 的概念。所谓 g_{mb}，是指当栅源电压和漏源电压均为常量时，漏极电流随衬底电位的变化关系，即

$$g_{mb}=\frac{\partial I_D}{\partial V_{SB}}\bigg|_{V_{GS}=\text{常数},V_{DS}=\text{常数}} \tag{3-20}$$

可以证明，g_{mb} 正比于衬偏效应系数 γ。

设计中常见的一种衬偏效应电路结构如图 3.13 所示，无论是 PMOS 管还是 NMOS 管，其中间层的 MOS 管源极 S 与衬底 B 均没有直接相连，电位不等由此就会存在衬底偏置效应，从而会引起 MOS 器件的阈值电压 $|V_{TH}|$ 增大，阈值电压随衬底偏置电压的变化趋势如图 3.14 所示，因此实际设计过程中如果衬偏效应影响了设计结果，就需要对其进行补偿。

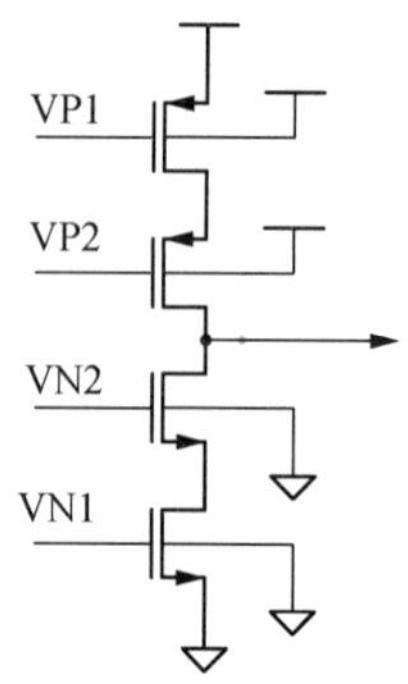

图 3.13 常见有衬底偏置效应电路案例

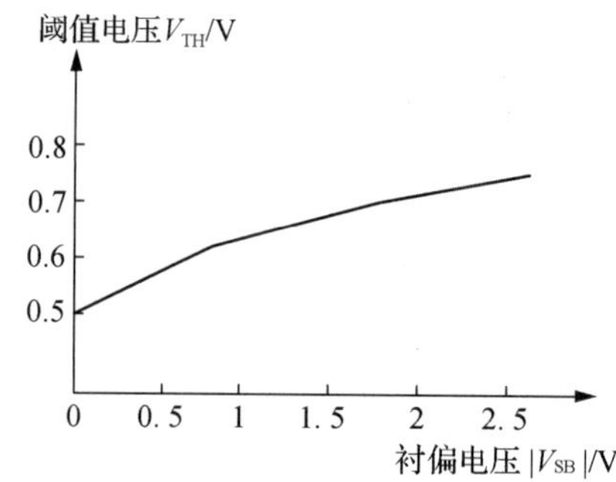

图 3.14 阈值电压随衬底偏置电压的变化趋势

3.6.2 沟道调制效应

当 MOS 管工作在饱和区时，理想情况下 I_D 与 V_{DS} 无关，特性曲线可以近似看作一组水平直线，但事实上当 V_{DS} 增加时，I_D 仍然是增加的，这是因为当 V_{GS} 固定、V_{DS} 增加时，夹断区延长，造成导电沟道变短，而其上的压降却基本保持恒定值($V_{GS}-V_{TH}$)，于是沟道中的水平电场增强了，使得 I_D 有所增加，这就意味着，输出特性的每条曲线都是向上倾斜的，如图 3.15 所示。图 3.15 中所有斜线的反向延长线与横轴都相交在同一点上，该点的电压值称为厄雷(Early)电压 V_A，V_A 的倒数称为沟道长度调制系数 λ，即

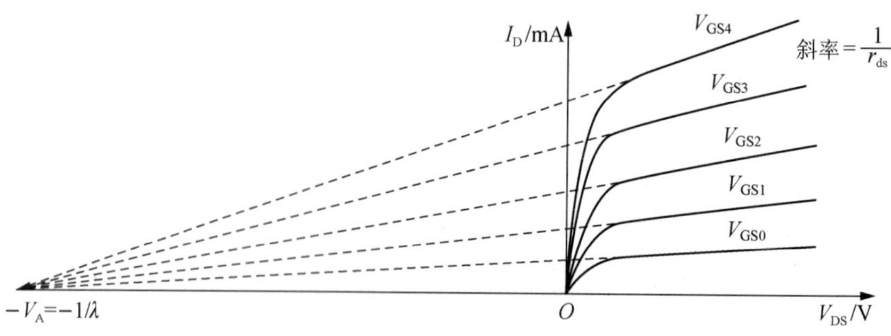

图 3.15 NMOS 管 Early 电压

$$\lambda=\frac{1}{V_{A}} \tag{3-21}$$

沟道越短，λ 越大，表明沟道调制效应越明显。λ 常用于对输出特性的公式进行修正，例如考虑沟道调制效应后，式(3-8)可修正为

$$I_{D}=K_{N}(V_{GS}-V_{TH})^{2}(1+\lambda V_{DS}) \tag{3-22}$$

从图 3.15 还可看出，不考虑沟道调制效应时，MOS 管工作于饱和区时的漏源之间的交流等效电阻 $r_{ds}\to\infty$，因此是一个理想的电流源，而考虑沟道调制效应后，r_{ds} 为一有限值，即

$$r_{ds}=\frac{\partial V_{DS}}{\partial I_{D}}=\frac{1}{K_{N}(V_{GS}-V_{TH})^{2}\lambda}\approx\frac{1}{\lambda I_{D}} \tag{3-23}$$

r_{ds} 也称为 MOS 管输出阻抗。

3.6.3　亚阈值效应

前面在讨论 MOS 管工作区域时，采用了强反型层近似。以 NMOS 管为例，假定当 $V_{GS}\geqslant V_{TH}$ 时，表面生成强反型层，沟道立即形成，器件导通；而当 $V_{GS}<V_{TH}$ 时，认为沟道突然消失，器件即刻截止。但是事实上，器件在实际工作时，当 V_{GS} 略小于 V_{TH} 时，绝缘层下方的衬底表面已经形成了弱反型层，此时若在漏源两端加上 V_{DS}，也会有 I_{D} 产生，这种现象称为亚阈值效应，又称弱反型效应。

当 $V_{GS}>200$ mV 时，亚阈值效应可用公式表示为

$$I_{D}=I_{D0}e^{\frac{V_{GS}}{\xi V_{T}}} \tag{3-24}$$

式中，I_{D0} 为 MOS 管的特征电流，$I_{D0}=\mu C_{ox}/(2m)$，m 为工艺因子；$\xi>1$，是一个非理想因子；V_{T} 称为热电压即温度电压当量，$V_{T}=kT/q$。由式可见，当器件工作在亚阈值区(弱反型区)时，I_{D} 与 V_{GS} 之间呈指数关系，即使 V_{DS} 很小时，仍存在 I_{D}，导致功率损耗。

根据式(3-5)和式(3-10)，饱和区的 g_{m} 与 W/L 成正比，增大 W/L 就可以获得大的 g_{m}，但此时必须减小$(V_{GS}-V_{TH})$以保证 I_{D} 不变，因此当 W/L 增大到一定程度时，V_{GS} 将趋近于 V_{TH}，管子进入亚阈值区。亚阈值区的跨导为

$$g_{m}=I_{D0}/(\xi V_{T}) \tag{3-25}$$

虽然亚阈值区的跨导数值较大，但这是以大器件尺寸和小工作电流为前提条件的，所以此时 MOS 管的工作速度将会受到很大限制。

最后需要说明的是，截至目前，本章大多数分析对于长沟道器件是有效的，而对于短沟道器件，本章许多关系式需要重新加以修正。实际集成电路设计过程中，器件参数与模型以厂家提供的最终模型为准，但是本章提供的方法与思路，依然适合于工程师电路设计时

做定性分析。

3.7 MOSFET 尺寸按比例缩小

3.7.1 何为按比例缩小

所谓 MOSFET 尺寸按比例缩小(Scaling-down),是指 MOS 管的几何尺寸,包括沟道宽度 W、长度 L 和氧化层厚度 t_{ox} 等按照一定比例同步减小,用以减小器件面积、提高芯片集成度,同时却可以保持电路性能不下降甚至更好的一个过程和趋势。

3.7.2 为何按比例缩小

由前面分析可以知道,参考 MOSFET 在饱和区或者线性区电流方程,在饱和区有:

$$I_D=\frac{1}{2}\cdot\frac{\mu\varepsilon_{ox}}{t_{ox}}\cdot\frac{W}{L}(V_{GS}-V_{TH})^2 \tag{3-26}$$

在线性区有:

$$I_D=\frac{1}{2}\cdot\frac{\mu\varepsilon_{ox}}{t_{ox}}\cdot\frac{W}{L}[2(V_{GS}-V_{TH})V_{DS}-V_{DS}^2] \tag{3-27}$$

由上述两个公式可得:

(1) 只要保持沟道宽长比 W/L 的等比例缩小,MOSFET 的输入电压控制输出电流的能力是不变的,例如:宽长比 W/L 从 20 μm/2 μm 变成 10 μm/1 μm、5 μm/0.5 μm 等,理论上讲输入电压控制输出电流关系不变。

(2) 不断地按比例减小沟道宽长比 W/L,减小栅氧层厚度 t_{ox},得到的益处又是非常明显的,随着单个器件的面积、厚度逐渐减小,整个芯片集成度逐渐上升、器件工作速度也会逐渐上升,这也是摩尔定律描述的 VLSI 发展趋势的理论依据之一。

3.7.3 如何按比例缩小

如前所述,不断地减小沟道宽度 W 和长度 L,器件越来越小,但在电源电压 V_{DD} 不变的情况下,MOSFET 击穿电压下降,器件有更容易被击穿的危险。因此,相应提出的进一步改进方案是,同步减小电源电压 V_{DD},V_{DD} 减小后,MOS 器件的开启电压 V_{TH} 也需要相应同步减小,因此出现了表 3.1 所示的集成电路特征尺寸、开启电压和电源电压相对应的变化走势,由表 3.1 可以看出相关的同步变化关系与区别。

表 3.1　特征尺寸、开启电压和电源电压相应变化走势

特征尺寸	0.5 μm	0.35 μm	0.18 μm	65 nm
阈值电压 V_{TH}/V	1	0.6	0.4	0.3
电源电压 V_{DD}/V	5	3.3	1.8	1

习题与思考题

1. 为什么 CMOS 技术中全部采用增强型管?画出增强型 MOSFET 的代表符号。

2. 画出增强型 MOSFET 的基本结构,说明什么是栅极长度、栅极宽度以及栅氧层厚度。

3. 什么是弱反型层?什么是强反型层?什么是阈值电压?阈值电压受哪些因素影响?

4. 为什么 MOSFET 没有输入特性曲线?写出 MOSFET 在饱和区的输出特性方程,饱和电流取决于哪些参数?为什么说 MOSFET 是平方律器件?

5. MOSFET 工作于深线性区时有何特点?

6. 什么是 MOSFET 的大信号模型和小信号模型?说明它们各自的适用场合。

7. MOSFET 存在哪些二阶效应?简述这些二阶效应的成因。

8. 考虑沟道调制效应后,MOSFET 的小信号等效模型应作何修改?考虑衬底偏置效应后,MOSFET 的小信号等效模型又应作何修改?

参考文献

[1] 王志功,陈莹梅. 集成电路设计[M]. 3 版. 北京:电子工业出版社,2013.

[2] 毕查德·拉扎维. 模拟 CMOS 集成电路设计[M]. 陈贵灿,程军,张瑞智,等译. 2 版. 西安:西安交通大学出版社,2018.

04

第4章 SPICE语法与仿真基础

关键词

- SPICE
- 无源器件电阻、电容和电感 SPICE 模型
- 有源器件二极管、双极型晶体管和 MOS 场效应管模型
- 器件、电路和激励等 SPICE 描述语法

内容简介

本章介绍各类器件电路模型与结构，以及通用的 SPICE 语法基础，包括各类器件 SPICE 模型、SPICE 电路描述和 SPICE 仿真激励与指令，结合 HSPICE 软件，讲授常用的 DC、AC 与 TRAN 仿真。

4.1 节首先概要介绍 SPICE 概念、历史发展与 SPICE 仿真基本方法与流程。

4.2 节介绍无源器件电阻、电容和电感等效电路模型，结合工艺库文件实例，讲授 SPICE 模型描述。

4.3 节介绍有源器件二极管、双极型晶体管和 MOS 场效应管模型，结合工艺库文件实例，讲授 SPICE 模型描述。

4.4 节与 4.5 节，介绍单个器件 SPICE 调用语法与层次化电路 SPICE 描述。

4.6 节主要为仿真设计最常见的直流 DC、交流 AC 与瞬态 TRAN 仿真 SPICE 语法。

4.1 什么是 SPICE 为何要学 SPICE

SPICE(Simulation Program with Integrated Circuit Emphasis,集成电路通用模拟程序)由美国加州大学伯克利分校(UC Berkeley)计算机与电子工程学院 1972 年开发,广泛运用于芯片内外电路仿真。由于其源码开放特点,目前业界众多的集成电路仿真软件,几乎都是源自于 SPICE 仿真内核,例如 HSPICE、PSPICE、SMARTSPICE 以及 Cadence 中的 Spectre 等,多数的基本语法都相同,只是用户界面风格有所不同,有的是文本输入方式,有的则是引入了 GUI 图形化用户界面,个别不同就是有的仿真软件在 SPICE 基础上做了改进,比如 HSPICE 作为工业界普遍认可的集成电路设计软件,其仿真收敛性与可靠性均有较好的改进与提高。事实上 SPICE 已经成为集成电路设计领域各类软件的语言基础,是一种工业级与学术界研究集成电路设计的标准。图 4.1 是 SPICE 诞生地 UC Berkeley 校园内古老的钟楼。

图 4.1 UC Berkeley 校园内钟楼

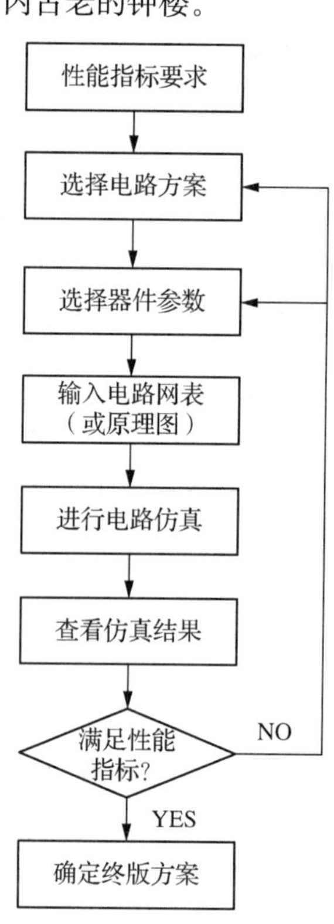

图 4.2 基于 SPICE 的各类芯片设计通用流程图

无论哪种芯片设计软件，不管是文本输入，还是图形化界面原理图输入，芯片设计前端基本仿真验证流程都是一样的。如图 4.2 所示，首先是基于设计性能指标需求，初步拟定相应电路的初始设计方案，初始电路方案的来源，可以是经典教材方案，也可以参考期刊或会议新近发表的科研参考文献，当然也可以是企业界前辈传承或者公司内部积累留下的技术方案。电路方案确定好之后，需要确定初始的器件参数，电路方案与器件参数的设定与修改，是整个芯片电路设计的核心，是重点也是难点，是最体现设计水平与能力的地方。在其之后，无论采用文本输入方式，还是采用原理图输入方式，将设计好的电路方案与器件参数输入相关软件，并调用相关芯片工艺模型库文件，比如中芯国际 SMIC 的 65 nm CMOS 工艺库文件，再输入或者设置各种仿真指令，通过仿真输出结果查看性能，最后根据仿真结果与预期目标性能之间的差别，不断修改完善电路方案与参数选择，直至最后达成设计性能目标为止。

图 4.2 描述的是功能与性能指标设计仿真基本流程，如果是进行产品级芯片设计，还需要进一步增加可靠性设计验证环节，比如设置不同的工艺角（Process Corner）、不同温度、不同电源电压，并进行必要的仿真条件组合完成全情形（Full Case）验证，以期确保芯片设计性能的可靠性。

学习 SPICE 的目的，就是借助某种仿真工具，撰写符合 SPICE 标准规范的电路网表、仿真激励与仿真指令，并能正确读取和调用工艺模型库文件，完成电路功能与性能的仿真验证。图 4.3 展示了基于 SPICE 内核的各类软件仿真的三个基础要素，包括：① 电路网表；② 仿真激励；③ 工艺模型。不同的芯片仿真软件，软件操作界面各不相同，但是 SPICE 仿真内核在运行时，最终软件编译后运行的都是 SPICE 电路网表与 SPICE 仿真激励，调用的都是工艺库模型文件，打开这些文件后其语法也都是满足 SPICE 规则，所以，如果想熟练运用集成电路各种设计软件，无论是学哪一种软件，都建议首先掌握一定的 SPICE 语法知识与相关规则。

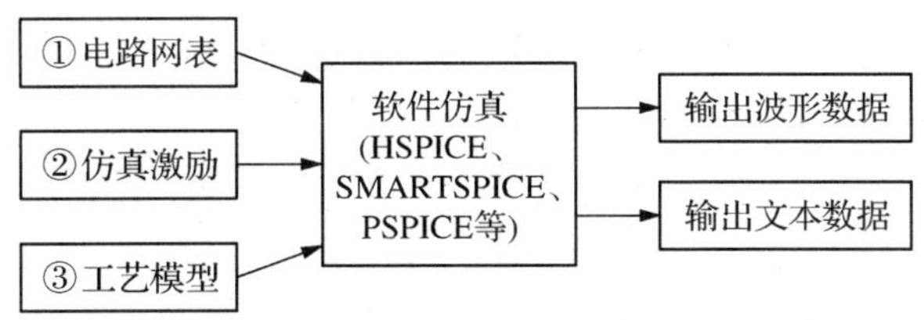

图 4.3　SPICE 仿真基础三要素

集成电路设计领域中，业界往往将电路原理图前端仿真验证简称为“前仿”，与此对应，电路版图绘制完毕后，为考查版图寄生参数对电路性能的影响，需要重新提取版图网表进行再次仿真验证，对此业界简称为“后仿”。无论是前仿还是后仿，电路拓扑结构如何、器件参数如何，以及模型参数准确与否，这些都是影响仿真能否进行下去和仿真结果是否准确的重要因素。特别重要的是，集成电路生产厂家提供的工艺库模型越准确，芯片流片后测试结果与设计仿真结果就会越匹配，“一次性流片成功”的概率也就越高。

一般情况下，多数芯片 Foundry 厂家都会找专业的团队精心打造和持续完善自己的工艺库模型文件，工艺库文件的设计、测试与模型拟合是一项非常专业的技术工作，是芯片设计与生产成功的前提，各个厂家都会非常重视且不断地进行反馈完善，本章涉及的各种 SPICE 模型介绍，仅限于与芯片设计工作直接相关的内容，便于后续芯片设计工作的开展，借此抛砖引玉，如需了解详细的 SPICE 语法与规则，请另行参考专门的 SPICE 设计手册。

作为一种用途广泛的仿真软件，SPICE 可以处理电子电路各种有源和无源器件，包括电阻、电容、电感和二极管、三极管以及 MOS 管等，其处理的器件参数信息和电路拓扑结构必须按照规定的格式输入到 SPICE 程序中，下面概要介绍 SPICE 对各类对象的描述语法与格式。

4.2 无源器件结构与 SPICE 模型

就目前最常见的 CMOS 集成电路工艺而言，厂家提供的芯片加工工艺模型库文件，其主要包括的器件模型分为无源和有源两大类，要理解各种器件模型的参数含义，首先需要了解一些通用的器件结构与参数定义，实际设计中再结合厂家工艺文件做学习比较，才可以较为深入地理解各种工艺器件，便于更好地选择使用。

4.2.1 电阻

CMOS 工艺中，可以采用不同的材料层构成每单位方块不同电阻率的片式电阻，常见的有多晶硅电阻、阱电阻、N 注入和 P 注入电阻，电阻值的大小均是由片式电阻的长 L、宽 W 和方块电阻值决定。如图 4.4(a)为常见长条形片式电阻结构，中间是电阻欧姆层，两侧则是电阻的连接层，包括连接金属和连接通孔，图 4.4(b)则是高频条件下电阻的等效电路，图中包含了许多高频条件下需要考虑的寄生参数，如 C_1 和 C_2 为欧姆接触孔对衬底地的寄生电容，C_P 为电阻两端的寄生耦合电容，L 为电阻的寄生电感。

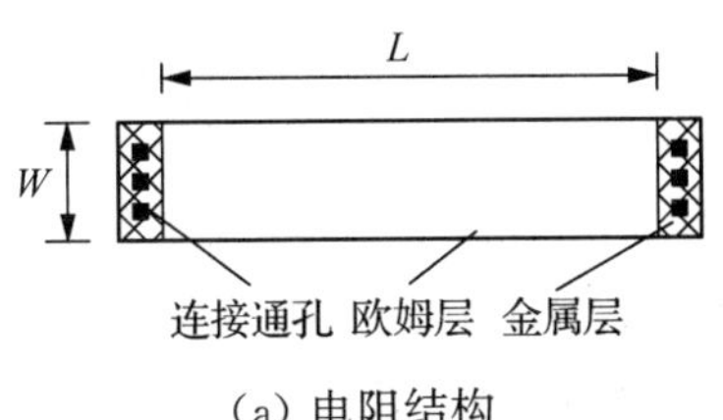

(a) 电阻结构

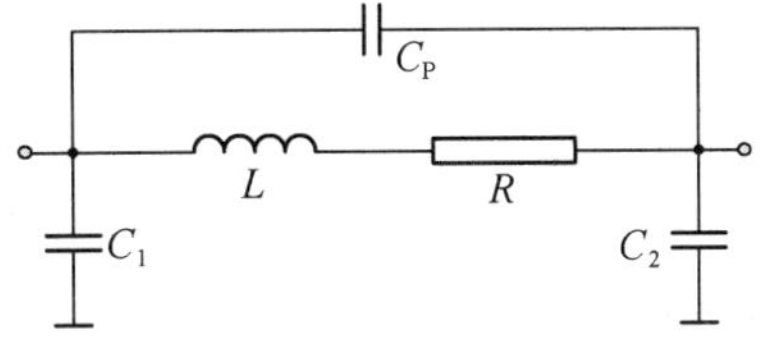

(b) 高频等效电路

图 4.4 片内电阻结构与等效电路

由于任何电阻都有功耗和加工精度限制，所以厂家在给定电阻工艺文件时，一般对电阻长和宽的参数选择均会设定范围限制，用以防止用户因参数设计不当，导致电阻损坏或者加工困难。

【工艺模型举例：电阻】

以下为某厂家 CMOS 工艺库文件的一段有关电阻的工艺模型描述。

```
Nwell resistor
.subckt rnwell n1 n2 l=length w=width
.param dl=-1.25u dw='1.686u+ddwnwll'
.param rsh='850-21.3+drshnwll' ptc1=5.63e-03 ptc2=1.06e-05 pvc1=1.88e-02 pvc2=
-2.19e-04 pt='temper'
.param tfac='1.0+ptc1*(pt-25.0)+ptc2*(pt-25.0)*(pt-25.0)'
r1 n1 n2'rsh*((l-dl)/(w-dw))*(1+pvc1*abs(v(n2,n1))+pvc2*v(n2,n1)*v(n2,n1))*tfac'
.ends rnwell
```

从上面电阻工艺模型可以看出，这是一款 N 阱材料制成的电阻(rnwell)，该模型用 .subckt 模块化形式定义了电阻的参数值，根据上面模型中灰色部分公式，可以得到电阻 r_1 值表达式为

$$r_1=r_{\mathrm{sh}}\cdot\frac{L-\mathrm{d}L}{W-\mathrm{d}W}\cdot[1+pvc_1\cdot|v(n_2,n_1)|+pvc_2\cdot v^2(n_2,n_1)]\cdot tfac \quad (4-1)$$

式中，“r_{sh}”为该类型电阻方块电阻值；L 和 W 分别为电阻长度和宽度；dL 和 dW 分别为工艺偏差；其他参数如 pvc_1、pvc_2、$tfac$ 均为电压或温度加权影响因子，这些影响因子各自参数值的大小来自厂家长期的测试验证，对于公式中其他一些参数，初学者暂时可以不用关心，如果想深入了解这些参数的定义与用途，读者可以查看相应厂家提供的 PDK 设计文档和完整的工艺库文件，结合 SPICE 语法规则，对两者进行仔细比较与深入研究。

由公式(4-1)可以看出，长条状片式电阻大小与方块电阻值、电阻长度成正比，与电阻宽度成反比，另外还受温度及电压等加权因子的影响。

4.2.2 电容

CMOS 工艺中，芯片内部常见的电容一般包括两种类型，一种是 MOS 管结电容，另一种则是平板电容，常见的平板电容包括：金属（Metal）-绝缘体（Insulator）-金属（Metal）电容（简称 MIM 电容）和多晶硅（Poly）-绝缘体（Insulator）-多晶硅（Poly）电容（简称 PIP 电容）。

MOS 管结电容是利用 PN 结寄生电容效应产生的，如图 4.5 所示，PMOS 管或者 NMOS 管均可以接成 MOS 电容方式使用，使用时一般将 MOS 管漏极 D 与源极 S 接在一起作为电容的一个电极，栅极 G 作为另外一个电极，其电容值大小与 PN 结的面积有关，其原理主要是利用了 MOS 管的寄生电容 C_{gs} 和 C_{gd} 作为 MOS 管总电容，该类电容精度由于不好控制，多数只用于电源滤波等精度要求不高的场合，一般不用于对电容精度要求高的电路。

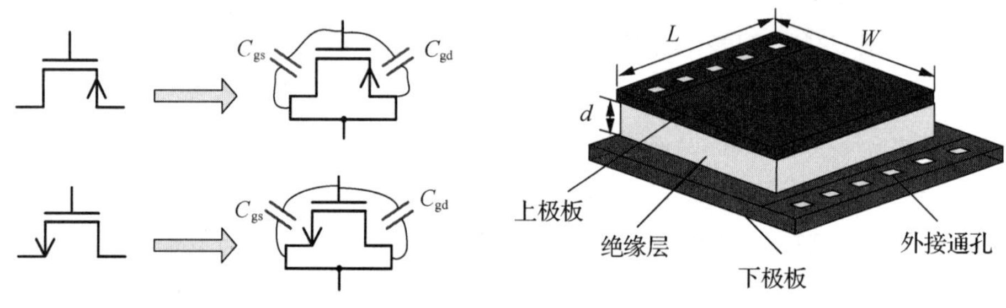

图 4.5　MOS 寄生电容　　　图 4.6　平板结构电容

对于平板电容，无论是金属电容还是多晶硅电容，其结构均类似于图 4.6 所示，电容上下两个电极板分别采用金属材料或者多晶硅材料，电容极板中间材料一般是绝缘体，绝缘体材料不同，介质常数 ε_r 也就不同，电容值 C 也会有所区别，平板电容计算公式为

$$C=\frac{\varepsilon_0\varepsilon_r LW}{d} \tag{4-2}$$

式中，L 和 W 分别为电容上下极板重叠区面积的长度与宽度；d 是两个极板之间的距离；ε_0 为真空介电常数；ε_r 是绝缘体相对介质常数。由此式可见，平板电容值的大小与重叠区面积成正比，与两个极板之间的距离成反比。

【工艺模型举例：电容】

以下为某厂家 CMOS 工艺库文件中一段有关电容工艺模型的描述。

PIP capacitor

```
.subckt cpip n2 n1
.param area=0 perimeter=0 w=0 l=0
.param area_0='area+w*l'
```

```
.param c0=8.40e-04
.param ptc1=3.302790e-05 ptc2=4.508650e-08 pvc1=2.174760e-04 pvc2=9.171560e-06 pt='temper'
.param tfac='1.0+ptc1*(pt-25.0)+ptc2*(pt-25.0)*(pt-25.0)'
c1 n1 n2 'c0*area_0*(1+pvc1*abs(v(n2,n1))+pvc2*v(n2,n1)*v(n2,n1))*tfac'
.ends cpip
```

从上面电容工艺模型可以看出，这是一款多晶硅-绝缘层-多晶硅电容(即 PIP 电容)，该电容模型用.subckt 以模块化形式定义了电容参数值，根据上面模型中灰色背景部分公式，可以看出电容 c_1 值表达式为

$$c_1=c_0\cdot(W\cdot L)\cdot[1+pvc_1\cdot|v(n_2,n_1)|+pvc_2\cdot v^2(n_2,n_1)]\cdot tfac \qquad (4-3)$$

式中，“c_0”为该类型电容单位面积容值，单位一般为 pF/μm^2 或 fF/μm^2；L 和 W 分别为电容长度和宽度，两者相乘得到电容面积；其他参数如 pvc_1、pvc_2、$tfac$ 均为电压或温度加权影响因子。

4.2.3　电感

限于芯片工艺特点与尺寸原因，芯片内部集成电感值较小，一般在纳亨(nH)数量级，所以常常只能用在微波频段以上电路，另外由于芯片内部工作频率的不断升高，受芯片内部金属连线寄生效应影响，其导线寄生的电感效应会越来越明显，例如微波以上频段芯片设计时，芯片内部的键合线寄生电感需要考虑、芯片内部金属线的天线效应等也都要认真考虑，本节不涉及这些寄生电感的产生与影响问题的讨论，只讨论芯片制造厂家提供的以集总元件形式存在的电感器件。

集总形式的电感器件，其结构一般为单匝或多匝螺旋金属线圈，其形状从早期的方形，逐步改进过渡到八边形，甚至于有些先进工艺已经可以绘制接近圆形，形状日趋接近圆形后，可以降低高频电流流经电感过程中的损耗与发热，电感品质因数与性能可以不断得以提升。如图 4.7 所示为某工艺提供的八边形电感版图结构，图中电感采用 1.5 匝螺旋线圈构成，左右两侧分别引出电感的两个端口，外围八边形大圈是电感保护环，保护环内一般禁止放置其他器件，用以防止其他器件接近电感线圈时因磁场改变影响电感性能。图 4.8 则是某芯片 LC 振荡电路的裸片照片，可以看到图中两个八角形形状的器件即为片内 2 个电感 L，每个电感由 2.5 匝螺旋线圈构成。

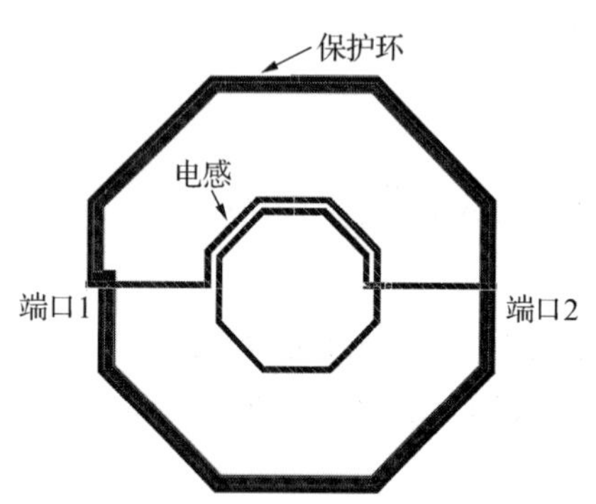

图 4.7 工艺厂家提供的电感示意图

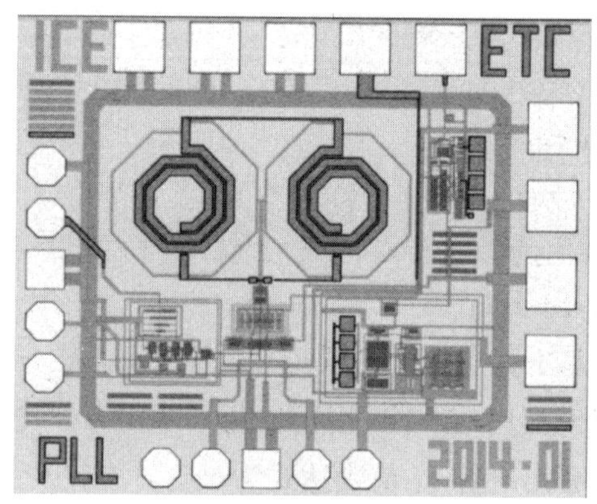

图 4.8 裸片照片中的电感器件

芯片内部集成电感值的大小，与电感螺旋线圈的走线宽度、圈数、线圈内径和外径等参数均有关系，公式(4-4)给出了基本的方形或八边形电感值近似定义公式：

$$L=\frac{K_1\mu_0N^2(d_o+d_i)}{2\left(1+K_2\dfrac{d_o-d_i}{d_o+d_i}\right)} \tag{4-4}$$

式中，K_1 和 K_2 是常数，与工艺有关；d_o 和 d_i 分别是电感线圈的外直径与电感线圈的内直径；N 是电感圈数；μ_0 是真空磁导率，其值是 1.26 μH/m。

实际运用中特别是高频应用场合，考虑到电感更多寄生参数的影响，电感等效电路模型会更加复杂，如电感所在金属层与周边各层材料的寄生电容，以及与衬底的寄生电容，本身线圈寄生电阻、电感两端寄生电容等都需要考虑其影响。如图 4.9 所示为某一种简化后的 7 器件电感等效电路模型，其中 L 为模型总电感，R_S 为寄生电阻，C_P 为电感两端耦合电容，C_1 和 C_2 以及 R_1 和 R_2 分别是电感金属两端到衬底地之间寄生电容与衬底电阻。

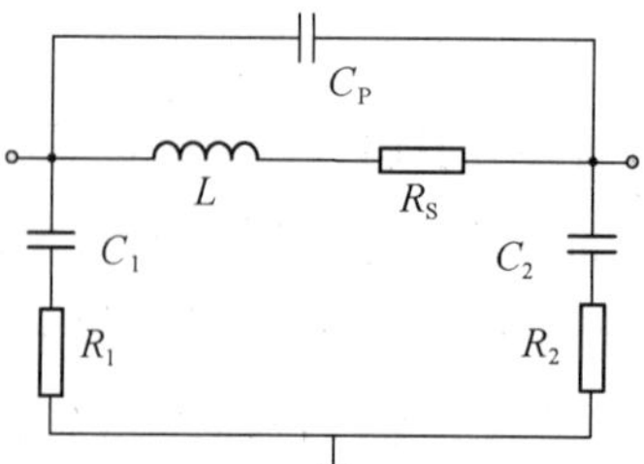

图 4.9 片内螺旋电感等效电路

因为片内电感运用场合工作频率一般普遍较高，需要考虑寄生参数影响的因素也相对较多，想获得一个相对准确的电感模型，用 SPICE 描述的电感模型会更加复杂，所以厂家给出的电感模型库描述文件一般都很长。鉴于篇幅限制，本节不再与前文电阻和电容一样罗列出电感的工艺模型实例，感兴趣的读者，可以借鉴前面的方法，自行去任何一家数模混合工艺或射频工艺库文件中寻找电感模型描述。

【工艺模型举例：电感】

（略，感兴趣的读者可以查看芯片设计时相关工艺厂家提供的库文件中电感模型）

4.3 有源器件结构与 SPICE 模型

CMOS 工艺可供选用的有源器件，主要包括二极管（D）、晶体三极管（BJT）和 MOS 场效应管（MOSFET）等 3 种，其中 CMOS 工艺中的双极型晶体管 BJT 器件，多为利用版图的寄生效应设计生成，其性能虽然相比专门的 BJT 工艺稍弱，但是在一般的例如带隙基准电源设计中，该型 BJT 性能基本满足设计要求，因此给设计师多提供了一种选择余地。

4.3.1　二极管

二极管由一个 PN 结构成，CMOS 工艺中构成 PN 的方式很多，图 4.10 示意了一种在 P 阱中进行 N 注入构造的二极管 PN 结结构，二极管尺寸由图中所示的 N+区域的长宽决定。二极管最重要的电学特性为单向导电特性，即当 P 极电压大于 N 极电压时二极管导通，反之二极管截止，该单向导电特性使得二极管在整流、检波等电路中有着广泛的应用。

简化后的二极管等效电路模型如图 4.11 所示，包括结电压 V_D、串联寄生电阻 R_S 和并联寄生电容 C，寄生电阻 R_S 主要来自二极管两端 P 型和 N 型半导体的等效体电阻，而并联电容则包括 PN 结势垒电容和扩散电容。

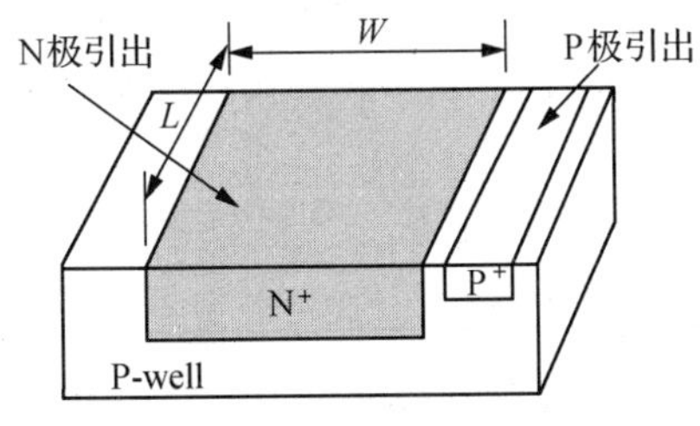

图 4.10　二极管结构示意图

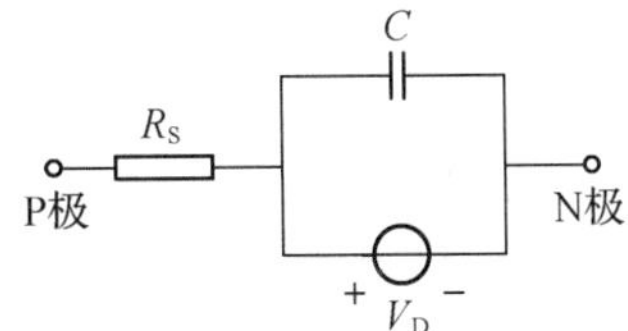

图 4.11　二极管等效电路模型

【工艺模型举例：二极管】

以下为某厂家 CMOS 工艺文件中有关“P 阱中 N 注入”构造的二极管工艺模型描述。

NPPW Diode

```
.model dnppw d
+level = 3
+area=4.0e-09   pj=2.6e-04   js=2.62e-07   jsw=1.0e-15   n=1.039   rs=1.97e-08
ik=3.3e+05   +ikr=0   bv=11.0   ibv=1.00e-03   trs=1.57e-04
cta=1.1095e-03   ctp=4.4234e-04   +eg=1.16   tref=25.0   tpb=1.72567e-03
tphp=1.45134e-03   xti=3.0   cj=8.125778e-04   +mj=0.2999605
pb=0.6647527   cjsw=2.8012e-10   mjsw=0.1652686   php=0.496524
fc=0   +fcs=0   tlev=1   tlevc=1
```

由模型文件描述可以看出，该二极管 model 采用的 level 3 模型，模型中包括相关的面积、寄生电阻、寄生电容等参数，读者如果希望进一步理解模型中各个参数的含义，可以翻阅相关 SPICE 手册，作为集成电路设计工程师，在多数情况下做电路设计仿真时，只需能够正确调用库文件即可。

4.3.2 双极型晶体管

双极型三极管由两个 PN 结背靠背构成，CMOS 工艺中构造双极型三极管的方式一般以纵向结构居多，包括 PNP 型 NPN 型两种，图 4.12 示意了一种 CMOS 工艺纵向 PNP 型三极管结构，在 P 型衬底上首先埋入 N 阱，然后在 N 阱中注入 P 型半导体，通过一定的工艺制程控制，形成图中所示由内而外的三个区"E""B""C"。根据三极管特性要求，发射区 E 要求高掺杂用于载流子发射，基区 B 要求很薄，集电区 C 处于最外层、面积最大，易于收集更多载流子，由此形成一定的电流增益。实际工程设计中，工艺厂家留给客户可供修改的三极管尺寸一般是发射区的面积，即图 4.12 中深色阴影区域的长度 L 和宽度 W。

关于双极型三极管 SPICE 模型，通常采用的有两种，一种是 1954 年 Ebers 和 Moll 共同提出的 EM 模型；另一种是 1970 年 H. K. Gummel 和 H. C. Poon 提出的 GP 模型。两种模型都属于物理模型，其模型参数可以较好地反映器件物理结构且易于测量，容易理解与运用。

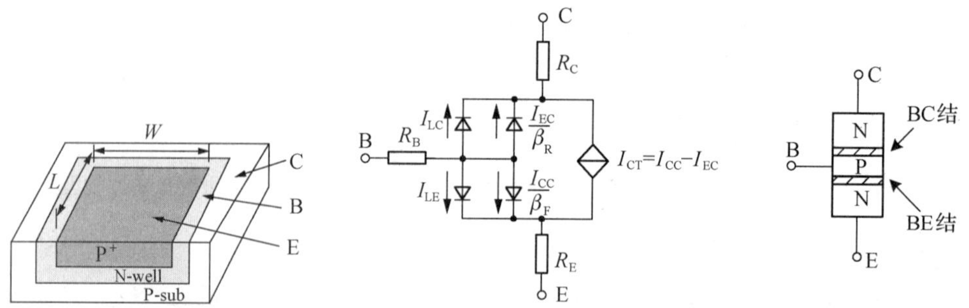

图 4.12 纵向 PNP 三极管物理结构示意图

图 4.13 NPN 三极管 GP 直流模型

GP 模型包括后期改进型 GPⅡ模型，对 EM 模型和 EMⅡ模型在器件直流特性、交流特性、温度特性以及注入效应等方面进行了改进，目前业界许多主流工艺厂家采用的就是 GP 与 GPⅡ模型。图 4.13 示意了一款 NPN 三极管的 GP 直流模型。图 4.14 则是三极管的 GP 小信号模型，与模电课程中低频小信号等效模型主要的不同点在于，该模型进一步丰富了器件内部的各种寄生电容，同时考虑了反向跨导 g_{mR} 的影响。

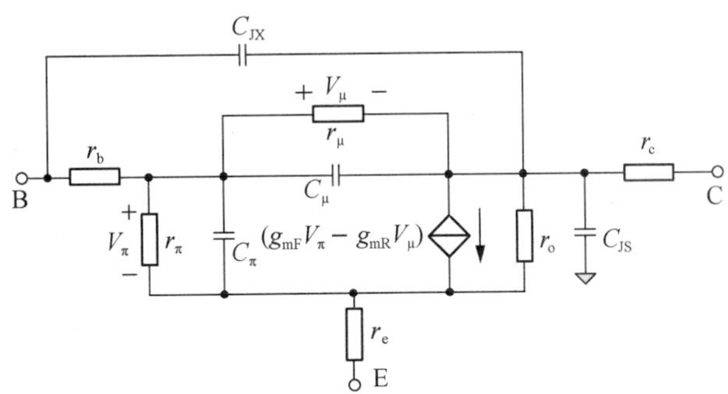

图 4.14　三极管 GP 小信号模型

【工艺模型举例：双极型晶体管】

以下为某厂家 CMOS 工艺库文件中有关纵向寄生 PNP 管工艺模型描述。

```
PNP Bipolar
.model qvp1 PNP
* * * Flag Parameter * * *
+level=1    tlev=0    tlevc=1    tref=25    subs=1
* * * DC Model Parameter * * *
+is='1.0982e-17 * isa'  bf='8.5632 * bfa'  nf='1.007 * nfa'  vaf=128.5529  ikf=2.9138e-04
nkf=0.4795  +ise=2.2775e-16  ne=1.572  br=8.8458e-03  nr=0.973662  var=16.297
ikr=2.5e-04
+isc=2.0329e-13  nc=1.592
* * * Series Resistance Related Parameter * * *
+rb='92.70179 * rba'  irb=1.6e-04  rbm='2.0127 * rbma'  re='25.7372 * rea'  rc='12.8894 * rca'
* * * Capacitance Parameter * * *
+cje=2.1155e-14  vje=8.3140e-01  mje=4.7169e-01  cjc=1.4063e-14  vjc=7.5000e-01
+mjc=2.4000e-01  cte=1.1810e-03  tvje=1.8766e-03  ctc=1.0000e-05  tvjc=3.0000e-03
* * * Temperature coefficient * * *
+xtb=0  xti=3  eg=1.16  tbf1=9.1e-03  tikf1=-4.1e-03  tne1=-1.7e-03  tre1=-3.6e-03
+tnf1=-3e-04
```

由上例 PNP 晶体管模型文件可以看出，该 CMOS 工艺库中提供的寄生纵向 PNP 模型为 level 1 模型，模型包括直流参数、寄生电阻与寄生电容，以及温度影响因子等参数，另外，在直流模型和寄生电阻模型描述中，还另行引入了加权因子进行优化，加权因子的数值由该模型库文件的其余部分根据外界条件变化自动设置，以此可以更为准确地进行电路设计仿真。

4.3.3 MOS 场效应管

CMOS 工艺中较为常用的是增强型器件，包括 PMOSFET 和 NMOSFET，有关两种 MOSFET 的物理结构在前面第 3 章已经较为详细地予以介绍，本节直接介绍器件模型。

1) MOS 管小信号模型

如前所述，所谓小信号是指对偏置影响非常小的信号。由于在多数模拟电路中，MOS 管被偏置在饱和区，因此这里主要推导饱和区的小信号模型。

当 MOS 管工作在饱和区时，漏极电流 i_d 是栅源电压 V_{gs} 的函数，可用一个电压控制电流源 $g_m V_{gs}$ 来表示，又由于栅源之间的低频阻抗很高，故一个理想的 MOS 管小信号模型如图 4.15(a)所示，但实际电路中 MOS 管存在高阶效应，其中沟道调制效应等效于漏源之间引入输出阻抗 r_{ds}，故考虑沟道调制效应的小信号等效模型如图 4.15(b)所示。若再考虑衬底偏置效应，则衬底电位对漏极电流的影响可用另一个电压控制电流源 $g_{mb} V_{bs}$ 来表示，如图 4.15(c)所示。

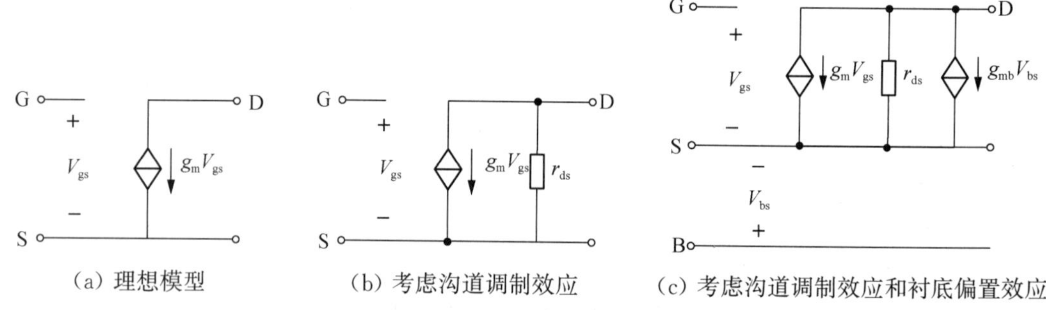

图 4.15 MOS 管低频小信号模型

图 4.15(c)所示模型对于多数低频小信号分析是足够用的，至于高频小信号分析则必须考虑 MOS 管极间电容的影响，如图 4.16 所示为 MOS 管高频小信号模型。在不同工作区域，MOS 管极间电容各不相同，一般可通过模拟软件进行分析。

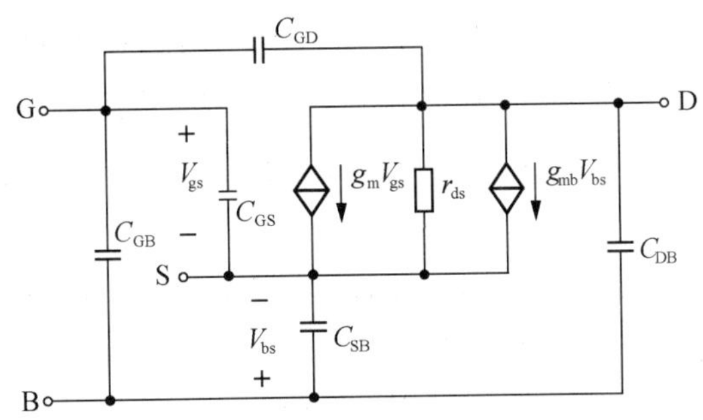

图 4.16　MOS 管的高频小信号模型

2）MOS 管 SPICE 模型

一个 MOS 器件模型的优劣是由不同尺寸器件在不同工作范围内能够提供的仿真精度、模型参数提取的难易程度以及仿真效率等因素共同决定的。MOSFET 的 I/V 平方律特性能够比较精确地模拟最小沟道长度大于 4 μm 的器件，但随着器件尺寸的不断减小（目前主流集成电路设计已经达到 0.18 μm～28 nm 工艺），一系列高阶效应（统称短沟道效应）需要更复杂的模型才能达到足够的精度。为此 20 世纪 70 年代美国加州大学伯克利分校（UC Berkeley）在 MOS 器件建模方面进行了大量的研究工作，相继建立和推出了包含高阶效应的 Level1～Level3 模型以及 BSIM 系列模型。

Level1 模型又名 Shichman-Hodges 模型。该模型是对 MOSFET 的 I/V 平方律特性进行描述，考虑了衬底偏置效应和沟道调制效应，但不包括亚阈值效应和任何短沟道效应。Level1 模型对于沟道长度减小到约 4 μm 的器件能够给出合理的 I/V 精度，但当沟道长度小于 4 μm 时，Level1 模型就表现出一定的缺陷性。

Level2 模型正是为了表示许多高阶效应而建立。该模型取消了 Level1 模型中的一些简化假设，同时对基本方程进行了一系列半经验性的修正，是一个更为详细的 MOSFET 模型。

Level3 模型与 Level2 模型有类似之处。该模型对 Level2 模型的一些解析式进行简化并引入许多经验常数，以提高对于沟道长度减小到约 1 μm 时的器件模拟精度，是一个半经验 MOSFET 模型。Level3 模型和 Level2 模型都考虑了短沟道阈值电压、亚阈值导电等效应的影响。

Level1～Level3 模型的共同特点是通过一些直接由器件物理导出的方程式描述器件特性，但当器件尺寸进入亚微米后，物理意义明确、模型准确、运算效率高的方程式建立就变得越发困难。20 世纪 90 年代，UC Berkeley 再次推出 BSIM 系列模型版本，加入大量的经验参数来简化这些方程，BSIM 和 BSIM2 都是通过与物理现象关系很小的经验公式来表示器件特性，不过这在模拟短沟道器件中遇到了一些问题，后续推出的 BSIM3 则在保留 BSIM 和 BSIM2 许多有用特性的同时，又回到了器件工作的物理原理上，其中 BSIM3V3 是基于物理的深亚微米 MOSFET 模型，是当前最为精确的模型，可用于模拟电路和数字电路。

【工艺模型举例：MOS 管】

以下为某厂家早期 CMOS 工艺 NMOS 器件模型描述，其建模时间虽早，但是模型文件结构与组成相对依然完整，仅供读者学习参考。

NMOSFET

```
.model mn nmos
*** Flag Parameter ***
+level=49  version=3.2  binunit=2  binflag=0  mobmod=1  capmod=3  nqsmod=0
*** Geometry Range Parameter ***
+lmin=0.5e-6  lmax=20.001e-6  wmin=0.5e-6  wmax=100.001e-6
*** Process Parameter ***
+tox='1.28e-8+toxn'  toxm=1.28e-8  xj=1e-7  nch=1.4925e17
*** dW and dL Parameter ***
+wint=9.75e-8  wl=-6.540285e-14  wln=1  ww=-2.815884e-14  wwn=1  wwl=-2.666727e-22
+lint=4.765676e-8  ll=-1.023426e-14  lln=1  lw=-1.6e-14  lwn=1  lwl=-6.16058e-22
+llc=0  lwc=0  lwlc=0  wlc=0  wwc=0  wwlc=0  dwg=-2.344016e-9  dwb=0
+wmlt=1  lmlt=1  xl='0+xln'  xw='0+xwn'
*** Vth Related  Parameter ***
+vth0='0.7016+vth0n'  lvth0=7.3e-9  pvth0=-9.45e-15  vfb=-0.807666  k1=0.7923
k2=0.033844
+k3=-4.91  k3b=0.6043  w0=0  nlx=4.318295e-7  dvt0=7.0409  wdvt0=4.5e-6
+dvt1=0.61984  dvt2=-5e-4  dvt0w=-2.71086e-2  dvt1w=0  dvt2w=-0.032  ngate=1e20
*** Mobility Related Parameter ***
+u0=4.04257e-2  ua=-4.013845e-10  ub=2.233668e-18  uc=7.213952e-11  vsat=6.2850e+04
+pvsat=-4.4466e-10  a0=1.6526  la0=-6.42136e-7  wa0=1.45e-7  pa0=-2.1e-13
ags=0.1522
+lags=7.782144e-8  pags=7.2e-14  b0=2.8e-8  b1=0  keta=-0.0287  lketa=-1.295e-8
+pketa=-7.9e-15  a1=0  a2=0.99  rdsw=947.496071  prwb=-3.66732e-2  pprwb=5e-14
```

```
+prwg=-4.69753e-2  pprwg=-8.905207e-15  wr=1
*** Subthreshold Related Parameter ***
+voff=-0.1516  lvoff=-1.5e-8  wvoff=2e-8  pvoff=2e-14  nfactor=0.5101  eta0=0.062027
+peta0=5.6e-14  etab=-8.06882e-2  dsub=0.583078  cit=4.918e-6  cdsc=4.692e-3
+cdscb=-1.322e-4  cdscd=0
*** Output Resistance Related Parameter ***
+pclm=3.54655  pdiblc1=0.1  pdiblc2=1.350993e-3  pdiblcb=-0.125  drout=3
+pscbe1=6.6798e8  pscbe2=3.154e-6  pvag=0  delta=0.01  alpha0=0  alpha1=0  beta0=30
*** Diode Parameter ***
+acm=12  ldif=0  hdif=5e-7  rsh=60  rd=0  rs=0  rsc=0  rdc=0  calcacm=1
*** Capacitance Parameter ***
+xpart=1  cgso='1.83e-10+cgson'  cgdo='1.83e-10+cgdon'  cgbo=1e-13  cj='8.125778e-4+cjn'
+mj=0.29996  mjsw=0.165269  cjsw='2.801152e-10+cjswn'  cjswg='4.988546e-10+cjswgn'
+js=2.62e-7  jsw=0  php=0.496524  pb=0.664753  ckappa=0.6  cf=0  clc=5e-12
+cle=2.3309  vfbcv=-0.864  noff=1  voffcv=0  acde=0.435  moin=7.875  cgsl=0  cgdl=0
*** Temperature Coeffient ***
+tref=25  ute=-1.295147  kt1=-0.381378  kt1l=3.5527e-15  kt2=-3.18363e-2  ua1=3.744979e-9
+ub1=-5.46651e-18  uc1=-9.79211e-11  at=2.1657e4  prt=20  nj=1  xti=3  tpb=1.780267e-3
+tpbsw=1.749689e-3  tcj=1.246081e-3  tcjsw=8.846801e-4
```

上述NMOS模型文件显示，该器件采用的level 49模型，各项模型指标相对更为丰富，由描述可以看出，其不但包括MOS器件的最大与最小宽长范围、宽长变化、栅氧层厚度等工艺参数，还包括门限电压、寄生电容、寄生二极管、输出阻抗和温度系数等多种模型参数。总体而言，器件模型建模越丰富修正因子越多，模型用于设计仿真时的可靠性越高。

【特别说明】

本节各种无源与有源器件工艺模型样例，只是给出了基本的参数信息，更加详细的模型参数信息，由于各厂家工艺技术方案不一样，给出的模型复杂度与精度也不尽相同，所以本节并没有进一步完全给出，对此感兴趣或者在实际设计工作中遇到新模型参数的释义等问题，建议读者借助SPICE数据手册对厂家模型库进行仔细分析研读。

4.4 SPICE 器件调用语法与实例

4.4.1 SPICE 无源器件调用

对于常见的集成电路 CMOS 数模混合工艺或者射频工艺，生产厂家提供的无源器件主要包括电阻、电容和电感等 3 种基本器件，不同厂家工艺技术水平的高低，主要体现在可供设计师选择的各种器件品种与数量方面，以及各种模型的准确性与可靠性方面。

1) 电阻 *R*

格式：

Rxx　n1　n2　Value

举例：R1　2　3　100

　　RL　net1　net5　1k

　　Rout　a1　a2　rplus　L=20u　W=3u

SPICE 规定，电路网表中电阻必须以 *R* 开头，不区分大小写，xx 可以是数字，也可以是字符，n1 与 n2 分别是连接电阻 *R* 两端的电路节点，电路节点可以用数字表示，也可以用字符表示，还可以用字符加数字混合后表示。Value 是电阻值，单位默认是欧姆(Ω)，其中 k 表示 10^3，SPICE 能够识别的其他数值单位等效值如表 4.1 所示。

表 4.1　SPICE 可以识别的数值等效值

缩写符	数值单位等效值	缩写符	数值单位等效值	缩写符	数值单位等效值
f	10^{-15}	p	10^{-12}	n	10^{-9}
u	10^{-6}	m	10^{-3}	k	10^{3}
meg	10^{6}	g	10^{9}	t	10^{12}

＊注意：SPICE 网表描述时，不区分大小写。

举例中第三条，“Rout”中的“rplus”表示所用工艺中的某一种电阻类型名称，该电阻形状为长方体，长度为 20 μm，宽度为 3 μm，指定了该电阻的类型，那么其方块电阻值就确定了，设计师根据电阻的长宽比值来设定电阻值大小。注意：芯片设计时留给设计师修改的电阻参数只有电阻长度 *L* 和宽度 *W*，电阻材料厚度由工艺固定，芯片设计师无法自行修改。

2) 电容 *C*

格式：

Cxx　n1　n2　Value

举例：C12　5　3　100u

Cout1　net1　GND!　1pF

C3　12　15　Cmim　W=20u　L=30u

SPICE 规定，电路网表中电容必须以 C 开头，同样不区分大小写，xx 可以是数字，也可以是字符，n1 与 n2 分别是连接电容 *C* 两端的电路节点，Value 是电容值，单位默认是法拉(F)，举例中 u 表示 10^{-6}，p 表示 10^{-12}，与电阻的数值单位等效值相同。特别注意：举例中的“GND!”表示电路结构中的“全局地线”，当然日常也可以用“0”专门表示“全局地线”。所谓全局地线，是指不论电路结构的定义层次如何，只要是节点“0”或“GND!”，均表示“地线”，并表示相互连接在一起，电位都是“0”。

举例中“C3”表述为接在节点 12 与节点 15 之间有一个模型名称为“Cmim”的电容，其电容宽度为 20 μm，长度为 30 μm，该电容总的电容值由 SPICE 软件根据该型电容的“单位面积电容值”乘以“电容面积”后自动计算得出。

3) 电感 *L*

格式：

Lxx　n1　n2　Value

举例：L2　in　0　10n

Lout　out1　out2　1uH

L1a　net11　net12　spiral_std_20k

SPICE 规定，电路网表中电感必须以 L 开头，同样不区分大小写，xx 可以是数字，也可以是字符，n1 与 n2 分别是连接电感 *L* 两端的电路节点，Value 是电感值，单位默认是亨利(H)。举例中，n 表示 10^{-9}，u 表示 10^{-6}，与电阻的数值单位等效值相同。特别注意：举例中的“0”专门也用于表示电路中的“全局地线”。

举例中的电感“L1a”，表示接在节点 net11 与 net12 之间有一个模型名称为“spiral_std_20k”的电感，目前典型 CMOS 工艺模型库中自带的电感，一般都是厂家设计成型的外形尺寸，其内部模型参数已经由厂家流片测试后验证建模，模型参数的精度有一定保证。当然读者可以尝试自己设计电感外形与尺寸，但是其精度需要进一步流片验证，这项电感设计建模工作本身就是一个非常有挑战性的射频工程师的技术工作。

4.4.2 SPICE 有源器件调用

1) 二极管

Dxx　n1　n2　model-name

举例:D1　in　0　dnppw

SPICE 规定,电路网表中二极管必须以 D 开头,同样不区分大小写,xx 可以是数字,也可以是字符,n1 与 n2 分别是连接二极管 D 两端的电路节点,model-name 是工艺库定义的二极管模型名称,一般情况下,一个 CMOS 工艺模型库文件中,可供选择调用的二极管 D 的模型可能不止一种,电路设计工程师在看懂设计工艺文件的基础上,选择自己需要的二极管模型。

2) 双极型晶体管

Qxx　cn　bn　en　model-name　m=value

举例:Q1　1　2　3　pnp10

SPICE 规定,电路网表中三极管必须以 Q 开头,同样不区分大小写,xx 可以是数字,也可以是字符,cn、bn 和 en 顺序分别是连接三极管 Q 三个电极 C、B 和 E 的电路节点名称,model-name 是工艺库定义的三极管模型名称,一般情况下,一个 CMOS 工艺模型库文件中,可供选择调用的三极管模型可能不止一种,不同的三极管模型面积尺寸和性能指标有所区别,电路设计工程师同样需要看懂设计工艺文件,选择调用自己需要的三极管模型。m 是指多个三极管并联的数量,如果无特别标识,缺省为 1。

3) MOS 场效应管

Mxx　dn　gn　sn　bn　model-name　L=value　W=value　m=value

举例:MP2　1　2　3　3　MP　L=0.18u　W=5u

　　mn11　out　in　gnd!　gnd!　MN　L=0.35u　W=3u　m=4

SPICE 规定,电路网表中 MOS 管必须以 M 开头,同样不区分大小写,xx 可以是数字,也可以是字符,dn、gn、sn 和 bn 顺序分别是 MOS 管的漏极、栅极、源极和衬底对应的电路连接节点,model-name 是 MOS 器件模型名称,L 和 W 分别是该 MOS 管栅极对应的长度与宽度,单位默认是米(m),m 特指 MOS 管并联叉指数。

举例中 mn11 可以理解为,该 NMOS 器件的 d、g、s 和 b 四个电极分别对应连接 out、in、gnd!、gnd! 四个节点,器件模型为"MN",栅极长度为 0.35 μm,栅极宽度为 3 μm,并联叉指数 m=4。整句 MOS 管 mn11 的描述含义是:名称为 mn11 的 NMOS 管,由 4 个栅极宽长比为 3 μm/0.35 μm 的 MOS 管并联而成，总的栅极宽度为 12 μm，栅极等效总宽长比为 12 μm/0.35 μm，MOS 管 mn11 叉指并联与非并联的等效示意如图 4.17 所示。

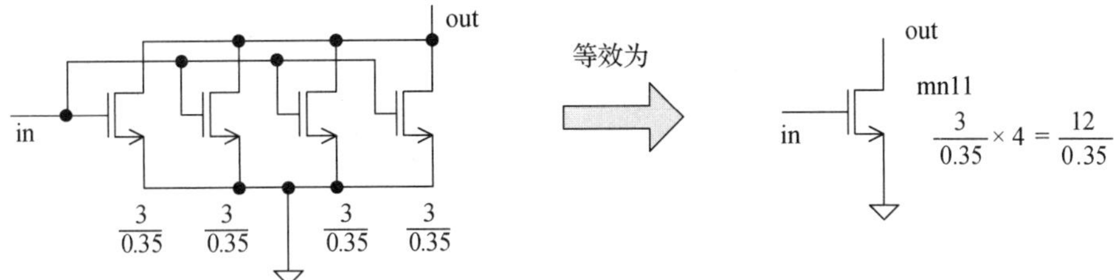

图 4.17　MOS 管叉指并联等效示意图

【特别说明】

为了后端版图设计美观和布图紧凑等原因，电路设计工程师在调用 MOS 场效应管时，经常将 MOS 管切割成多个叉指并联形式。在低频情况下，这种切割方式一般对电路工作性能影响不大，但是对于高频高速电路，MOS 管单个栅极和多个栅极叉指并联相比，即使总的栅极宽长比相同，但是由于栅极寄生参数不一样，器件性能还是不会完全一样。

因此，在高频高速电路设计时需要引起注意，即后端版图设计时，所绘制器件的单个尺寸与串并联数目，要求与电路前端设计验证时对应一致，这不仅仅是物理验证中版图与原理图对照检查的要求，也是保证后仿真与前仿真性能一致的必然要求。

4.5 电路与模块 SPICE 网表

本节将以具备一定功能的数字基本电路单元和模拟基本单元为例，介绍 SPICE 底层电路描述以及相关电路嵌套描述方法，为下一章 HSPICE 的应用举例奠定基础。下面分别以数字电路“与非门”和模拟电路“运放”为例，分别介绍 SPICE 网表与电路原理图之间的相互转换。

4.5.1　数字门电路原理图与网表转换

如图 4.18 为数字电路基本的与非门电路，如果采用 HSPICE 进行仿真验证，需要首先输入该与非门电路的 SPICE 电路网表，常用步骤一般是首先标出各个电路节点名称，然后按照前文 SPICE 器件调用的语法规则，依次完成所有器件网表描述即可。

【几点注意事项】

（1）节点名称可以是数字，可以是字母，也可以是两者的自由组合，但是尽量避免前文所述的代表特定器件含义的字母组合，例如 M＊＊，Q＊＊等专用于有源器件定义，实际使用中建议尽量避免使用 M、Q、D、R、C、L 等字母开头的节点名称；

（2）网表中不同的节点名称不能相同，如果节点名称相同，SPICE 软件将默认为同一节点，电路电气性能将被认为两节点相互短路；

（3）数字“0”专用于描述节点“地”，不能用于描述其他节点；

（4）多个器件描述时不分前后顺序；

（5）每个器件描述采用一行，每行首字母为器件类型。

例如，图 4.18 二输入与非门的 SPICE 网表为：

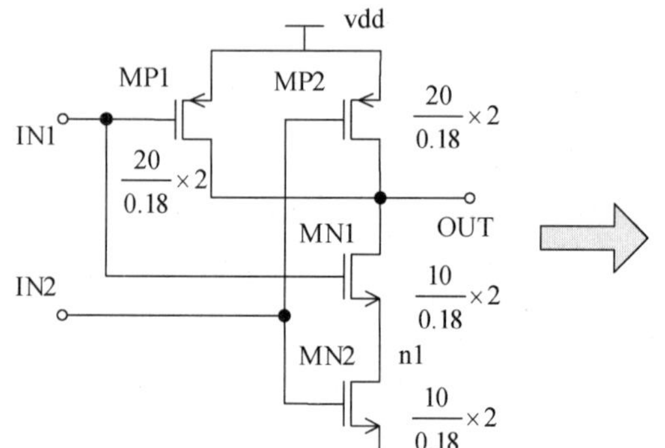


```
MP1 out in1 vdd vdd W=20u L=0.18u m=2
MP2 out in2 vdd vdd W=20u L=0.18u m=2
MN1 out in1 n1 n1 W=10u L=0.18u m=2
MN2  n1 in2  0  0  W=10u L=0.18u m=2
```

图 4.18　二输入与非门从原理图到网表

【知识拓展】

实际芯片工程设计中，有一种专门的设计方法称之为“逆向设计”，即根据芯片解剖得到的参考版图各层显微照片信息，通过分析提取其电路连接关系与器件尺寸参数完成芯片设计的方法。这种方法对于芯片设计初学者而言，具有很好的培训价值，初学者在具备了一定的芯片内部有源和无源器件知识之后，通过一定时间提取版图的学习，可以非常迅速地借鉴前人成功的芯片电路方案、版图绘制技巧和整体布局经验，是芯片设计从理论学习向工程实践转换的一个很好的锻炼环节。

逆向设计的一般方法是，首先分层次提取芯片的版图连接关系和器件尺寸信息，之后汇总连接关系形成电路模块的 SPICE 网表，最后根据网表反向绘制出模块的电路原理图，依据自己的知识积累和工程经验分析模块的功能。下面以一段提取的网表信息为例，通过多次绘图调整组合后，可以判断出其是一个或非门电路，图 4.19 为该或非门电路原理。

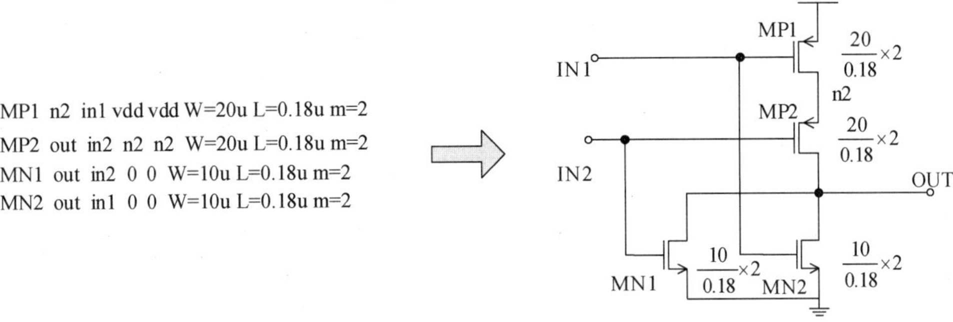
MP1 n2 in1 vdd vdd W=20u L=0.18u m=2
MP2 out in2 n2 n2 W=20u L=0.18u m=2
MN1 out in2 0 0 W=10u L=0.18u m=2
MN2 out in1 0 0 W=10u L=0.18u m=2
vdd
MP1
IN1
n2
MP2
IN2
OUT
MN1
MN2
20/0.18 ×2
10/0.18 ×2

图 4.19　从网表提取到二输入或非门电路

由上例可以看出，学习期间尽可能多地熟练掌握一些数字单元电路结构和模拟功能电路经典结构，及其这些电路对应的主要功能与性能指标，对于“正向设计”和“逆向设计”都非常重要。

【思考】

根据对偶原理可知，如果需要设计一个三输入与非门或者四输入与非门，请问原理图如何设计？同样道理，如果需要设计三输入或非门或者四输入或非门，又如何设计呢？感兴趣的读者可以自行尝试绘制。芯片厂家实际提供的数字标准单元库中，往往有类似的多种标准单元电路，可供综合设计时灵活选用软件。

4.5.2　模拟电路原理图与网表转换

下面举例介绍模拟运算放大器电路网表撰写实例，作为同样的要求，读者除了能够完成电路原理图到 SPICE 网表的撰写之外，还应该具备从网表反向提取出电路原理图的能力，作为模拟集成电路设计的基本功能单元，运放的各种基本概念和经典结构，比如双端输入单端输出、双端输入双端输出、单级运放、多级运放、折叠式共源共栅运放等，读者应该有一个专项的集中学习，鉴于篇幅受限，本书不再具体展开讲解，对于想深入学习运放结构的读者，特别是后期可能从事模拟集成电路设计的读者，建议进一步参考学习如拉扎维《模拟 CMOS 集成电路设计》(第 2 版)等的经典著作，毕竟运放电路结构与工作原理的深入理解与掌握，是模拟集成电路设计工程师的硬核基本功。

图 4.20 为典型两级运放电路原理图及其转换后的电路 SPICE 网表，网表中仿真用电流源是一款理想电流源，实际流片设计时需要替换成实际基准电流源，所谓基准源，无论是基准电压源还是基准电流源，都要求输出的电压或电流，不受或者尽可能少受芯片电源电压、环境温度与工艺偏差的影响，这是保证芯片可以稳定工作的一个重要因素。

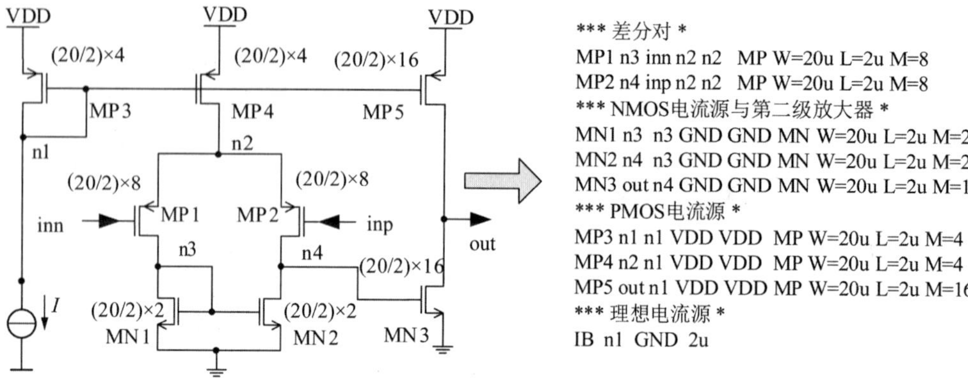

图 4.20 经典两级运放及其 SPICE 网表

【几点说明】

(1) 实际设计工作中，不同期刊论文、书籍或者教材，有关 PMOS 管和 NMOS 管符号的绘制方法不完全一样，如图 4.20 原理图所示，PMOS 可以采用栅极增加圆圈的符号表示，而无圆圈的则表示 NMOS，这种表示方法不再采用源极加箭头的方式区分 PMOS 与 NMOS，这在实际工程运用中非常方便且常见，在这种情况下，如果不单独指出第四个端口“B”极的连接关系，一般均默认“B”极与“S”极相连。

(2) SPICE 读取网表中字符时，不区分大小写，但是为了养成良好习惯，增强文本可读性，建议网表文本中的字符大小写与原理图一致。

(3) SPICE 单独一行增加注释时，可以用“ * ”开头，可以增强网表文件的可读性。

4.5.3 SPICE 网表模块层次化嵌套

复杂电路设计中，一般电路规模都不止一层，因此都会涉及各个底层或顶层电路模块的层次化嵌套，无论是原理图输入方式，还是 SPICE 网表文本输入方式，层次化设计都会让电路设计更加条理清晰，不但令电路结构图或者网表文本可读性更强，而且大规模电路设计时，更加便于分工合作。

SPICE 语法中，模块网表之间的嵌套，一般用一对. subckt 和. ends 来定义子模块电路。其基本语法如下：

```
.subckt  model-name  input  output
…
.ends
X1 input  output  /  model-name
```

下面结合实例加以说明，图 4.21(a)所示为一个带隙基准电压源电路，其原理图中除了

MOS 管、三极管和电阻电容之外，还调用了一个名称为 CASCODE_OPA 的子模块运放电路，因此网表的撰写涉及子模块的描述与子模块调用，采用 SPICE 网表撰写电路网表如图 4.21(b)所示。

图中几个要点需要读者注意一下，首先是层次化子模块定义时，采用的是. subckt 和. ends 配套语句，调用子模块时，采用的是 X＊＊，专门用于调用各种自定义子模块，其语法规则是先罗列子模块的输入输出管脚，要求顺序和子模块定义的管脚顺序务必一致，子模块中管脚的名称与上一层调用时的接线节点名称可以不同，之后是斜线“/”，后接模块名称，此处模块调用的名称务必与子模块定义的名称一致，否则 SPICE 程序无法寻找到子模块的电路定义。

另外一点需要提示的是，本例中运放子模块电路 CASCODE_OPA，其除了输入输出管脚定义外，还有另外的 4 个输入偏置电压 VP1、VP2、VN1 和 VN2，从子模块中引出来的目的是由系统集中提供偏置，这种方法便于多人同时并行原理图设计与版图绘制的分工合作。网表中所有行首字母是“＊”的表示注释行，不参与 SPICE 程序执行，仅用于标注解释，用于增强程序可读性。

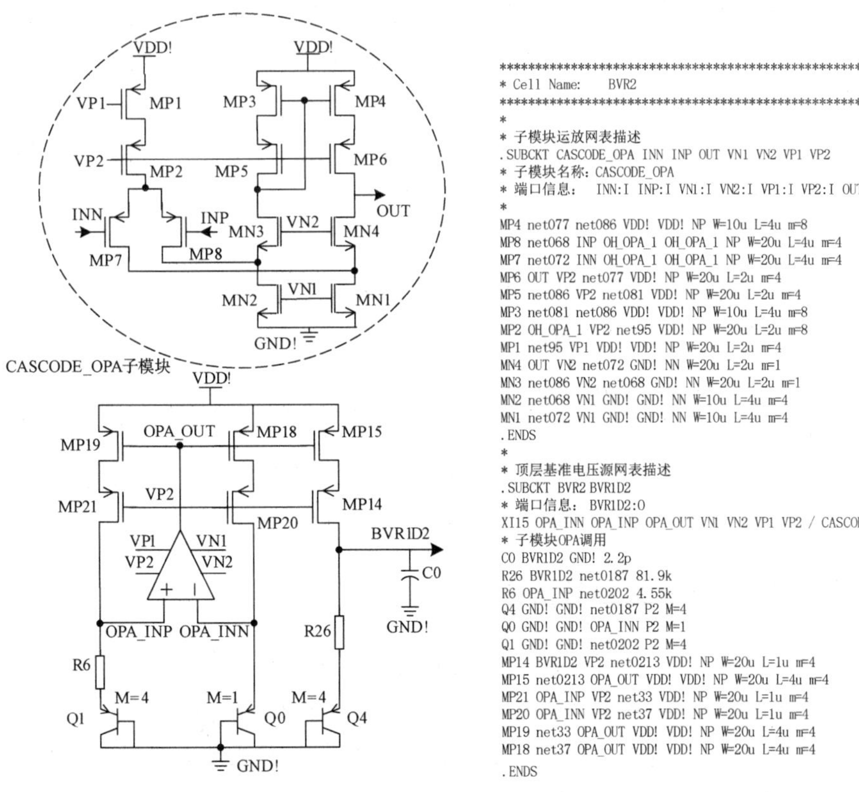


```
*******************************************************
* Cell Name:    BVR2
*******************************************************
*
* 子模块运放网表描述
.SUBCKT CASCODE_OPA INN INP OUT VN1 VN2 VP1 VP2
* 子模块名称：CASCODE_OPA
* 端口信息：  INN:I INP:I VN1:I VN2:I VP1:I VP2:I OUT:O
*
MP4 net077 net086 VDD! VDD! NP W=10u L=4u m=8
MP8 net068 INP OH_OPA_1 OH_OPA_1 NP W=20u L=4u m=4
MP7 net072 INN OH_OPA_1 OH_OPA_1 NP W=20u L=4u m=4
MP6 OUT VP2 net077 VDD! NP W=20u L=2u m=4
MP5 net086 VP2 net081 VDD! NP W=20u L=2u m=4
MP3 net081 net086 VDD! VDD! NP W=10u L=4u m=8
MP2 OH_OPA_1 VP2 net95 VDD! NP W=20u L=2u m=8
MP1 net95 VP1 VDD! VDD! NP W=20u L=2u m=4
MN4 OUT VN2 net072 GND! NN W=20u L=2u m=1
MN3 net086 VN2 net068 GND! NN W=20u L=2u m=1
MN2 net068 VN1 GND! GND! NN W=10u L=4u m=4
MN1 net072 VN1 GND! GND! NN W=10u L=4u m=4
.ENDS
*
* 顶层基准电压源网表描述
.SUBCKT BVR2 BVR1D2
* 端口信息： BVR1D2:O
XI15 OPA_INN OPA_INP OPA_OUT VN1 VN2 VP1 VP2 / CASCODE_OPA
* 子模块OPA调用
C0 BVR1D2 GND! 2.2p
R26 BVR1D2 net0187 81.9k
R6 OPA_INP net0202 4.55k
Q4 GND! GND! net0187 P2 M=4
Q0 GND! GND! OPA_INN P2 M=1
Q1 GND! GND! net0202 P2 M=4
MP14 BVR1D2 VP2 net0213 VDD! NP W=20u L=1u m=4
MP15 net0213 OPA_OUT VDD! VDD! NP W=20u L=4u m=4
MP21 OPA_INP VP2 net33 VDD! NP W=20u L=1u m=4
MP20 OPA_INN VP2 net37 VDD! NP W=20u L=1u m=4
MP19 net33 OPA_OUT VDD! VDD! NP W=20u L=4u m=4
MP18 net37 OPA_OUT VDD! VDD! NP W=20u L=4u m=4
.ENDS
```

(a) 基准电压源原理图　　　　(b) 基准电压源 SPICE 网表

图 4.21　网表模块化撰写实例

4.6 仿真激励与指令 SPICE 描述

对于 SPICE 仿真验证，验证的目的不同时仿真分析语句会有所不同，对应的仿真激励与仿真指令也会有所区别，为便于读者理解掌握 SPICE 仿真要诀，做到不仅知其然，而且还知其所以然，本节结合仿真功能与目的，将仿真用 SPICE 激励与 SPICE 仿真指令进行融合阐述。仿真分析种类很多，本节只介绍常见的几种仿真分析，包括直流工作点分析、直流扫描分析、交流扫描分析和瞬时特性分析等 4 种类型，主要介绍的内容涉及仿真激励描述、仿真指令输入等，其他更多的 SPICE 仿真分析，如噪声分析、傅里叶分析、失真分析等，请参见 SPICE 专业语法手册。

4.6.1 直流工作点分析激励与指令

直流工作点分析，用于仿真计算电路中直流通路各个节点的电压与流经电流。SPICE 在进行交流仿真与瞬态仿真之前会自动进行直流工作点分析，以确定瞬态仿真的初始条件和交流仿真的线性化小信号等效模型。

直流工作点仿真分析指令语句为：. OP，SPICE 网表文件中，如果有“. OP”指令，SPICE 程序将输出以下内容：

① 所有工作点的电压；

② 所有电压源的电压与电流以及功耗；

③ 所有 MOS 管的各电极电压与漏极电流；

④ 所有 MOS 管的小信号线性模型参数等。

如果采用 HSPICE 软件进行仿真，直流工作点分析数据一般存储在以“. lis”为扩展名的输出文件中，打开. lis 文件首先看到的是 HSPICE 读入的 SPICE 网表文件，其次是网表调用的工艺库模型，最后就是“. OP”分析输出的各种工作点数据信息。

4.6.2 直流扫描分析激励与指令

直流扫描分析主要用于对电路的各项指标做静态扫描分析，例如，可以进行不同温度条件下的电路功耗变化分析，或者对电源电压上下偏移 10%时的输出电压与电流分析等，同直流工作点分析一样，该直流扫描分析不需要特别的激励语句，只需要将相关需要扫描的对象如电源电压、温度等设置成可变参数即可，直流扫描分析语句为. DC，具体语法为：

. DC Param Pstart Pstop Pstep <Param2 Pstart2 Pstop2 Pstep2>

.DC Param Pstart Pstop Pstep <sweep Param2 poi number p1 p2 ... pn>

其中 Param 为待扫描参数，如电压或者温度等，Pstart 为扫描参数初始值，Pstop 为扫描参数结束值，Pstep 为扫描参数从初始值到结束值的递增量。括号“< >”中为二次参数扫描嵌套，是可选项，如果设置了二次扫描嵌套，可以针对第二个扫描参数内的每一个值，都对第一个扫描参数进行一次扫描输出。

举例，以查看某运放电路电源功耗电流为例，以下为 4 种不同的 DC 扫描效果。

(1) .DC　Vdd　3.0　3.6　0.3

(2) .DC　temp　−40　125　1

(3) .DC　temp　−40　125　1　Vdd　3.0　3.6　0.3

(4) .DC　temp　−40　125　1　sweep　Vdd　poi　4　2.5　3.3　3.6　5.0

案例(1)为在电源电压 Vdd 分别为 3.0 V、3.3 V 和 3.6 V 三种不同情况下进行扫描，此时查看电路不同功耗性能，如图 4.22(a)所示，此语句可以查看电源电压 3.3 V 上下波动 10%时对功耗电流的影响；案例(2)则是扫描电路功耗性能在全温度范围(−40 ℃至 125 ℃)内的变化影响，如图 4.22(b)所示；案例(3)则相对复杂，其指令含义是，要求 SPICE 软件仿真输出在三种不同电源电压条件下，电路功耗电流随温度变化的影响，如图 4.22(c)所示；案例(4)的运用则更为灵活，常常用于指定扫描参数条件下(本例中为电源电压 Vdd 分别在 2.5 V、3.3 V、3.6 V 和 5.0 V 等 4 种情况下)监控功耗电流随温度变化的影响，仿真效果如图 4.22(d)所示。

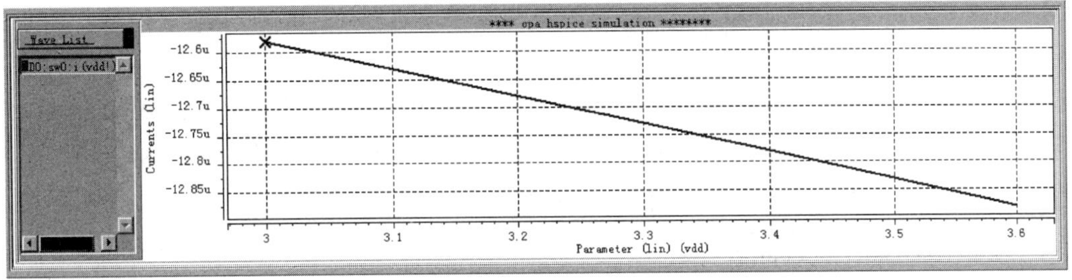

(a) 案例(1)：电源电压扫描对功耗电流的影响

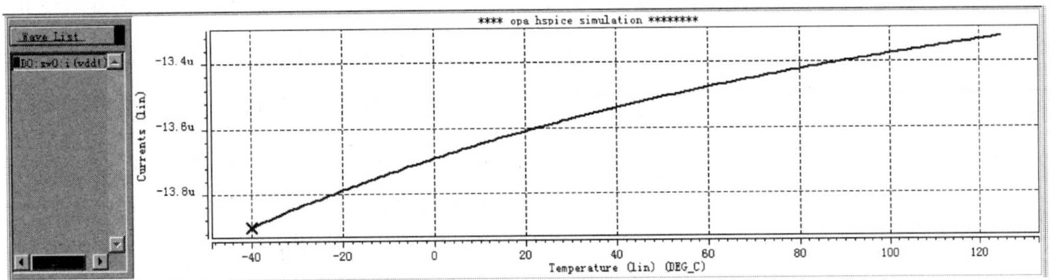

(b) 案例(2)：环境温度扫描对功耗电流的影响

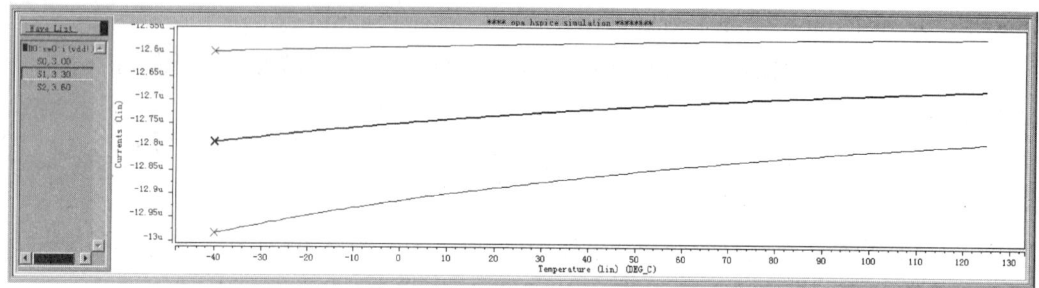

(c) 案例(3):三种不同电源电压下环境温度对功耗电流的影响

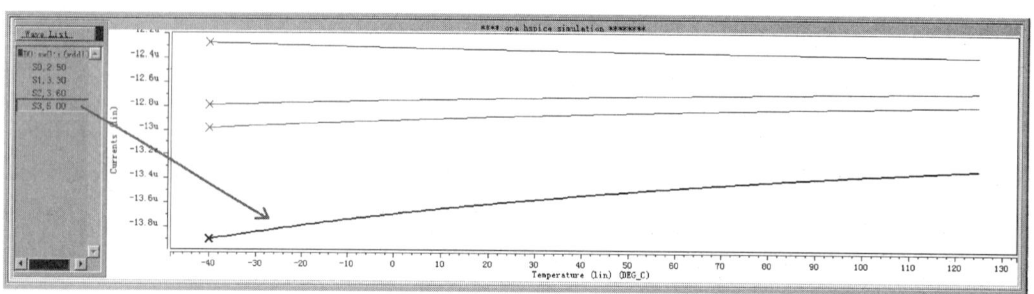

(d) 案例(4):四种任意指定电源电压下环境温度对功耗电流的影响

图 4.22 各种 DC 扫描指令运用案例

4.6.3 交流扫描分析激励与指令

交流扫描分析用于分析电路在指定频率范围内的频率特性响应,常见的频率特性响应主要为幅频特性和相频特性,因此交流扫描分析常常用于放大器增益的幅频和相频特性分析,另外,放大器的共模抑制比、电源抑制比等也常采用交流扫描分析。

交流扫描时常用的指令格式如下:

.AC DEC(或 OCT 或 LIN) Num Fstart Fstop

其中,DEC、OCT 或者 LIN,三选一,用于指定 AC 扫描时 X 轴频率变化的方式,分别表示十倍频、倍频和线性变化,Num 指定扫描频率范围内的扫描点数,Fstart 和 Fstop 分别表示 AC 扫描的起始频率和终止频率,在做 AC 扫描时,需要指定一个独立源为交流源。以下为某一个运放增益幅频与相频特性扫描语句,如图 4.23 所示,激励源的设置是为给运算放大器设置合适的 DC 直流偏置电压,以保证运放合适的直流偏置工作电压,另外,交流输入信号源设置大小为单位幅值 1,此时 AC 扫描获得的输出端电压幅值即为放大器的增益。

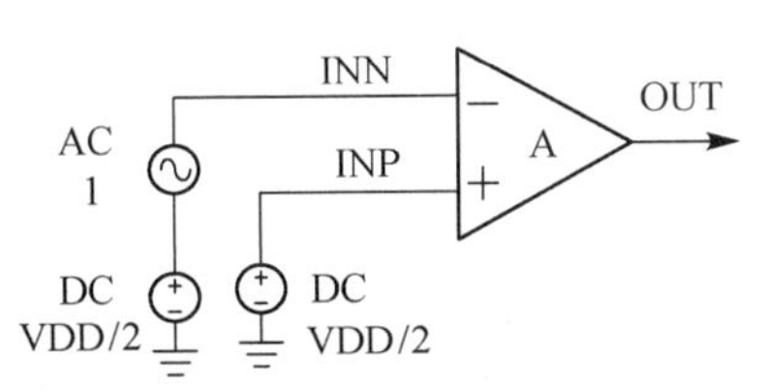

(a) AC 分析激励源交直流设置示意

```
*** AC 幅频与相频分析 ***
* 激励
VinP   INP   GND!  DC 'VDD/2'
VinN   INN   GND!  DC 'VDD/2'  ac 1
* 指令
.AC DEC 10  0.1 10g
.probe  ac  vdb(OUT) vp(OUT)
***
```

(b) AC 分析 SPICE 激励与指令实例

图 4.23　运放 AC 频率特性分析时的激励与指令实例

上述实例中. probe 语句为 SPICE 的标准语法，含义为指定程序输出运放输出端“OUT”的幅频特性(以 dB 为单位)和相频特性。运放增益幅频与相频特性典型特征如图 4.24 所示。

由图可以读出该运放开环直流增益为 93.4 dB，−3 dB 带宽约为 133 Hz，0 dB 带宽约为 4.11 MHz。结合相频特性，可以读出 0 dB 对应的相位裕度为 43.3°，根据模拟电路设计理论，为保证电路稳定工作，相位裕度至少应该为 45°，而实际工程设计时甚至取 60°以上，所以实际设计过程中可以增加密勒补偿电容提升相位裕度，例如在第二级共源放大器的栅漏极之间跨接电容即可，感兴趣的读者可以结合本章相关习题尝试改进设计。

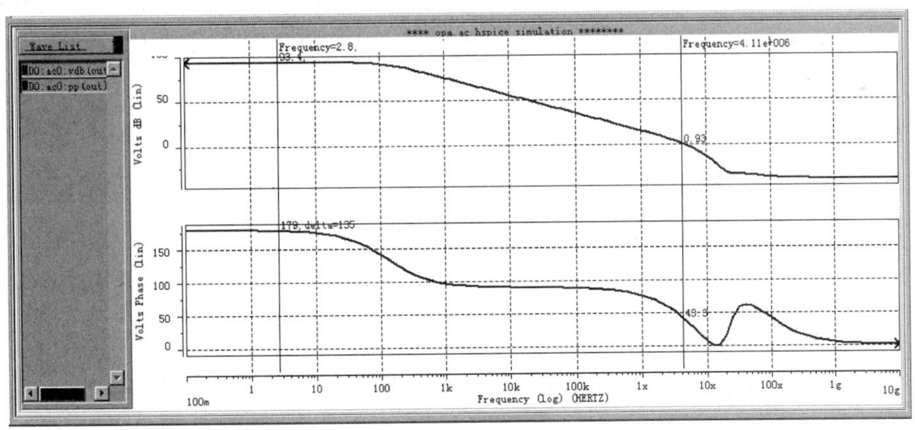

图 4.24　运放 AC 幅频与相频特性分析实例

4.6.4　瞬态特性分析激励与指令

瞬态特性分析一般用于分析电路中电压或电流在时间域中的变化特性，使用时一般是瞬态激励与仿真指令配合使用，常见的瞬态特性仿真激励源包括正弦信号源、脉冲信号源或者可编程信号源等，各种信号源的 SPICE 描述格式如下：

1）正弦(SIN)信号源

格式：

V/Ixxx　N+　N−　SIN(Offset　Amp　Freq　Td　Theta)

其中 V/Ixxx 表示电压源或者电流源，N+和 N−分别表示信号源的正负节点，Offset 和 Amp 分别表示正弦波的直流偏移和交流幅值，单位为 V，Freq 为正弦波频率，单位 Hz，Td 为初始延时时间，单位 s，Theta 为正弦波衰减系数，默认为 0。

例句：

Vin　inp　0　SIN(0.5　1　20k　0　0)

其含义为：在节点 inp 与地线之间，输入一个直流偏移 0.5 V、交流幅值 1 V、频率 20 kHz 的正弦波电压源。

2）脉冲(PULSE)信号源

格式：

V/Ixxx　N+　N−　PULSE(V1　V2　Td　Tr　Tf　Pwl　Per)

其中 V/Ixxx 表示电压源或者电流源，N+和 N−分别表示信号源的正负节点，V1 和 V2 分别表示脉冲信号的初始电压/电流和脉冲电压/电流值，单位为 V 或 A，Td 为初始延时时间，Tr 为脉冲上升沿时间，Tf 为脉冲下降沿时间，单位均是 s，Pwl 为脉冲宽度，Per 为脉冲周期，两者单位均为 s。

例句：

Vin　in　gnd!　PULSE(0　2　0.5u　0.1u　0.1u　2u　4u)

其含义为：在节点 in 与 gnd! 之间，接入一个脉冲电压源，脉冲高低电平分别为 0 和 2 V，初始延时 0.5 μs，脉冲上升沿与下降沿时间均为 0.1 μs，脉冲宽度为 2 μs，脉冲周期为 4 μs。

3）可编程(PWL)信号源

可编程 PWL 信号源又称为分段线性源，常常用于自定义非周期信号源。

格式：

V/Ixxx　N+　N−　PWL(T_1　V_1　T_2　V_2　T_3　V_3　…)

其中 V/Ixxx 表示电压源或者电流源，N+和 N−分别表示信号源的正负节点，PWL( )语句中每一对(T_n，V_n)，表示对应 T_n 时刻电压值为 V_n，介于 T_n 与 T_{n+1} 时刻间的电压值采用线性插值方法求出。T_n 单位是 s，V_n 单位为 V。

例句：

Vina　ina　0　PWL(0　0　0.01u　1.8　0.5u　1.8　0.51u　0　1u　0　1.01u　1.8

2u　1.8)

其含义为：在节点 ina 与 0 之间，接入一个自定义电压源，其波形如图 4.25 所示。

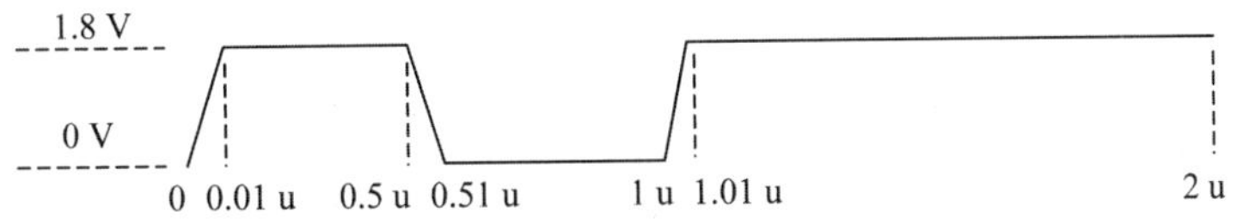

图 4.25　PWL 电压源波形示例

除激励源之外，瞬态特性分析还需配套仿真指令。

4) 瞬态特性分析仿真指令

格式：

.TRAN　Tstep　Tstop　< Tstart　<Tmax> >　<UIC>

其中 Tstep 表示瞬态分析的时间增量，Tstop 表示瞬态分析的结束时间，"< >"中为可选项，Tstart 表示瞬态分析数据输出的开始时间，如若不指定，默认是 0；如若指定，那么瞬态分析的数据输出从 Tstart 开始，该功能可以回避掉瞬态特性分析时初始一段时间的不稳定不规则波形，比如振荡器起振阶段的波形。Tmax 是最大运算步长，UIC 出现时，瞬态分析会调用 SPICE 网表中各元器件自定义的 UIC 值作为初始瞬态值进行分析。

下面以图 4.20 所示的经典两级运放网表为例，对运放进行电压增益 $A_v=2$ 时的瞬态分析，在完成运放网表编写之后，需要外接负反馈支路，如图 4.26(a)所示，反馈电阻接在输出端 OUT 和反相输入端 INN 之间，计算合适的输入电阻与反馈电阻，确保电压增益为 2，同时，需要施加瞬态仿真激励与指令，如图 4.26(b)所示。瞬态仿真输出波形如图 4.27 所示。

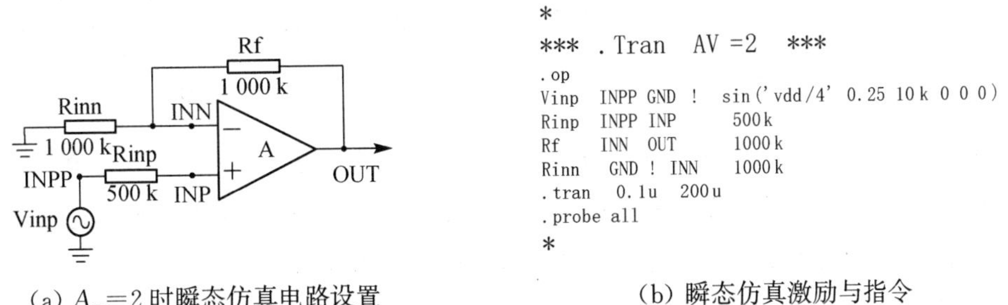

(a) $A_v=2$ 时瞬态仿真电路设置　　(b) 瞬态仿真激励与指令

图 4.26　运放瞬态分析激励与指令举例

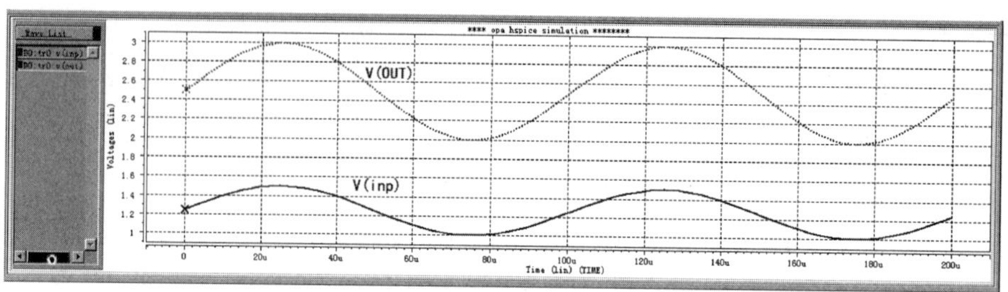

图 4.27　运放 $A_v=2$ 时的瞬态分析波形

习题与思考题

1. 完成 SPICE 仿真基本要素有哪些？

2. 请分别绘制电阻与电感至少一种高频等效电路模型。

3. 常见的芯片内部平板电容有哪几种类型？

4. 请分别绘制双极型晶体管和 MOS 管高频等效模型，并概要解释模型中各参数含义。

5. 请写出题图 1 的 SPICE 网表。

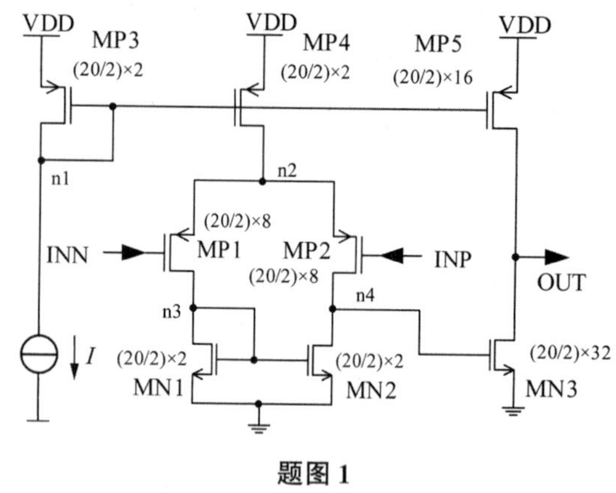

题图 1

```
MP1 n4 n1 VDD VDD MP W=2u L=0.18u m=4
MP2 n4 n2 VDD VDD MP W=2u L=0.18u m=4
MP3 n4 n3 VDD VDD MP W=2u L=0.18u m=4
MN1 n5 n1 GND GND MN W=2u L=0.18u m=2
MN2 n6 n2  n5   n5   MN W=2u L=0.18u m=2
MN3 n4 n3  n6   n6   MN W=2u L=0.18u m=2
```

题图 2

6. 请根据题图 2 中所示 SPICE 网表，逆向提取出电路原理图，并分析其电路功能。

7. 请基于题图 1 运放电路，完成 SPICE 电路 AC 仿真。(采用本书配套工艺库文件)假设电源电压是 3.3 V，直流输入共模电压是 1.25 V，并回答以下问题：

(1) 该运放直流增益、−3 dB 带宽、0 dB 带宽各是多少？

(2) 该运放相位裕度是多少？如果希望相位裕度提高到 60°以上，请给出相位裕度补偿方案，并给出补偿电容值大小。

8. 请用习题图 1 运放构建一个电压跟随器电路，完成电路设计的同时，完成瞬态电路仿真。

参考文献

[1] 王志功,陈莹梅.集成电路设计[M].3 版.北京:电子工业出版社,2013.

[2] 毕查德·拉扎维.模拟 CMOS 集成电路设计[M].陈贵灿,程军,张瑞智,等译.2 版.西安:西安交通大学出版社,2018.

[3] SPICE 数据手册(请网上自行搜索下载)

[4] Alan Hastings.模拟电路版图的艺术[M].张为,等译.2 版.北京:电子工业出版社,2013.

05

第5章 HSPICE电路设计与仿真

关键词

- HSPICE设计仿真
- 数字逻辑门电路仿真、模拟运放电路仿真
- 直流仿真、交流仿真、瞬态仿真、噪声仿真
- 参数扫描与优化、多Case仿真设置与切换
- HSPICE软件使用

内容简介

本章结合众多数字与模拟功能电路设计网表实例，详细介绍HSPICE网表结构撰写，以及相关仿真方法与流程，实用性与操作性较强，相关配套电子资源如网表文件复制后可以直接仿真使用。

5.1节首先概要介绍HSPICE网表组成结构与撰写注意事项。

5.2节以数字逻辑门电路为例，介绍数字电路设计常用直流、瞬态仿真方法，并以非门电压转换特性DC扫描优化为例，介绍HSPICE器件参数设计优化方法。

5.3节以运算放大器为例，依次介绍模拟电路设计常见直流、交流、瞬态和噪声仿真等实例，通过实例讲解演示，一方面引领读者熟悉网表文件撰写规则，另一方面也可以促进读者理解与掌握不同电路性能指标的仿真验证方法。虽然HSPICE是文本式网表输入，但是其仿真激励与仿真条件设置思路与后续图形化界面仿真软件设计思路基本一致，掌握了HSPICE仿真条件设置思路，对后续Cadence等图形化输入仿真软件的学习一样有益。

5.4节针对提高芯片设计成品率，专门介绍了工艺角可靠性仿真验证。从芯片生产工艺存在的公差导致工艺模型的偏差出发，结合环境温度和电源电压

变化等因素，综合介绍了工艺角可靠性验证的必要性，并结合实例示范了常见的 WorstCase 仿真验证和 FullCase 仿真验证方法。

5.5 节概要介绍了 HSPICE 软件基本使用方法与操作流程，试图通过 HSPICE 的软件使用简介，提炼各种不同集成电路设计软件的相通之处，不同软件操作界面风格虽有区别、性能也会有所差异，但操作流程与方法基本类似，读者实际使用时需要学以贯通。

5.1 HSPICE 网表文件概述

目前多数 SPICE 设计仿真软件都有较好的图形化用户界面(GUI)，用户通过用户界面调用相应工艺仿真库中的元器件，完成原理图设计搭设并设置合适的仿真参数后，便可进行电路仿真，操作起来方便快捷，这是当下 IC 设计仿真软件的主流形式。

实际上图形化用户界面 IC 设计软件多数还是基于 SPICE 内核，其拥有友好的图形化用户界面只是帮助用户自动生成了 SPICE 格式文本，软件还是通过读取 SPICE 格式文本，完成电路的仿真验证，这是 IC 设计软件发展进程中遗留下来的历史问题。文本格式输入的 SPICE 软件相较于原理图直接输入 SPICE 软件，两者关系类似于早年汇编语言相较于高级语言 C 或 C++的关系。

采用文本格式输入的 SPICE 软件有很多种，最经典同时也被视作工业界标准的为 HSPICE 软件，HSPICE 采用文本格式输入，即通常说的网表输入，其采用符合 SPICE 格式要求的文件格式，规范了各种电路结构描述、仿真激励描述以及分析控制指令等内容。随着技术的进步，虽然目前已经很少采用手工书写网表的方式设计电路，但是学习掌握一些基本的 SPICE 文本设计仿真语法与实例，无论对于后续理解图形化界面设计软件的参数设置含义与用途，还是对于辅助电路前仿错误检查，或者对于前、后端仿真检查对比均有益处。

5.1.1 网表文件基本结构

HSPICE 网表文件为文本文件，默认文件扩展名为：“.sp”。

HSPICE 网表文件内容主要包括标题语句、注释语句、电路描述语句、分析与控制语句以及结束语句等，具体参见“网表实例 1”所示。

1) 标题语句

一般为网表文件第一行，由任意字符串和字母组成，作为标题可以由输出文件打印显示，但是软件并不处理，一般多用于网表名称与功能标识，可以提高网表可读性。

2）注释语句

（1）整行注释：由“ * ”开头的每一行字符串都是注释语句，软件执行时不处理，整行仅作为文件注释与说明，方便程序员阅读与理解网表。

（2）行内注释：有“ $ ”符号标注的行，软件只执行到该行“ $ ”符号之前，“ $ ”符号之后仅为注释，软件不再执行。

3）网表主体描述语句

用于定义电路拓扑结构和元器件参数，包括电路层级嵌套描述、元器件参数描述、模型参数描述、电源激励描述等。

4）分析与控制语句

多以“. ”开头的语句，用以分析电路特性和描述各种控制命令，如 . DC、. AC 等。

5）结束语句

即 . end 语句，放置在网表文件的最后一行，作为网表文件描述的结束标识。

需要说明的是，网表文件中的不同语句前后顺序可以有所调整，以易于阅读与理解为主要依据调整顺序。

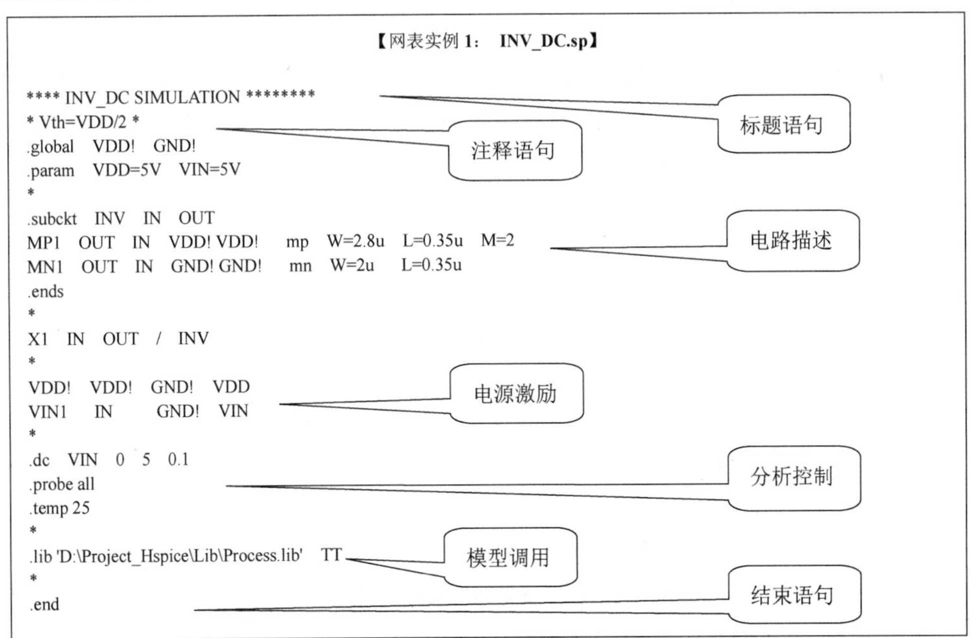

【网表实例 1： INV_DC.sp】

```
**** INV_DC SIMULATION ********
* Vth=VDD/2 *
.global   VDD!   GND!
.param    VDD=5V    VIN=5V
*
.subckt   INV   IN   OUT
MP1   OUT   IN   VDD! VDD!     mp    W=2.8u    L=0.35u    M=2
MN1   OUT   IN   GND! GND!     mn    W=2u      L=0.35u
.ends
*
X1   IN   OUT   /   INV
*
VDD!   VDD!   GND!   VDD
VIN1    IN     GND!   VIN
*
.dc   VIN   0   5   0.1
.probe all
.temp 25
*
.lib 'D:\Project_Hspice\Lib\Process.lib'   TT
*
.end
```


注释：VDD! 表示全局“电源”，在多层次多模块电路网表中，VDD 增加“!”表示所有子模块各层次的电源节点“VDD!”均是连接在一起的。同理“GND!”表示全局“地”。

5.1.2 网表文件注意事项

网表文件撰写过程中，还有一些注意事项，具体包括：

(1) 网表文件描述字母不区分大小写。

(2) 网表文件单行如果无法表达完整，可以换行在第二行起始位置增加续行号"＋"，表示第二行是第一行的继续。

(3) 无论是器件尺寸参数还是激励源，其单位缺省值均为国际标准单位。

(4) 电路节点编号可以是任意数字或字符串的组合，其中节点"0"专属规定为地，另外，电路网表中不允许有悬空节点，即电路中每一个节点对地之间必须有直流通路，如果不满足该要求，可以在该悬空节点与地之间增加一个大电阻，例如阻值为 1 GΩ 的大电阻。

5.2 数字逻辑门电路设计仿真

5.2.1 直流仿真

CMOS 数字反相器(又称非门)电路符号与结构如图 5.1 所示，由于无静态功耗，所以直流 DC 仿真主要用于设计检验电压转换特性。"网表实例 1"展示了一款数字反相器电压转换特性电路仿真网表，该反相器直流 DC 仿真输入输出电压波形如图 5.2 所示，通过电路仿真并借助宽长比尺寸优化，可以将其翻转门限恰好设置在 $V_{DD}/2$。

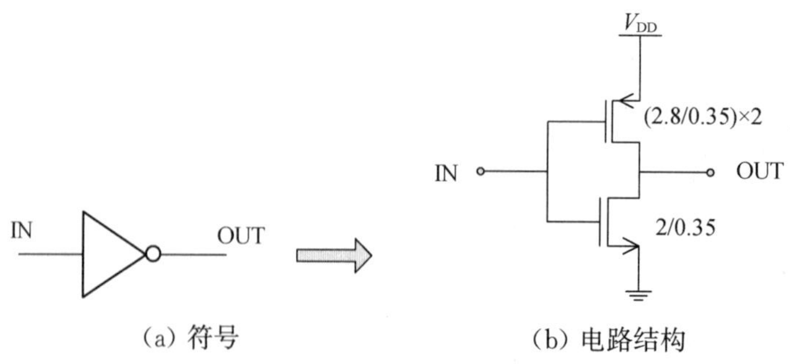

(a) 符号　　(b) 电路结构

图 5.1　数字反相器符号与电路结构

从图 5.2 反相器电压电流特性可以看出，在输入电压 $V(\text{in})<500$ mV 和 $V(\text{in})>4$ V 时，反相器处于理想开关状态，电路功耗基本为 0；反之，当 500 mV$<V(\text{in})<$4 V 时，由电源

到地之间存在静态功耗电流 i(vdd!)，且当输入电压等于 2.5 V 时，静态电流最大，说明在该区间，NMOS 管与 PMOS 同时存在不同程度的导通状态，导致产生了静态功耗。因此，理想情况下，CMOS 数字逻辑电路输入信号电压，应该分别是理想的参考地“0 V”或电源电压“VDD”，即理想的 CMOS 逻辑电平。

如果输入信号上有干扰，或者输入信号高低电平端到端(Rail-to-Rail)摆幅不够，需要首先对输入信号进行调理，然后再输入后级逻辑电路，如果输入信号无法做到端到端摆幅，可以适当调整反相器的电压转换门限，如从图 5.2 中显示的转换门限 $V_{DD}/2$，可以设计修改成 $V_{DD}/3$ 或 $2V_{DD}/3$，需要时通过调整优化 PMOS 与 NMOS 器件的宽长比即可实现。

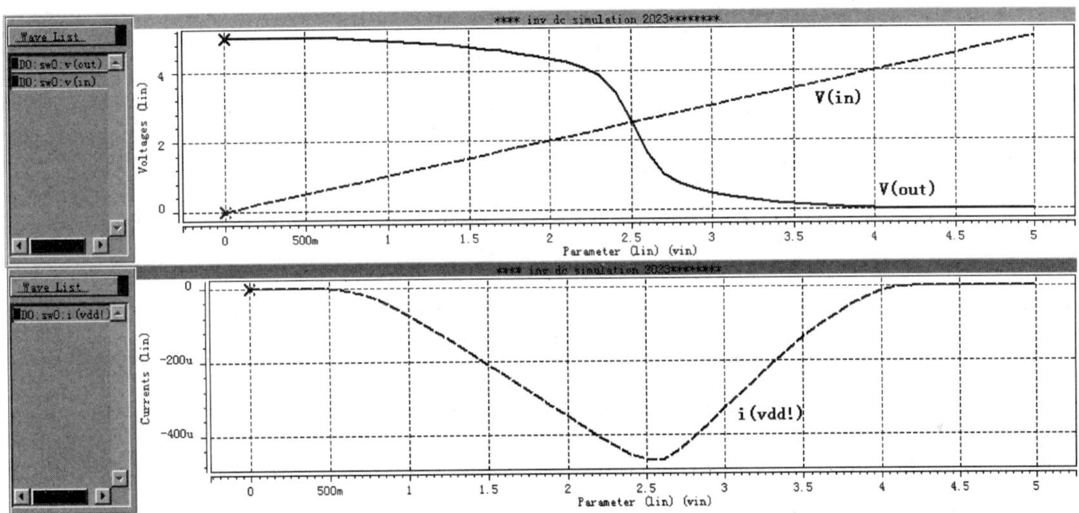

图 5.2　反相器电压电流特性仿真

5.2.2　参数扫描与性能优化

数字门电路设计中，有时考虑到电源或者地噪声的干扰影响，或者由于输入信号本身特征的影响，有时需要设计非标准转换门限的数字门电路。例如图 5.3(a)所示，如果数模混合电路中非门所在电路数字电源 VDDD 噪声与干扰较大，而数字地 GNDD 相对干扰较小，此时一种可以防止干扰导致误翻转的方法是适当调低反相器电压转换门限，如将非门(图中 INV)电平转换门限从 $V_{DD}/2$ 变成 $V_{DD}/3$，如图 5.3(b)所示，此时就需要设定非标准门限反相器尺寸，常用方法即采用参数扫描进行优化设计。

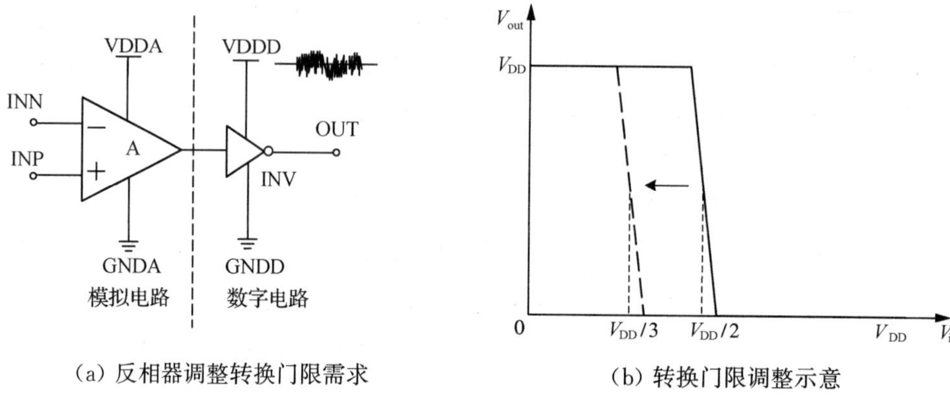

(a) 反相器调整转换门限需求

(b) 转换门限调整示意

图 5.3 反相器翻转门限变更需求

如“网表实例 2”所示，可以将 PMOS 管的栅长设定为变量 Lx，注意设置变量后，需要给定初始变量值，初始变量值对扫描范围取值无影响，网表中 VIN 与 Lx 的初始变量值分别设置为 5 V 和 0.35 μm，然后在.dc 扫描命令行中针对 Lx 进行一定范围的 DC 优化扫描，网表中 DC 扫描命令的含义是：Lx 从 0.35 μm 到 5 μm 之间扫描优化，扫描递增步长是 0.5 μm，每一个 Lx 扫描值要求对应输出一根电压转移特性曲线，针对不同的 Lx 值，HSPICE 仿真均可以对应给出不同的转换门限，设计师根据不同的转换门限仿真结果，最终确定 Lx 扫描参数的最优值。

【网表实例 2：INV_DC_Lx_Sweep.sp】

```
* * * * INV_DC_Lx_Sweep Hspice SIMULATION * * * *
* Vth=Vdd/3 *
.global  VDD!   GND!
.param   VDD=5V VIN=5V Lx=0.35u
*
.subckt  INV  IN  OUT
MP1  OUT  IN  VDD! VDD!   mp  W=2.8u  L=Lx    m=2
MN1  OUT  IN  GND! GND!   mn  W=2u    L=0.35u
.ends
*
X1  IN  OUT  /  INV
*
VDD!  VDD! GND!  VDD
VIN1  IN   GND!  VIN
.dc VIN 0 5 0.1 sweep Lx 0.35u 5u 0.5u
.probe all
*
.temp 25
.lib 'D:\Project_Hspice\Lib\Process.lib'  TT
*
.end
```

最终的 DC 电压转换特性扫描分析结果如图 5.4 所示，由图可以找出满足 $V_{DD}/3$ 约

1.65 V 左右转换门限的 PMOS 管最优栅长 Lx 值，本例中为满足 $V_{DD}/3$ 转换门限要求，PMOS 管栅长 Lx 最优值曲线对应为 Lx=1.85 μm，而非标准反相器中同 NMOS 管栅长一样都是 0.35 μm。

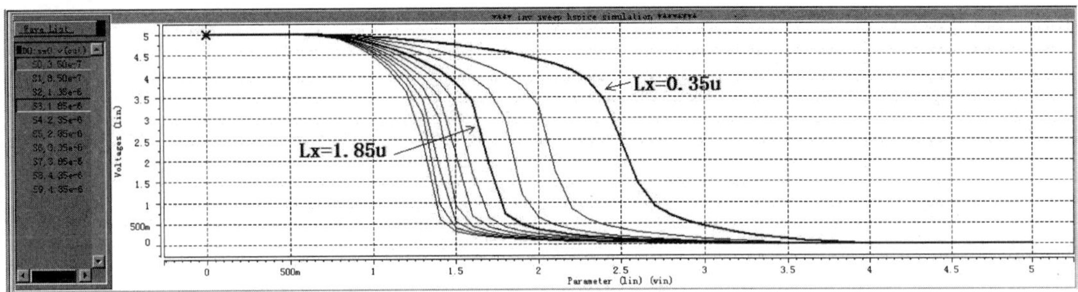

图 5.4 反相器翻转门限仿真优化

5.2.3 瞬态仿真

数字逻辑电路瞬态仿真主要用于验证其逻辑功能正确与否。如网表实例 3 所示二输入与非门瞬态仿真，两输入端 IN1 和 IN2 分别设置不同的可编程脉冲电平，经与非门处理后，通过查看 OUT 端口电平逻辑来判断电路逻辑功能是否正确，如图 5.5 所示。

【网表实例 3:NAND2_TRAN.sp】

```
* * * * NAND2_TRAN SIMULATION * * * *
.global VDD!   GND!
.param   VDD=5V
*
.subckt   NAND2   IN1   IN2   OUT
MP1   OUT   IN1   VDD! VDD!   mp   W=2.8u   L=0.35u   M=2
MP2   OUT   IN2   VDD! VDD!   mp   W=2.8u   L=0.35u   M=2
MN1   OUT   IN1   net1   GND!   mn   W=2u   L=0.35u
MN2   net1 IN2   GND!   GND!   mn   W=2u   L=0.35u
.ends
*
X1   IN1 IN2   OUT   /   NAND2
*
VDD!   VDD!   GND!   VDD
Vin1   IN1   GND!   PWL(0u 0V   10u 0V 10.001u VDD   20u VDD 20.001u 0V 30u 0V 30.001u VDD 40u VDD)
Vin2   IN2   GND!   PWL(0u 0V                          20u 0V   20.001u VDD                      40u VDD)
.tran   0.01u   40u
.probe all
*
.temp 25
.lib 'D:\Project_Hspice\Lib\Process.lib'   TT
.end
```

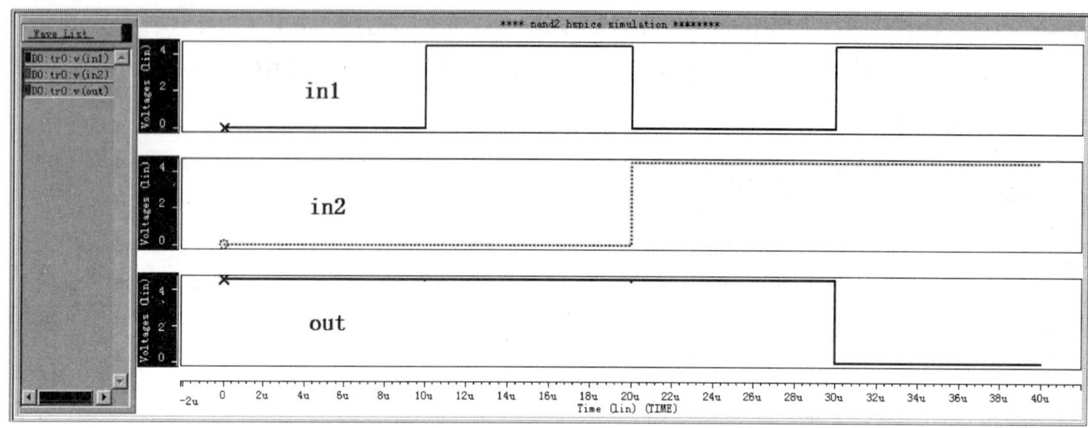

图 5.5 二输入与非门瞬态仿真

5.3 模拟放大电路设计仿真

模拟单元电路由于电路结构相对复杂且对噪声与干扰更加敏感，所以在 HSPICE 仿真时，仿真项目需要更加详尽，例如有直流仿真还有交流仿真，有时域仿真还有频域仿真，另外，还需要进一步仿真对比有和无噪声条件下电路行为的差别。本节以一个简易但却非常经典的两级运放为例，其电路结构如图 5.6 所示，综合介绍基于 HSPICE 的运放设计方法。

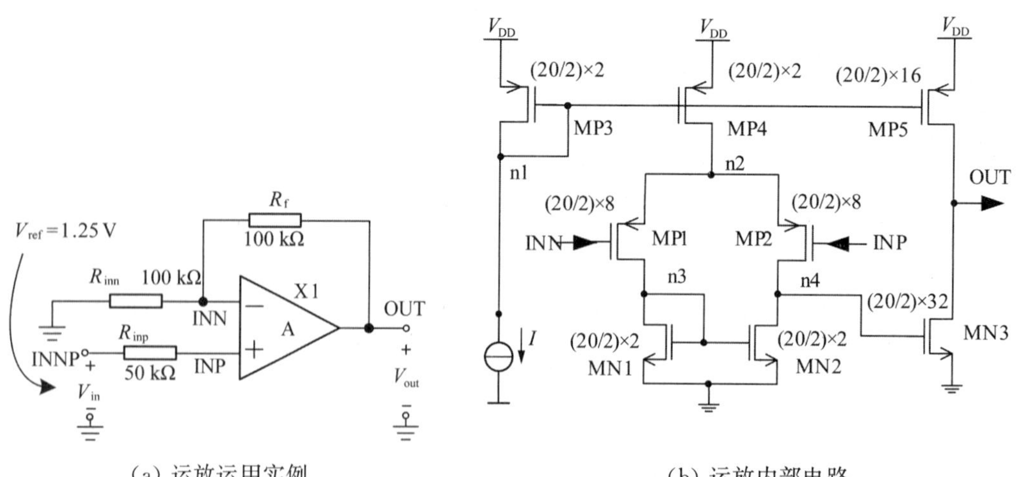

(a) 运放运用实例

(b) 运放内部电路

图 5.6 简易运放仿真实例

假设本运放电源电压 V_{DD} 为 3.3 V/5 V 兼容，共模输入电压为其他电路提供的带隙基准电压源 1.25 V，因此，由于共模输入电压小于电源电压的一半，所以差分输入级优先选用 PMOS 差分对，相对于采用 NMOS 差分对而言，电路更易工作于饱和状态，电路第二级为共源放大器，在确定了运放的基本拓扑结构之后，器件的尺寸参数由计算或者仿真优化即可。

本例中，假设该运放将被用于构建如图 5.6(a)所示的电压增益为 2 的同相放大器，那么计算可以得出，当运放负反馈稳定工作后，运放反相输入端共模电压和同相输入端共模电压相等，即 $V_{INN}=V_{INP}=1.25$ V，共模输出电压 $V_{OUT}=2.5$ V，所以此时图 5.6(a)中运放外围反馈电阻与图 5.6(b)中运放输出级电流源 MP5 的电流需要综合考虑，以确保共模输出电压能够稳定在电源电压范围以内，因此设计过程中需要通过 DC 分析检查各管的工作状态。本例运放反馈网络电阻 R_f 和 R_{inn} 取值与运放内部 MP5 电流源输出电流值成反比关系，即如果 MP5 输出电流设计偏大一些，反馈网络电阻 R_f 和 R_{inn} 取值可以选择得小一些，芯片内部这些电阻的尺寸与面积会节省一些，但其代价是运放静态功耗上升，例如图 5.6(b)所示功耗约为 20 μA，功耗略显偏大；反之，如果 MP5 输出电流设计偏小，同样为满足输出共模电压 2.5V 要求，反馈网络电阻 R_f 和 R_{inn} 取值就会偏大，芯片内部电阻的尺寸会变大，占用面积也会增加，但优势是运放静态功耗得以降低。模拟电路中运放的设计千变万化，不同带宽、不同增益、不同功耗、不同带载能力等个性化需求，都会带来不同的电路设计结构与器件尺寸。

5.3.1 直流仿真

运放电路 DC 直流仿真，可以有效验证电路总体功耗、各支路静态电流以及各节点直流电压等，可以较为完善地分析验证电路各项静态性能。

如前所述，该运放设计要求电源电压 3.3 V/5 V 兼容，那么在运放的直流功耗验证过程中，就可以采用两种电源电压同时扫描的方式进行验证，如“网表实例 4”中“. dc”语句所示，其命令含义为：在电源电压“VDDA”变量分别设置为 3.3 V 和 5 V 两种情况下（“sweep VDDA poi 2 3.3 5”），对电源功耗进行全温度范围扫描验证，温度范围从−40 ℃至 125 ℃，仿真步长为 1 ℃（“. dc temp −40 125”）。

网表中“. op”命令，用于指定网表文件“OPA_DC. sp”仿真输出的文本文件即“OPA_DC. lis”需要包含静态工作点信息，该工作点信息包含了电路中所有 MOS 器件电流、电压、跨导和寄生电容等信息，另外还包含了所有 MOS 管的工作状态，这些信息对于电路分析非常有用，所以各种仿真分析的同时，一般都会做“. op”分析。

【网表实例 4：OPA_DC. sp】

```
* * * * OPA DC Hspice SIMULATION
. global VDD!    GND!
. param   VDDA=3.3V   Vref=1.25V
VDD!    VDD!    GND!    VDDA
*
. subckt   OPA   INP   INN   OUT
MP1   n3   INN   n2 n2            MP   W=20u   L=2u   M=8
MP2   n4   INP   n2 n2            MP   W=20u   L=2u   M=8
MN1   n3   n3   GND! GND!         MN   W=20u   L=2u   M=2
MN2   n4   n3   GND! GND!         MN   W=20u   L=2u   M=2
*
MN3   out n4   GND! GND!          MN   W=20u   L=2u   M=32
*
MP3   n1   n1   VDD! VDD!         MP   W=20u   L=2u   M=2
MP4   n2   n1   VDD! VDD!         MP   W=20u   L=2u   M=2
MP5   out n1   VDD! VDD!          MP   W=20u   L=2u   M=16
*
IB   n1   GND!    2u
. ends
*
X1   INP INN   OUT   /   OPA
*
* * * 1) DC
. op   $直流工作点分析
. dc temp -40 125 1 sweep VDDA poi 2 3.3   5
. probe all
*
. temp 25
. lib 'D:\Project_Hspice\Lib\Process. lib'   TT
. lib 'D:\Project_Hspice\Lib\Process. lib'   restypical
. lib 'D:\Project_Hspice\Lib\Process. lib'   captypical
*
. end
```

运放直流功耗仿真结果如图 5.7 所示，常温 25 ℃下，电源电压 3.3 V 时功耗为 21.3 μA，电源电压 5 V 时功耗为 22.7 μA，温度变化时各自对应功耗略有变化。

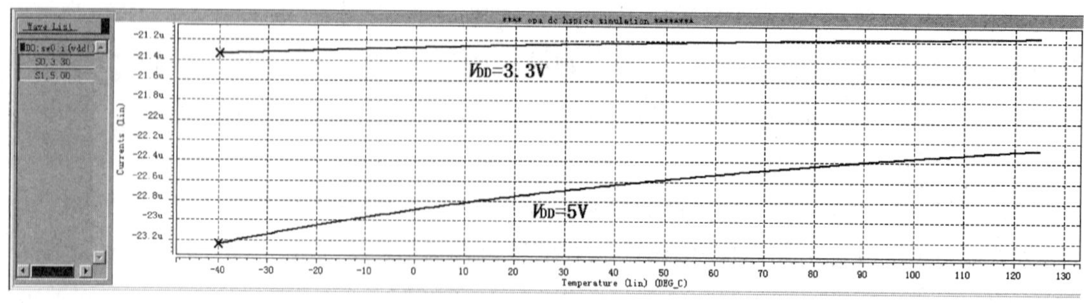

图 5.7　OPA 直流功耗仿真

5.3.2　交流仿真

运放电路交流仿真，主要用于仿真电路的交流特性，即电路特性中与频率有关的技术指标，一般仿真自变量多为频率，仿真验证常见为电压增益的幅频与相频特性、共模输入范围、共模抑制比，以及电源抑制比等。

1) 电压增益频率特性

"网表实例 5"为运放 AC 仿真 HSPICE 网表，从网表可以看出，除 AC 仿真指令和激励信号源与 DC 仿真有所区别外，电路结构与 DC 仿真结构基本相同，唯一不同之处在于，为了进行电压增益相位补偿，网表中增加了一个密勒（Miller）补偿电容 C_m。如图 5.8 表明补偿前增益 0 dB 对应的带宽为 7.74 MHz，对应相位裕度为 0.196°；密勒电容 C_m 补偿后的仿真结果如图 5.9，可见增益 0 dB 对应的带宽为 1.42 MHz，对应相位裕度为 74°，所以增加补偿电容 C_m 后，以带宽的压缩换取了相位裕度的改善。读者在实际仿真验证中，一般先不用增加密勒补偿电容，仿真查看电路相位裕度是否满足要求，如不满足再根据相位裕度要求，一般至少要求 45°以上，再行决定补偿电容取值。注意，增加补偿电容或补偿电容串联补偿电阻时，建议先取理想电容与理想电阻值，仿真满足要求后，再将理想电容与理想电阻替换成厂家提供的实际电容与电阻。

【网表实例 5：OPA_AC. sp】

```
****OPA _AC_Hspice SIMULATION********
.global   VDD!   GND!
.param   VDDA=3.3V   Vref=1.25V
VDD!   VDD!   GND!   VDDA
*
.subckt   OPA   INP   INN   OUT
MP1   n3   INN   n2   n2          MP   W=20u   L=2u   M=8
MP2   n4   INP   n2   n2          MP   W=20u   L=2u   M=8
MN1   n3   n3   GND! GND!         MN   W=20u   L=2u   M=2
MN2   n4   n3   GND! GND!         MN   W=20u   L=2u   M=2
*
MN3   out n4   GND! GND!          MN   W=20u   L=2u   M=32
*
MP3   n1   n1   VDD! VDD!         MP   W=20u   L=2u   M=2
MP4   n2   n1   VDD! VDD!         MP   W=20u   L=2u   M=2
MP5   out   n1   VDD! VDD!        MP   W=20u   L=2u   M=16
*
IB   n1   GND!   2u
****密勒补偿电容，以下补偿电容任选一个即可，其中一个为理想电容，一个为工艺库实际提供电容 ****
*Cm   n4   out   2.6p
XCm   n4   out   cpip   W=60u   L=60u
```

```
.ends
*
X1  INP  INN  OUT  /  OPA
*
***2) AC 仿真激励
VinP  INP  GND!  DC 'Vref'
VinN  INN  GND!  DC 'Vref'  AC 1
*
.op
**** 2.1)常用 AC 频率特性仿真 ****
.ac  DEC  10  0.1  10g
**** 2.2)共模输入电平范围仿真 ****
*.ac  DEC  10  0.1  10g  sweep  Vref  0  VDDA  0.2
.probe  AC  vdb(OUT)  vp(OUT)
*
.temp 25
.lib 'D:\Project_Hspice\Lib\Process.lib'  TT
.lib 'D:\Project_Hspice\Lib\Process.lib'  restypical
.lib 'D:\Project_Hspice\Lib\Process.lib'  captypical
.end
```

有关运放 AC 仿真激励的说明：在运放同相输入端 INP 和反相输入端 INN 均需要设置相应的直流共模输入电平，如网表中的“DC Vref”，即为本例运放实际运用时的输入端直流偏置；另外在两输入端口还需设置交流差模输入电压 V_i，默认一般取单位幅值“AC 1”，因为 $A_v = V_o/V_i = V_o/1 = V_o$，所以此时运放输出端 OUT 电压值 V_o 即为电压增益 A_v。

网表中“.probe”为打印输出语句，用于打印指定输出端口 OUT 的电压幅值与相位，电压幅值要求以分贝 dB 为单位。

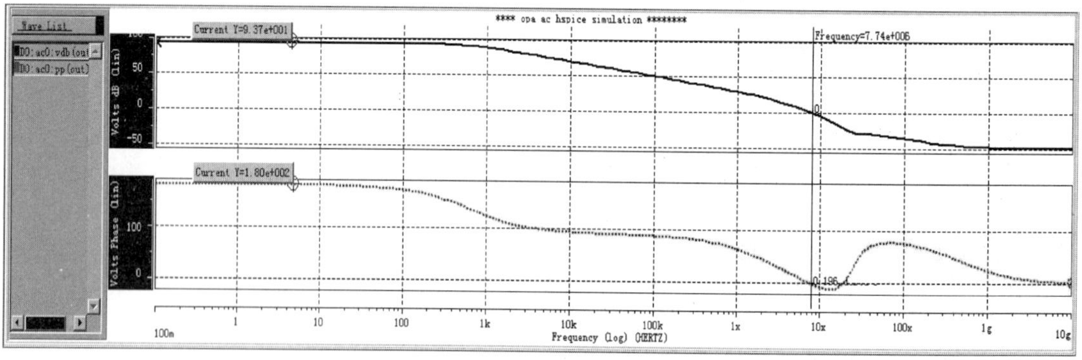

图 5.8　OPA 电压增益频率特性仿真

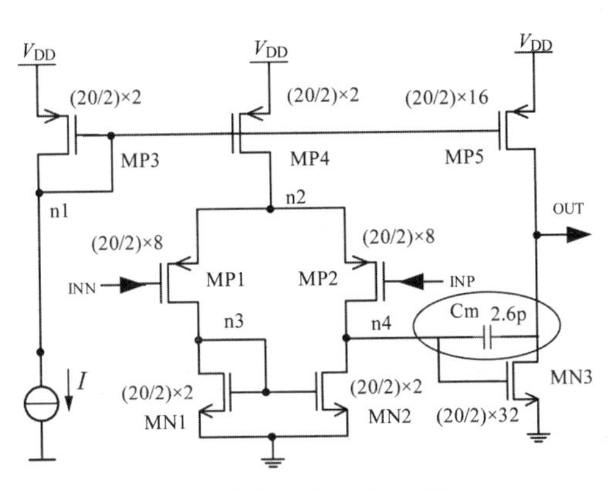

(a) 密勒电容补偿电路

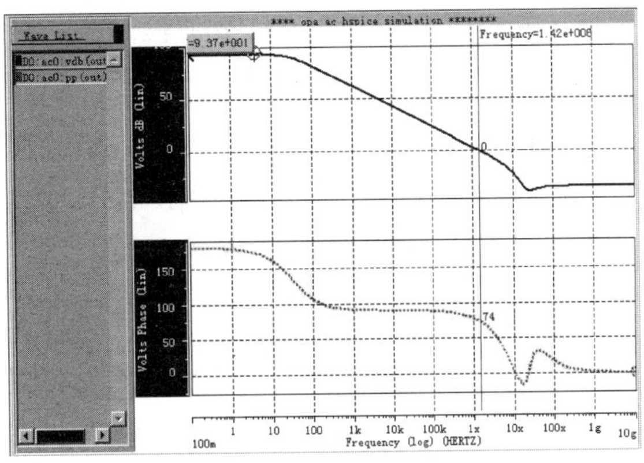

(b) 电容补偿后相位裕度仿真

图 5.9　OPA 密勒电容补偿电路与仿真

2) 共模输入电平范围

共模输入电平范围仿真用于评估在满足一定增益的条件下，直流输入电压的范围，共模输入电平超出该范围，运放的增益等指标会明显发生恶化。进行共模输入电平仿真时，如“网表实例 5”中 2.2 所示，在做 AC 频率特性仿真时增加一项输入共模电压变量扫描即可，扫描结果如图 5.10 所示，当输入共模电压由 0 增大至 2.2 V 时，增益均约为 93.7 dB，当共模电压变为 2.4 V 时，增益下降为 41.5 dB，增益性能明显恶化，所以该运放的共模输入电平范围为：0 至 2.2 V。请读者注意本例中共模电平（Vref）扫描步长为 0.2 V，如果改成 0.1 V，得到的共模输入电平会更精准，读者可以自行尝试。

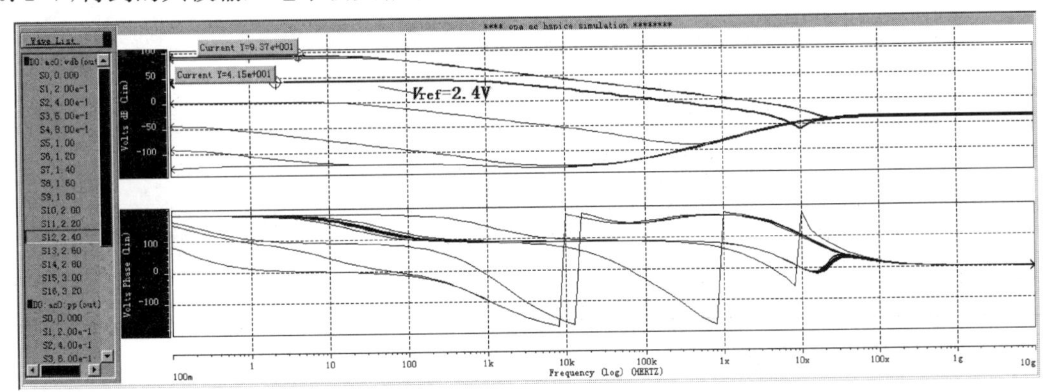

图 5.10　OPA 共模输入电平仿真

3) 共模抑制比

上述 AC 仿真，从图 5.8 至图 5.10，仿真得到的电压增益其实均为差模增益 A_{vd}，如果想获取运放的共模增益 A_{vc}，AC 仿真激励源上需要略作修改，将原来网表：双端加“DC Vref”、单端加“AC 1”，改为：双端加“DC Vref”、双端加“AC 1”即可。在得到运放共模增益 A_{uc} 之后，用前面的差模增益减去此处共模增益即可获得共模抑制比 CMRR，即

$$\text{CMRR(dB)} = A_{vd}(\text{dB}) - A_{vc}(\text{dB}) \tag{5-1}$$

鉴于篇幅所限，仿真结果本节不再赘述。

4) 电源抑制比

模拟电路对电源噪声相对数字电路而言更加敏感，所以运放电路往往还会追加电源抑制比(Power Supply Rejection Ratio，简称 PSRR)性能仿真。同 CMRR 定义类似，PSRR 指标定义为：

$$\text{PSRR(dB)} = A_{vd}(\text{dB}) - A_{vs}(\text{dB}) \tag{5-2}$$

其中，A_{vd} 同上为运放差模增益；A_{vs} 为从电源端 V_{DD} 或者地端 GND 耦合到输出端的噪声增益。运放的 PSRR 仿真网表如“网表实例 6”所示，其中电源电压不再仅仅是理想直流电压值 VDDA，而是变成了交直流混合信号源“DC VDDA　AC 1”，其中“AC 1”用于表述附加在电源上的噪声激励，通过 AC 仿真，评估噪声耦合到输出端 OUT 的增益大小，从而得到 A_{vs}。注意，在做 PSRR 验证时，运放输入端 INP 与 INN 需要设定在正常工作的直流电平上，本例中运放输入直流电平为 V_{ref}。

【网表实例 6：OPA_AC_Avs. sp】

```
****OPA_AC_Avs_PSRR SIMULATION********
.global  VDD!  GND!
.param  VDDA=3.3V  Vref=1.25V
VDD!  VDD!  GND!  DC  VDDA  AC 1  $电源 VDD! 增加单位噪声
*
.subckt  OPA  INP  INN  OUT
MP1  n3  INN  n2  n2        MP  W=20u  L=2u  M=8
MP2  n4  INP  n2  n2        MP  W=20u  L=2u  M=8
MN1  n3  n3  GND! GND!      MN  W=20u  L=2u  M=2
MN2  n4  n3  GND! GND!      MN  W=20u  L=2u  M=2
MN3  out  n4  GND! GND!     MN  W=20u  L=2u  M=32
MP3  n1  n1  VDD! VDD!      MP  W=20u  L=2u  M=2
MP4  n2  n1  VDD! VDD!      MP  W=20u  L=2u  M=2
MP5  out  n1  VDD! VDD!     MP  W=20u  L=2u  M=16
IB  n1  GND!  2u
XCm  n4  out  cpip  W=60u  L=60u
.ends
*
X1  INP  INN  OUT  /  OPA
***2) AC ***
.op
VinP  INP  GND!  DC  'Vref'   $输入端只给 DC 共模
```

```
VinN  INN  GND!   DC  'Vref'     $输入端只给 DC 共模
*
.ac  DEC  10  0.1  10g
.probe  ac  vdb(OUT)  vp(OUT)
.temp 25
.lib 'D:\Project_Hspice\Lib\Process.lib'  TT
.lib 'D:\Project_Hspice\Lib\Process.lib'  restypical
.lib 'D:\Project_Hspice\Lib\Process.lib'  captypical
.end
```

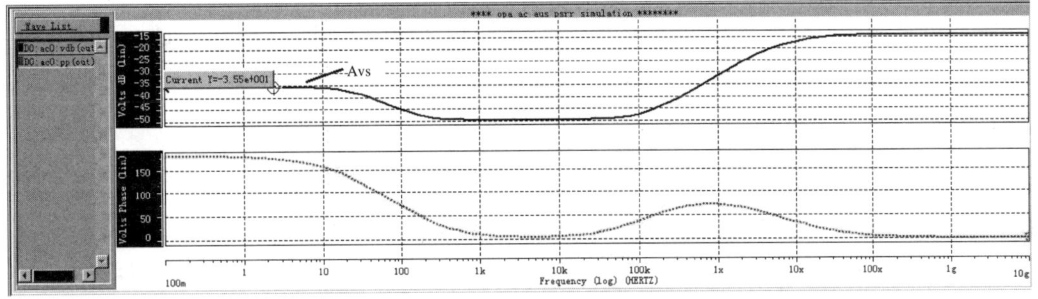

图 5.11　运放电源端 V_{DD} 噪声增益 A_{us} 仿真

由图 5.11 可知，运放电源端 V_{DD} 低频端噪声增益 A_{vs} 为−35.5 dB，所以本例中 PSRR 为：

$$\text{PSRR(dB)} = A_{vd}\text{(dB)} - A_{vs}\text{(dB)} = 93.7 - (-35.5) = 129.2\text{(dB)} \qquad (5-3)$$

需要补充说明一点：实际设计中，A_{vs} 既包括从电源端 V_{DD} 到输出端的噪声增益，也包括从地端 GND 耦合到输出端的噪声增益，所以 A_{vs} 有两解，不妨区分记作 A_{vs-VDD} 和 A_{vs-GND}，分别用于评估电源端噪声耦合到输出端的抑制能力，以及地端噪声耦合到输出端的抑制能力，所以 PSRR 应该为：

$$\text{PSRR(dB)} = A_{vd}\text{(dB)} - \max[A_{vs-VDD}\text{(dB)}, A_{vs-GND}\text{(dB)}] \qquad (5-4)$$

本例中地端噪声耦合到输出端的噪声增益 A_{vs-GND}，读者可以采用类似的方法自行仿真分析，之后套用公式(5－4)求出最终的 PSRR 即可。

Tips　电源抑制比(PSRR)与电源抑制(PSR)的区别

同 CMRR 定义类似，PSRR 描述的是放大器输入信号增益与电源噪声耦合到输出端增益的比值，换算成 dB 则是两者的差值，如公式(5－2)所示，PSRR 的增益 dB 值一般是正数，PSRR 越大，表示放大器放大有用信号、抑制电源噪声的能力越强。

而公式(5－2)中的 A_{vs} 有时也直接用于描述电源噪声抑制能力(Power Supply Rejection，简称 PSR)，PSR 一般是负的 dB 值，例如 PSR＝−40 dB，表示电路工作时电源上的噪声耦合到输出端时衰减了 100 倍，PSR 负值越低越好，表示噪声耦合到输出端的抑制能力越强。PSR 技术指标一般用于非放大器电路的评估，例如本书后续提及的带隙基准电源电路，就需要给出 PSR 性能指标，但是带隙基准电源电路无放大信号要求，故不存在 A_{vd}，所以相应也就无 PSRR 指标。

5.3.3 瞬态仿真

瞬态仿真用于分析验证运放电路的时域特性，由于运放开环增益一般都很大，所以运放做瞬态仿真时经常接成负反馈结构，以此构建有限增益的电压放大器，如图 5.6(a)所示即为电压增益为 2 倍的同相比例放大器，瞬态仿真对应网表如“网表实例 7”所示，运放模块由子电路 X1 定义，在其外围增加了两个大小均为 100 kΩ 的反馈电阻 R_f 和 R_{inn}，以及一个同相端大小为 50 kΩ 的匹配电阻 R_{inp}，由于设计实例取用的工艺库文件以子电路的方式定义了电阻和电容，所以可以看到，本章所有网表实例中调用的厂家实际电容、电阻器件，均是以子电路字母“X”开头的方式，这一点不同于理想电容和理想电阻的调用，理想电容和理想电阻则是分别以字母“C”和字母“R”开头。

【网表实例 7：OPA_TRAN_Av_2.sp】

```
****OPA_TRAN_Av_2_Hspice SIMULATION********
.global VDD!   GND!
.param   VDDA=3.3V   Vref=1.25V
VDD!   VDD!   GND!   VDDA
*
.subckt   OPA   INP   INN   OUT
MP1   n3   INN   n2 n2          MP   W=20u   L=2u   M=8
MP2   n4   INP   n2 n2          MP   W=20u   L=2u   M=8
MN1   n3   n3   GND! GND!       MN   W=20u   L=2u   M=2
MN2   n4   n3   GND! GND!       MN   W=20u   L=2u   M=2
*
MN3   out n4   GND! GND!        MN   W=20u   L=2u   M=32
*
MP3   n1   n1   VDD! VDD!       MP   W=20u   L=2u   M=2
MP4   n2   n1   VDD! VDD!       MP   W=20u   L=2u   M=2
MP5   out   n1   VDD! VDD!      MP   W=20u   L=2u   M=16
*
IB   n1   GND!   2u
*
XCm   n4   out   cpip   W=60u   L=60u
.ends
*
X1   INP INN   OUT   /   OPA
*
XRinp      INPP      INP      rhr2k   L=50u   W=2u
XRf        INN       OUT      rhr2k   L=100u   W=2u
```

```
XRinn   GND!   INN    rhr2k  L=100u  W=2u
*
* * * * 3) Tran  AV=2 * * * *
.op
Vinp  INPP GND!    sin('vref' 0.25 10k 0 0 0)
.tran  0.1u  200u
.probe all
*
.temp 25
.lib 'D:\Project_Hspice\Lib\Process.lib'  TT
.lib 'D:\Project_Hspice\Lib\Process.lib'  restypical
.lib 'D:\Project_Hspice\Lib\Process.lib'  captypical
*
.end
```

图 5.12 同时展示了瞬态仿真输入端 INP 与输出端 OUT 的电压波形，可以看出，无论是直流共模输入 1.25 V，还是交流差模输入 0.25 V，在输出端都有 2 倍的放大增益。

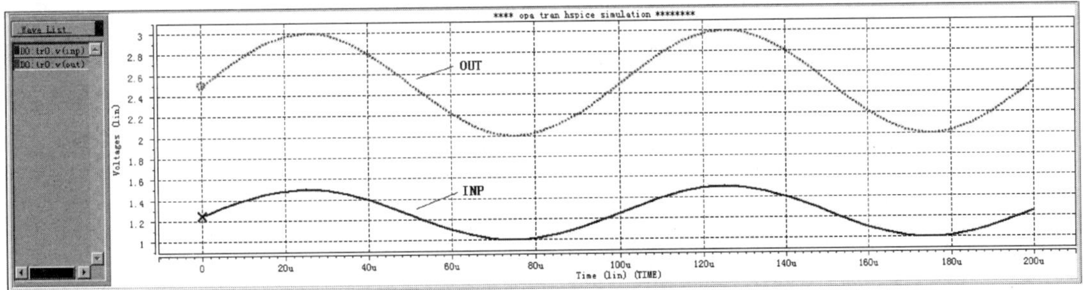

图 5.12　OPA 增益为 2 的瞬态仿真

5.3.4　噪声仿真

HSPICE 同样可以提供电路噪声仿真，仿真后通过输出文本".lis"文件给出相应的每个器件上的噪声电压大小，设计师可以对比评估电路噪声性能指标。执行噪声分析时，只需在 AC 分析基础上增补一行噪声分析命令即可，如"网表实例 8"所示，".noise v(OUT) Vinn 10"该命令行中"Vinn 10"表示根据输入交流信号频率范围，每 10 倍频取一个噪声频谱密度采样点，本例仿真输出的".lis"文件中，读者可以看到 0.1 Hz，1 Hz，10 Hz，…，10 GHz 等不同频点上的输出噪声电压和等效输入噪声。

【网表实例 8：OPA_AC_Noise.sp】

```
* * * * OPA_AC_Noise SIMULATION * * * *
.global  VDD!   GND!
.param   VDDA=3.3 V   Vref=1.25 V
```

```
VDD!    VDD!    GND!    VDDA
 *
.subckt   OPA   INP   INN   OUT
MP1   n3   INN   n2   n2          MP   W=20u   L=2u   M=8
MP2   n4   INP   n2   n2          MP   W=20u   L=2u   M=8
MN1   n3   n3   GND! GND!         MN   W=20u   L=2u   M=2
MN2   n4   n3   GND! GND!         MN   W=20u   L=2u   M=2
MN3   out   n4   GND! GND!        MN   W=20u   L=2u   M=32
MP3   n1   n1   VDD! VDD!         MP   W=20u   L=2u   M=2
MP4   n2   n1   VDD! VDD!         MP   W=20u   L=2u   M=2
MP5   out   n1   VDD! VDD!        MP   W=20u   L=2u   M=16
IB   n1   GND!    2u
 *
XCm   n4   out     cpip   W=60u   L=60u   $ C=2.6p
.ends
X1   INP   INN   OUT   /   OPA
 *
.op
Vinp   INP   GND!    DC   'Vref'
Vinn   INN   GND!    DC   'Vref'   ac 1
 *
 * * * * Noise Analysis * * * *
.ac   dec   10   0.1   10g
.noise v(OUT) Vinn 10
.probe   ac   vdb(OUT)   vp(OUT)
 *
.temp 25
.lib 'D:\Project_Hspice\Lib\Process.lib'   TT
.lib 'D:\Project_Hspice\Lib\Process.lib'   restypical
.lib 'D:\Project_Hspice\Lib\Process.lib'   captypical
.end
```

本例仿真输出的“.lis”文件的部分内容参见“网表实例 8 仿真输出”，由于输出的“.lis”文件过长，此处仅节选展示了部分文件内容。可以看到，除正常 AC 仿真输出内容之外，“.lis”文件中多出了许多噪声分析相关的记录，一方面给出了每个频率采样点上的噪声频谱密度，以及从开始频率到该频率点的等效噪声电压，另一方面还列出了各 MOS 元件的噪声大小对比，便于设计师根据原理电路对噪声进行分析。有关低噪声设计的进一步详细的噪声分析与减小方法，有待读者另行深入学习。

【网表实例 8：OPA_AC_Noise.lis(部分节选)】

```
…(为节省篇幅，此处省略众多输出脚本)
 * * * *  mosfet squared noise voltages(sq v/hz)
…(为节省篇幅，此处省略部分 MOS 器件仿真输出参数)
element      1:mp4
        rd   2.554e-25
        rs   2.676e-24
        id   6.929e-21
```

```
       rx    116.0431
       fn       0.
    total    6.932e-21
element      1:mp5
       rd    7.110e-23
       rs    4.201e-23
       id       2.3210a
       rx    739.1662
       fn       0.
    total       2.3211a
* * * * total output noise voltage     =   5.2428a      sq v/hz
                                       =   2.2897n      v/rt hz
       transfer function value:
         v(out)/vinn                   =   16.9000m
       equivalent input noise at vinn
                                       = 135.4858n      /rt hz
* * * * the results of the sqrt of integral(v * * 2 / freq)
       from fstart upto   100.0000x       hz. using more freq points
       results in more accurate total noise values.
* * * * total output noise voltage   =   15.1854m       volts
* * * * total equivalent input noise =      3.7584m
…(为节省篇幅,此处省略众多脚本文件)
```

5.4 工艺角可靠性仿真

5.4.1 工艺角概述

不同芯片生产厂家都有经过测试验证的仿真器件模型库,不同工艺生产线的器件模型不尽相同。不仅如此,即便是同一条工艺生产线,由于每批次加工过程如掺杂浓度等工艺控制存在公差,每批次生产出的芯片性能也会略有差异,因此芯片生产厂家结合自身工艺生产加工特点,其工艺库文件除了提供典型器件模型参数之外,一般都还会给出各种工艺发生偏差后的修正模型。例如,理想情况下的典型工艺模型,无论是 NMOS 管还是 PMOS 管都是典型模式(Typical 模式,简称 TT 模式);如果由于公差导致 NMOS 速度变快(Fast 模式)、PMOS 速度变慢(Slow 模式),则记作 FS 模式;如果由于公差导致 NMOS 速度变慢(Slow 模式)、PMOS 速度变快(Fast 模式),则记作 SF 模式;同样道理,如果由于生产线公差影响,导致 NMOS 与 PMOS 均变快,或者均变慢,则对应分别记作 FF 模式和 SS 模式,因此芯片厂家提供的仿真工艺模型库文件一般会包括 MOS 器件的 5 种参数模型,这 5 种模型参数略有差别,常定义为 5 种情形(也称 5 种 Case),分别是 TT、SF、FS、FF 和 SS。因此 IC 前端设计仿真时，为确保每个批次产品在工艺偏差范围内性能都保持可靠，需要分别调用不同的器件模型进行可靠性验证。如图 5.13 所示，只有位于 FF、SS、FS、SF 四个工艺角所框定的矩形范围内的芯片才能仿真验证通过，芯片性能的仿真验证才被认为合格。

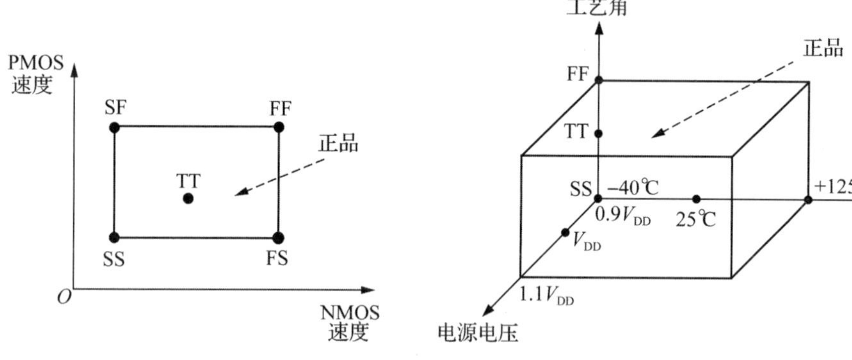

图 5.13　MOS 器件工艺角

图 5.14　工艺、温度和电源组合可靠性验证

其次，考虑到芯片工作环境温度的变化，或者是不同应用场景客户的温度需求差异，如表 5.1 所示不同产品工作温度范围要求，芯片仿真验证还需要考虑温度变化时对性能的影响。

表 5.1　不同芯片产品工作温度范围

芯片应用领域	民用级	工业级	汽车级	军工级
工作温度范围/℃	0～70	−40～85	−40～125	−55～125

另外，芯片设计仿真还需考虑电源电压波动的影响，典型情况下一般考虑 V_{DD}(1±10%)变化的影响。假如 V_{DD}=3.3 V，则需要仿真验证电源电压 V_{DD} 降至 3.0 V 和升至 3.6 V 时对电路性能的影响。

因此结合上述三方面因素的综合影响，即如果综合考虑① 工艺偏差；② 环境温度变化；③ 电源电压波动等因素，电路仿真可靠性验证只有在图 5.14 所示立体三维矩形体内全部通过，芯片仿真验证才算合格。所以实际设计仿真过程中，在首先完成 TT 模式下的电路功能验证基础上，还需增补多 Case 条件下的可靠性验证，如果按照 5 种工艺角(TT/SF/FS/FF/SS)、3 种环境温度(室温、最高温、最低温)和 3 种电源电压[标称电压、标称电压(1+10%)、标称电压(1−10%)]组合，仿真情形就有 5×3×3=45(种)，如果再结合库文件中电阻、电容、电感或双极型三极管的模型变化，仿真组合模式会更多。

因此，可靠的芯片产品化设计，需要完成大量的可靠性设计验证工作。一般步骤是，首先基于典型的 TT 模式(TT/25 ℃/V_{DD})，完成电路功能与性能设计；之后结合图 5.14 三类影响因素组合，完成最坏情形(WorstCase)仿真验证，比如(FF/−40 ℃/V_{DD}+10%V_{DD}、

SS/125 ℃/ V_{DD}−10%V_{DD} 等)；再然后，如果想进一步充分验证电路前仿可靠性，可以进一步追加全情形(FullCase)组合仿真。

必要的多种情形的充分验证，是提高芯片成品率的基础。这种 FullCase 验证工作显然会大幅提高仿真工作量，同时也提高了仿真能够顺利通过的门槛，增添了设计困难。实际工程设计中，结合不同的应用场景，设计仿真工程师可以根据实际情况适当修改仿真条件。比如，如果芯片供电电压可靠性较高，电源电压的仿真偏差范围可以适当压缩，可以考虑从 V_{DD}(1±10%)减小为 V_{DD}(1±5%)；又如，不同的芯片实际工作环境，温度仿真范围也会有所区分，也可以适当地进行修改完成验证。但不管怎样，任何设计仿真条件的修改，应当在设计文档中详细记录，以便后期做芯片测试时与芯片仿真性能对比，并方便工艺可靠性与电路性能的评估。

5.4.2 HSPICE 多工艺角仿真自动切换

如前所述，为提高芯片设计前仿可靠性，在 TT 模式(TT/25 ℃/V_{DD})下完成电路功能与性能初步验证之后，需要对电路追加 WorstCase 和 FullCase 仿真验证，因此需要设计增补各种仿真 Case，参见“网表实例 9”所示，单个网表采用“. alter”命令就可以实现 5 种不同仿真条件下的自动切换，提高了 HSPICE 的多工艺角仿真效率，图 5. 15 展示了“网表实例 9”在 5 种 Case 条件下运放幅频和相频特性曲线图，读取网表文件 9 可知，5 种仿真 Case 分别为：一种典型的 TT 模式(TT/25 ℃/3. 3 V)，另外 4 种随机抽取的相对“恶劣”的模式，包括：FF 模式(FF/−40 ℃/3. 6 V)、SS 模式(SS/125 ℃/3. 0 V)、FS 模式(FS/125 ℃/3. 0 V)和 SF 模式(SF/−40 ℃/3. 6 V)。由图 5. 15 可以看出，这 5 种不同 Case，仿真结构一致性较好，均能够满足设计需求。

对于一些重要电路模块且电路规模不是特别庞大时，实际工程设计中，建议完成更为完整的 FullCase 验证，此时为方便 HSPICE 网表撰写，可以将各种工艺角切换命令语句专门归并为一个相对独立的 include 文件，设计仿真时用网表文件命令“. inc”另行调用该 include 文件即可。“网表实例 10”给出了一个运放做 FullCase 的验证实例，需要说明的是，该网表文件与 FullCase 工艺角切换命令文件分开撰写，其中网表文件名为“OPA_AC_FullCase.sp”，参见“网表实例 10”，工艺角 FullCase 切换命令文件命名为“OPA_ AC_FullCase. inc”，参见“网表实例 11”。需要说明的是，即便 include 文件“OPA_ AC_FullCase. inc”包含了 45 种仿真情形，但是考虑到电阻、电容、电感等器件的模型变化，真正要做到“全情形”验证，仿真 Case 可能更多。

【网表实例 9：OPA_AC_5Case. sp】

```
* * * * *OPA_ AC_5Case Sweep Hspice SIMULATION * * * * * * * *
.global VDD!    GND!
.param   Vref=1.25V
VDD!    VDD!    GND!    VDD
.subckt   OPA   INP   INN   OUT
MP1   n3   INN   n2   n2               MP   W=20u   L=2u M=8
MP2   n4   INP   n2   n2               MP   W=20u   L=2u   M=8
MN1   n3   n3   GND! GND!              MN   W=20u L=2u   M=2
MN2   n4   n3   GND! GND!              MN   W=20u   L=2u   M=2
MN3   out n4   GND! GND!               MN   W=20u   L=2u   M=32
MP3   n1   n1   VDD! VDD!              MP   W=20u   L=2u   M=2
MP4   n2   n1   VDD! VDD!              MP   W=20u   L=2u   M=2
MP5   out n1   VDD! VDD!               MP   W=20u   L=2u   M=16
IB   n1   GND!    2u
XCm   n4   out     cpip   W=60u   L=60u   $ 2.6P
.ends
X1   INP INN   OUT   /   OPA
* * * *   AC SIMULATION   * * * *
.op
VinP    INP   GND!    DC 'Vref'
VinN    INN   GND!    DC 'Vref'   ac   1
.ac   DEC   10   0.1   1g
.probe   ac   vdb(OUT) vp(OUT)
* * * * *  Libarary Included   * * * * *
* * * * * * * * * * * *(1) Process   TT//VDD=3.3V //temp=25      * * * * * * * * * * * * * * * * *
.lib 'D:\Project_Hspice\Lib\Process.lib'   TT
.lib 'D:\Project_Hspice\Lib\Process.lib'   captypical
.temp 25
.param VDD=3.3 V
* * * * * * * * * * * * *(2) change Process   TT->FF//VDD=3.6V //temp=-40      * * * * * *
.alter
.lib 'D:\project_hspice\Lib\Process.lib'   FF
.lib 'D:\project_hspice\Lib\Process.lib'   capfast
.temp -40
.param VDD=3.6 V
* * * * * * * * * * * * *(3) change Process FF->SS //VDD=3.0V //temp=125      * * * * * * * *
.alter
.lib 'D:\project_hspice\Lib\Process.lib'   SS
.lib 'D:\project_hspice\Lib\Process.lib'   capslow
.temp 125
.param VDD=3.0 V
* * * * * * * * * * * * *(4) change Process SS->FS //VDD=3.0V //temp=125      * * * * * * * *
.alter
.lib 'D:\project_hspice\Lib\Process.lib'   FS
.lib 'D:\project_hspice\Lib\Process.lib'   capslow
.temp 125
.param VDD=3.0 V
* * * * * * * * * * * * *(5) change Process FS->SF //VDD=3.6V //temp=-40      * * * * * * * *
.alter
```

```
.lib 'D:\project_hspice\Lib\Process.lib'   SF
.lib 'D:\project_hspice\Lib\Process.lib'   capfast
.temp -40
.param VDD=3.6 V
.end
```

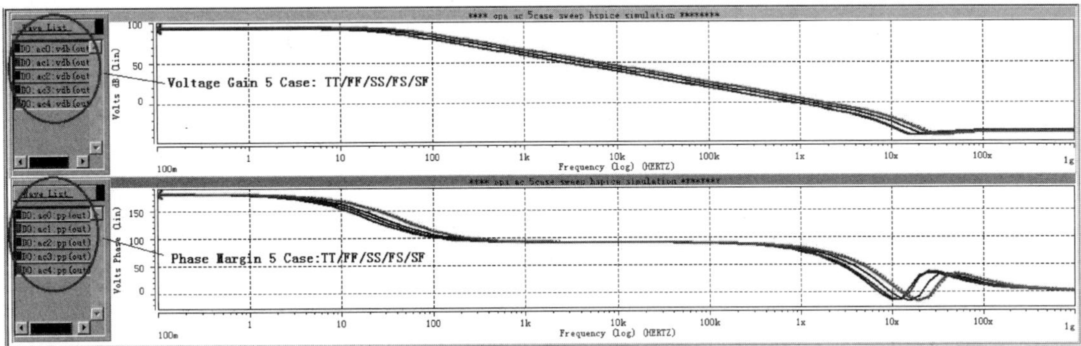

图 5.15　运放频率特性 5 种 Case 仿真

【网表实例 10：OPA_AC_FullCase.sp】

```
* * * * OPA_AC_FullCase_Sweep Hspice SIMULATION * * * * * * * *
.global VDD!   GND!
.param   Vref=1.25V
VDD!   VDD!   GND!   VDD
*
.subckt   OPA   INP   INN   OUT
MP1   n3   INN   n2 n2            MP   W=20u   L=2u   M=8
MP2   n4   INP   n2 n2            MP   W=20u   L=2u   M=8
MN1   n3   n3   GND! GND!         MN   W=20u   L=2u   M=2
MN2   n4   n3   GND! GND!         MN   W=20u   L=2u   M=2
MN3   out n4   GND! GND!          MN   W=20u   L=2u   M=32
MP3   n1   n1   VDD! VDD!         MP   W=20u   L=2u   M=2
MP4   n2   n1   VDD! VDD!         MP   W=20u   L=2u   M=2
MP5   out n1   VDD! VDD!          MP   W=20u   L=2u   M=16
IB   n1   GND!   2u
XCm   n4   out   cpip   W=60u   L=60u   $ 2.6P
.ends
X1   INP INN   OUT   /   OPA
* * * *   AC Simulation   * * * *
.op
VinP   INP   GND!   DC 'Vref'
VinN   INN   GND!   DC 'Vref'   ac 1
.ac   DEC   10   0.1   1g
.probe   ac   vdb(OUT) vp(OUT)
* * * *   Lib included   * * * *
.inc 'D:\Project_Hspice\BOOK_EMP\OPA\OPA_AC_FullCase.inc'
.end
```

请注意，不同于前面各个网表文件，“网表实例 10”网表文件中倒数第 2 行，采用“.inc”

命令直接调用另行撰写的 FullCase 仿真脚本文件，这种不将仿真脚本文件与电路网表合并于一体的方式，可以提高 FullCase 仿真脚本文件的通用性。详细的 FullCase 仿真脚本文件参见“网表实例 11”。“网表实例 10”对应的运放幅频特性 FullCase 仿真样例如图 5.16 所示，如果 FullCase 仿真中发现个别 Case 不能满足性能要求，需要找出相应的仿真条件重新单独进行分析，同时评估其风险，如果风险确实存在，需要进一步修改电路设计。

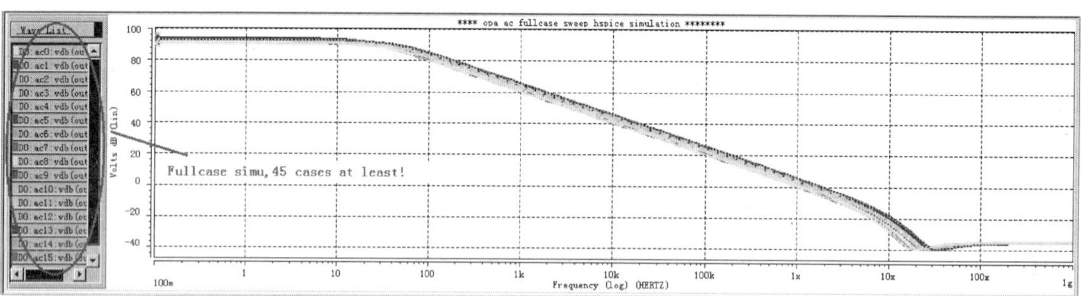

图 5.16　运放频率特性 FullCase 仿真

【网表实例 11：OPA_AC_FullCase. inc】

```
* * * *(1) TT 模式下 9 种 Case 组合 * * * *
. lib 'D:\Project_Hspice\Lib\Process. lib'  TT
. lib 'D:\Project_Hspice\Lib\Process. lib'  captypical
. temp 25
. param VDD=3. 3 V
*
. alter
. temp   25
. param   VDD=3. 0 V
*
. alter
. temp   25
. param   VDD=3. 6 V
*
. alter
. temp   -40
. param   VDD=3. 0 V
*
. alter
. temp   -40
. param   VDD=3. 3 V
*
. alter
. temp   -40
. param   VDD=3. 6 V
*
. alter
. temp   125
. param   VDD=3. 0 V
*
. alter
. temp   125
. param   VDD=3. 3 V
*
. alter
. temp   125
. param   VDD=3. 6 V
*
* * * *(2) FF 模式下 9 种 Case 组合 * * * *
. alter
. lib 'D:\Project_Hspice\Lib\Process. lib'  FF
. lib 'D:\Project_Hspice\Lib\Process. lib'  capfast
. temp 25
. param VDD=3. 3 V
*
. alter
. temp   25
. param   VDD=3. 0 V
*
. alter
. temp   25
. param   VDD=3. 6 V
*
. alter
```

```
.temp  -40
.param  VDD=3.0 V
*
.alter
.temp  -40
.param  VDD=3.3 V
*
.alter
.temp  -40
.param  VDD=3.6 V
*
.alter
.temp  125
.param  VDD=3.0 V
*
.alter
.temp  125
.param  VDD=3.3 V
*
*…
*…
.alter
.temp  125
.param  VDD=3.6 V
*
****(3) SS模式下 9 种 Case 组合****
.alter
.lib 'D:\project_hspice\Lib\Process.lib'  SS
.lib 'D:\project_hspice\Lib\Process.lib'  capslow
.temp 25
.param VDD=3.3 V
*
.alter
.temp  25
.param  VDD=3.0 V
*
.alter
.temp  25
.param  VDD=3.6 V
*
.alter
.temp  -40
.param  VDD=3.0 V
*
.alter
.temp  -40
.param  VDD=3.3 V
*
.alter
.temp  -40
.param  VDD=3.6 V
*
.alter
.temp  125
.param  VDD=3.0 V
*
.alter
.temp  125
.param  VDD=3.3 V
*
.alter
.temp  125
.param  VDD=3.6 V
*
****(4) FS模式下 9 种 Case 组合****
.alter
.lib 'D:\project_hspice\Lib\Process.lib'  FS
.lib 'D:\project_hspice\Lib\Process.lib'  capslow
.temp 25
.param VDD=3.3 V
*
.alter
.temp  25
.param  VDD=3.0 V
*
.alter
.temp  25
.param  VDD=3.6 V
*… (剩余 6 种 Case 同 TT 模式)
****(5) SF模式下 9 种 Case 组合****
.alter
.lib 'D:\project_hspice\Lib\Process.lib'  SF
.lib 'D:\project_hspice\Lib\Process.lib'  capslow
.temp 25
.param VDD=3.3 V
*
.alter
.temp  25
.param  VDD=3.0 V
*
.alter
.temp  25
.param  VDD=3.6 V
*… (剩余 6 种 Case 同 TT 模式)
.end
```

5.5 HSPICE 软件操作简介

5.5.1 HSPICE 软件简介

HSPICE 是一款商业化通用电路仿真软件，以 SPICE 为内核，由其提供核心算法。HSPICE 可以用于集成电路设计验证直流分析、交流分析和瞬态分析等，目前在很多公司、大学和研究机构广泛应用。

HSPICE 更多采用文本方式即网表文件方式输入电路信息。对于电路规模不是特别大的模拟电路设计，网表输入方式可以非常精确地控制电路每一个节点与器件信息，有利于设计人员对整个电路结构与性能的理解与掌握。对比业界另外一款广泛应用的集成电路设计软件 Cadence，虽然 Cadence 采用图形化设计界面更加直观形象，但是其软件工作原理中，无论是前仿电路原理图，还是后仿电路版图，软件在运行验证前，都是将其首先转换成电路网表，然后再行利用 SPICE 内核进行各类分析，所以对于集成电路初学者而言，为深入理解 SPICE 语法与运用原理，建议熟练掌握 HSPICE。

5.5.2 HSPICE 软件基本使用

集成电路设计行业目前使用的各类软件，无论是同一软件不同版本之间，还是不同软件之间，甚至是不同风格如图形输入方式与文本输入方式两种软件之间，本质上都是基于 SPICE 仿真引擎，以 SPICE 为内核，其不同之处主要在于用户界面略有差异，当然，不同公司的软件在仿真速度、仿真精度、仿真收敛性等指标上还是多少存在一些差异，HSPICE 与 Cadence 作为业界使用多年的经典产品，目前已经成为业界默认标准。

HSPICE 作为一款 SPICE 语法学习和实践运用非常理想的仿真验证工具，虽然目前 HSPICE 的版本较多，但是基本功能大致相同，主要包括网表调用、编辑修改、仿真运行与结果查看等几个重要环节。各种版本 HSPICE 的使用界面略有不同，但使用流程基本相似，所以本节举例引用时特意隐去了软件版本号，请读者学习使用软件时，注意理清软件操作使用流程与思路，并注意及时与后期图形化输入风格的 Cadence 软件作比较，以此提升集成电路工程实践开发能力。

本节限于篇幅，主要概要介绍 HSPICE 软件的基本功能，更加复杂灵活的操作使用，读者可以进一步查看软件使用在线指导手册。

1) HSPICE 软件主界面介绍

HSPICE 软件主界面如图 5.17 所示，其功能菜单按钮很多，但主要常用的按钮如图中(1)至(5)所示。

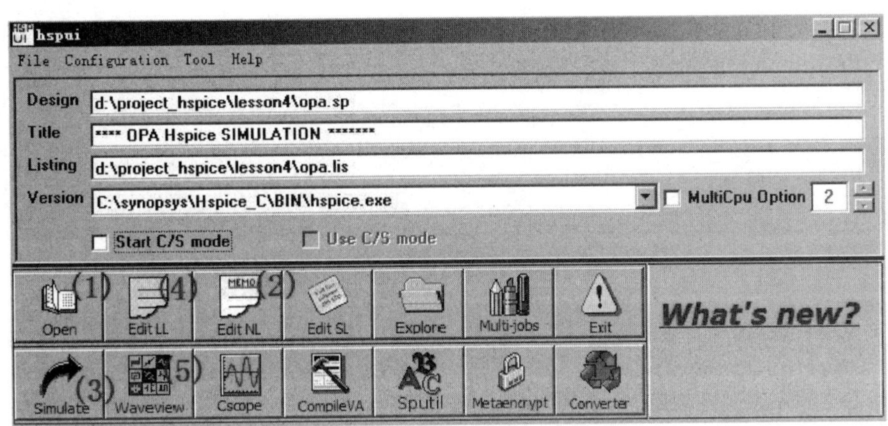

图 5.17 HSPICE 软件主界面

其中：(1) Open：用于选择事先编辑好的电路网表文件。电路网表文件是文本文件，要求以“.sp”为文件后缀名，网表文件选择后，会在图 5.17 主界面上方“Design”栏目中直接显示路径与文件名，另外第二栏“Title”中同时会显示文件的首行标注，首行一般用于网表文件功能标注。

(2) Edit NL：打开网表文件，用于编辑修改。在选择好事先预编辑的网表文件之后，点击该按钮可以打开网表“.sp”文件，注意如果使用人员没有专门指定打开文本文件的软件，HSPICE 会默认指定使用 Windows 自带的文本编辑器打开文本文件。作为专业的文本编辑工具，建议最好选用超级文本编辑器“UltraEdit”，使用起来比其他文本编辑工具更加灵活方便，例如可以竖行同时增补与删除，关键字符与特征字符可以高亮不同颜色显示等，这些功能都非常有利于网表文件的设计编程。换用 UltraEdit 进行文本编辑的操作界面如图 5.18 所示，首先点击主界面“Configuration”，选择“Options”，点击“Browse”选择 UltraEdit 的安装目录，找到可执行文件 uedit32.exe 即可，设置成功后，再次点击“Edit NL”按钮，HSPICE 就会换用 UltraEdit 自动打开网表文件，如图 5.19 所示。

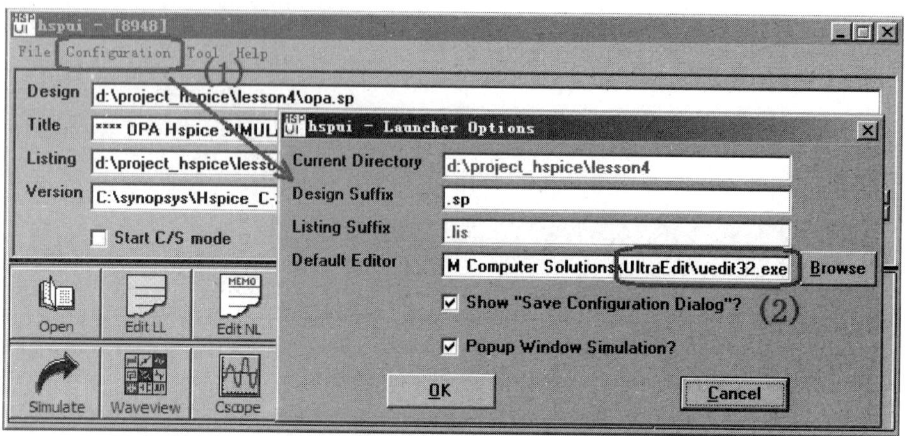

图 5.18 HSPICE 超级文本编辑器选择设置

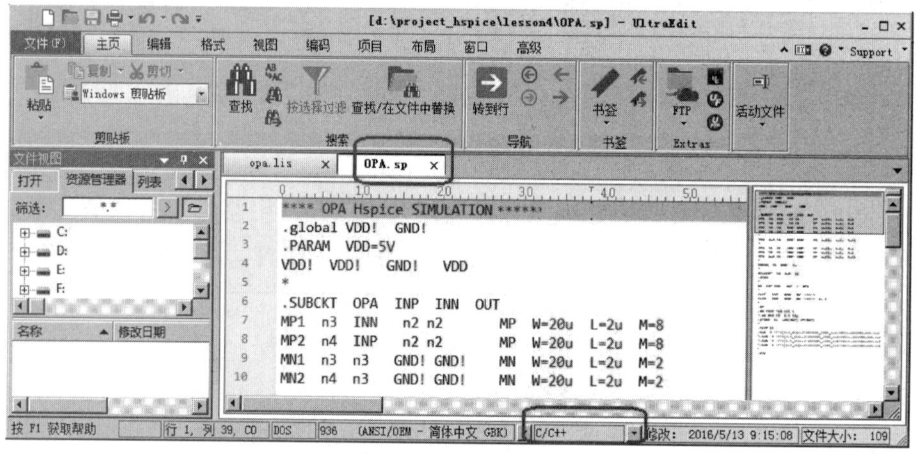

图 5.19 UltraEdit 编辑网表文件界面

(3) Simulate:编译运行电路网表。点击该按钮即可运行 HSPICE,无论网表有无错误均会生成“.lis”仿真报告文件。

(4) Edit LL:打开仿真报告文件。点击“Edit LL”按钮,即可打开“.lis”仿真报告文件。如果电路网表存在错误,编译运行后生成的“.lis”报告文件中会有 error 信息,并且无完整的报告文件,也无波形数据文件产生,此时需要根据报告文件的信息提示,返回修改电路网表文件直至能够正确编译运行为止。

(5) WaveView:输出波形数据浏览按钮。点击该按钮可以调用 HSPICE 自带的波形查看工具“AvanWaves”查看各类型波形数据,如幅频相频特性曲线、瞬态仿真曲线等。需要注意的是,个别 HSPICE 版本无法直接打开 AvanWaves 程序,需要在电脑开机程序与

HSPICE 相同的目录下找到该 AvanWaves 应用程序打开即可。

2) AvanWaves 波形浏览软件简介

AvanWaves 打开后的主界面如图 5.20 所示，顺序点击“Design”“Open”，选择“Volumes”，找到项目文件存放的电脑分区与相应的文件目录，如图 5.21 举例所示，图中显示 OPA 项目目录下有直流(DC)仿真和交流(AC)仿真两个波形文件，选择 AC 波形文件后，下方“Types”类型栏目中继续选择“Volts dB”，继而在“Curves”中出现以 dB 为单位的输出端 out 的增益幅频特性，双击即可弹出幅频特性曲线，如图 5.22 所示。

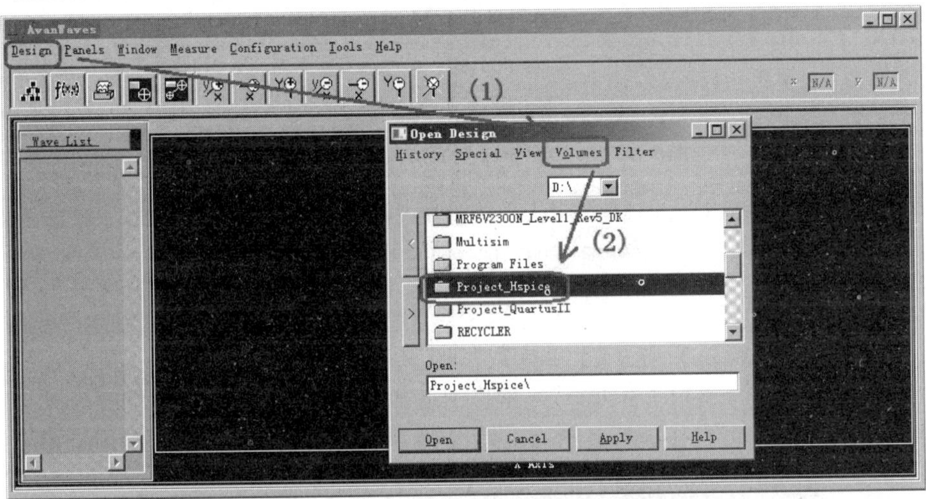

图 5.20　AvanWaves 打开后的主界面

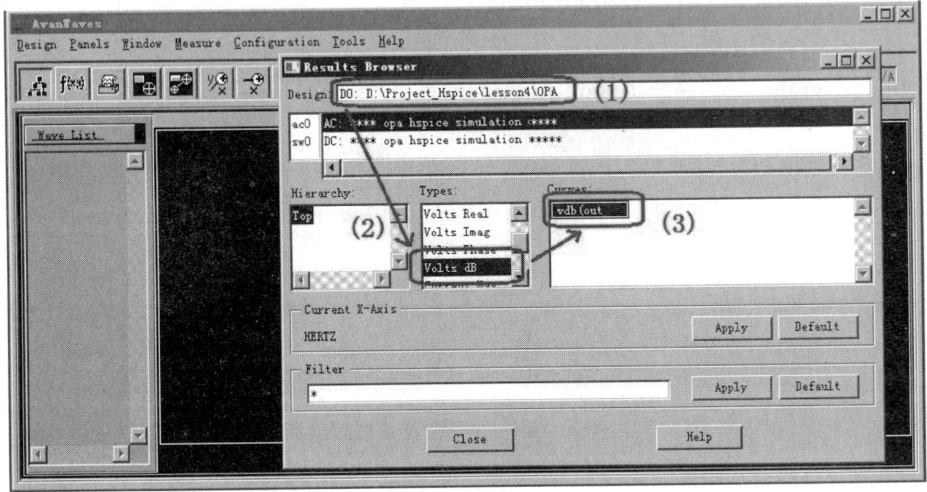

图 5.21　AvanWaves 波形浏览器幅频选择界面

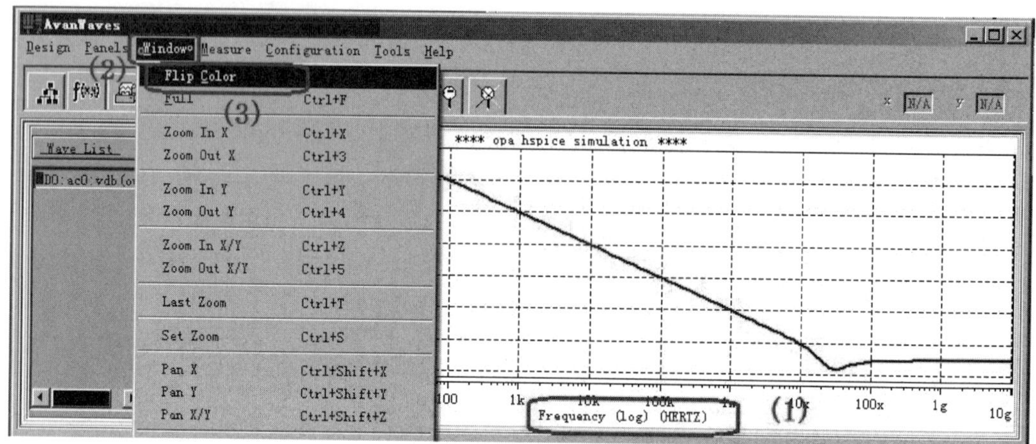

图 5.22 AvanWaves 查看交流仿真幅频特性

特别注意，幅频特性打开时软件默认是线性频率坐标，而频率特性曲线一般选用对数坐标，通过右键图 5.22 中(1)的横坐标，打开可选项选择切换到对数坐标即可。另外还可以进一步设置波形背景颜色，图中(2)选择 Window 菜单，选择图中(3)“Flip Color” ，即可将黑色背景切换成白色背景。

同样的方法，在图 5.23 的“Types”菜单栏中选择“Volts Phase”，继而双击选择“Curves”菜单中的“vp(out”，即可打开运放电路输出端口“out”的相频特性曲线。

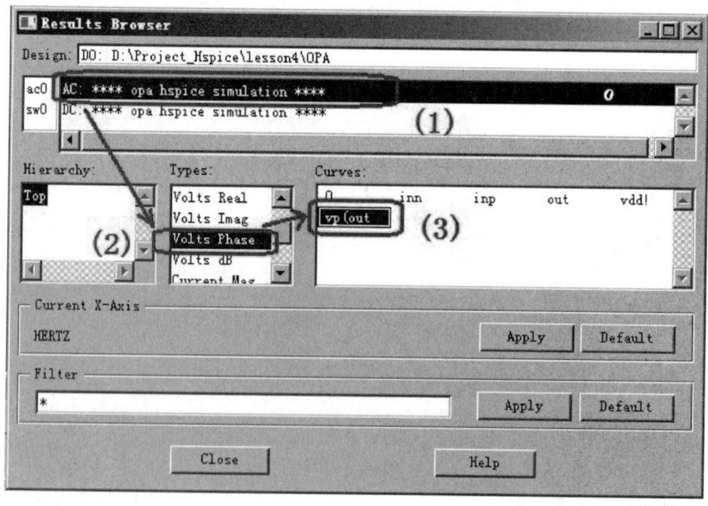

图 5.23 AvanWaves 波形浏览器幅频选择界面

幅频特性与相频特性同时打开后的波形文件如图 5.24 所示，此时幅频与相频曲线默认在一个通道中显示，左侧纵坐标是幅频特性，而右侧纵坐标则是相频特性，如果需要分开两根特性曲线，右键特性图任意位置，选择“Stacked mode”即可完成两个显示通道的独立显示，独立显示的幅频与相频特性如图 5.25 所示。

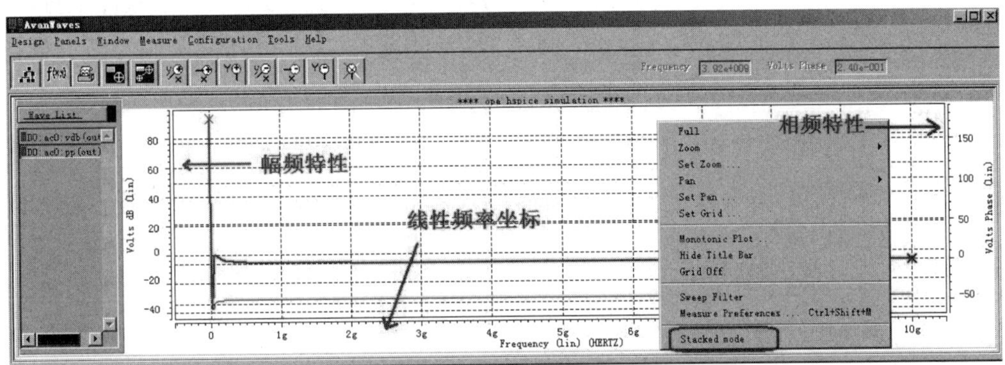

图 5.24　AvanWaves 波形浏览器幅频与相频重叠查看曲线

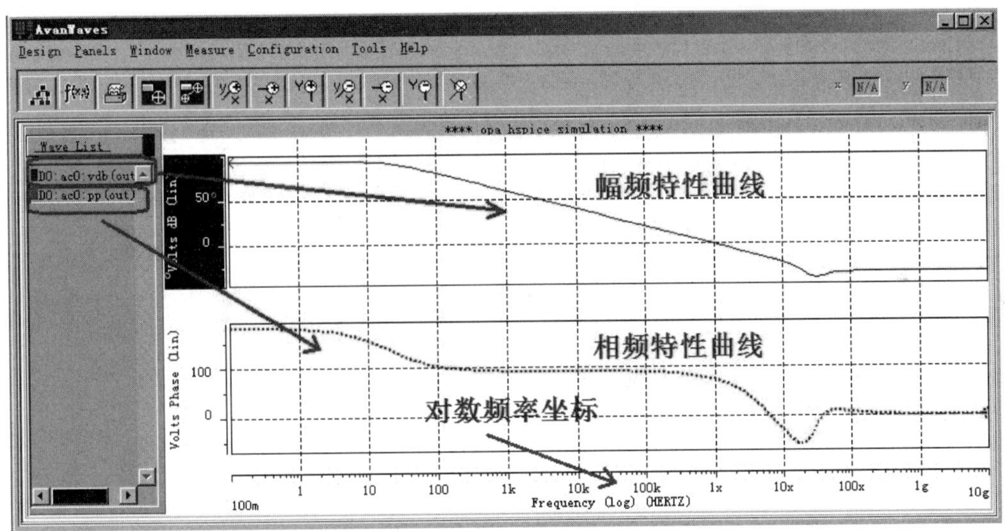

图 5.25　AvanWaves 波形浏览器幅频与相频独立查看曲线

5.5.3　HSPICE 软件使用小结

HSPICE 是一款方便可靠的 SPICE 语法学习和电路设计开发软件，除了 HSPICE 之外，以网表文本方式进行电路设计的类似软件还有很多，业界常见的如 SMARTSPICE、PSPICE 等，这些软件界面风格有所不同，操作使用略有差异，但是读者在学习使用时，只要重点关注以下几点，即可掌握各种类型软件的运用精髓，主要包括：

1）网表撰写与格式

但凡是网表输入模式的电路仿真软件，其网表文本本身的撰写不依赖于软件本身，可以采用任意文本编辑器进行撰写，内容格式需要符合 SPICE 语法，仿真编译前保存为软件规定的文件类型即可，如 HSPICE 要求网表需要保存为“. sp”类型。

2）输出文本报告文件与波形数据文件

HSPICE 等各种仿真软件，编译运行之后均会生成相关的报告文件，例如 HSPICE 仿真结束后会生成“. lis”文件，内容包括程序读取的电路网表、工艺库文件和各种电路直流工作点信息，设计师可以通过查看“. lis”文件，获取直流功耗、器件工作状态以及仿真错误报告等多种信息，另外，根据不同的仿真激励类型，HSPICE 会相应生成不同的波形数据文件，例如交流 AC 仿真后会生成“. ac”文件，直流 DC 扫描仿真后会生成“. sw”文件，瞬态 TRAN 仿真后则会相应生成“. tr”文件等。

3）波形查看工具

如前所述，仿真运行后生成的各种波形数据文件，可以借助多种波形查看工具进行波形查看，常见的有 HSPICE 自带的 AvanWaves，另外还有 Synopsys 公司的 SPICE Explorer 也可以用于波形文件的查看，两者使用功能差别不大，根据个人兴趣自行选择就可以。

习题与思考题

1. SPICE 网表结构通常包含哪些部分？各自主要功能是什么？

2. 利用 DC 扫描仿真验证，设计一个反相器，其翻转门限要求设定在$\frac{2}{3}V_{DD}$，电源电压与工艺不限。

3. 何谓工艺角？在进行计算机模拟仿真时，一般应进行哪些不同工艺角以及极限温度和电源电压波动情况下的仿真？

4. 运用 HSPICE 设计仿真如题图 1 所示经典两级运放，不限 CMOS 工艺特征尺寸（建议采用 0.18 μm 开展实验），电源电压与特征尺寸对应即可。要求完成该运放的以下仿真验证：

（1）完成 DC 仿真，验证－40 ℃～125 ℃全温度范围内的功耗特性；

（2）完成 AC 仿真，验证幅频与相频特性，求出直流增益、－3 dB 带宽、0 dB 带宽和相位裕度；

（3）完成 TRAN 仿真，采用题图 1 运放设计实现一款电压跟随器电路。

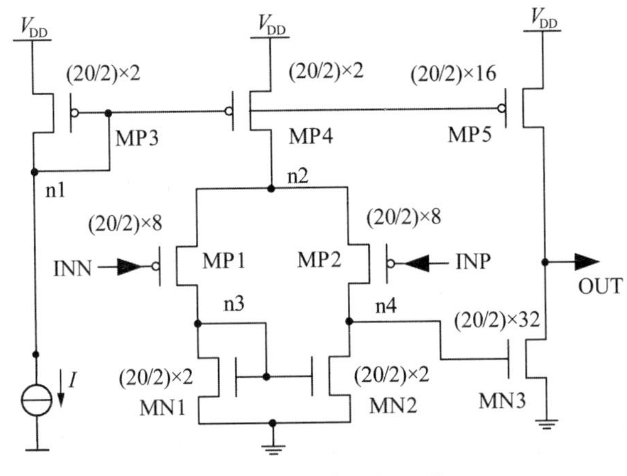

题图 1　经典两级运放

5. 试用 HSPICE 设计仿真一个运算放大电路，电路方案与所用工艺不限，并完成设计实验报告。要求满足以下性能指标：

(1) 运放开环增益 80 dB 以上；

(2) −3 dB 带宽大于 100 kHz；

(3) 相位裕量大于 60°；

(4) 直流功耗小于 20 μA。

6. 优化习题 5 电路网表，要求习题 5 运放所有性能指标在以下 3 种工艺模式下均能满足设计要求。(1)TT/25 ℃/V_{DD}；(2)FF/125 ℃/1.1V_{DD}；(3)SS/40 ℃/0.9V_{DD}。

7. 基于习题 5 电路网表，针对五种工艺模式(TT/SS/FF/FS/SF)、电源电压三种情形(0.9V_{DD}/V_{DD}/1.1V_{DD})以及环境温度三种情形(−40 ℃/25 ℃/125 ℃)，重新编写 HSPICE 脚本，追加完成运放电路的 FullCase 仿真验证。

参考文献

[1] 王志功，陈莹梅. 集成电路设计[M]. 3 版. 北京：电子工业出版社，2013.

[2] 毕查德・拉扎维. 模拟 CMOS 集成电路设计[M]. 陈贵灿，程军，张瑞智，等译. 2 版. 西安：西安交通大学出版社，2018.

[3] Sergio Franco. 模拟电路设计：分立与集成(英文版)[M]. 雷鑑铭，注释. 北京：机械工业出版社，2015.

[4] Wai-Kai Chen. 模拟与超大规模集成电路[M]. 杨兵，张锁印，译. 3 版. 北京：国防工业出版社，2013.

第6章 模拟集成电路基本单元

关键词

- 电阻负载共源放大器、有源负载共源放大器、推挽式 CMOS 放大器、共源共栅放大器
- 基本电流镜、威尔逊电流镜、共源共栅电流镜
- 共模输入电平、差分输入电压、差模增益、共模抑制比、基本 MOS 差分放大器、有源负载差分放大器
- 简单运放、套筒式共源共栅运放、折叠式共源共栅运放、两级运放
- 基准电流源、基准电压源

内容简介

本章将介绍模拟集成电路的几个常用基本单元。

6.1 节为单级放大器。在大多数模拟电路中，放大是一个基本功能，放大器的种类有很多，从用途方面分类主要分为电压放大器、功率放大器等，而电压放大器又可分为单级放大器、多级放大器以及运算放大器等。6.1 节主要讨论了三种类型的单级放大器：共源结构（包括电阻负载和有源负载）、推挽式 CMOS 结构以及共源共栅结构（包括套筒式和折叠式）。对于每一种类型的放大器，采取的方法都是先进行直流分析，再进行低频交流小信号分析；先从简化模型入手，再逐步考虑诸如沟道调制效应和衬底偏置效应等高阶效应。

6.2 节为电流镜电路。电流镜电路是线性集成电路中应用最为广泛的单元电路之一，不仅可用做各种放大电路的恒流偏置，而且可以取代电阻作为放大器的负载。6.2 节从基本电流镜出发，并在此基础上进行优化设计，介绍了两种改进型电流镜，即威尔逊电流镜和共源共栅电流镜。

6.3 节为差分放大器。差分放大具有较多的实用特性，例如抗共模干扰能力强、温度漂移小、易于直接耦合等，已经成为当代高性能模拟电路和混合信号电路的主要选择。6.3 节首先引入共模信号、差模信号以及共模抑制比概念，然后讨论电阻负载的基本 MOS 差分放大器，分析其大信号特性与小信号特性，最后升级讨论以电流镜为有源负载的 CMOS 差分放大器。

6.4 节为运算放大器。运算放大器是许多模拟系统和数模混合系统中的一个常用功能电路，可以粗略定义其为"高增益的差分放大器"。6.4 节首先介绍运放的主要性能指标，说明运放设计应该是各参数综合考虑之后的折中优化，是多方面因素综合考虑之后的结果，然后重点讨论 CMOS 运放分析和设计方法，包括单级和两级两大类，并且对具有典型意义的 CMOS 运放结构和特点进行了简单概述。

6.5 节为基准源。主要讨论 CMOS 技术中基准源的典型结构，其中基准电压源与基准电流源是模拟芯片中的常用电路模块，这种基准源是直流输出。在理想情况下，无论是基准电压或基准电流输出，均要求其尽可能不受电源电压、工艺参数以及温度等外界因素变化的影响。

6.1 单级放大器

MOS 场效应管放大器有三种基本组态，即共源放大器、共漏放大器和共栅放大器，本节主要讨论共源放大器。共源放大器是指放大器输入回路和输出回路中都包含 MOS 管源极，此时交流信号从栅极输入，从漏极输出。

6.1.1 电阻负载共源放大器

以电阻作为放大器负载是电路设计中常用的一种结构，如图 6.1(a)所示，设输入电压 v_I 中既包含直流偏置电压 V_{GS}，又包含交流小信号 v_i，即 $v_I=V_{GS}+v_i$，电压传输特性如图 6.1(b)所示，当 v_I 非常小时，M_1 截止，输出电压 $v_O=V_{DD}$，当 v_I 接近阈值电压 V_{TH} 时，M_1 饱和导通，漏极电流 i_D 在 R_D 上产生压降，使 v_O 减小，随着 v_I 的不断增大，v_O 继续减小，M_1 仍然工作在饱和区，直到饱和区与线性区的分界点(A 点)来临，此时 $V_{DS1}=V_{GS1}-V_{TH}$，即 $v_O=v_I-V_{TH}$，相应的 v_I 记作 V_{I1}，当 $v_I>V_{I1}$ 后，M_1 将进入线性区。由于 MOS 管作为放大器件使用时，应始终工作在饱和区，也就是必须确保 M_1 位于 A 点的左侧，始终满足 $V_{DS1}>V_{GS1}-V_{TH}$ 的条件，即 $v_O>v_I-V_{TH}$。

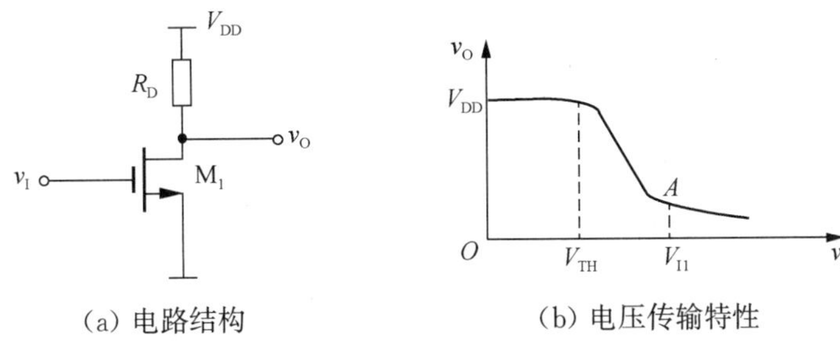

(a) 电路结构　　(b) 电压传输特性

图 6.1　电阻负载共源放大器

理想的小信号等效电路如图 6.2(a)所示。由图可知，电路的小信号电压增益

$$A_v=\frac{v_o}{v_i}=-\frac{g_m v_{gs} R_D}{v_{gs}}=-g_m R_D \tag{6-1}$$

式中负号表示 v_o 与 v_i 的极性相反，因此共源放大器属于电压反相放大器，式(6-1)还说明，在其他参数不变的前提下，增大跨导 g_m 或者漏极电阻 R_D 都可以提高 A_v 的数值，下面对此进行一些必要的讨论。

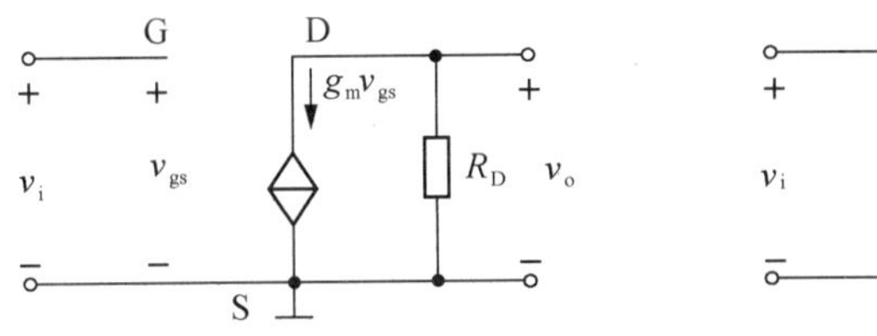

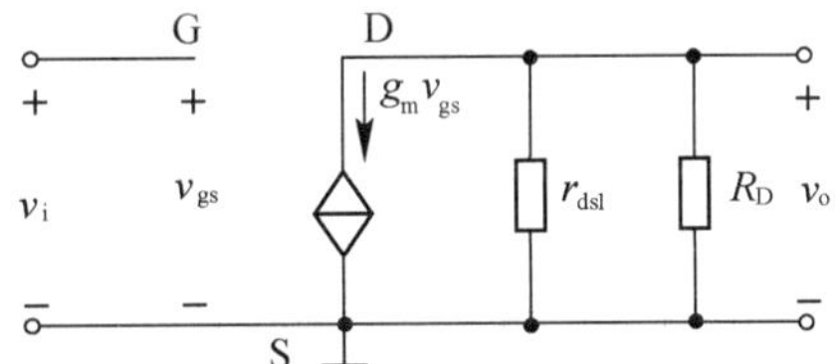

(a) 理想小信号等效电路　　(b) 考虑沟道调制效应小信号等效电路

图 6.2　电阻负载共源放大器小信号等效电路

① 增大 g_m：由于工作在饱和区 NMOS 管的跨导为 $g_m=2\sqrt{K_N I_D}$，其中 $K_N=(1/2)\times\mu_n C_{ox}(W/L)$，因此通过增大 W/L、C_{ox} 或者 I_D，都可以达到增大 g_m 的目的，而且以增大 W/L 最为有效，但较大的器件尺寸会导致较大的器件寄生电容，从而影响放大器的频率特性。

② 增大 R_D：由于 $v_O=V_{DD}-i_D R_D$，因此在相同的 i_D 作用下，增大 R_D 会造成 v_O 摆幅减小，又由于 M_1 工作在饱和区的条件是 $V_{DD}-i_D R_D>v_I-V_{TH}$，因此在相同的 v_I 作用下，增大 R_D 还容易令 M_1 进入线性区，此外，增大 R_D 还将导致输出节点的时间常数增大，使得放大器带宽减小。

可见，电路的增益、带宽和电压摆幅等参数之间是相互牵制和影响的，因而电路设计问题是一个多维优化问题，必须在多项参数之间进行合理折中。

若再进一步考虑沟道调制效应，则得到小信号等效电路如图 6.2(b)所示。图中 r_{ds1} 为 M_1 的输出阻抗，由图可知

$$A_v = -g_m(r_{ds1} /\!/ R_D) \tag{6-2}$$

A_v 数值相对于式(6－1)减小,并且如果原先 R_D 越大,沟道调制效应导致的 A_v 影响越显著。

6.1.2 有源负载共源放大器

由于电阻负载精度低误差大,且大阻值电阻占用芯片面积也较大,因此芯片内部往往用 MOS 管代替图 6.1(a)中的负载电阻 R_D,此时对应称为有源负载共源放大器,常见电路结构如图 6.3 所示。

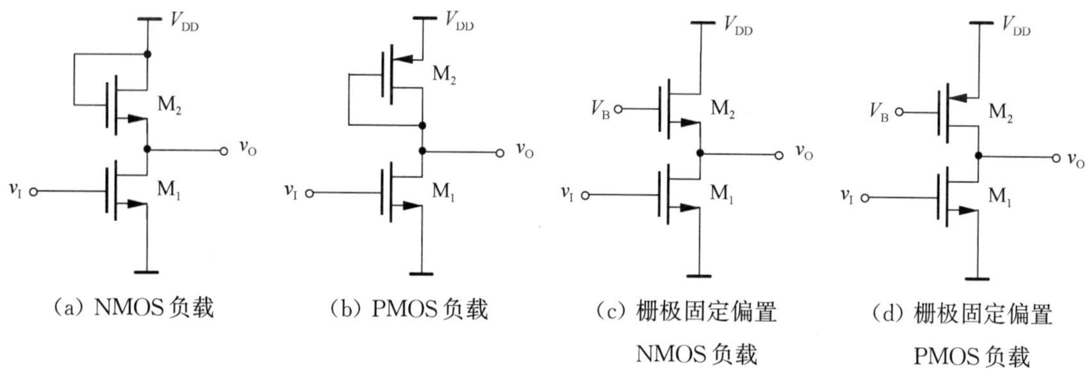

图 6.3 有源负载共源放大器

图 6.3(a)中,M_1 为 NMOS 放大管,M_2 为 NMOS 负载管。由于 M_2 的栅极和漏极短接,可以起到一个小信号电阻的作用,故与双极型器件相对应,在模拟电路里称为二极管连接器件。M_2 必然满足 $V_{DS2}=V_{GS2}>(V_{GS2}-V_{TH2})$ 的条件,因此它一定工作在饱和区,则

$$A_v = -g_{m1}(r_{o2} /\!/ r_{ds1}) \tag{6-3}$$

式中 r_{o2} 为 M_2 的源极交流输出电阻,求解 r_{o2} 的小信号等效电路如图 6.4(a)所示。图中 r_{ds2} 为 M_2 的输出电阻,由图可见,$V_{gs2}/(g_{m2}V_{gs2})=1/g_{m2}$,故受控源 $g_{m2}V_{gs2}$ 可等效为交流电阻 $1/g_{m2}$,则

$$r_{o2} = \frac{1}{g_{m2}} /\!/ r_{ds2} \tag{6-4}$$

代入式(6－3),得到

$$A_v = -g_{m1}\left(\frac{1}{g_{m2}} /\!/ r_{ds1} /\!/ r_{ds2}\right) \approx -\frac{g_{m1}}{g_{m2}} \tag{6-5}$$

将 $g_m=2\sqrt{K_N I_D}$,$K_N=(1/2)\times\mu_n C_{ox}(W/L)$ 代入,可得

$$A_v = -\sqrt{\frac{2\mu_n C_{ox}(W/L)_1 I_{D1}}{2\mu_n C_{ox}(W/L)_2 I_{D2}}} \tag{6-6}$$

由于 $I_{D1}=I_{D2}$，所以

$$A_v = -\sqrt{\frac{(W/L)_1}{(W/L)_2}} \tag{6-7}$$

式(6-7)说明，要提高 A_v 的数值，就必须增加 M_1 与 M_2 宽长比的比值。

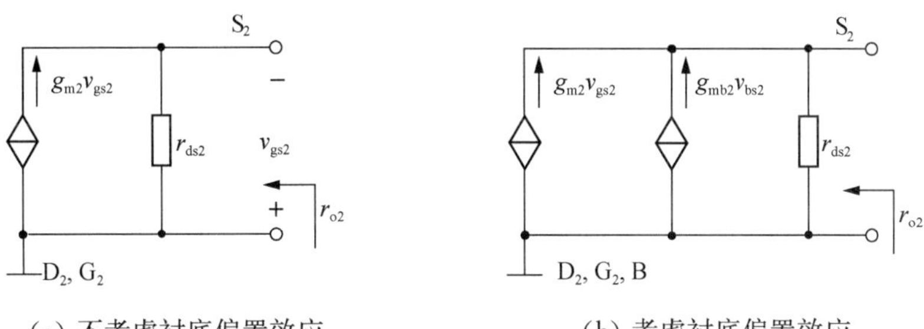

(a) 不考虑衬底偏置效应　　(b) 考虑衬底偏置效应

图 6.4　求解 r_{o2} 的小信号等效电路

进一步观察图 6.3(a)发现，M_2 的源极 S 与衬底 B(此处默认为地)并没有相连，因此 M_2 实际上还存在着衬底偏置效应，如果考虑衬底偏置效应，则求解 r_{o2} 的小信号等效电路如图 6.4(b)所示，由图可知

$$r_{o2} = \frac{1}{g_{m2}} // \frac{1}{g_{mb2}} // r_{ds2} \tag{6-8}$$

代入式(6-3)，得到

$$\begin{aligned} A_v &\approx -g_{m1}\left(\frac{1}{g_{m2}} // \frac{1}{g_{mb2}}\right) \\ &= -g_{m1}\left(\frac{1}{g_{m2}+g_{mb2}}\right) \\ &= -\frac{g_{m1}}{g_{m2}} \cdot \frac{1}{1+\eta} \\ &= -\sqrt{\frac{(W/L)_1}{(W/L)_2}} \cdot \frac{1}{1+\eta} \end{aligned} \tag{6-9}$$

式中，η 称为衬底偏置系数，有 $\eta = g_{mb2}/g_{m2}$，与式(6-7)相比，考虑衬底偏置效应后 A_v 数值有所下降。

二极管连接的有源负载也可以用 PMOS 器件实现，如图 6.3(b)所示，与图 6.3(a)不同的是，图 6.3(b)电路中 PMOS 负载管默认 B 与 S 连接在一起接 V_{DD}，故不存在衬底偏置效应影响，故

$$A_v \approx -\frac{g_{m1}}{g_{m2}} = -\sqrt{\frac{\mu_n (W/L)_1}{\mu_p (W/L)_2}} \tag{6-10}$$

与式(6-7)相比,由于电子迁移率 μ_n 大于空穴迁移率 μ_p,因此在各管尺寸相同的情况下,图 6.3(b)的电压增益大于图 6.3(a)的电压增益,如果考虑衬底偏置效应的影响,即与式(6-9)相比,这种差别将更大。

图 6.3(c)中 NMOS 管 M_2 的栅极接固定偏置电压 V_B,通过 V_B 将 M_2 偏置在饱和区,其分析类似于图 6.3(a),此处不再赘述。

图 6.3(d)中,V_B 将 PMOS 负载管 M_2 偏置在饱和区,由于 V_{GS2} 为常数,故 M_2 为 M_1 的恒流源负载,此处 M_2 无衬底偏置效应,若考虑沟道调制效应,则

$$A_v = -g_{m1}(r_{ds1} /\!/ r_{ds2}) \tag{6-11}$$

式中 $r_{ds1} \approx V_{A1}/I_{D1}$, $r_{ds2} \approx V_{A2}/I_{D2}$, $g_{m1} = \sqrt{2\mu_n C_{ox}(W/L)_1 I_{D1}}$,且有 $I_{D1} = I_{D2} = I_D$,故

$$A_v = -\frac{1}{\sqrt{I_D}} \frac{V_{A1} V_{A2}}{V_{A1} + V_{A2}} \sqrt{2\mu_n C_{ox}(W/L)_1} \tag{6-12}$$

式(6-12)中 V_{A1}、V_{A2} 分别为 M_1、M_2 的厄雷电压(Early 电压)。

综上所述,为提高共源放大器电压增益,可以从以下三方面入手:

① 提高 MOS 放大管跨导,最简单有效的方法是增加 MOS 管宽长比;

② 减小衬底偏置效应影响;

③ 减小沟道调制效应影响,尽量采用恒流源负载。

6.1.3 推挽式 CMOS 放大器

图 6.3 电路都是只利用了下面一个 MOS 管的放大能力,而上面负载管的放大能力均未能充分利用。以图 6.3(d)为例,如果将 V_B 替换为 v_I,就可以构成推挽式结构,可以进一步提高放大器增益,如图 6.5(a)所示。

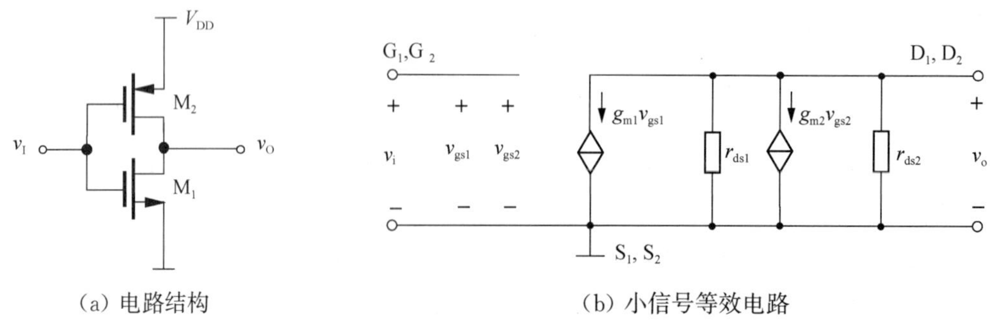

(a) 电路结构　　(b) 小信号等效电路

图 6.5　推挽式 CMOS 放大器

由图 6.5(a)可见，v_I 同时作用在 M_1、M_2 的栅极，M_1、M_2 互为放大管和负载管。其中 v_I 为瞬态电压，既包含直流偏置电压 V_{GS}，也包含交流小信号 v_i，M_1、M_2 均偏置在饱和区，得到小信号等效电路如图 6.5(b)所示，则有

$$A_v=-(g_{m1}+g_{m2})(r_{ds1}/\!/r_{ds2}) \tag{6-13}$$

设 $I_{D1}=I_{D2}=I_D$，$g_{m1}=g_{m2}=g_m$，式(6-13)可变为

$$\begin{aligned} A_v&=-2g_m(r_{ds1}/\!/r_{ds2}) \\ &=-\frac{2}{\sqrt{I_D}}\frac{V_{A1}V_{A2}}{V_{A1}+V_{A2}}\sqrt{2\mu_n C_{ox}(W/L)_1} \\ &=-\frac{2}{\sqrt{I_D}}\frac{V_{A1}V_{A2}}{V_{A1}+V_{A2}}\sqrt{2\mu_p C_{ox}(W/L)_2} \end{aligned} \tag{6-14}$$

比较式(6-14)和式(6-12)可得，如果器件参数相同，则图 6.5(a)电压增益是图 6.3(d)电压增益的两倍。

【特别注意】

此处推挽式放大器与数字逻辑门电路中反相器电路结构完全一致，但是输入电压与电路工作状态均不一样，所以功能也不相同，主要区别在于：

(1) 输入电压不一样，推挽式放大器两管直流偏置适中，需保证两管均工作于饱和区；而对于数字电路反相器，则是要求输入电压“端到端”(Rail-to-Rail)大摆幅，理想情况下应该分别为高电平“电源”或低电平“地”，以此确保 MOS 管交替工作在截止区与线性区。

(2) MOS 管工作状态不一样，推挽式放大器两管互为放大管、互为负载管；而反相器中两管则表现为交替式开关。

6.1.4 共源共栅放大器

除共源放大器之外，MOS 场效应管还可以构成共栅放大器与共漏放大器，共栅放大器是指放大器交流输入回路和输出回路中都包含有 MOS 管栅极，即交流信号从源极输入，从漏极输出。所谓共源共栅(Cascode)放大器，是指将共源放大器输出级联共栅放大器输入，构成类似图 6.6(a)所示的结构。

1) 套筒式共源共栅

如图 6.6(a)所示，M_1 为共源组态，M_2 为共栅组态，M_1 产生的小信号漏极电流经 M_2 流

过电阻 R_D，M_1 称为输入管，M_2 称为级联管，该电路中输入管和级联管类型相同都是 NMOS 管，称为套筒式共源共栅结构。

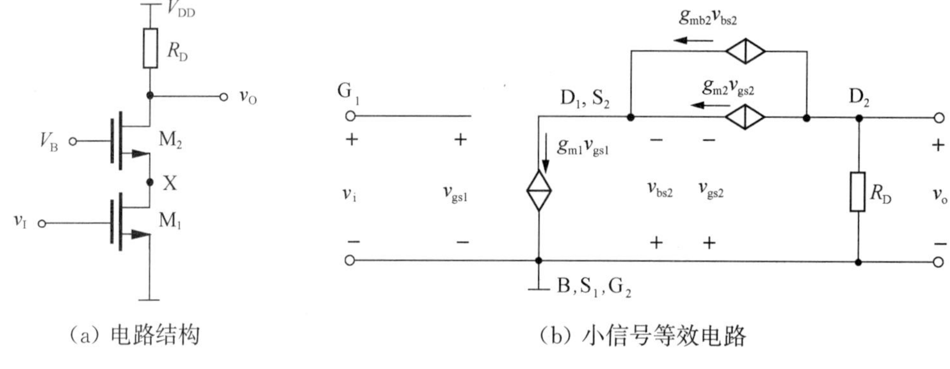

(a) 电路结构　　(b) 小信号等效电路

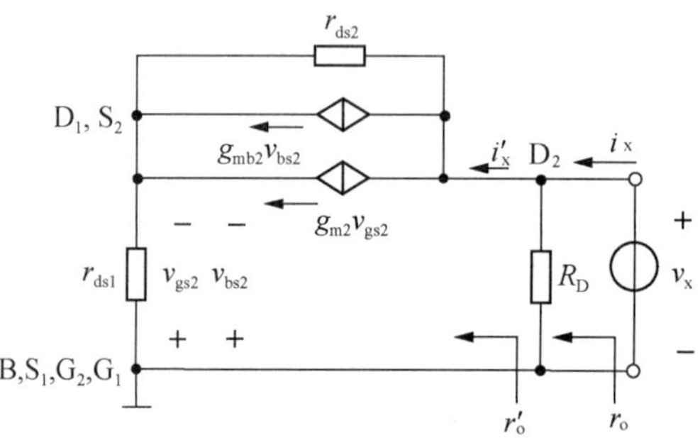

(c) 求解输出电阻的小信号等效电路

图 6.6　套筒式共源共栅

首先讨论偏置条件，为保证 M_1、M_2 均工作在饱和区，必须满足 $V_X>(V_{GS1}-V_{TH1})$，以及 $(V_O-V_X)>(V_{GS2}-V_{TH2})$，于是得

$$V_O>(V_{GS1}-V_{TH1})+(V_{GS2}-V_{TH2}) \tag{6-15}$$

式(6-15)说明，为确保 M_1、M_2 均工作在饱和区，最小输出电压为 M_1、M_2 的过驱动电压之和，这就是所谓的 M_2"堆叠"在 M_1 之上的工作原理，所以称套筒式共源共栅结构。

忽略沟道调制效应时的小信号等效电路如图 6.6(b)所示。由图可知

$$A_v=\frac{v_o}{v_i}=-\frac{g_{m1}v_{gs1}R_D}{v_{gs1}}=-g_{m1}R_D \tag{6-16}$$

与前面电阻负载共源放大器相同。那么为什么还要采用这种级联方式呢？

参见图 6.6(c)为求解输出电阻的小信号等效电路，据 KVL 方程可得

$$v_x=i'_x r_{ds1}+[i'_x-(g_{m2}v_{gs2}+g_{mb2}v_{bs2})]r_{ds2} \tag{6-17}$$

又因为 $v_{gs2}=v_{bs2}=-i'_x r_{ds1}$，代入式(6-17)，故

$$v_x = i'_x r_{ds1} + [i'_x + i'_x r_{ds1}(g_{m2} + g_{mb2})] r_{ds2} = i'_x \{ r_{ds1} + [1 + (g_{m2} + g_{mb2}) r_{ds1}] r_{ds2} \} \tag{6-18}$$

则输出电阻 r'_o 为

$$r'_o = \frac{v_x}{i'_x} = r_{ds1} + [1 + (g_{m2} + g_{mb2}) r_{ds1}] r_{ds2} \tag{6-19}$$

总的输出电阻 $r_o = r'_o // R_D$。

假设 $g_m r_{ds} \gg 1$，则式(6－19)可近似为 $r'_o \approx (g_{m2} + g_{mb2}) r_{ds1} r_{ds2}$，也就是说，通过增加级联管 M_2，可将输出电阻 r'_o 提高至 r_{ds1} 的 $(g_{m2} + g_{mb2}) r_{ds2}$ 倍。

所以，高输出电阻是 Cascode 结构的重要特性，这是一个非常有用的特性，在提高放大器电压增益等方面十分有利。

2) 折叠式共源共栅

在 Cascode 结构中，如果输入管和级联管的类型相反，则称为折叠式共源共栅。以图 6.7 为例，PMOS 管 M_1 为输入管，NMOS 管 M_2 为级联管，M_1、M_2 由电流源 I 进行偏置。折叠式结构的主要优点是输入电压的选择空间更大，因为输入管 M_1 的上端并不“堆叠”在级联管 M_2 之上，然而为获得与套筒式 Cascode 相当的性能，折叠式 Cascode 所需偏置电流更大，所以折叠式 Cascode 结构通常会消耗更大的功率。

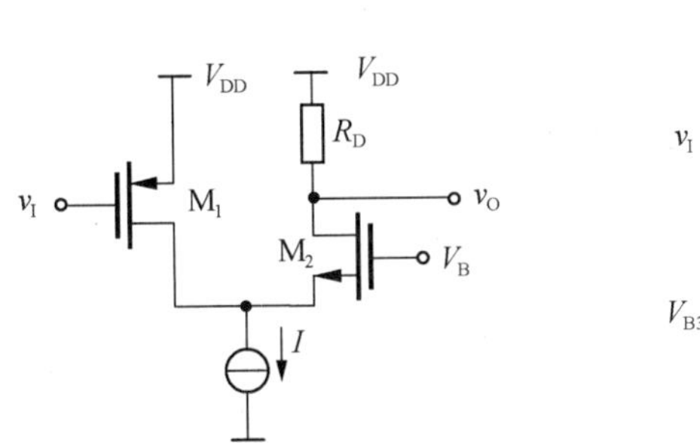

图 6.7　电流源偏置折叠式共源共栅示意图

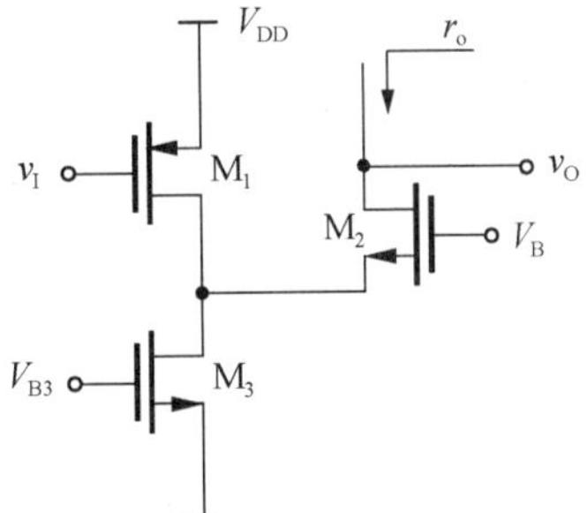

图 6.8　图 6.7 具体实现电路

图 6.8 是图 6.7 的具体实现电路，M_3 用作电流源。增益方面与套筒式 Cascode 电路相比，由于交流小信号等效电路基本相同，所以增益差别不大。

由于求解输出电阻时，需要将 v_I 短接到地，因此由式(6－19)可得到图 6.8 的输出电阻为

$$r_o = r_{ds1} + [1 + (g_{m2} + g_{mb2}) r_{ds2}](r_{ds1} // r_{ds3}) \tag{6-20}$$

与式(6－19)相比，小于套筒式 Cascode 的输出电阻。

为进一步提高电压增益，图 6.7 中负载 R_D 本身也可以用 Cascode 结构来实现，如图6.9

所示，图中采用共源共栅电流镜 M_3 和 M_4 高输出电阻替代 R_D，可以进一步提高电压增益的效果，有关共源共栅电流镜将在下节详细介绍。

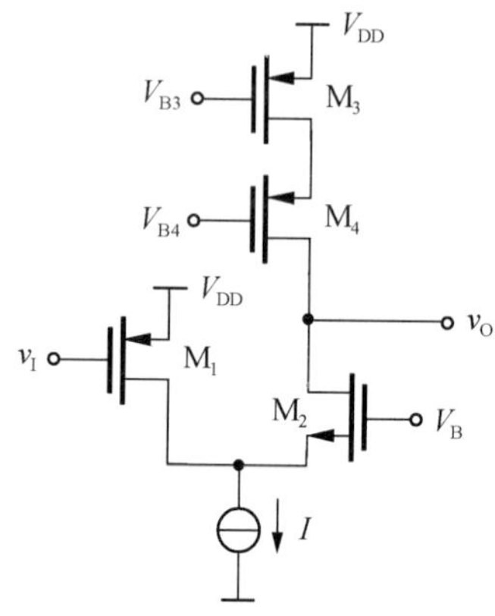

图 6.9　以共源共栅结构为有源负载的折叠式共源共栅

6.2 电流镜电路

电流源电路不仅可用于各种放大电路的恒流偏置，而且可以取代电阻作为放大器的有源负载，是线性集成电路中应用最为广泛的单元电路之一。虽然目前尚未制造出电流源电池，但利用电子电路方法设计并制造出符合电流源规范、能实际使用的电流源电路在芯片内部应用非常广泛。

工作在饱和区的 MOS 器件可以视为一个电流源，但在实际模拟集成电路设计中一般不直接采用，而是通过构造各种基准电流源电路并通过各种镜像“复制”的方法提供电流，也就是说，集成电路中电流源设计首先是设计一个基准电流源，然后基于该基准电流源进行镜像“复制”，所以这里的电流源更多可以理解为“电流镜”，当然前提是电路设计已经存在一个精确的基准电流源可供镜像“复制”。

本节只研究电流镜的“复制”电路，可供“复制”的基准电流源产生电路将在后续 6.5 节继续讨论。

6.2.1 基本电流镜

在基准电流源基础上，为得到相同或成比例的电流源，可构造如图 6.10 所示基本电流镜电路，图中 I_{REF} 为已有基准电流，通过电路设计在 I_O 端可以获得与 I_{REF} 相同或者成比例的电流。图 6.10(a)中，I_O 是流入 NMOS 管 M_2 的，所以称之为电流漏或电流沉(Current Sink)，而图 6.10(b)中，I_O 是流出 PMOS 管 M_2 的，所以称之为电流源(Current Source)。实际使用时通常对它们不加以严格区分，均统称为电流源。

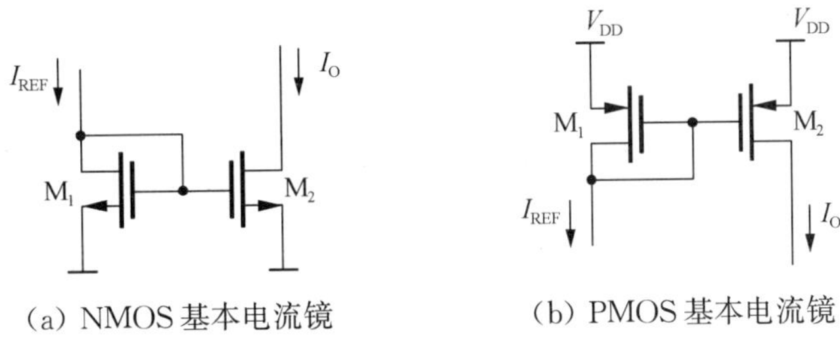

(a) NMOS 基本电流镜　　(b) PMOS 基本电流镜

图 6.10　基本电流镜

以图 6.10(a)为例，由图可见 M_1 为二极管连接，故工作在饱和区。假设 M_2 满足 $V_{GS2}>V_{TH2}$，且 $V_{DS2}>V_{GS2}-V_{TH2}$，那么 M_2 也工作在饱和区。利用 NMOS 管在饱和区的电流方程，可得到 I_O 与 I_{REF} 之间的电流关系为

$$I_O=\frac{(W/L)_2}{(W/L)_1}\cdot\frac{(V_{GS}-V_{TH2})^2}{(V_{GS}-V_{TH1})^2}\cdot\frac{1+\lambda V_{DS2}}{1+\lambda V_{DS1}}I_{REF} \tag{6-21}$$

由于同一批次集成电路流片时，在匹配良好的情况下一般有 $V_{TH1}=V_{TH2}$，所以式(6-21)可简化为

$$I_O=\frac{(W/L)_2}{(W/L)_1}\cdot\frac{1+\lambda V_{DS2}}{1+\lambda V_{DS1}}I_{REF} \tag{6-22}$$

如果再忽略沟道调制效应的影响，则有

$$I_O=\frac{(W/L)_2}{(W/L)_1}I_{REF} \tag{6-23}$$

由式(6-23)可见，电流镜输出电流与基准电流的比值等于对应 MOS 管沟道宽长比的比值，另外，电流镜输出电阻为

$$r_o=r_{ds2} \tag{6-24}$$

事实上，影响电流镜性能的主要包括两个管子之间阈值偏差以及器件版图的失配等因素。实际设计中，为减小 MOS 管边缘扩散的影响，一般做法是所有 MOS 管都采用相同的栅长，通过改变 MOS 管的宽度来实现不同比例的电流镜像，而且为了减小失配影响，电流镜的两个镜像 MOS 管版图都会采用较为严格的叉指匹配设计，相关版图设计技术在版图章节会详细展开。

显然，要改善输出电流 I_O 的恒流特性，电流镜的输出电阻越大越好，下面介绍几种常用改进型电流镜电路。

6.2.2 威尔逊电流镜

威尔逊电流镜基本原理是利用负反馈来提高输出电阻，以使电流镜具有更好的恒流特性。图 6.11(a)给出了利用 NMOS 实现的普通威尔逊电流镜。图中 $V_{DS1}=V_{GS2}+V_{GS3}$，而 $V_{GS1}=V_{GS2}$，所以 $V_{DS1}>V_{GS1}$，M_1 一定工作在饱和区，I_O 与 I_{REF} 之间的电流关系与式(6-22)相同。

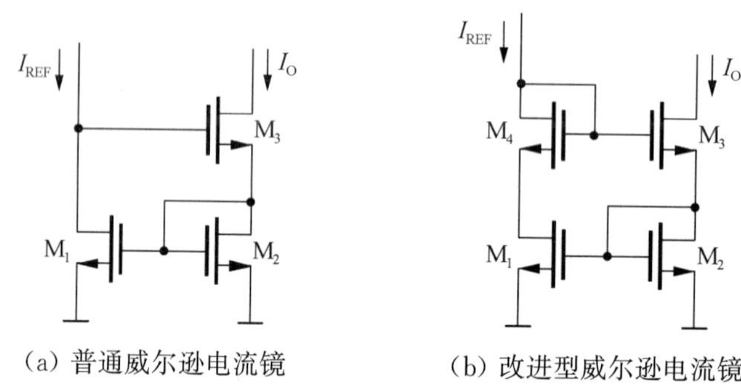

(a) 普通威尔逊电流镜　　(b) 改进型威尔逊电流镜

图 6.11　威尔逊电流镜

那么威尔逊电流镜是如何稳定输出电流的呢？假设由于某种原因导致 I_O 增大，通过 M_2 的电流也增大，镜像后引起 M_1 的电流也增大，因此 M_1 的 V_{DS1} 会减小，也即 M_3 的栅电压将随 I_O 的增大而减小，最终使 I_O 减小。也就是说，由 M_1、M_2 组成的反馈网络对 M_3 引入了电流并联负反馈，电流负反馈可以提高输出电阻，因此相较于基本电流镜而言，威尔逊电流镜的输出电阻更大，恒流特性更好。

但因 $V_{DS2}=V_{GS2}$，$V_{DS1}=V_{GS2}+V_{GS3}$，故 $V_{DS1}\neq V_{DS2}$，由于沟道调制效应使得 I_O 与 I_{REF} 之间不是精确比例关系，所以进一步提出改进型结构如图 6.11(b)所示，采用二极管连接的 M_4 来消耗一个 V_{GS}，即 $V_{DS1}+V_{GS4}=V_{GS2}+V_{GS3}$，此时若有 $V_{GS3}=V_{GS4}$，则 $V_{DS1}=V_{GS2}=V_{DS2}$，故 I_O 的大小由式(6-23)决定，所以这是一种更为精确的比例电流镜。

而要达到 $V_{GS3}=V_{GS4}$，只需

$$\frac{(W/L)_3}{(W/L)_4}=\frac{(W/L)_2}{(W/L)_1} \tag{6-25}$$

所以实际工程设计时，只要电源电压裕度满足要求，为进一步提高电流源恒流特性，可以考虑采用改进型威尔逊电流源。

6.2.3　共源共栅电流镜

共源共栅(Cascode)电流镜通过共源共栅结构，使得 $V_{DS1}=V_{DS2}$，从而改善恒流特性，如图 6.12 所示。

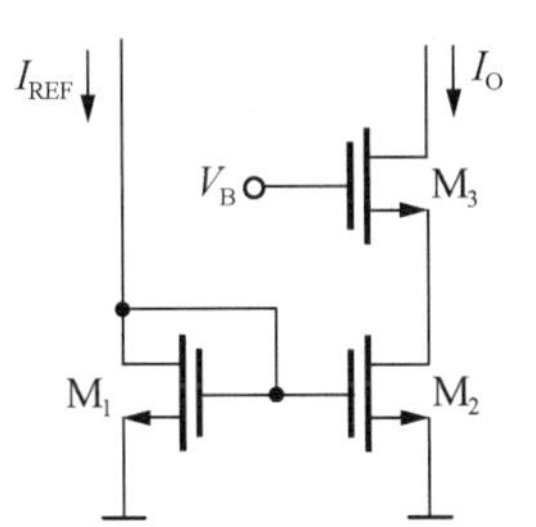

(a) 利用共源共栅结构增大输出阻抗

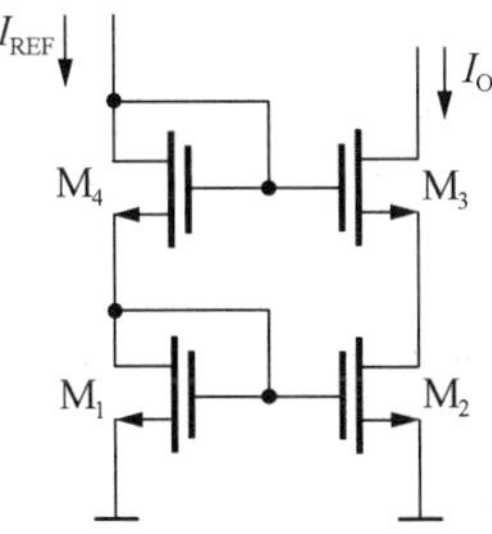

(b) 共源共栅电流镜

图 6.12　共源共栅电流镜

图 6.12(a)中，M_2、M_3 构成共源共栅结构，相对于基本型电流镜输出电阻式(6-24)而言，其输出电阻提升为

$$r_o = r_{ds2} \cdot (g_{m3} r_{ds3}) \tag{6-26}$$

由于输出阻抗高，所以该结构作为电流源输出可以明显提高电流镜恒流特性。那么图中 V_B 如何产生呢？为了确保 $V_{DS1}=V_{DS2}$，而 $V_{DS2}=V_B-V_{GS3}$，即有 $V_B=V_{DS1}+V_{GS3}$，只需增加一个二极管连接的 M_4 与 M_1 串联，消耗掉一个 V_{GS} 即可，如图 6.12(b)所示，当 $(W/L)_3/(W/L)_4=(W/L)_2/(W/L)_1$，即 $V_{GS3}=V_{GS4}$ 时，有 $V_{DS1}=V_{DS2}$。该结构的输出电流也由式(6-23)决定，即 I_O 仍取决于底层的基本电流镜 M_1 和 M_2。

图 6.11 和图 6.12 分别介绍了基于 NMOS 管构成的威尔逊电流镜和共源共栅电流镜，采用 PMOS 管同样可以设计威尔逊电流镜和共源共栅电流镜，其电路基本原理与分析方法类似于 NMOS 电流镜。

威尔逊电流镜和共源共栅电流镜都可以提高输出电流精度和稳定性，但是由于多了一层器件，所以要求电路有较高的电源电压，当电源电压有限时，输出电压摆幅会受限，会影响输出电压裕度。因此，在实际使用中应根据具体情况选择合适的电流镜电路。

6.3 差分放大器

6.1 节所述的单级放大器仅有一个信号输入端，称为单端输入，差分放大器(Differential

Amplifier)具有两个信号输入端,称为差分输入,差分放大器放大的是两个输入信号电压之差。差分放大器应用极为广泛,是模拟集成电路的又一重要组成单元。

与单端输入相比,差分输入最重要的优点是能够很好地抑制共模噪声,例如电源噪声和温度漂移,其他优点还包括更大的输出电压摆幅、更简单的偏置电路和更高的线性度等。虽然差分放大器所占的面积是同类单端放大器的两倍,但与其所获得的诸多优点相比,这仅仅是一个小小的不足,换句话说,差分放大器就是以牺牲一定的版图面积,换取更高的电路性能。

6.3.1 共模与差模信号

设差分放大器两个输入端的输入信号分别为 v_{I1}、v_{I2},可分解成

$$\begin{cases} v_{I1}=\dfrac{v_{I1}+v_{I2}}{2}+\dfrac{v_{I1}-v_{I2}}{2} \\ v_{I2}=\dfrac{v_{I1}+v_{I2}}{2}-\dfrac{v_{I1}-v_{I2}}{2} \end{cases} \tag{6-27}$$

上述两个分解式中第一项均为$(v_{I1}+v_{I2})/2$,这是一对大小相等、极性相同的信号,称为共模信号,记作 v_{Ic},v_{Ic} 实际上是 v_{I1} 和 v_{I2} 的中心电平,故 v_{Ic} 也称共模输入电压。

上述两个分解式中的第二项分别为$\pm(v_{I1}-v_{I2})/2$,这是一对大小相等、极性相反的信号,称为差模信号,它们的差值

$$\left(+\frac{v_{I1}+v_{I2}}{2}\right)-\left(-\frac{v_{I1}-v_{I2}}{2}\right)=v_{I1}-v_{I2} \tag{6-28}$$

恰为两个输入信号 v_{I1}、v_{I2} 之差,记作 $v_{Id}=v_{I1}-v_{I2}$,v_{Id} 称为差模输入电压。

显然,v_{Id} 携带有用信息,是需要被放大的信号,而 v_{Ic} 可视为一对附加在两个输入端上的无用信号,例如环境温度变化或外部干扰在两个输入端上产生的影响几乎是相同的,即等效为一对 v_{Ic},因此对 v_{Ic} 不但不需要放大,反而应当加以抑制。

为综合衡量差分放大器对 v_{Ic} 的抑制能力以及对 v_{Id} 的放大能力,定义共模抑制比

$$\mathrm{CMRR}=\left|\frac{A_{vd}}{A_{vc}}\right| \tag{6-29}$$

或者

$$\mathrm{CMRR(dB)}=20\lg\left|\frac{A_{vd}}{A_{vc}}\right| \tag{6-30}$$

式中,A_{vd} 为差模电压增益,用以描述差分放大器对信号的放大能力,该增益越大越好;A_{vc} 为共模电压增益,用以描述差分放大器对干扰或噪声的抑制能力,该增益越小越好。CMRR

越大说明差分放大器放大有用信号、抑制干扰或噪声的性能越好，在理想情况下，$A_{vc}\to 0$，所以 $\mathrm{CMRR}\to\infty$。

6.3.2 基本差分放大器

基本差分放大器电路结构如图 6.13 所示，图 6.13(a)以 NMOS 管作为差分对输入管，图 6.13(b)以 PMOS 管作为差分对输入管。差分放大电路要求结构完全对称，不但 MOS 管要求完全相同，负载电阻也要求相同，即 $R_1=R_2=R$，R 可以是电阻负载，也可以是有源负载，电流源 I 称为尾电流源。下面以图 6.13(a)为例进行分析。

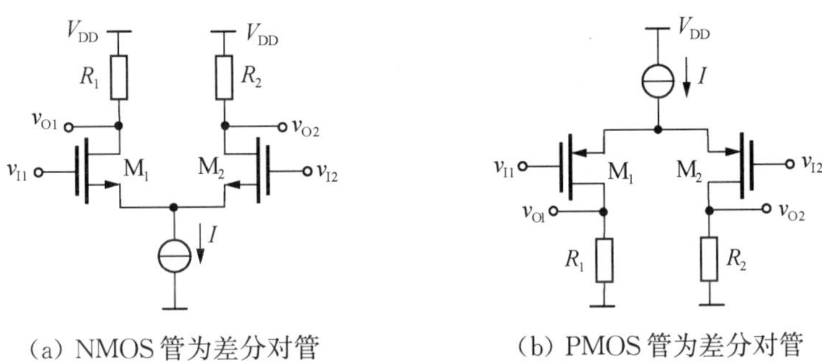

(a) NMOS 管为差分对管　　(b) PMOS 管为差分对管

图 6.13　基本差分放大器

1) 差模电压传输特性

差模电压传输特性即研究差模输出电压 v_{Od} 与差模输入电压 v_{Id} 的关系曲线，其中 $v_{Od}=v_{O1}-v_{O2}$。如前所述，$v_{Id}=v_{I1}-v_{I2}$，设 v_{Id} 从 $-\infty$ 变化到 $+\infty$。

① 当 $v_{I1}\ll v_{I2}$ 时，M_1 截止，M_2 导通，使得 $i_{D1}=0$，$i_{D2}=I$，$v_{O1}=V_{DD}$，$v_{O2}=V_{DD}-RI$。

② 当 v_{I1} 趋近于 v_{I2} 时，M_1 逐渐导通，i_{D1} 开始抽取尾电流源 I 中的一部分电流，于是 v_{O1} 减小，v_{O2} 增大。

③ 当 $v_{I1}=v_{I2}$ 时，M_1、M_2 均同时导通，有 $i_{D1}=i_{D2}=I/2$，$v_{O1}=v_{O2}=V_{DD}-R\cdot I/2$。

④ 当 v_{I1} 超过 v_{I2} 时，$i_{D1}>i_{D2}$，使得 $v_{O1}<v_{O2}$。

⑤ 当 $v_{I1}\gg v_{I2}$ 时，M_1 导通，M_2 截止，则有 $i_{D2}=0$，$i_{D1}=I$，$v_{O1}=V_{DD}-RI$，$v_{O2}=V_{DD}$。

图 6.14 给出了 v_{O1}、v_{O2} 以及 $v_{Od}=v_{O1}-v_{O2}$ 随 v_{Id} 的变化曲线。

上述分析说明差分放大器具有两个重要特性：第一，单端输出时的最大电压为 V_{DD}，最小电压为$(V_{DD}-RI)$，这两个值是完全确定的，与共模电平 v_{Ic} 无关；第二，当差模输入电压绝对值$|v_{Id}|$较小时，图 6.14(b)的斜率即小信号增益 v_{Od}/v_{Id} 最大，且随着$|v_{Id}|$的增大而逐渐减小直至为零，即只有$|v_{Id}|$较小时，差分放大器才具有线性放大功能。

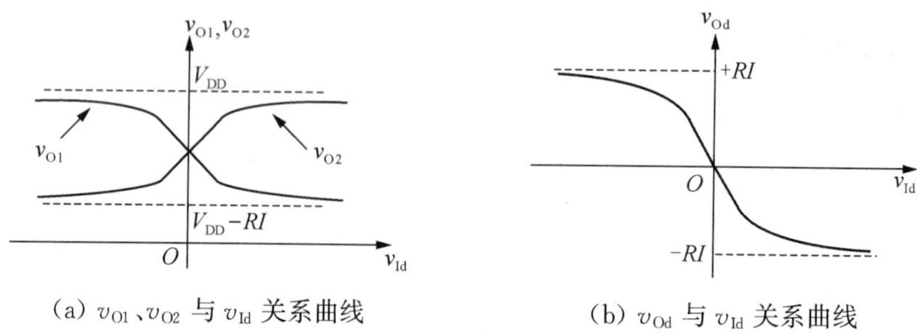

(a) v_{O1}、v_{O2} 与 v_{Id} 关系曲线　　(b) v_{Od} 与 v_{Id} 关系曲线

图 6.14　差模电压传输特性曲线

2) 共模输入电压范围

重新绘制图 6.13(a)所示电路结构，其中尾电流源 I 通过工作于饱和区的 M_0 来实现，如图 6.15 所示，研究当输入为共模电压即 $v_{I1}=v_{I2}=v_{Ic}$ 时，v_{Ic} 的变化对差分电路的影响。

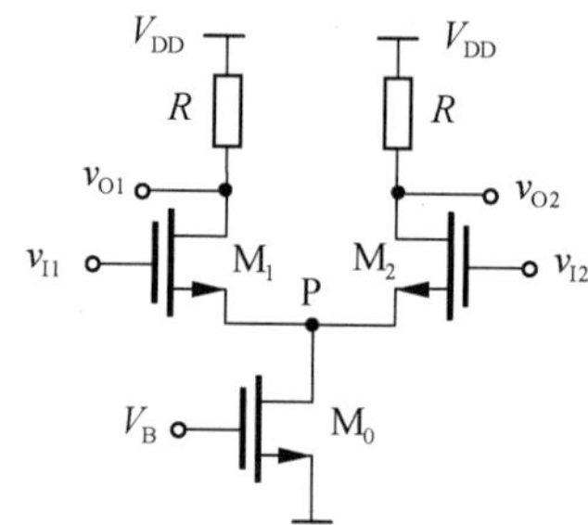

图 6.15　基本 MOS 差分放大器的共模输入范围

① 当 $v_{Ic}=0$ 时，设 M_1、M_2 的阈值电压为 v_{TH}，由于 $v_{GS1}<V_{TH}$，$v_{GS2}<V_{TH}$，故 M_1、M_2 均截止，$i_{D1}=i_{D2}=0$，$v_{O1}=v_{O2}=V_{DD}$。令偏置电压 V_B 足够高，使得 $V_{GS0}>V_{TH0}$，M_0 导通，有导电沟道形成，但 $i_{D0}\approx 0$，故 $V_P\approx 0$，M_0 工作在深线性区，此时电路无放大作用。

② 当 $v_{Ic}\geqslant V_{TH}$ 时，M_1、M_2 导通，随着 v_{Ic} 的增大，i_{D1} 和 i_{D2} 持续增大，V_P 也跟随 v_{Ic} 的增大而增大，直至 v_{Ic} 足够大，使得 $v_{DS0}=v_{Ic}-v_{GS1}\geqslant v_{GS0}-V_{TH0}$ 时，M_0 进入饱和区，电路开始正常工作。可见，能够保证差分对正常工作的共模电压下限值为 $v_{Ic}\geqslant v_{GS1}+v_{GS0}-V_{TH0}$。

③ 如果 v_{Ic} 继续增大，由于 M_0 工作于饱和区，故有 $i_{D1}=i_{D2}=I/2$，$v_{O1}=v_{O2}=V_{DD}-R\cdot I/2$，直至 $v_{DS1}=v_{O1}-V_P\leqslant v_{GS1}-V_{TH}=v_{Ic}-V_P-V_{TH}$ 时，导致 M_1(M_2)开始进入线性区。因此，能够保证差分对正常工作的共模电压的上限值为 $v_{Ic}=V_{DD}-R\cdot I/2+V_{TH}$。

综上所述，共模电压的有效输入范围为

$$v_{GS1}+v_{GS0}-V_{TH0}\leqslant v_{Ic}\leqslant \min(V_{DD}-R\cdot I/2+V_{TH}, V_{DD}) \tag{6-31}$$

3) 交流小信号特性分析

同样基于图 6.13(a)所示差分电路，假设交流幅值 v_{i1}、v_{i2} 较小，此时 M_1、M_2 工作于饱和区，电路实现线性放大。

(1) 差模增益

仅有差模信号 $\pm v_{id}/2=\pm(v_{i1}-v_{i2})/2$ 作用时，如图 6.16(a)所示。由于 $v_{i1}=-v_{i2}$，假设电路完全对称，且 $R_1=R_2=R$，则 $i_{d1}=-i_{d2}$，$v_{o1}=-v_{o2}$，M_1、M_2 两管的总电流之和保持不变，因此 P 点处相当于交流接地，得到交流等效电路如图 6.16(b)所示。

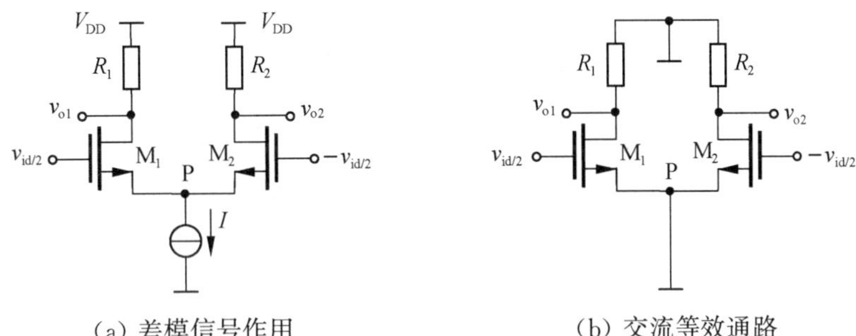

(a) 差模信号作用　　(b) 交流等效通路

图 6.16　差模增益求解

设 $g_{m1}=g_{m2}=g_m$，若为双端输出(又称差模输出)，则双端差模电压增益为

$$A_{vd}=\frac{v_{o1}-v_{o2}}{v_{i1}-v_{i2}}=\frac{2v_{o1}}{2v_{i1}}=\frac{-2v_{o2}}{-2v_{i2}}=-g_mR \tag{6-32}$$

若单从 M_1 或 M_2 的漏极与地之间取出信号，称为单端输出，相应单端差模电压增益为

$$A_{vd1}=\frac{v_{o1}}{v_{i1}-v_{i2}}=\frac{1}{2}\times\frac{v_{o1}}{v_{i1}}=-\frac{1}{2}g_mR \tag{6-33}$$

$$A_{vd2}=\frac{v_{o2}}{v_{i1}-v_{i2}}=-\frac{1}{2}\times\frac{v_{o2}}{v_{i2}}=\frac{1}{2}g_mR \tag{6-34}$$

式(6-32)至式(6-34)说明，虽然差分放大器用了两只 MOS 管，但即使是双端输出，它的电压放大能力也只相当于单管共源放大器，而且单端输出时，差模增益降为双端输出电压增益的一半。

(2) 共模增益

仅有共模信号 v_{ic} 作用时，如图 6.17(a)所示。此时 $v_{i1}=v_{i2}=v_{ic}$，故 $i_{d1}=i_{d2}$，$v_{o1}=v_{o2}$，若电路完全对称，则双端输出时，共模增益

$$A_{vc}=\frac{v_{o1}-v_{o2}}{v_{ic}}=0 \tag{6-35}$$

单端输出时，由于电流源支路电流是单管电流的 2 倍，所以电流源等效输出电阻 R_{SS} 折算到单管源极后等效电阻翻倍为 $2R_{SS}$，所以共模等效通路如图 6.17(b)所示。假设图中电流源是理想的，那么电流源等效输出电阻 $R_{SS}\to\infty$ 无穷大，另假设两管 $g_{m1}=g_{m2}=g_m$，电阻 $R_1=R_2=R$，根据前面 MOS 管小信号等效模型可以求得

$$A_{vc1}=A_{vc2}=\frac{v_{o1}}{v_{ic}}=\frac{v_{o2}}{v_{ic}}=\frac{-g_m v_{gs} R}{v_{gs}+g_m v_{gs}\cdot 2R_{SS}}\approx 0 \tag{6-36}$$

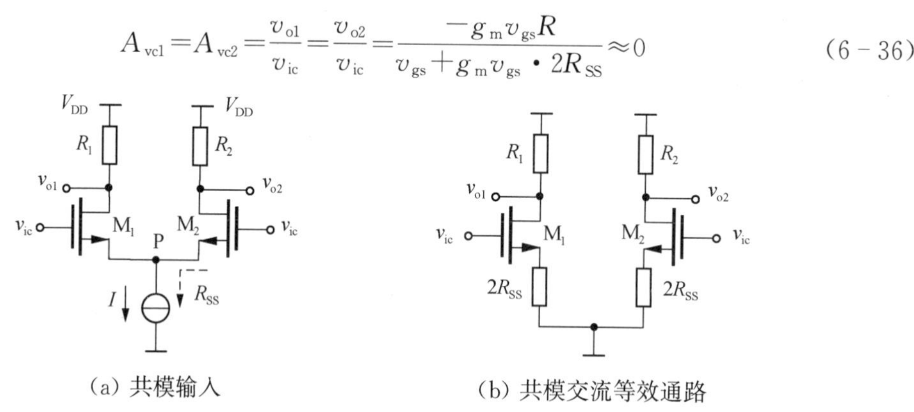

(a) 共模输入　　　　(b) 共模交流等效通路

图 6.17　共模增益求解

【小结】差分放大器能够抑制共模增益的原因

由上可见，带尾电流源的差分放大器电路，无论是双端输出，还是单端输出，电压共模增益均为 0，但原因略有不同，一个是“抵消”，一个是“抑制”。具体可以解释为：

(1) 双端输出共模增益为 0 的原因，在于电路对称性使得双端相减相互抵消；

(2) 单端输出共模增益为 0 的原因，在于电流源理想输出电阻作为差分放大器源极电阻时，由于 $R_{SS}\to\infty$，所以非常理想地抑制了共模增益。

(3) 共模抑制比

如前所述，当电路完全对称且电流源理想时，共模增益为 0，故 CMRR→∞。但实际电路存在不对称性，且实际电流源输出电阻也不是无穷大，因此实际 CMRR 是一个有限值，其值越大表示该电路的共模抑制能力越强，提高 CMRR 最主要的办法是严格控制差分放大电路的对称特性，教材后续会讲解这里的对称性不仅仅指器件要尽可能完全对称，而且还包括器件之间的走线也尽可能保证对称。

这里必须强调图 6.15 电路存在电压裕度与 CMRR 之间的折中问题。因为有限的电压裕度通常要求 MOS 管 M_0 的栅宽 W_0 很大，以便 M_0 工作在饱和区时仅需很小的漏源电压，其结果可能会导致 P 点电容显著增大，从而降低了高频时的 CMRR，该问题在低电源电压情况下将变得非常严重。

以上讨论均为双端输入，但在差分放大器的实际应用中，有些系统要求两个输入端中有一个接地，即 $v_{i1}=0$ 或 $v_{i2}=0$，称为单端输入。根据式(6－27)可知，单端输入只是双端输入的一个特例而已，分析过程完全类似，此处不再赘述。

综上所述，本节所有分析结论的前提是电路完全对称且电流源是理想的，但实际电路既不可能是完全对称的，电流源也不可能是理想的，因此在对实际电路进行分析时，必须考虑失配与非理想因素的影响。

6.3.3　有源负载差分放大器

与 6.1 节讨论的共源放大器一样，差分对负载也可以有多种形式，除电阻之外，还可以是二极管连接的 MOS 管或电流镜。图 6.18 所示为 CMOS 差分放大器基本电路结构，M_1、M_2 是差分输入对管，电流镜 M_3、M_4 作为有源负载，偏置电流则由尾电流源 I 提供。这是一种在实际设计中应用非常广泛的电路结构，其一个重要特点是，可以将双端输入转换成单端输出。

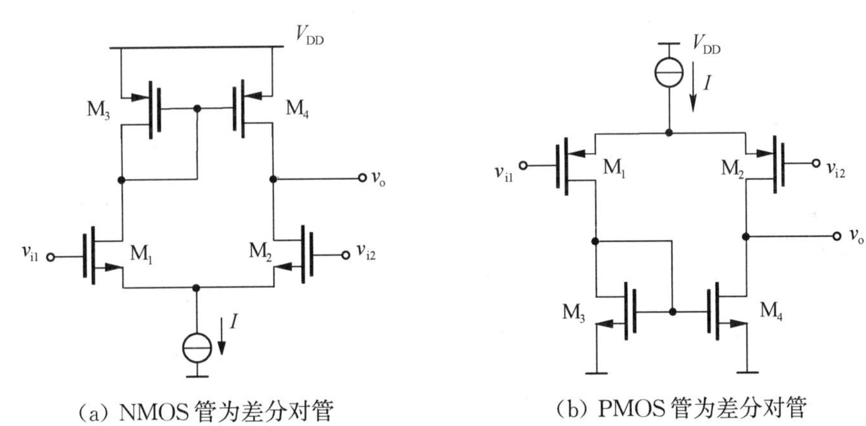

(a) NMOS 管为差分对管　　(b) PMOS 管为差分对管

图 6.18　有源负载差分放大器

1) 增益特性分析

下面以图 6.18(a)为例进行分析，假设 M_1 与 M_2 完全相同，M_3 与 M_4 完全相同，则图 6.18(a)差模电压增益为

$$A_{vd}=\frac{v_o}{v_{i1}-v_{i2}}=g_{m2}(r_{o2}//r_{o4}) \tag{6-37}$$

具体推导证明不再展开，对推导过程感兴趣的读者可以查阅本科模电教材有源负载相关内容。

此处需要特别说明的是，有源负载 CMOS 差分放大器单端输出时差模信号放大能力，是上一节中电阻负载 CMOS 差分放大器单端输出时差模信号放大能力的 2 倍，相当于电阻负载 CMOS 差分放大器双端输出时差模信号放大能力，因此提高了差分放大器“双端输入单端输出”的电压放大能力。

由于 $g_{m2}=2\sqrt{K_N I_{D2}}=2\sqrt{K_N \cdot I/2}=\sqrt{2K_N I}$，$r_{o2}=1/(\lambda_2 I_{D2})=2/(\lambda_2 I)$，其中 K_N 为第 3 章已经学习过的导电因子，而 λ 则为沟道长度调制系数。

$r_{o4}=1/(\lambda_4 I_{D4})=2/(\lambda_4 I)$，代入式(6-37)可得图 6.18(a)差模电压增益又可表示为

$$A_{vd}=\frac{2}{\lambda_2+\lambda_4}\sqrt{\frac{2K_N}{I}} \tag{6-38}$$

若再将 $K_N=\frac{1}{2}K'_N(W/L)$代入，故又可得

$$A_{vd}=\frac{2}{\lambda_2+\lambda_4}\sqrt{\frac{K'_N}{I}\left(\frac{W}{L}\right)_{1,2}} \tag{6-39}$$

图 6.18(a)对共模电压增益的抑制，其推导类似于图 6.17，故不再重复。

与基本电阻负载 CMOS 差分放大器一样，有源负载 CMOS 差分放大器，其理想的共模抑制比也应为无穷大，但在实际电路中，由于存在各种工艺误差以及器件的不对称性，因而共模抑制比为有限值，但经过合理设计后共模抑制比可以进一步提高。例如在设计 CMOS 差分放大器时，努力提高差模增益，则共模抑制比会越高；另外，还可通过共模负反馈进一步降低共模增益，而差模增益此时不受影响，所以也相当于间接地提高了共模抑制比。

2) 共模特性分析

共模输入电平 v_{Ic} 的选择非常重要。假设图 6.18(a)的尾电流源 I 用一个工作于饱和区的 M_0 管代替，如图 6.19 所示当所有 MOS 管都处于饱和区时电路增益最大，这就意味着需要对电路共模输入电平 v_{Ic} 进行合理设定。

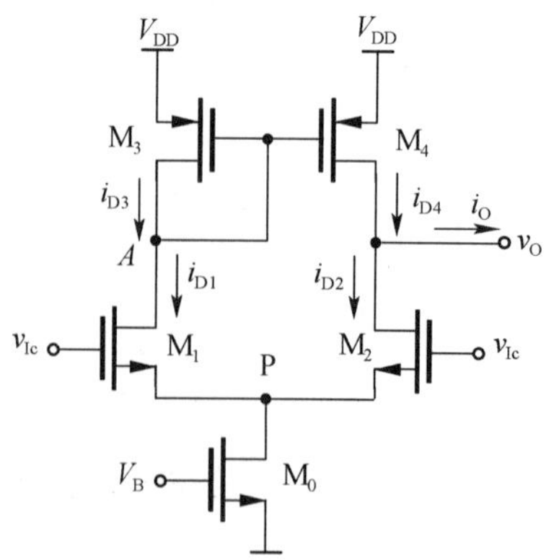

图 6.19　CMOS 差分放大器共模输入范围

由图 6.19 可知，M_2 管饱和条件是 $v_{DS2}=v_O-V_P\geqslant v_{GS2}-V_{TH2}=v_{Ic}-V_P-V_{TH2}$，即 $v_O\geqslant v_{Ic}-V_{TH2}$，设 $v_O\approx v_A$，则有 $v_O=V_{DD}-v_{SG3}$，于是得到 $v_{Ic}\leqslant V_{DD}-v_{SG3}+V_{TH2}$；同时由 M_0 管饱和条件 $v_{DS0}=(v_{IC}-v_{GS2})-0\geqslant v_{GS0}-V_{TH0}$ 可知，为了获得尽可能大的输出电压摆幅，v_{Ic} 越小越好，但必须满足 $v_{Ic}\geqslant v_{GS2}+v_{DS0min}$，其中 v_{DS0min} 为 M_0 管处于饱和区时的最小漏-源电压。

综上所述，得到 v_{Ic} 的有效输入范围为

$$v_{GS2}+v_{DS0min}\leqslant v_{Ic}\leqslant V_{DD}-v_{SG3}+V_{TH2} \tag{6-40}$$

共模输入电平的设置范围对于差分放大器级联非常有用，关系到输入差分对管的类型选择，以及共模负反馈结构的设计选择，后续章节会陆续予以介绍。

6.4 运算放大器

运算放大器（简称运放）是许多模拟电路和数模混合电路中的一个常用模块，可以粗略地描述为“高增益的差分放大器”。伴随每一代 CMOS 工艺的发展进步，按比例缩小的 MOS 管特性都给运放设计带来了巨大挑战。

6.4.1　运放性能指标

（1）增益（Gain）

运放用于负反馈放大电路时，其开环增益的大小应根据闭环电路的精度要求来选取，运放闭环精度要求越高，对开环增益的要求也越高。通常运放开环增益范围在 $10\sim10^5$ 倍。如果综合考虑速度、输出电压摆幅、功耗等参数，设计运放时则要求确认所需的最小增益。

（2）增益带宽（Bandwidth）

增益带宽反映运放小信号放大时的增益频率特性。当工作频率增高时，受运放内部寄生电容影响，运放增益开始下降。运放带宽通常定义为 −3 dB 带宽频率 f_{3dB}，即运放增益从最高点下降 3 dB（最大增益的 $\sqrt{2}/2$）时所对应的频率；当然也可以采用单位增益频率 f_T（又称特征频率），即运放增益下降到 0 dB（1 倍）时所对应的频率。

（3）压摆率（Slew Rate）

实际应用中许多运放必须在瞬态大信号作用下工作。所谓压摆率（又称电压转换速率），是指大信号作用下输出电压在单位时间内的变化量，常用每微秒输出电压变化多少伏特表示。

(4) 输出摆幅(Output Range)

许多运放系统要求大的电压摆幅以适应大范围的信号运用,但最大电压输出幅度与速度之间会相互制约、相互影响,电压大输出摆幅设计是运放重要研究方向之一。

(5) 线性度(Linearity)

开环运放有很大的非线性,解决方法之一是,通过提供足够高的开环增益以使闭环负反馈系统达到所要求的线性。需要注意的是,在许多运放负反馈运用中,决定运放开环增益的因素往往是线性度要求,而不是误差增益要求。

(6) 噪声与失调(Noise and Offset)

输入噪声和失调决定了能够被运放合理处理的最小信号电平。常用运放电路中,许多器件由于必须用大的器件尺寸或大的偏置电流而引起噪声和失调,另外,输出摆幅和噪声之间也存在折中问题。

(7) 电源抑制(Power Source Rejection)

运放时常会在数模混合系统中使用,并且有时还会受到数字电源噪声的干扰。因此在电源有噪声或干扰时,尤其是当噪声与干扰频率升高时,运放的电源噪声抑制性能尤显重要。

6.4.2 单级运放

简单运放结构如图 6.20 所示,其中图 6.20(a)为单端输出,其实就是 6.3.3 节讨论的 CMOS 差分放大器,图 6.20(b)为双端差分输出,$M_1 \sim M_4$ 以及电流源 I 构成差分放大器,M_0 以及电流源 I_0 为负载管 M_3、M_4 提供镜像偏置电流。

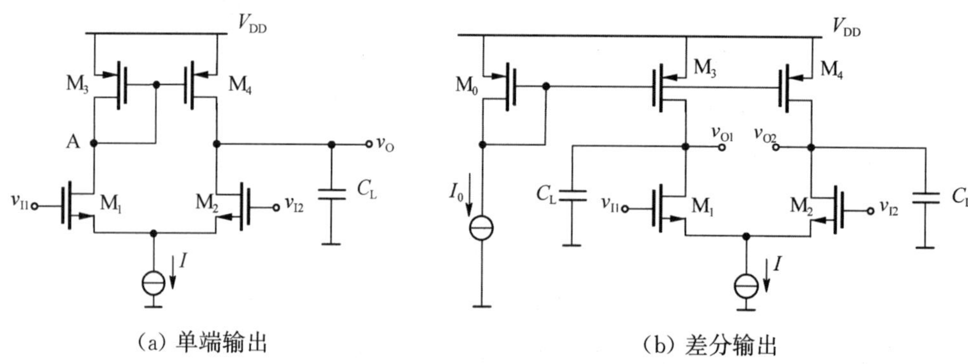

(a) 单端输出　　(b) 差分输出

图 6.20　简单运放结构

图 6.20 两种电路开环增益幅值均为 $g_{mN}(r_{oN}//r_{oP})$,g_{mN} 是 NMOS 差分对管跨导,r_{oN} 和 r_{oP} 分别表示 NMOS 管和 PMOS 管输出电阻,但图 6.20(b)的输出摆幅约为图 6.20(a)输出摆幅的两倍,这就是差分输出相较于单端输出的一个优点,带宽则通常由负载电容 C_L

决定，该电路的主极点位于输出节点，时间常数为$(r_{oN}//r_{oP})C_L$，需要指出的是，图6.20(a)节点A处会产生一个极大影响电路性能的极点，称为镜像极点，而图6.20(b)则没有这个极点，这是差分输出的又一个优点。

6.4.3　套筒式共源共栅运放

6.1.4节所述套筒式以及折叠式共源共栅结构，能够很容易地应用到差分对管和运放之中，以期获得更高增益。图6.21所示为套筒式共源共栅运放示意图，M_1、M_2为差分输入对管，M_3、M_4为级联对管，输入对管和级联对管的管型相同，均为NMOS，故为套筒式级联。

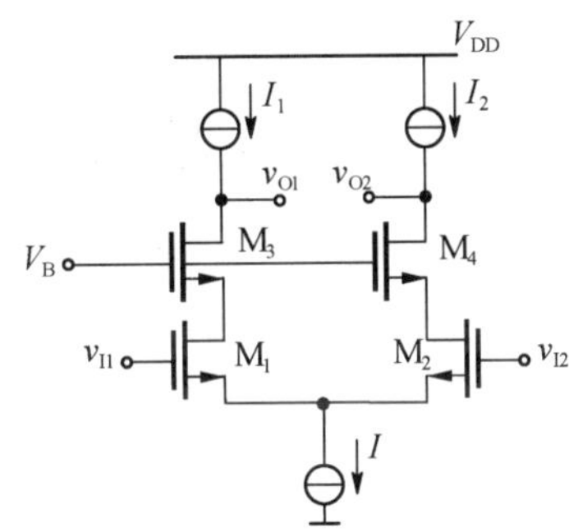

图6.21　套筒式共源共栅运放结构示意

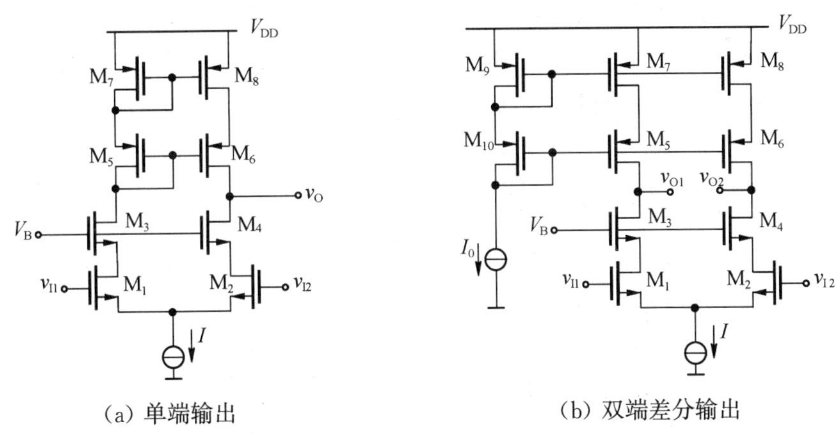

(a) 单端输出　　(b) 双端差分输出

图6.22　套筒式共源共栅运放具体实现电路

图6.22是图6.21的具体实现电路，共源共栅结构的MOS管M_5～M_8取代了理想电流源I_1、I_2。图6.22(a)为单端输出，图6.22(b)则为双端差分输出，两者所提供的开环增益都在$g_{mN}[(g_{mN}r_{oN}^2)//(g_{mP}r_{oP}^2)]$数量级。这类运放电压增益可以设计得很高，但是以消耗电压裕度、减小电压输出摆幅为代价，且级联管越多电压输出摆幅越小，所以在电源电压较低时

不宜采用。此外该类运放还存在一个问题，就是当它以输出和输入短路的方式构成单位增益缓冲器时，输出的电压摆幅太小，不符合实际要求，因此一般也不作为缓冲器使用。

6.4.4 折叠式共源共栅运放

图 6.23 所示为折叠式共源共栅运放示意图，M_1、M_2 为输入对管，M_3、M_4 为级联对管，输入对管和级联对管管型相反，前者为 PMOS，后者为 NMOS，故为折叠式共源共栅运放结构。

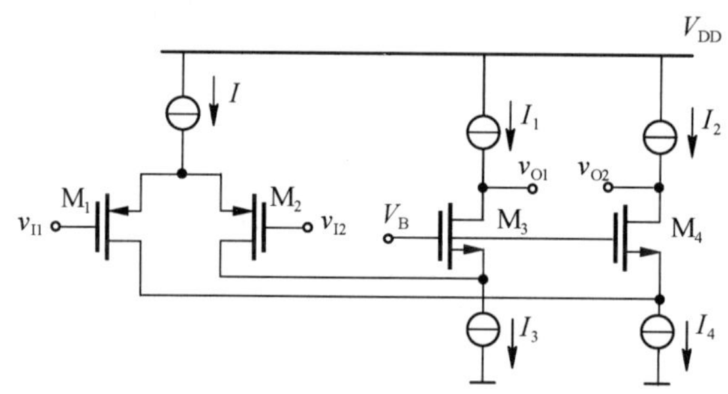

图 6.23 折叠式共源共栅运放结构示意

图 6.24 是图 6.23 的具体实现电路，同样由共源共栅结构的 $M_5 \sim M_8$ 取代了理想电流源 I_1、I_2。图 6.24(a)为单端输出，图 6.24(b)为双端差分输出。与套筒式共源共栅运放相比，折叠式共源共栅运放的输出摆幅相对较大，但该优点是以较大的功耗、较低的电压增益(增益为类似的套筒式共源共栅增益的 1/3～1/2)、较低的极点频率以及较高的噪声为代价换取的。尽管如此，折叠式共源共栅运放应用仍然比较广泛，主要原因在于其输入共模电平范围更宽，如果以 NMOS 管作为输入差分对管，输入共模电平上限可以高到 V_{DD}，如果以 PMOS 管为输入对管，输入共模电平下限可以低到 0 V。

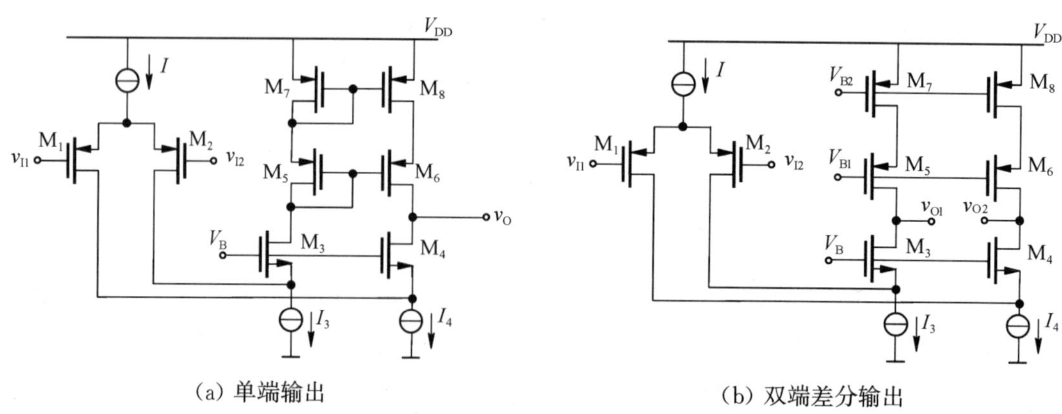

图 6.24 折叠式共源共栅运放具体实现电路

6.4.5 两级运放

在一些应用中，共源共栅运放所提供的增益或者输出摆幅可能无法同时满足要求，此时可以采用两级运放，第一级提供高增益，第二级提供大摆幅，如图 6.25 所示。

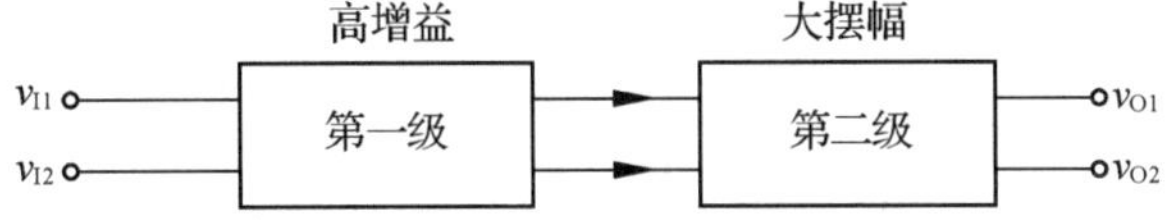

图 6.25　两级运放示意图

图 6.26 是一个两级运放实例。第一级由 $M_1 \sim M_4$ 以及电流源 I 构成，是电流源负载差分放大器，增益数值为 $g_{m1,2}(r_{o1,2} // r_{o3,4})$；第二级由 $M_5 \sim M_8$ 构成 PMOS 管共源放大器，其中 M_5 与 M_6 是放大管，M_7 与 M_8 为电流源负载，第二级增益数值为 $g_{m5,6}(r_{o5,6} // r_{o7,8})$。式中 $g_{m1,2}$ 指 M_1 或 M_2 的跨导，$r_{o1,2}$ 指 M_1 或 M_2 的输出电阻，其余类推。图 6.26 的总增益与单级共源共栅运放的增益数值相似，但通过优化 $M_5 \sim M_8$ 设计，可以使 v_{O1}、v_{O2} 获得更大的电压输出摆幅。

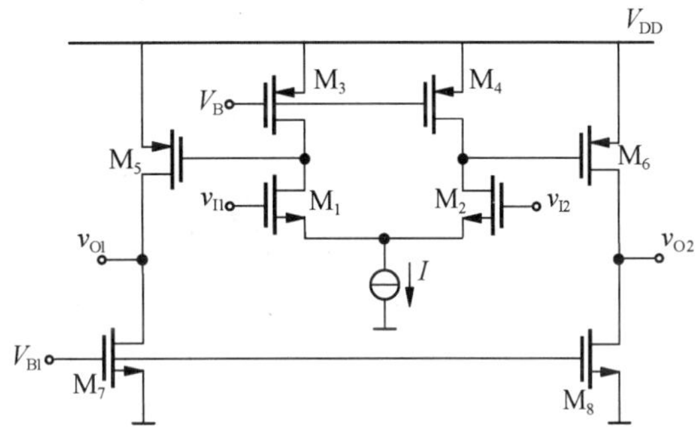

图 6.26　两级运放实例

两级运放也可以提供单端输出，如图 6.27 所示。该电路维持了第一级的差分特性，同时利用 M_7、M_8 构成的电流镜，获得了单端输出效果。

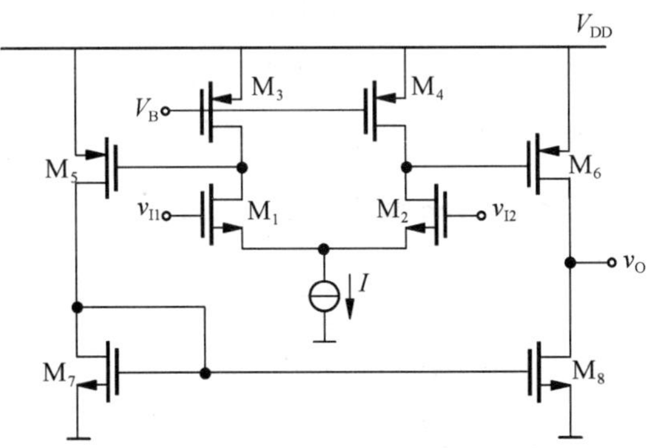

图 6.27　单端输出的两级运放

图 6.27 中的偏置电压 V_B 可以通过如图 6.28 所示方式产生。图 6.28 中 M_3、M_5 以及 M_4、M_6 分别构成 PMOS 电流镜，M_7、M_8 构成 NMOS 电流镜，故该电路称为电流镜运算放大器。

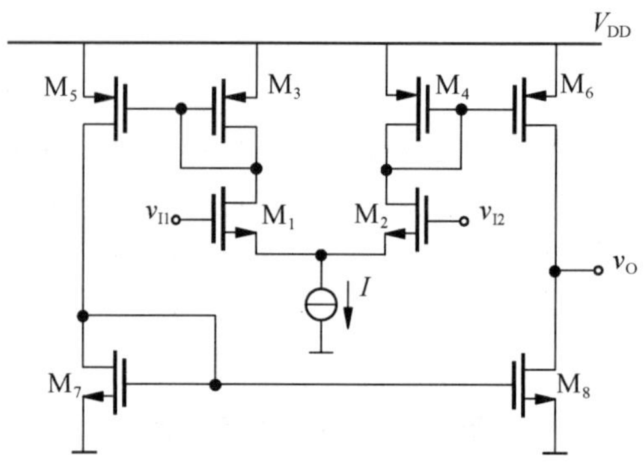

图 6.28　电流镜运算放大器

最后应当指出，由于每增加一级增益，就会在运放开环传输函数中至少引入一个极点，使用这样的多级运放将很难保证系统的稳定性，因此实际电路设计中很少采用三级以上运算放大器结构，另外运放在设计时，为确保电路稳定不自激振荡，除了进行开环相位裕度仿真验证之外，还需要结合运放反馈应用电路进行闭环环路稳定性验证。

6.5 基准源

在数模混合集成电路设计领域，芯片内部基准电流源和基准电压源有着广泛运用，高性能的基准源设计是集成电路设计的关键技术之一。例如差分放大器偏置电流就通常根据基准电流源产生，电流源性能会影响到电路的电压增益和噪声，另外在 A/D 和 D/A 转换电路中，也往往需要基准电压源来确定其输入或输出的电压范围。本节将讨论 CMOS 芯片设计中基准电源产生电路，并且重点讲解基于“带隙”的基准电压源技术。

6.5.1　与电源无关的基准电流源

正如 6.2 节所述，电流镜的设计是基于对基准电流的镜像“复制”，其前提是已经存在一个精确的基准电流可供“复制”。那么该精确的基准电流是如何产生呢？

一种与电源无关的基准电流产生电路如图 6.29 所示。这是一种基于自偏置结构的电流源，所谓自偏置，就是使基准电流 I_{REF} 取决于电流源本身的输出电流 I_O，在图 6.29 中，M_3 和 M_4 复制了 I_O，从而确定了 I_{REF}。假设 M_1 ～ M_4 都工作在饱和区，且 $(W/L)_2 = K(W/L)_1$，根据 KVL 方程得

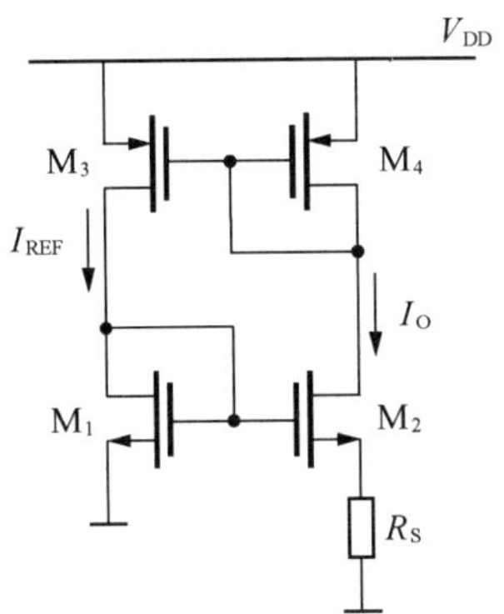

图 6.29　一种与电源无关的基准电流产生电路

$$V_{GS1}=V_{GS2}+R_S I_O \tag{6-41}$$

再根据饱和区电流方程，同时忽略体效应，可以证明

$$I_O=\frac{2}{\mu_n C_{ox}(W/L)_1}\frac{1}{R_S^2}\left(1-\frac{1}{\sqrt{K}}\right)^2 \tag{6-42}$$

公式(6－42)表明，采用自偏置结构使得输出电流几乎与电源电压无关，能够在很大程度上降低输出电流对电源电压的灵敏度，因而是一种高电源抑制的电流源，但由于公式中 R_S 等参数会随温度和工艺的变化而变化，所以输出电流仍然是温度和工艺的函数，因此必须考虑温度和工艺对输出电流的影响，所以这种电流基准电路只适用于对温漂特性要求不高的场合，而且其精度受芯片工艺偏差的影响也较大。

6.5.2　与温度无关的基准电压源

如何产生一个对温度变化保持稳定的基准电压 V_{REF} 呢？由于半导体器件中几乎不存在与温度无关的参数，因此通常采用的设计思路是，将某些具有相反温度系数的参数进行适当的组合，使它们的正、负温度特性相互抵消，以此获得零温度系数的参数需求。例如，假设现有两个具有相反温度系数的电压 V_1 和 V_2，如果合理选取 α_1 和 α_2，使得 $\alpha_1\partial V_1/\partial T+\alpha_2\partial V_2/\partial T=0$，那么就可获得 $V_{REF}=\alpha_1 V_1+\alpha_2 V_2$ 为零温度系数的输出电压，而芯片设计中三极管 V_{BE} 和 ΔV_{BE} 就具有这样一对相反的温度系数特性。

1) 三极管 V_{BE} 和 ΔV_{BE}

三极管基极与发射极电压差 V_{BE} 具有负温度系数，即 $V_{BE}\propto 1/T$。另外当 $T=300$ K 时，$\partial V_{BE}/\partial T\approx -1.5$ mV/K。

而两个三极管之间的 ΔV_{BE} 则具有正温度系数，即 $\Delta V_{BE}\propto T$。如图 6.30 所示，设三极管 T_1、T_2 的偏置电流满足 $I_1=nI_2$，T_2 为 m 个与 T_1 一样的三极管并联，I_{S2} 与 I_{S1} 分别为

两管发射极饱和电流，故有 $I_{S2}=mI_{S1}$。又因为 $\Delta V_{BE}=V_{BE1}-V_{BE2}$，而

$$V_{BE}=V_T\ln(I_C/I_S) \tag{6-43}$$

式中，热电压 V_T 是一个具有正温度系数的重要参数，$V_T=kT/q$，当 $T=300$ K 时，$V_T\approx 26$ mV，$\partial V_T/\partial T\approx +0.087$ mV/K；对于硅基 PN 结来说，I_S 的典型数值在 $10^{-15}\sim10^{-13}$ A 之间，实际数值则取决于掺杂浓度和 PN 结的横截面积。于是有

$$\Delta V_{BE}=V_{BE1}-V_{BE2}=V_T\ln\frac{nI_2}{I_{S1}}-V_T\ln\frac{I_2}{mI_{S1}}=V_T\ln(mn) \tag{6-44}$$

将式(6-44)对温度 T 进行求导，可得 ΔV_{BE} 对 T 的灵敏度，即

$$\frac{\partial\Delta V_{BE}}{\partial T}=\ln(mn)\cdot\frac{\partial V_T}{\partial T}=\frac{k}{q}\ln(mn) \tag{6-45}$$

式(6-45)说明，两个三极管工作在不相等电流密度下，其基极-发射极电压差值 ΔV_{BE} 与绝对温度成正比，图 6.30 电路称为 PTAT(Proportional To Absolute Temperature，简称正比例于绝对温度)电压生成电路。

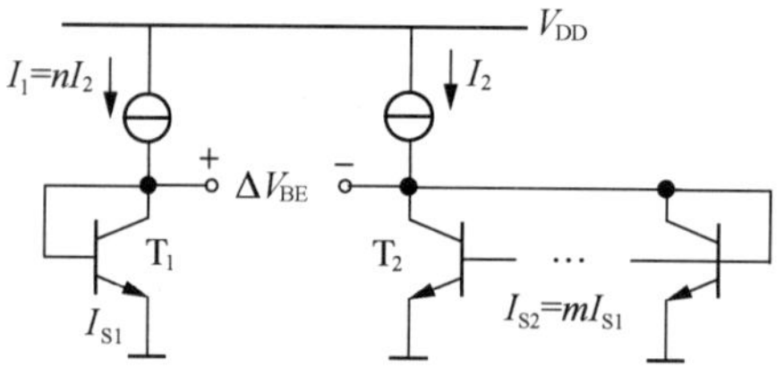

图 6.30　PTAT 电压产生电路

2) 带运放的带隙基准电压生成电路

带运放的带隙基准电压生成电路如图 6.31 所示。其基本原理是首先产生一个正温度系数的 PTAT 电压 ΔV_{EB}，再与一个负温度系数的基极-发射极电压 V_{EB} 相加，使得 ΔV_{EB} 的正温度特性与 V_{EB} 的负温度特性相抵消，最终获得与温度无关的基准电压。

由图 6.31 可见，M_1、M_2 构成的 PMOS 电流源为三极管提供电流偏置，输出的基准电压 V_{REF} 直接取自运放的反馈环路，令 $I_1=nI_2$，$I_{S2}=mI_{S1}$。当运放工作在深度负反馈状态时，其反相端电位和同相端电位近似相等，即 $V_X\approx V_Y$，故有

$$\begin{aligned}V_{REF}&=(R_2+R_3)I_2+V_{EB2}\\&=(R_2+R_3)\cdot\frac{V_{EB1}-V_{EB2}}{R_3}+V_{EB2}\\&=\frac{R_2+R_3}{R_3}\ln(mn)\cdot V_T+V_{EB2}\end{aligned} \tag{6-46}$$

对温度 T 进行求导，可得

$$\frac{\partial V_{REF}}{\partial T}=\frac{R_2+R_3}{R_3}\cdot\ln(mn)\frac{\partial V_T}{\partial T}+\frac{\partial V_{EB2}}{\partial T} \tag{6-47}$$

在 $T=300$ K 时,为使 V_{REF} 具有零温度系数,令 $\partial V_{REF}/\partial T=0$,即

$$\frac{R_2+R_3}{R_3}\cdot\ln(mn)\frac{\partial V_T}{\partial T}+\frac{\partial V_{EB2}}{\partial T}=0 \tag{6-48}$$

所以

$$\frac{R_2+R_3}{R_3}\cdot\ln(mn)=-\frac{\partial V_{EB2}}{\partial T}\bigg/\frac{\partial V_T}{\partial T} \tag{6-49}$$

将 $\partial V_{EB}/\partial T\approx-1.5$ mV/K、$\partial V_T/\partial T\approx+0.087$ mV/K 代入上式,得到

$$\frac{R_2+R_3}{R_3}\cdot\ln(mn)\approx17.2 \tag{6-50}$$

由于现代双极型晶体管在高电流密度条件下工作时,室温下 $V_{EB}\approx0.8$ V,此时再将式(6-50)代入式(6-46),得到

$$V_{REF}=17.2V_T+V_{EB2}\approx1.25\text{ V} \tag{6-51}$$

式(6-51)说明 V_{REF} 与温度、电源电压等因素无关,且常温下即 $T=300$ K 时,$V_{REF}\approx$ 1.25 V。由于当 $T\to0$ 时,$V_{REF}\to E_g/q$,E_g/q 为硅的带隙电压,所以使用了术语“带隙基准电压源”。

图 6.31 中电阻 R_1 的作用可以消除电流镜 M_1 和 M_2 沟道调制效应的影响。由图可见,若令 $R_1=R_2/n$,则有 $R_1I_1=R_2I_2$,又 $V_X\approx V_Y$,故有 $V_{SD1}\approx V_{SD2}$,所以避免了 M_1 与 M_2 沟道调制效应的影响,从而保证了 I_1、I_2 之间具有精确的比例关系($I_1=nI_2$)。

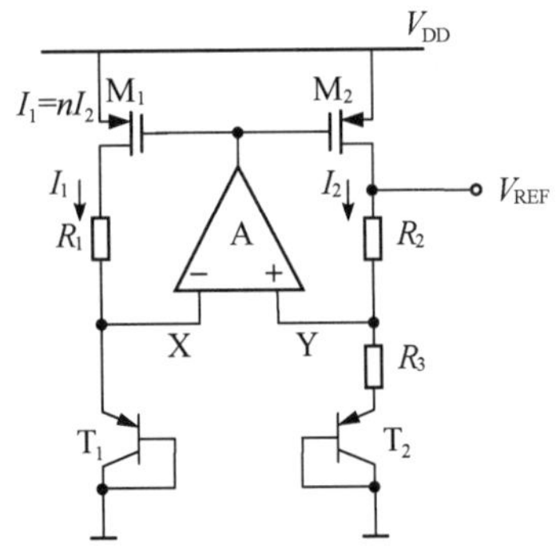

图 6.31　带运放带隙基准电压生成电路

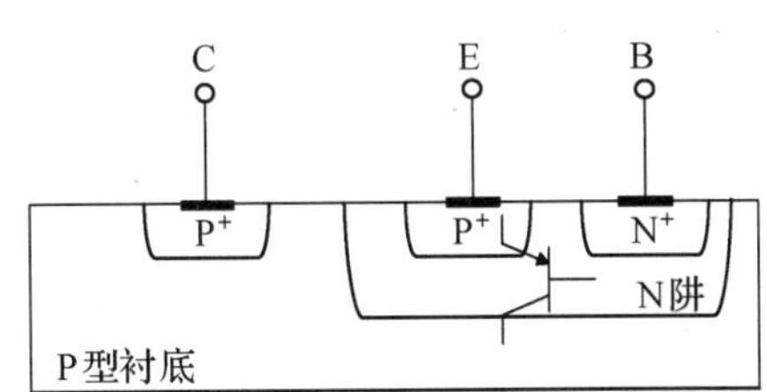

图 6.32　CMOS 工艺纵向 PNP 管剖面

3) 与 CMOS 工艺的兼容性

图 6.31 中的三极管 T_1、T_2 用于产生带隙电压,是整个电路的核心器件之一,因此必须在标准 CMOS 工艺中找到具有这种特性的结构。由于目前大多数的单阱 CMOS 工艺是将

PMOS管做在N阱中,所以一种纵向的寄生PNP型三极管可以通过图6.32所示方式实现,图6.32中N阱中P+区相当于PNP管的发射区,N阱本身作为基区,P型衬底则相当于集电区,并且必然连接到最负的电源(通常是地),这种利用寄生效应产生的三极管器件其电流放大倍数不大,但是器件性能足以满足带隙基准电压源的设计需求,因此一般数模混合CMOS工艺均会有该型器件供客户设计使用。

习题与思考题

1. 以NMOS为放大管的共源放大器结构,负载不同时其电路性能有何不同?试画出以PMOS为放大管的共源放大器,作类似分析。

2. 为什么说电路设计问题是一个多维优化问题?试以一个共源放大器设计为例,说明增益、带宽和电压摆幅之间的折中关系。

3. Cascode结构的重要特性是什么?为什么可将Cascode结构作为共源放大器的负载?为什么可在基本电流源的改进电路中引入Cascode结构?

4. 放大电路产生共模信号的主要原因是什么?试举例说明。

5. 如何定义共模抑制比CMRR?为什么说CMRR是差分放大器的重要性能指标之一?在图6.15中,若为单端输出,则CMRR与电路的哪些参数有关?

6. 图6.15和图6.19中的V_B用于设定尾电流源的外加偏置电压,实际电路中一般由电流镜的输入代替,试画出电流镜偏置的差分放大器具体结构。

7. 运算放大器有哪些主要性能指标?

8. 图6.26所示的两级运放电路中,为进一步提高增益,可在第一级插入共源共栅器件,试画出改进后的电路结构示意图。

9. 为什么在实际电路设计中很少采用三级以上级联结构的运放?

10. 图6.31所示电路是如何利用三极管具有相反温度特性的ΔV_{EB}和V_{EB}最终获得与温度无关的基准电压V_{REF}的?怎样修改该图可以得到一个PTAT电流源?

参考文献

[1] Alan Hastings. 模拟电路版图的艺术[M]. 张为,等译. 2版. 北京:电子工业出版社,2013.

[2] 毕查德·拉扎维. 模拟CMOS集成电路设计[M]. 陈贵灿,程军,张瑞智,等译. 2版. 西安:西安交通大学出版社,2018.

[3] 王志功,陈莹梅. 集成电路设计[M]. 3版. 北京:电子工业出版社,2013.

第 7 章 数字集成电路基本单元

关键词

- 数字单元电路分类与性能指标
- 基本组合逻辑单元电路、复合逻辑单元电路
- 时序逻辑单元电路、锁存器、触发器
- 标准单元库、输入/输出接口电路、ESD 防护电路

内容简介

本章主要介绍数字集成电路基本单元和数字标准单元库，具体包括 CMOS 非门、与非门、或非门、传输门和三态门等组合逻辑单元电路，以及 CMOS 锁存器和触发器等时序逻辑单元电路，另外还包括数字电路标准单元库、CMOS 焊盘输入输出单元电路和 CMOS 存储器电路。

7.1 节对比介绍基于双极型器件和 MOS 器件不同的数字单元电路类型、特征和主要用途。

7.2 节为本章重点，以数字单元电路中经典的“非门”、“与非门”和“或非门”为基础，从电路到版图、从原理到性能、从静态到动态、从简单到复杂，多方面深入介绍数字集成电路设计中基本逻辑单元电路和复合逻辑单元电路，特别是驱动能力提升与噪声容限加强方面，许多设计经验与技巧均来自芯片产品设计实践。

7.3 节介绍 CMOS 锁存器以及由其构成的触发器单元电路，重点为电路典型结构与工作原理。

7.4 节首先介绍 CMOS 数字标准单元库用途，以及基于数字标准单元库的数字芯片设计流程，然后结合某工艺厂家数字标准单元库实例，具体展开数字标准单元库原理、符号与版图特点等内容介绍。

7.5 节概要介绍数字集成电路输入/输出常用接口电路，特别是数字集成电路产品化设计时必备的输入/输出 ESD 防护电路。

7.1 数字单元电路概述

7.1.1 数字单元电路发展

按照采用有源器件类型的不同，如双极型晶体管（简称 BJT），或 MOS 场效应管（简称 MOSFET），数字单元电路主要分类与特征如表 7.1 所示。

表 7.1 数字单元电路分类特征

器件类型	电路类型	主要特征	用途
双极型晶体管（BJT）	TTL（晶体管传输逻辑）	功耗大、集成度小	小规模、大功率居多
	ECL（射极耦合逻辑）	功耗很大、超高速	高频、高速有应用
MOS 场效应管（MOSFET）	NMOS	功耗大、高集成度	1990 年早期曾经的主流
	CMOS	功耗小、集成度高、高速	目前集成电路的主流
	BiCMOS	功耗小、比 CMOS 速度还高	部分高速集成电路

TTL（Transistor Translate Logic）单元电路和 ECL（Emitter Couple Logic）单元电路由于单个器件尺寸大、功耗大，其特点限定了在大规模集成电路中的应用，一般多用于电路规模不是特别大但是对输出功率和速度有一定要求的场合，MOS 场效应管由于单个尺寸面积小、功耗低、集成度高等优点，目前广泛应用于数字集成电路设计场合。而且随着 MOS 器件特征尺寸的不断减小，基于 MOS 器件设计的数字集成电路规模即集成度不断提高的同时，其工作速度也不断提升，在工作频率为 GHz 数量级的数字芯片中，MOS 器件已基本处于统治地位。

MOS 数字集成电路开始应用于 20 世纪 70 年代，第一个实用的 MOS 集成电路仅用 PMOS 逻辑门来实现，但是由于 NMOS 电子迁移率比 PMOS 更高，所以 NMOS 逻辑门具有比 PMOS 逻辑门更小尺寸、更高速度等优势，1972 年和 1974 年，Intel 公司先后推出的微处理器型号 4004 和型号 8080，这些微处理器都是采用了 NMOS 逻辑门设计实现。

CMOS 器件工艺则是在 PMOS 与 NMOS 基础上发展起来，目前 CMOS 工艺已经占据了数字集成电路设计的领先地位，采用CMOS逻辑可以设计实现当前绝大多数数字集成电路，所以考虑到采用CMOS工艺设计芯片已经成为市场主流的特点，虽然还有很少一些数字工艺的存在，但是这些工艺在整个数字集成电路领域覆盖面非常小，因此本章数字单元电路内容只讨论CMOS器件工艺。

不同于前面模拟电路章节，数字集成电路设计中PMOS器件与NMOS器件衬底一般都分别直接连接最高电位VDD与最低电位GND，所以本章所有图例中的PMOS管与NMOS管均采用简化符号，不再用箭头区分源漏极，而是采用栅极加圈表示PMOS，栅极不加圈表示NMOS的表示方法。

7.1.2　数字单元电路性能指标

数字单元电路，这里主要指逻辑门电路，其主要性能指标包括：① 速度、② 面积、③ 功耗和④ 噪声容限等。

1）速度

速度(Speed)用于描述门电路对输入端信号变化的响应快慢。门电路的速度指标与门电路延迟时间(后简称延时)成反比，延时越短，速度越快。门电路延时定义为从门电路输入到输出波形50%翻转点之间的时间。门电路的速度与电路工艺、拓扑连接以及输入/输出信号斜率均有关系。单个门电路工作速度越高，即延时越短，越适合于高速集成电路设计。

2）面积

数字单元电路面积(Area)与单颗芯片电路的集成规模直接相关。单个门电路面积越小，单颗集成电路所能容纳的门电路规模就越大，集成度就越高。不同的门电路类型，门电路版图面积尺寸相差很大，相比而言，TTL门电路版图面积要普遍大于MOS器件尺寸，所以单颗TTL芯片的电路规模一般远小于CMOS芯片所能达到的电路规模，所以TTL逻辑一般主要用于中小规模芯片设计。

3）功耗

功率损耗(Power Dissipation)简称功耗，单位为瓦特。因为在电源电压确定的情况下，功耗电流乘以电源电压就可方便得到功率损耗，所以芯片设计领域在设计比较时，该指标往往采用功耗电流直接对比。芯片设计产生的电路功耗，会影响许多重要的系统级设计决策，如电源容量、电池寿命、电源线尺寸、芯片封装和冷却要求等，因此功耗是一个重要的设计指标。功耗指标可以进一步区分为静态功耗和动态功耗，静态功耗是由电源和地之间的静态导电通路或者漏电流引起的，无论电路是等待状态还是开关状态，静态功耗总是存在；而动态功耗则只发生在门电路的开关瞬间，且动态功耗的大小正比于开关信号频率，即开关频率越高，动态功耗越大。

4) 噪声容限

噪声容限(Noise Margin，简称 NM)用于表示门电路连接工作时，所能允许的噪声电平。如图 7.1 中第 n 级门电路低输出电平 V_{OL} 比第 $n+1$ 级的低输入电平上限 V_{iL} 越低越好，两者之间的压差即为低电平噪声容限 NM_L，同理，第 n 级门电路高输出电平 V_{OH} 比第 $n+1$ 级的高输入电平下限 V_{iH} 越高越好，两者之间的压差即为高电平噪声容限 NM_H。

因此图 7.1 中门电路对噪声的灵敏度由低电平噪声容限 NM_L 和高电平噪声容限 NM_H 来度量，两个噪声容限分别量化了逻辑正确时“0”和“1”的各自范围，并确定了噪声的最大阈值范围，噪声容限越大，前后级逻辑电路因噪声干扰发生误判的概率就会越低。

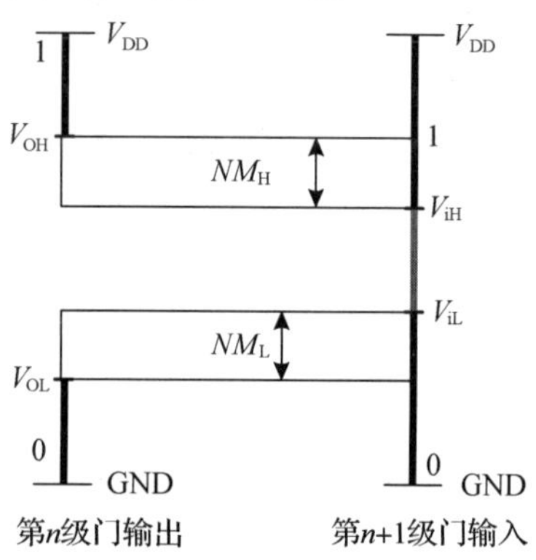

图 7.1　门电路噪声容限

CMOS 实际电路设计中，有时为了提高单侧方向上的噪声容限，比如需特别提高对高电平电源电压或者对低电平地电压噪声容限时，可以有意调整门电路中 PMOS 与 NMOS 的宽长比尺寸，达到某一电平方向单侧噪声容限增强效果，调整方法参见下节 CMOS 反相器对应内容。

7.2 CMOS 组合逻辑单元电路

所谓组合逻辑电路，是指电路当前的输出状态仅由当前的输入激励决定，对于 CMOS 工艺电路来讲，就是由 CMOS 基本门电路组合构成的各种逻辑单元电路。

7.2.1 CMOS 反相器

反相器又称“非门”，是所有数字集成电路设计的基础，清楚地理解其工作原理和性质是简化复杂数字设计(例如乘法器、微处理器等)的前提，另外，对反相器的分析可以进一步延伸到对复杂逻辑门(例如与非门、或非门和异或门)的特性分析。

1) 基本原理

标准 CMOS 反相器电路原理如图 7.2 所示。PMOS 源极接 V_{DD}，漏极接 V_{out}，NMOS 源极接地电位，漏极接 V_{out}，数字电路中 PMOS 和 NMOS 衬底默认分别接最高点位 V_{DD} 和最低电位 GND，所以本章 MOS 器件衬底不再额外标示。

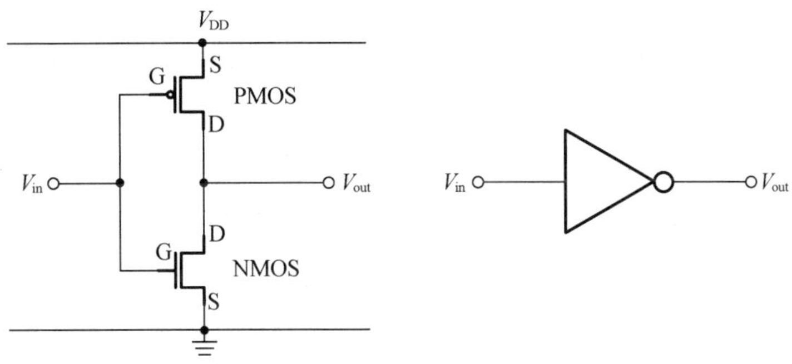

图 7.2　CMOS 反相器电路原理和逻辑符号

借助 MOS 管简单开关模型非常容易理解反相器工作原理，即无论是 PMOS 管还是 NMOS 管，当 $|V_{GS}|<|V_T|$ 时，MOS 管截止，相当于一个具有无限大关断电阻的开关，当 $|V_{GS}|>|V_T|$ 时，MOS 管导通，相当于一个有限导通电阻的开关。

所以反相器工作原理可以解释如下：

当 V_{in} 为高(V_{DD})时，PMOS 管截止，NMOS 管导通，由此得到图 7.3(a)所示等效电路，此时在 V_{out} 和接地节点之间近似短路，输出为一个稳态电压值 0 V；当 V_{in} 为低(0 V)时，PMOS 管导通，NMOS 管截止，由图 7.3(b)所示等效电路可知，在 V_{DD} 和 V_{out} 之间近似短路，输出为一个稳态电压值 V_{DD}。由此可见，CMOS 反相器可以实现逻辑反相功能。

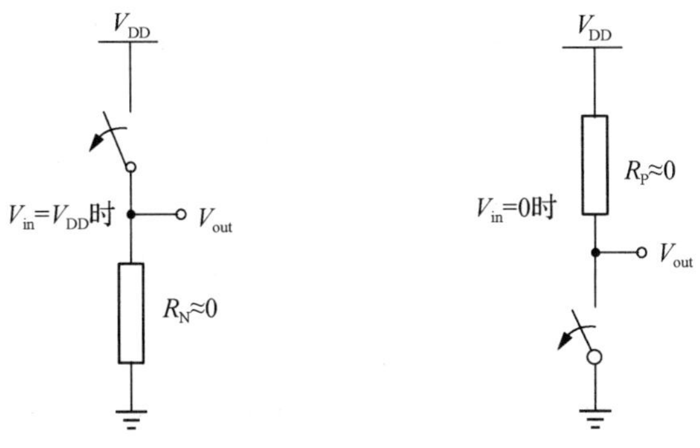

(a) PMOS 截止/NMOS 导通　　(b) PMOS 导通/NMOS 截止

图 7.3　CMOS 反相器开关模型

从以上电路分析可以看出 CMOS 反相器还具有以下重要特性：

(1) 输出高/低电平分别为 V_{DD} 和 0 V，电压摆幅等于电源电压，因此噪声容限很大。

(2) 输出逻辑电平与器件尺寸无关，所以 MOS 管可以采用最小尺寸。

(3) 因为 MOS 管栅极输入电阻极高，因此稳态输入电流几乎为零。理论上，一个反相器可以驱动后级无穷多个门电路(或者说具有无穷大的扇出系数)，但是实际上，增加扇出会增加后级门电路输入电容，因此增加传输延时，所以增加扇出不会对电路稳态特性有任何影响，但是会使电路瞬态响应变差。

(4) 输入信号是理想高低电平时，PMOS 与 NMOS 不会同时导通，电源和地之间没有直接通路，没有漏电流，意味着 CMOS 反相器无任何静态功耗。

2) 静态(稳态)特性

静态工作时，反相器伏安特性曲线可以通过图解法叠加 NMOS 和 PMOS 器件伏安特性曲线来获得，如图 7.4 所示为 CMOS 反相器叠加后的伏安特性曲线。假设反相器输入电压为 V_{in}、输出电压为 V_{out}、NMOS 漏电流为 I_{DSn} 和 PMOS 漏电流为 I_{DSp}，则：$I_{DSp}=|-I_{DSn}|$，$V_{GSn}=V_{in}$，$|V_{GSp}|=|V_{DD}-V_{in}|$，$V_{DSn}=V_{out}$，$|V_{DSp}|=|V_{DD}-V_{out}|$，图中为量化说明方便，不妨举例假设 $V_{DD}=2.5$ V。

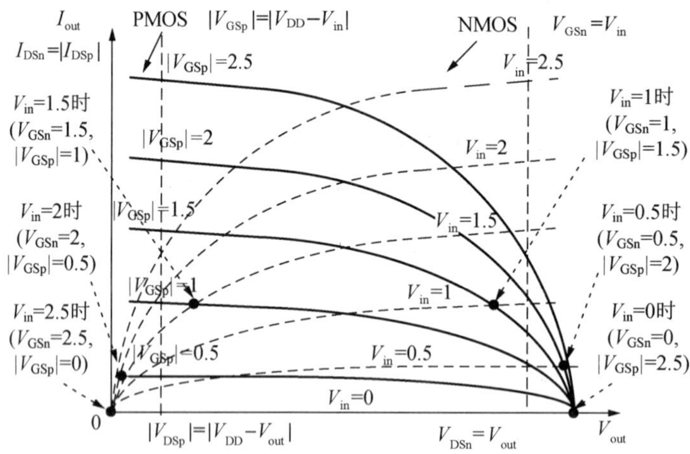

图 7.4　CMOS 反相器复合伏安特性曲线(假设 $V_{DD}=2.5$ V)

图 7.4 中 CMOS 反相器的任一直流静态工作点，通过 PMOS 和 NMOS 管的电流相等。例如，当反相器输入 V_{in} 等于 0 V 时，即 NMOS 的输入电压 $V_{GSn}=0$ V，NMOS 截止，此时 PMOS 的输入栅源电压 $V_{GSp}=V_{DD}-V_{in}=2.5$ V，PMOS 管强导通，如图所示 CMOS 工作点位于图右下侧第一个点(横轴上右侧点)；同理，当 V_{in} 等于 2.5 V 时，即 NMOS 的输入电压

$V_{GSn}=2.5$ V，NMOS 强导通，此时 PMOS 的输入栅源电压 $V_{GSp}=V_{DD}-V_{in}=0$ V，PMOS 管截止，即图 7.4 所示 CMOS 工作点位于图左下侧第一个点（即坐标原点），上述两种情况为 CMOS 反相器工作的理想输入情形，PMOS 与 NMOS 始终只有一个管子强导通，另一个管子截止，工作点都位于坐标横轴上，所以电源到地之间无穿透电流。

与上述两种理想情况不同，当输入电压 V_{in} 非理想高低 CMOS 电平时，例如 V_{in} 等于 0.5 V、1 V、1.5 V、2 V 等不同情况时，综合参考图 7.4 和图 7.5，PMOS 与 NMOS 会存在不同程度同时导通情形，此时两 MOS 管已经不再是工作于数字开关状态，而是工作于模拟放大状态，所以此时电源 V_{DD} 与地之间可能存在大小不等的穿透电流 I_{DS}，所以上述情况均不是 CMOS 反相器理想工作状态。

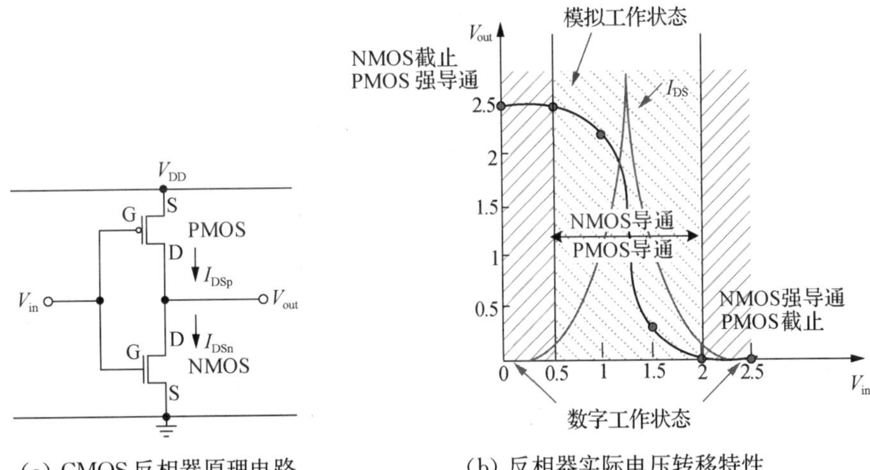

(a) CMOS 反相器原理电路　　(b) 反相器实际电压转移特性

图 7.5　CMOS 反相器电压转移特性

因此不妨将反相器的工作进一步细分为以下五个区间来讨论，具体如下。

(a) $0 \leqslant V_{in} < V_{Tn}$

其中 V_{Tn} 为 NMOS 导通门限电压，此时 NMOS 截止，电压 $V_{DSn}=V_{DD}$，电流 $I_{DSn}=0$；PMOS 强导通，导通电阻 R_P 近似为 0，可以忽略，故 $V_{DSp}=0$，在此区间，反相器等效电路如图 7.6(a)所示。

(b) $V_{Tn} \leqslant V_{in} < V_{DD}/2$

NMOS 管导通且处于饱和区，等效于一个电流源，PMOS 管由于 V_{GSp} 较大，处于强导通状态，可以等效为一个非线性电阻。此时，在电流 I_{DSn} 的驱动下，电压 V_{DSn} 自 V_{DD} 下降，$|V_{DSp}|$ 自 0 开始上升，在此区间，反相器等效电路如图 7.6(b)所示。

(c) $V_{in}=V_{DD}/2$

NMOS 和 PMOS 均导通，均处于饱和区，MOS 管等效为一个电流源。在此区间，反相器等效电路如图 7.6(c)所示。

(d) $V_{DD}/2<V_{in}<V_{DD}-|V_{Tp}|$

其中 V_{Tp} 为 PMOS 导通门限电压，此时 NMOS 强导通，等效于非线性电阻，PMOS 则导通且处于饱和区，等效为一个电流源。在此区间，反相器的等效电路如图 7.6(d)所示。

(e) $V_{in}\geqslant V_{DD}-|V_{Tp}|$

NMOS 强导通，电压 $V_{DSn}=0$，PMOS 截止，$|V_{DSp}|=V_{DD}$，电流 $I_{DSp}=0$，在此区间，反相器等效电路如图 7.6(e)所示。

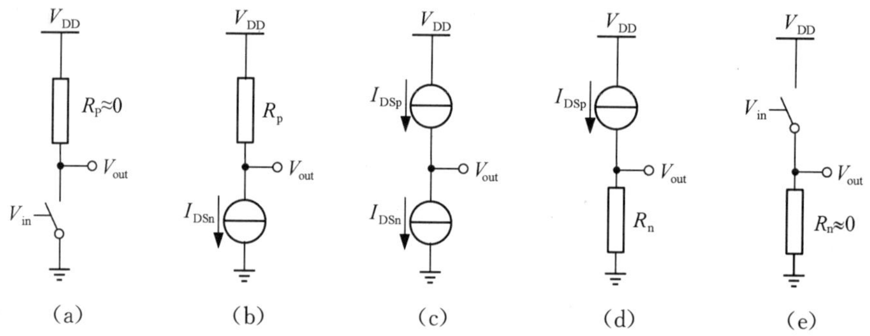

图 7.6　CMOS 反相器的等效电路

所以对于 CMOS 反相器电路而言，只有当输入电压符合(a)或(e)情形时，该电路才是理想逻辑反相功能电路；反之如果 CMOS 反相器工作在上述分析的(b)、(c)、(d)区间时，其已不再是逻辑反相功能，实际上已经变成工作于模拟状态的放大器了。

因此实际数字集成电路在设计运用时，一般都会要求输入信号 CMOS 逻辑电平驱动能力足够，即输入信号摆幅要求是轨到轨(Rail-to-Rail)逻辑，否则会增大数字逻辑电路静态功耗，甚至引起逻辑错误翻转。如果输入信号摆幅不够理想，可以适当增补 CMOS 电平驱动电路。

3) 反相器驱动能力提升

大尺寸数字电路如数字功率放大、芯片接口等虽然栅极输入阻抗非常大，静态负载较轻，但是由于其存在较大的输入寄生电容，所以如前所述电路动态翻转速度会变慢，因此需要相应地提高大尺寸数字电路前级驱动电路的电流驱动能力。业界常用的方法一般是采用反相器链式结构，即用一连串“奇数级”反相器级联替代单个反相器驱动后级电路，在保证驱动逻辑不变的情况下，通过逐级提升反相器的宽长比，达到有效提升末级驱动能力，同时也不会明显增加前级电路的带载压力。相关研究与工程实践表明，每级反相器沟道宽长比倍增系数设置 2 倍左右即可。如图 7.7 所示为 0.18 μmCMOS 工艺下的一种 5 级反相器链式驱动电路结构案例，首先考虑到 PMOS 管与 NMOS 管电子迁移率的差别，每个反相器沟道宽长比的比值大致设置为 2～3 倍即可，其次考虑驱动能力的逐级递增，前后级反相器宽长比递增倍数则是选择了 2。

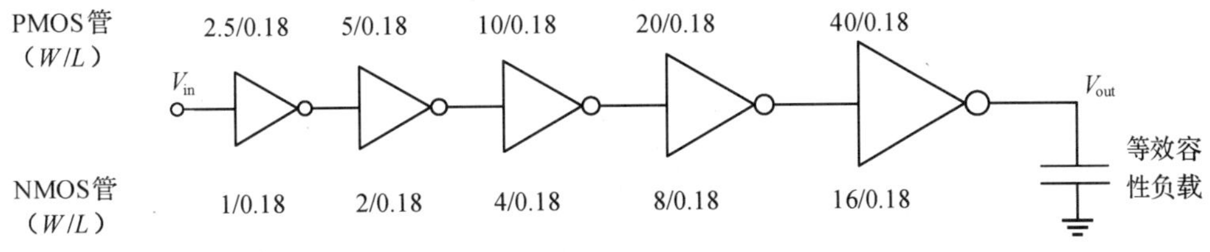

图 7.7　一种 5 级反相器链式驱动电路

4) 反相器单侧噪声容限设计加强

如前所述，数字电路噪声容限也是重要的性能指标之一。噪声性能的改善从根本上讲还是主要依靠对芯片电源信号与地信号的噪声隔离与滤除，相应也有很多不同层级的电源与地信号噪声滤除方法，教材后续相关芯片版图与系统设计章节会相应介绍。本节介绍一种改善噪声容限性能的简易方法，适用于电源或地单侧噪声影响较大，或者输入逻辑电平非标准时如整体偏于一侧的数字电路情形。

常规反相器中 PMOS 和 NMOS 沟道宽长比一般为对应电子迁移率比值的倒数，例如图 7.8(a)为某 0.35 μmCMOS 工艺常规反相器尺寸，PMOS 管与 NMOS 管沟道宽长比为 3.5 倍关系，此时不但 PMOS 导通充电电流与 NMOS 导通放电电流近似相等，而且反相器的翻转门限也基本处于 $V_{DD}/2$ 附近，此时电路高低电平噪声容限大小基本相等。

实际工程设计中，如果某些模块电源端噪声相比于地端噪声更大，为防止电源噪声可能导致错误逻辑的产生，此时需要有意将反相器翻转门限向下平移，可以较好地提升电源一侧噪声容限性能。如图 7.8(b)所示，此时可以通过提高 PMOS 管沟道长度为 $L=6$ μm，以此减小 PMOS 管的宽长比，达到向下平移反相器翻转门限的目的。

图 7.8(a)常规反相器翻转门限与图 7.8(b)修改后反相器翻转门限对比仿真波形如图 7.9 所示，从原来的 1.6 V 减小为 0.95 V。另外，图 7.8(a)与(b)两图改进前后的抗噪声效果可以参见图 7.10(a)与(b)对比，为简化起见，图中电源 V_{dd} 和输入高电平信号 V_{in} 均在直流电压基础上叠加了一个不同频不同步的 1 V 高频正弦波用以模拟噪声或毛刺，实际情况下电源噪声情形可能更为恶劣，从仿真结果看，输入 V_{in} 高电平时，理想输出应该为低电平 0 V，但是从仿真结果可以看出，图 7.10(a)低电平输出间或会出现不同幅度的毛刺干扰，而图 7.10(b)低电平输出时噪声明显得以改善。所以通过减小 PMOS 管沟道宽长比，向下平移反相器翻转门限切实可以提升电源侧噪声容限性能，反之，如果地端噪声相比更大，可以通过修改 NMOS 宽长比改善效果，修改示例如图 7.8(c)，具体改善效果读者可以自行仿真验证。

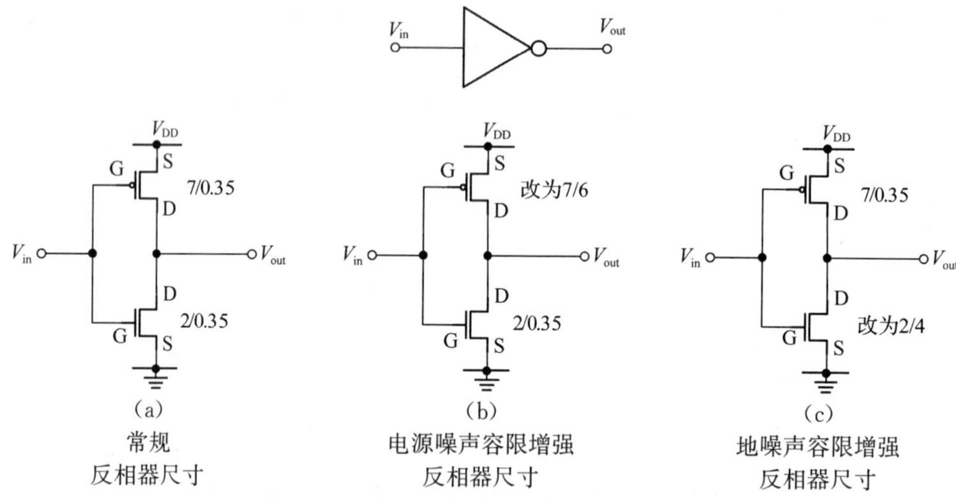

图 7.8　反相器噪声容限设计增强设计原理

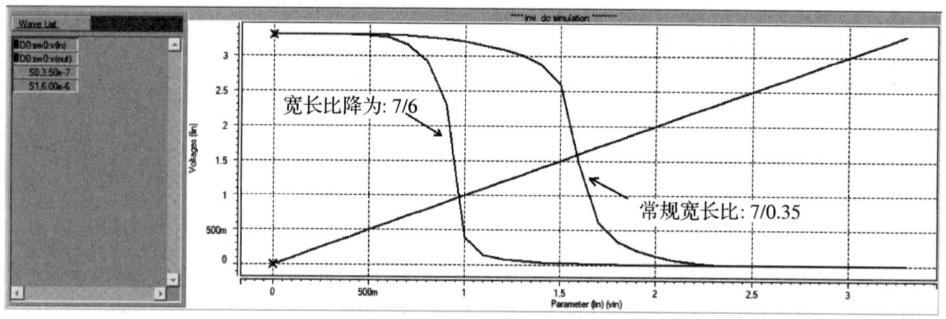

图 7.9　PMOS 不同宽长比对应的不同翻转门限

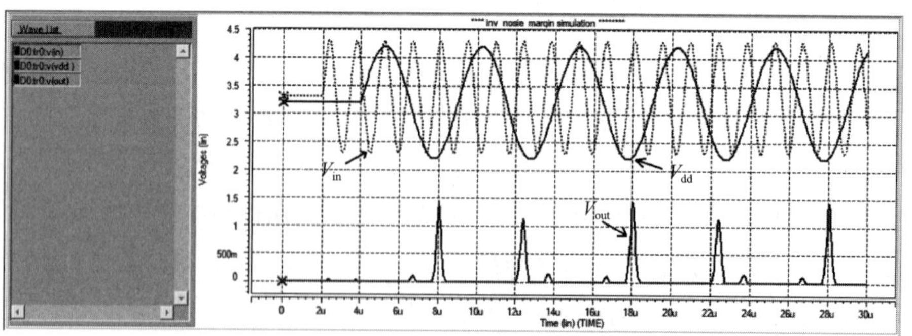

(a) 设计增强前输入/输出噪声仿真

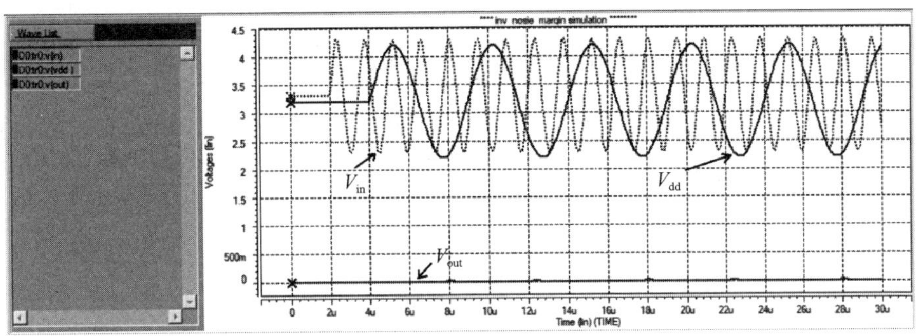

(b) 设计增强后输入/输出噪声仿真

图 7.10　反相器噪声容限设计增强仿真验证

5) 动态(瞬态)特性

(1) 信号波形

图 7.11 为反相器在理想脉冲电压信号输入下，其实际输出电压波形，其中脉冲电压上升时间为 t_r，下降时间 t_f，定义为边沿电压幅值在 10%到 90%之间的转换时间，传输延迟时间 t_d(包括输入低变高延时 t_{dLH} 和高变低延时 t_{dHL})，定义为输入和输出边沿对应幅值 50%之间的延时时间。

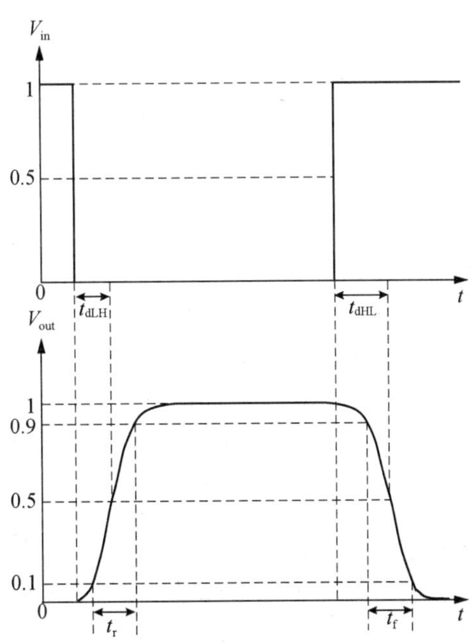

图 7.11　CMOS 反相器输入输出电压波形

(2) 动态特性定性分析

研究输出电容 C_L 的影响是 CMOS 反相器动态特性和静态特性分析不同的地方。CMOS 反相器的动态特性主要由输出电容决定,它包括 NMOS 和 PMOS 晶体管的漏扩散电容、连线电容以及后级扇出门电路的输入电容。CMOS 反相器动态特性的开关模型如图 7.12 所示。

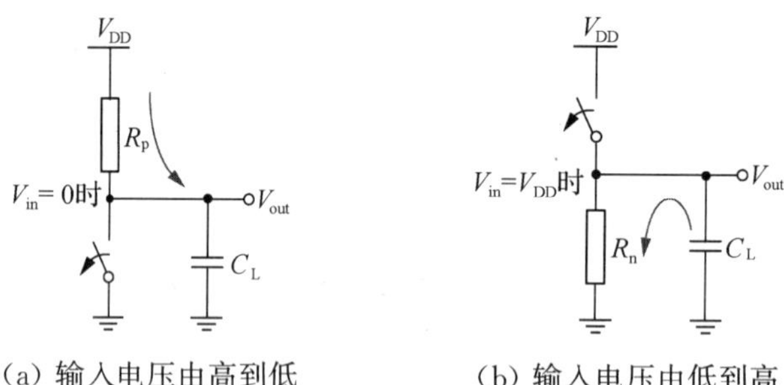

(a) 输入电压由高到低　　(b) 输入电压由低到高

图 7.12　CMOS 反相器的动态特性开关模型

V_{in} 由高到低转换(从 V_{DD} 到 0)时,CMOS 反相器通过 PMOS 管给电容 C_L 充电,如图 7.12(a)所示,反相器传输延时(即门的响应时间)取决于充电时间常数 R_pC_L。V_{in} 由低到高转换(从 0 到 V_{DD})时,CMOS 反相器通过 NMOS 管对电容 C_L 放电,如图 7.12(b)所示,此时传输延时取决于放电时间常数 R_nC_L。

CMOS 反相器传输延时取决于负载电容 C_L 分别通过 PMOS 和 NMOS 管充电或放电所用时间,因此可以通过减小负载电容或者减少晶体管导通电阻来减小延时,即通过减小器件尺寸和增大器件沟道宽长比,可以获得更小延时、更快速率。但是由于 NMOS 和 PMOS 晶体管导通电阻不是常数,其与 MOS 管工作电压有关,所以事实上传输延时控制略显复杂。

6) 反相器版图

图 7.13(a)和(b)分别示意了基本反相器的原理电路、逻辑符号与版图,图(b)中 PMOS 管的外围方框为 N 阱标识区域,由此可以看出,该 CMOS 工艺采用的是 P 型衬底 N 阱工艺,NMOS 管直接加工在衬底上,PMOS 管则是在 N 阱中,此时 PMOS 的衬底 b 极即为 N 阱,N 阱绘制时对应原理图需要连接电源 V_{DD},前面已经说明,数字集成电路设计时 PMOS 管和 NMOS 管衬底 b 默认与源极 s 连接,分别接到电路的最高与最低电位,所以原理图中衬底 b 没有额外标示。

版图是一组物理图形的组合,用不同颜色和标识指定芯片加工过程中采用的物理层,不同的物理层在芯片加工过程中都会制作相应掩模(Mask),芯片根据掩模进行加工制作。基于标准单元库的大规模数字电路设计综合时,类似于反相器这样的基本数字单元版图是由厂家绘制好直接提供的,而对于小规模数字电路需要手工绘制反相器版图时,可以在直接调用参数化器件(Parameter Cell,简称 Pcell)后绘制连线与接触孔即可手工定制。版图设计性能的好坏,会很大程度上影响加工后的芯片性能,版图设计的基本规则与常用的主要设计准则,会在后续专门章节进行讲述,此处不再赘述。

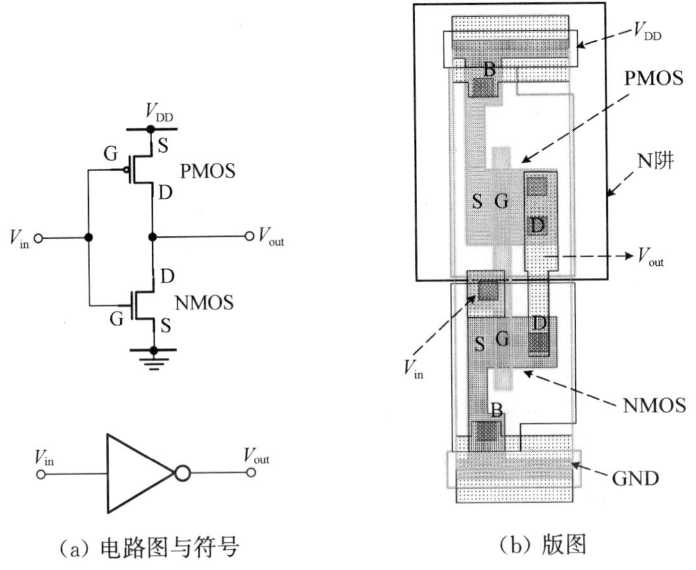

(a) 电路图与符号　　(b) 版图

图 7.13　CMOS 反相器电路、符号与版图

7.2.2　CMOS 与非门

1) 基本原理

采用两个 PMOS 管并联再与两个串联的 NMOS 管相连就构成了一个二输入与非门(标准单元库常用 NAND 标识),电路和逻辑符号如图 7.14 所示。

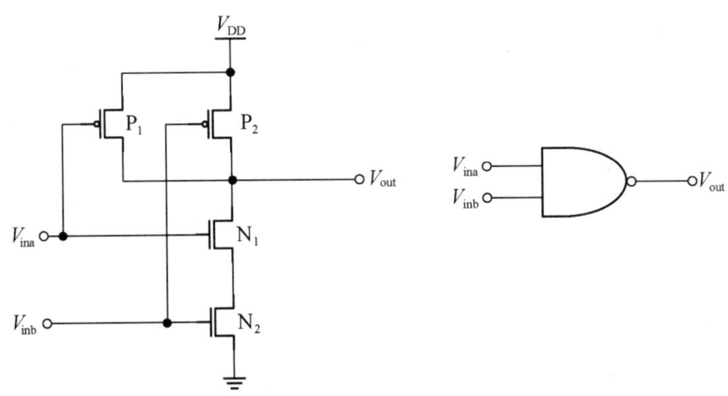

图 7.14　CMOS 二输入与非门电路和逻辑符号

注意，数字集成电路设计时，为简化电路标识 MOS 器件一般多用三端口器件，此时所有 NMOS 管 b 极默认连接衬底接地，所有 PMOS 管 b 极默认连接 N 阱接电源。后续书中讨论与此类同。

如果输入电压信号 V_{ina}、V_{inb} 有一个为低电平，那么两个 PMOS 管有一个导通，两个 NMOS 管有一个截止，又因为 PMOS 管导通电阻较小，NMOS 管截止电阻无穷大，因此 V_{DD} 到输出 V_{out} 之间形成通路，同时阻断 V_{out} 到地的通路，所以电路输出高电平。

如果输入电压信号 V_{ina}、V_{inb} 均为高电平，两个 PMOS 管全截止，两个 NMOS 管全导通，此时形成 V_{out} 到地之间的通路，而阻断 V_{DD} 到输出 V_{out} 的通路，所以电路输出低电平。

PMOS 管导通电阻称为上拉电阻，NMOS 管导通电阻称为下拉电阻（在二输入与非门中，因为 NMOS 管串联，该值是单个 NMOS 管导通电阻的两倍）。

2) 电路设计

CMOS 与非门继承了 CMOS 反相器的所有优点，输出电压为轨到轨（rail-to-rail）电平，即 $V_{OH}=V_{DD}$ 和 $V_{OL}=GND$。CMOS 与非门无静态功耗，当然与反相器一样，依然存在动态功耗。CMOS 与非门电路设计有关噪声容限、延时、晶体管尺寸以及大扇出等基本考虑有如下几点：

(1) 噪声容限

噪声容限与输入模式有关，毛刺信号（即瞬时干扰尖峰信号）发生在一个输入端时要比同时发生在两个输入端时更容易引起输出电平的错误翻转。

(2) 传播延时

传播延时计算方法与反相器类似，即输出端边沿 50% 与输入端边沿 50% 之间的时间间隔。与非门延时同样与输入模式有关。电路设计中更多综合考虑系统或模块的整体延时，过分地强调优化单个门电路的延时不切实际。

(3) 晶体管尺寸

采取等效反相器设计方法。并联的 PMOS 管 P_1、P_2 应该与反相器中 PMOS 管相同，串联的 NMOS 管则为了保持下降时间不变，导通电阻必须缩小一半，所以，一般 NMOS 管的 W/L 相比反相器中 NMOS 管增大一倍。当然，器件最后实际尺寸应当考虑具体版图面积与性能的综合影响。

3) 与非门版图

图 7.15(b) 为与非门版图，无论是 PMOS 管还是 NMOS 管，识别都有一个基本的原则，那就是硅栅穿过各自对应的有源区，就可以构成相应的 MOS 器件，图中 P_1 与 P_2 两个

PMOS 管并联，体现为两侧 s 极通过有源区上接 V_{DD}，中间共用 d 极通过金属 1 连接至输出端 V_{out}，图中 N_1 与 N_2 两个 NMOS 管串联，N_2 管左侧通过接触孔接地，N_1 管右侧通过接触孔连接金属 1 送至 V_{out}，与非门的两个输入端 V_{ina} 和 V_{inb} 分别由金属 1 通过接触孔直接送至各自栅极。

本处所列举的版图，参考的是某芯片厂家数字标准单元库版图，其一般遵循的基本原则是：各种门单元电路等高设计、栅长一般取工艺最小特征尺寸等，目的是更加适合于版图的自动布局布线，提高版图面积利用率和布线连通率。如果从个性指标特殊要求出发，比如需要更快的速度、更小的面积、更大的驱动能力等时，标准单元库还有许多优化的空间，因此许多数字集成电路工艺厂家提供的数字标准单元库，其具体某一种门电路也会有很多的尺寸结构供用户选择，由此进一步提高了标准单元库的应用灵活性。

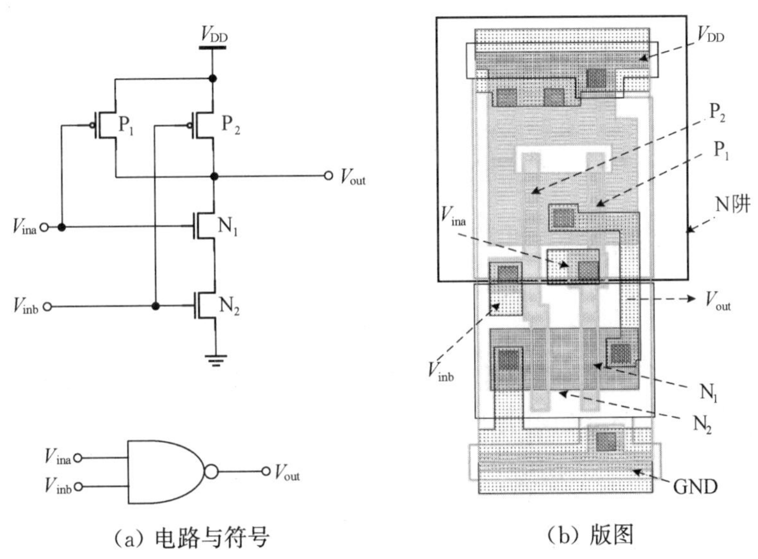

(a) 电路与符号　　(b) 版图

图 7.15　与非门电路、符号与版图

4) 多输入与非门设计拓展

实际项目实践中，除了常用的二输入与非门之外，往往还会用到很多“多输入与非门”，沿用与非门电路工作原理，可以很方便地设计出三输入或四输入等与非门电路。例如，三输入与非门电路只要将三个 PMOS 并联，再配合三个 NMOS 串联即可获得，原理电路如图 7.16(a)所示，四输入与非门或者“更多输入与非门”电路设计原理类似。如果有“与门”设计需求，实际工程中只要在与非门后面级联一级反相器（非门）即可，如图 7.16(b)所示。

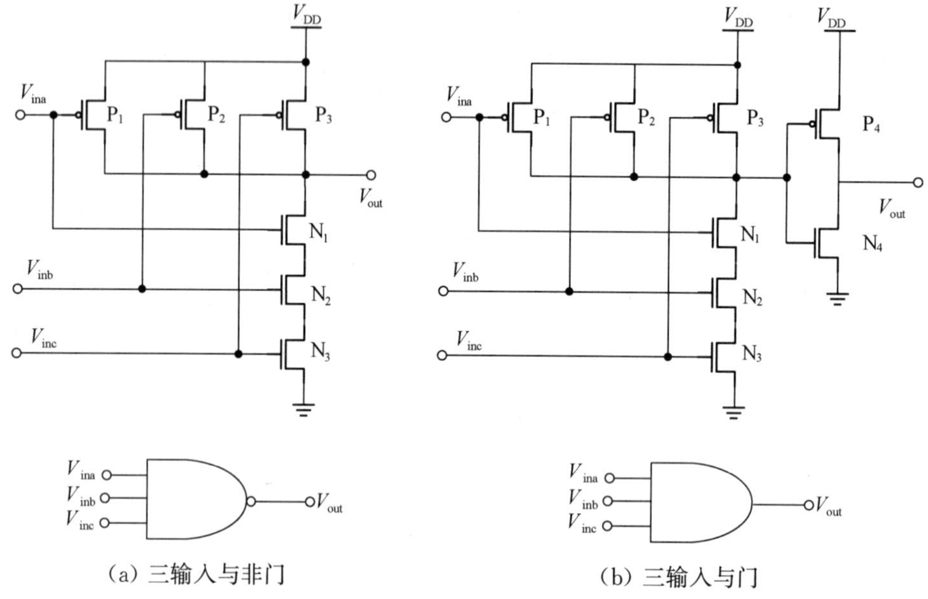

(a) 三输入与非门　　(b) 三输入与门

图 7.16　多输入端口与非门拓展

7.2.3　CMOS 或非门

1) 工作原理

采用两个 PMOS 管串联再与两个 NMOS 管并联就构成一个二输入或非门(常简写标识为 NOR),电路和逻辑符号如图 7.17 所示。

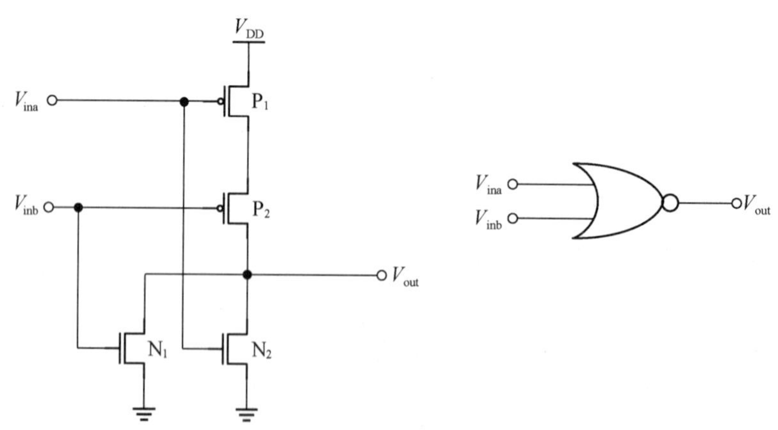

图 7.17　CMOS 二输入或非门电路和逻辑符号

如果输入电压信号 V_{ina}、V_{inb} 有一个为高电平,两个 NMOS 管至少有一个导通,两个

PMOS 管至少有一个将截止，又由于 NMOS 管导通电阻很小，PMOS 管截止电阻无穷大，因此 V_{out} 到地之间形成通路，V_{DD} 到输出 V_{out} 之间断路，所以电路输出低电平。

如果输入电压信号 V_{ina}、V_{inb} 均为低电平，两个 PMOS 管全导通，两个 NMOS 管全截止，此时 V_{DD} 到输出 V_{out} 之间短路，V_{out} 到地之间断路，所以电路输出高电平。

2) 电路设计

CMOS 或非门电路结构设计和与非门原理相同且结构对称。与非门“PMOS 并联、NMOS 串联”，而或非门则是相反，“PMOS 串联、NMOS 并联”，相应导通后充放电电阻值随串联或并联结构发生相应的改变，另外，“多输入端口”或非门和或门电路设计，对应分析方法和设计思路请参考与非门章节做变通修改。

3) 或非门版图

图 7.18 给出了一款单端输入带缓冲驱动的或非门数字标准单元电路。图中 V_{inb} 在输入或非门之前经一次反相器缓冲驱动，可以进一步对 V_{inb} 进行整形并提升该端口信号 V_{inb} 的驱动能力，相比于 V_{ina} 端口信号，V_{inb} 更适用于远距离传输信号的接入。

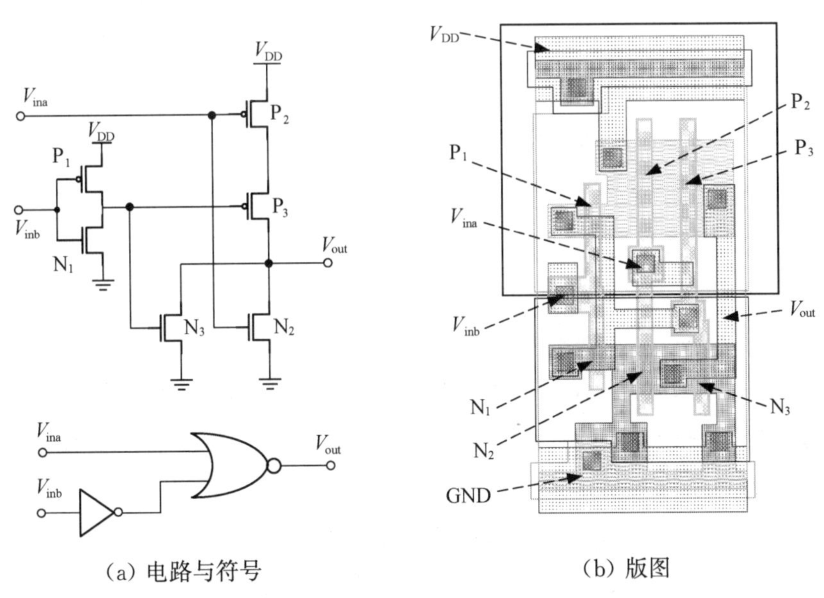

(a) 电路与符号　　(b) 版图

图 7.18　单端输入带驱动的或非门电路、符号和版图

之所以选择该型特殊或非门电路版图予以介绍，原因在于读者可以对比查看反相器与或非门在 MOS 管电路实现中，两者宽长比不同的设计要求，以此印证前面所提及的尺寸基本考虑因素。本例中，或非门两个 PMOS 管 P_2 和 P_3 由于串联在电源与输出之间，所以输出端充电电阻是反相器充电电阻的两倍，所以 P_2 和 P_3 管在设计时宽长比应该放大 2 倍，而或非门两个 NMOS 管 N_2 和 N_3 由于并联连接在地线与输出端之间，所以放电电阻应该是反相器放电电阻的一半，理论上 NMOS 的宽长比应该更小，但是考虑到或非门本身 PMOS 与 NMOS 之间电子迁移率的关系，为保证充电电流与放电电流相等，PMOS 与 NMOS 管也有一定的比例关系，大约在 2.5∶1 左右。由于 PMOS 管宽长比的增大，所以 NMOS 管宽长比也跟随相应提高，所以，PMOS 与 NMOS 最终宽长比比值的确定，是综合了充放电电流、充放电时间常数等因素，同时结合版图面积、性能需求等多种因素综合考虑的结果。

7.2.4 CMOS 复合逻辑门电路

参照上述 CMOS"或"非门和"与"非门逻辑，可以非常方便地设计出更为复杂的 CMOS 复合逻辑电路，CMOS 复合逻辑电路主要设计步骤与基本方法包括以下两点：

(1) 首先设计下半部分 NMOS 逻辑，即"或"运算采用并联 NMOS 实现，"与"运算采用串联 NMOS 实现。

(2) 然后设计上半部分 PMOS 逻辑：与 NMOS 逻辑相反，"或"运算采用串联 PMOS 实现，"与"运算则采用并联 PMOS 实现。

下面举例具体说明 CMOS 复合逻辑电路的设计方法。

【例 7-1】 要求采用 CMOS 复合逻辑电路设计实现布尔函数 $F=\overline{A(B+C)+DE}$。

【解答】

(一) 设计 CMOS 复合逻辑电路的 NMOS 部分：

$A(B+C)+DE$，可以理解为 B 与 C 先"或"，然后再与 A"与"运算，再然后与 D、E 的"与"取"或"，电路上即 B 控 NMOS 管与 C 控 NMOS 管并联，后与 A 控 NMOS 管串联，再与 D、E 各自控制的 NMOS 管串联结果再行并联，如图 7.19(a) 下半部分 NMOS 管电路所示。

(二) 设计 CMOS 复合逻辑电路的 PMOS 部分：

与 NMOS 管逻辑恰恰相反，如图 7.19(a) 上半部分 PMOS 管电路所示，B 控 PMOS 管与 C 控 PMOS 管串联，之后与 A 控 PMOS 管并联，最后再与 D、E 各自控制的 PMOS 管并联后再串联即可。

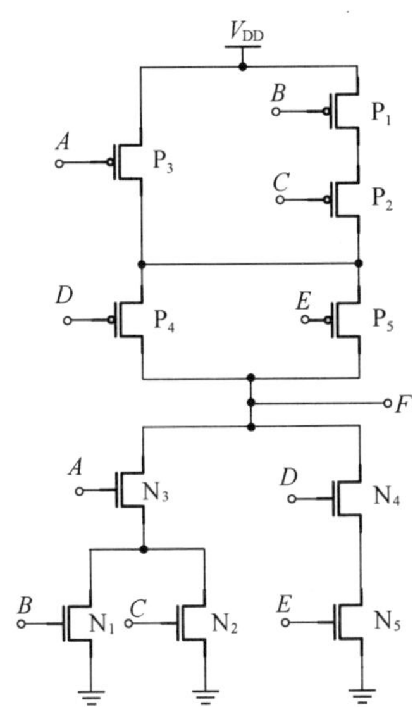

(a) 采用 CMOS 复合逻辑电路实现

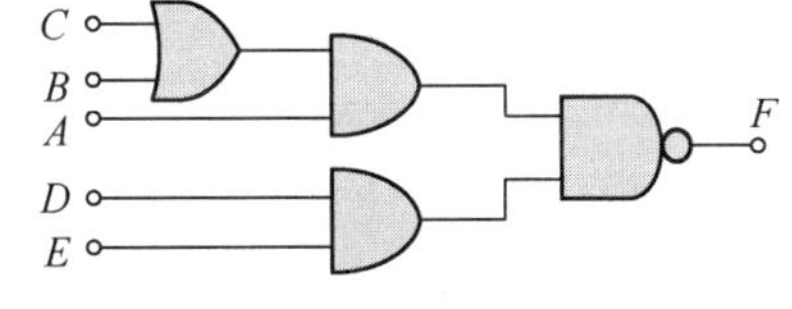

(b) 采用标准单元电路实现

图 7.19　例题 7－1 两种不同的电路实现方式

图 7.19(b)所示为采用标准单元电路设计实现相同逻辑功能，由图可以看出，因为两输入与门和或门各自内含 6 个 MOS 管，或非门需要 4 个 MOS 管，所以该方法合计总共需要 22 个 MOS 管。故相比而言，上图 7.19(a)CMOS 复合逻辑电路设计方法采用的 MOS 管只需 10 个，数量更少、更精简，所以电路工作速度会更快。

对于其他复杂的逻辑功能电路，如果需要采用上述方法设计最简化电路，设计之前需要进行逻辑化简，化简之后再使用 CMOS 复合逻辑电路设计规则完成电路设计。

【例 7－2】　采用 CMOS 复合逻辑电路设计实现以下 3 输入 1 输出真值表功能(表 7.2)，要求器件数量最少。

表 7.2　例题 7－2 真值表

输入			输出
A	*B*	*C*	OUT
0	0	0	1
0	0	1	0
0	1	0	1
0	1	1	0
1	0	0	1
1	0	1	0
1	1	0	0
1	1	1	0

【解答】

首先，通过真值表卡诺图化简可以得到：

$$\mathrm{OUT}=\bar{A}\bar{C}+\bar{B}\bar{C}=\bar{C}(\bar{A}+\bar{B})=\overline{C+AB} \tag{7-1}$$

然后，利用 CMOS 复合逻辑电路设计规则，由式(7－1)可得本题最简化 CMOS 逻辑电路，如图 7.20 所示。

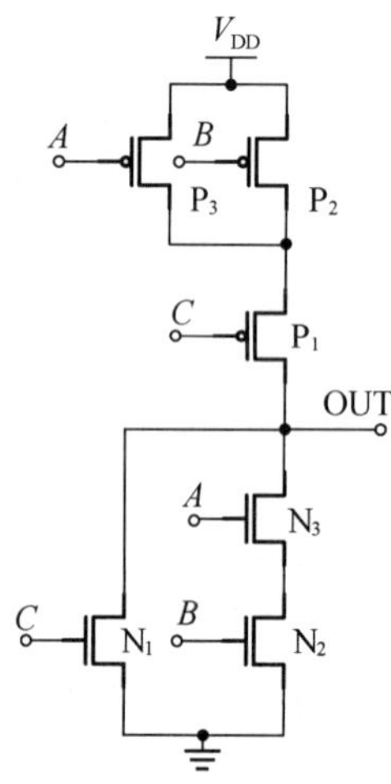

图 7.20　例题 7－2 CMOS 复合逻辑电路设计

7.2.5　CMOS 传输门

1) 工作原理

与前面普通非、与非、或非等门电路有所区别，传输门采用一对 PMOS 管与 NMOS 管互为补充，不但允许电压从 MOS 管栅极输入，而且还允许电压直接输入 MOS 管的漏源极实现相关逻辑，可以有效减少晶体管数目。

如图 7.21 所示，将 PMOS 管与 NMOS 管漏源并联构成 CMOS 传输门，同时采取互补控制信号(C 和 $\bar{C}$)分别控制 NMOS 管和 PMOS 管栅极，使得两管同时导通或同时截止，因此传输门的作用就像一个由栅极信号 C 控制的双向开关，若 $C=1$，两管都导通，$A=B$，允许信号通过传输门，反之，若 $C=0$，两管都截止，输入和输出之间开路。

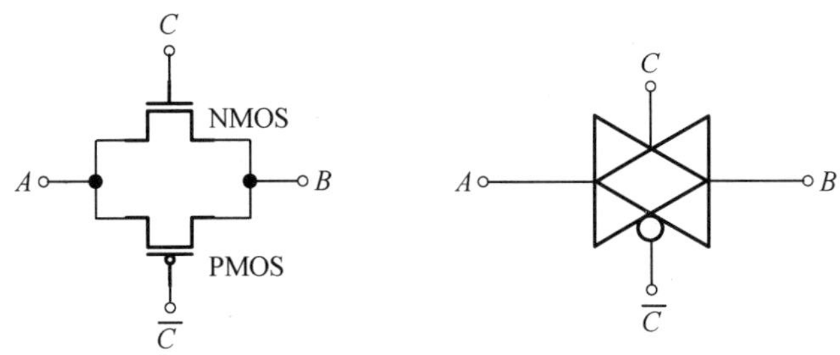

图 7.21　CMOS 传输门电路和逻辑符号

2) 电路设计

传输门可以非常有效地构成某些复杂的逻辑门电路，如图 7.22 所示就是利用传输门分别实现与或门、异或门和异或非门(同或门)，相比前面普通 CMOS 逻辑门结构，电路设计更加简化。

图 7.22(a)中控制信号 C 和 $\overline{C}$ 作为互补开关信号，使得两传输门总有一个导通，输出信号 A 或者 B，这种开关逻辑仅用 4 个 MOS 管就轻松实现了常规方法需要 10 个 MOS 管才能实现的二输入与或功能，大幅减少了器件数量和芯片尺寸，也减少了门的级数，提高了电路速度。但是传输门只能起到开关控制作用，不具备普通逻辑门输入输出之间的隔离作用以及输出驱动能力，因此，多级传输门级联使用会受到限制。图 7.22(b)在图 7.22(a)电路基础上，增加一个非门实现异或逻辑功能，调整互补信号 B 的位置，又可以实现异或非(同或)逻辑功能，如图 7.22(c)所示。

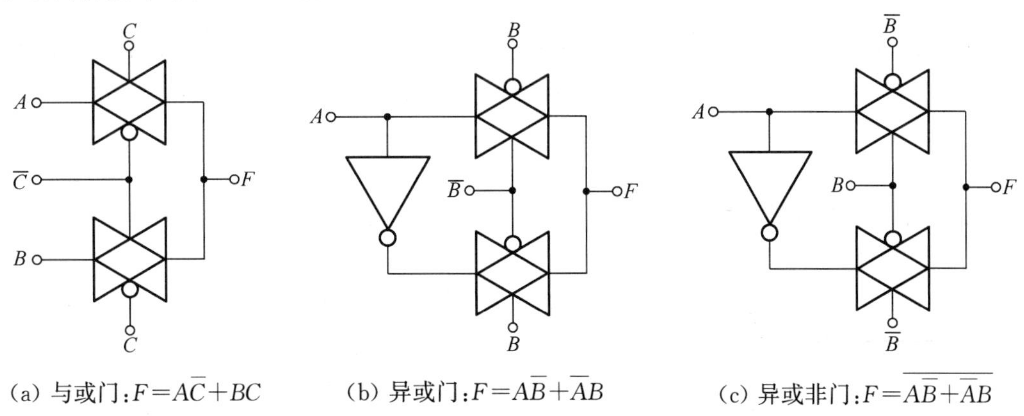

(a) 与或门：$F=A\overline{C}+BC$　(b) 异或门：$F=A\overline{B}+\overline{A}B$　(c) 异或非门：$F=\overline{A\overline{B}+\overline{A}B}$

图 7.22　CMOS 传输门实现开关逻辑电路

7.2.6　CMOS 三态门

采用三态门电路实现公共总线是微处理器结构的通用做法，可以解决总线复用的矛盾，避免一根总线上传送不同数据时的相互影响。

高电平使能的 CMOS 三态缓冲器电路和逻辑符号如图 7.23 所示，使能信号 E 输入低电平时，与非门输出高电平，关闭 PMOS 管，同时或非门输出低电平，关闭 NMOS 管，输出节点 B 处于高阻抗状态 Z；使能信号 E 输入高电平时，与非门与或非门均开启，若 A 为高电平，则 P_1 导通，N_1 截止，B 为高电平，而当 A 为低电平时，则 P_1 截止，N_1 导通，B 为低电平，所以输入输出逻辑为 $B=A$，所以，该电路可以实现高电平使能三态缓冲器。

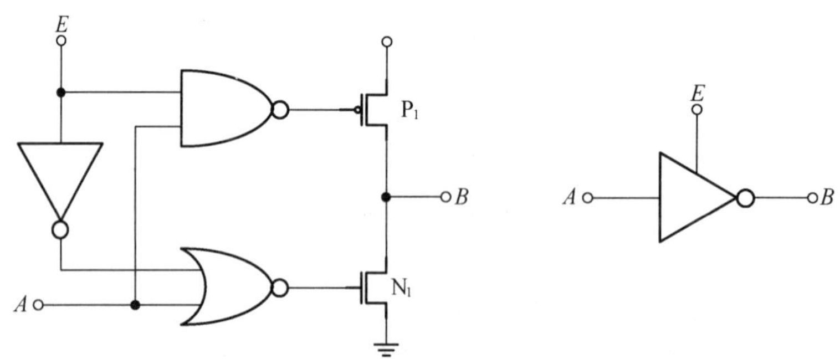

图 7.23　CMOS 三态缓冲器电路和逻辑符号

7.3 CMOS 时序逻辑单元电路

组合逻辑电路的输出状态完全由当前输入状态决定，而时序逻辑电路的输出状态不仅与当前状态有关，还与电路前一时刻的状态有关，电路上须有存储器件来保存电路前一时刻的状态。

7.3.1　CMOS 锁存器

锁存器是一个电平敏感器件，电路实现上可以采用静态和动态两种方法。

1) CMOS 静态锁存器

静态锁存器是用正反馈或再生原理构成(反相器交叉耦合形成双稳态以此记忆二进制值)，其电路拓扑结构中把一个组合电路的输出和输入连接在一起。只要接通电源，静态锁存器就会一直保持存储的状态。

(1) RS(Reset-Set)锁存器

RS 锁存器是锁存器的传统结构，采取门电路交叉耦合反馈的方式，如图 7.24 所示，图右侧为其真值表，有些资料上将 RS 锁存器也称为 RS 触发器。

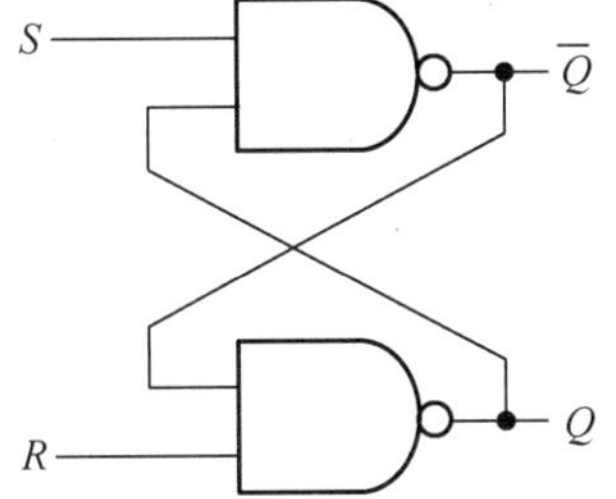

S	R	Q	$\overline{Q}$
0	0	X	X
0	1	0	1
1	0	1	0
1	1	Q	$\overline{Q}$

图 7.24　与非门构成 *RS* 锁存器与真值表

图 7.24 的真值表中只有当 S、R 均为低电平 0 时，锁存器输出不满足互补关系，此时称输出为不确定状态，其他情况下，锁存器的输出 Q 可以为高、低电平状态，或是存储保持状态，并在 S、R 输入作用下强制转换。R 是复位端，高电平 1 有效清零；S 是置位端，高电平 1 有效置 1。

RS 锁存器也可以采用交叉耦合的 NOR 结构实现，如图 7.25 所示，图右侧是相应的真值表，与图 7.24 不同的是，真值表中只有当 S、R 均为高电平 1 时，锁存器输出不满足互补关系，输出为不确定状态，其他情况下，锁存器输出 Q 可以为高、低电平状态，或是存储保持状态。

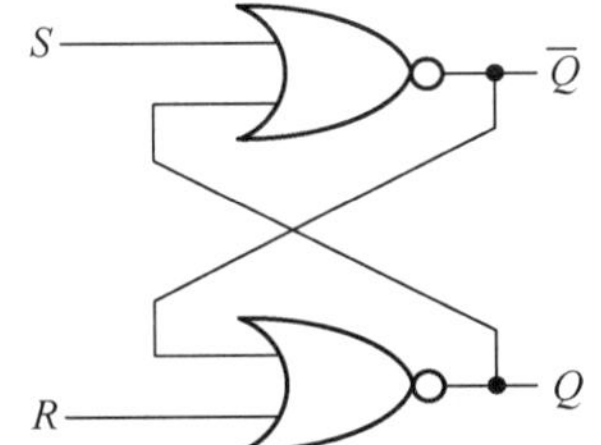

S	R	Q	$\overline{Q}$
0	0	Q	$\overline{Q}$
0	1	0	1
1	0	1	0
1	1	X	X

图 7.25　或非门构成 *RS* 锁存器与真值表

RS 锁存器通过输入数据强迫输出 Q 和互补信号进入一个指定的状态，这种状态转换可以发生在任何时刻，主要取决于 S 和 R 的输入情况，完全是非同步的。实际应用中常用的则是时钟同步 RS 锁存器，如图 7.26 所示，只有当时钟信号 CLK 为高电平 1 时，锁存器才允许正常工作。

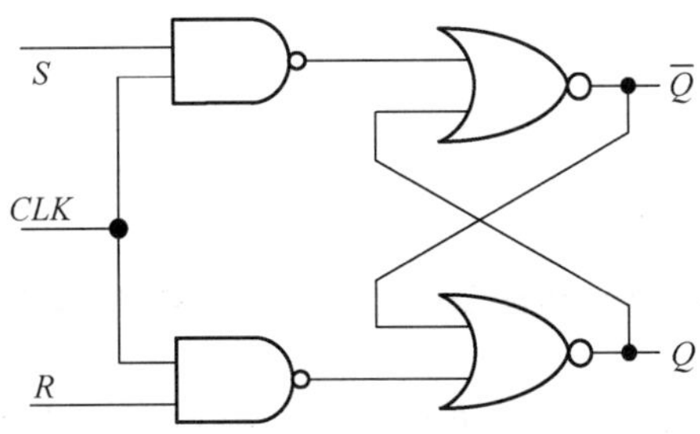

图 7.26　时钟同步 *RS* 锁存器

(2) 传输门开关型 *D* 锁存器

传输门开关型 *D* 锁存器是建立更高性能锁存器更为常用的电路，该传输门开关型 *D* 锁存器如图 7.27 所示，该锁存器同样具备电平敏感特性，即锁存器输出受控于输入时钟 *CLK* 电平的高低。

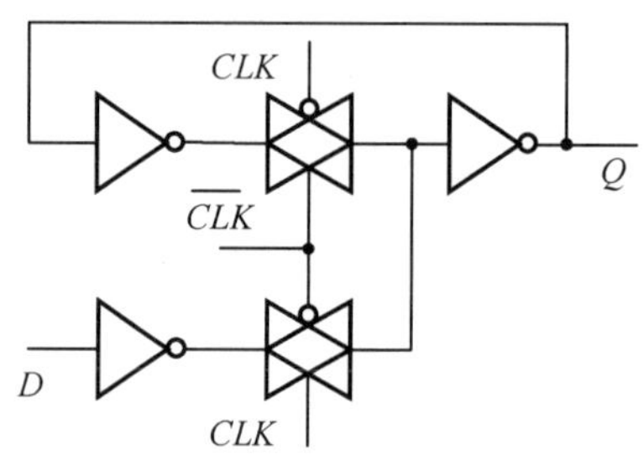

图 7.27　传输门开关型 *D* 锁存器

图 7.28 所示 MOS 管级实现电路中，当时钟信号 *CLK* 为高电平时，P_2、N_2 两 MOS 管截止，P_3、N_3 两 MOS 管导通，输入 *D* 被传输到输出 *Q* 上；而时钟信号为低电平时，P_2、N_2 两 MOS 管导通，P_3、N_3 两 MOS 管截止，输出保持不变。所以，总结该电路功能：当时钟信号 *CLK* 为高电平时，选择 *D* 输入；而时钟信号为低电平时，输出保持原状（通过反馈），电路真值表如图 7.28 右侧所示。

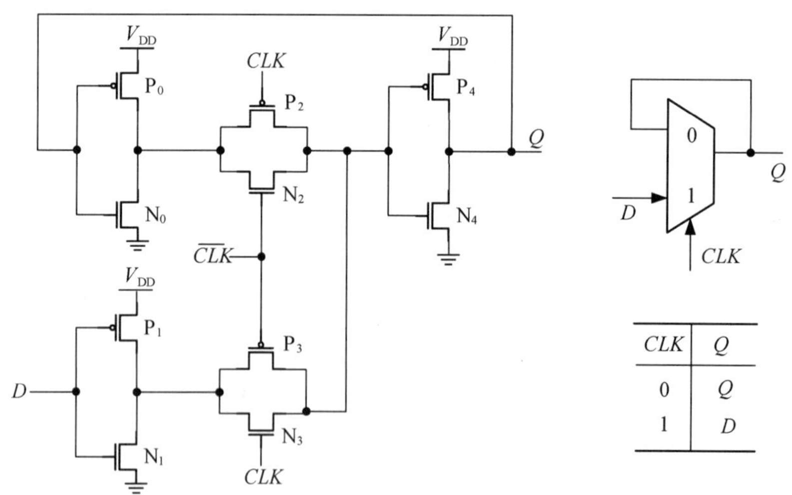

CLK	Q
0	Q
1	D

图 7.28　传输门开关型 *D* 锁存器电路与真值表

【思考题】 如图 7.29 所示为一款采用单个 NMOS 管作为传输开关的开关型 *D* 锁存器电路，请分析其电路功能，并指出其优缺点。

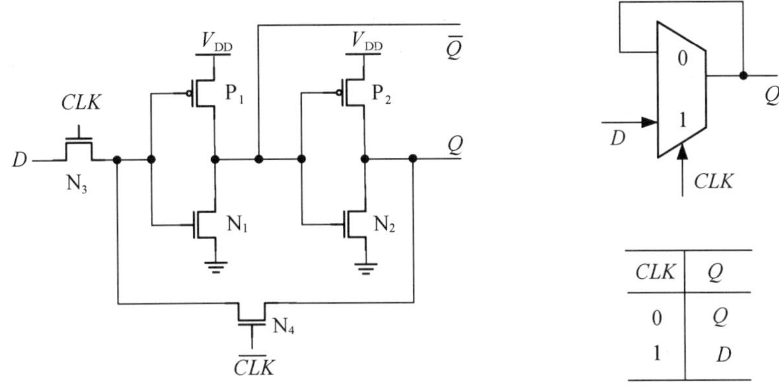

CLK	Q
0	Q
1	D

图 7.29　单个 NMOS 管开关型 *D* 锁存器电路与真值表

【分析】由分析可知，当 *CLK* 时钟信号为高电平 1 时，N_3 导通，N_4 截止，*D* 被传输至输出 *Q* 端；反之，当 *CLK* 时钟信号为低电平 0 时，N_3 截止，N_4 导通，输出 *Q* 端经反馈后维持原态。因此该电路实现的逻辑功能与图 7.28 一致，*CLK* 高电平置数，*CLK* 低电平保持，真值表如图 7.29 右侧所示。

这一方法电路虽然简单，但是仅用 NMOS 管传输使得传送到第一个反相器输入的高电平下降为 $V_{DD}-V_{Tn}$，这对噪声容限和开关性能会产生一定影响，特别是在 V_{DD} 值较低而 V_{Tn} 值较高时情况会更糟。另外，由于造成了第一个反相器的最大输入电压为 $V_{DD}-V_{Tn}$，反相器中的 PMOS 管始终不能完全关断，因而导致该反相器会产生静态功耗，所以低功耗设计不建议使用。

2) CMOS 动态锁存器

动态锁存器将电荷暂时储存在寄生电容上用以表示一个逻辑信号，例如无电荷存储表示 0，而电荷存储则代表 1。图 7.30 为一个动态锁存器，节点 *A* 具有一个等效电容 *C*，可以由反相器栅电容、传输门结电容等电容组成。

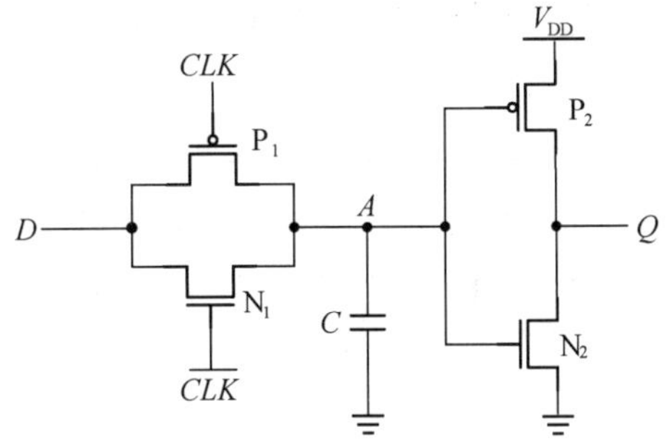

图 7.30　动态锁存器

当 *CLK* 为低电平时，传输门导通，输入数据在存储节点 *A* 处被采样，*Q* 为 *A* 反相输出；而当 *CLK* 为高电平时，传输门关断，节点 *A* 上的采样值保持稳定，为防止因电荷泄漏、二极管泄漏或亚阈值电流引起的电荷丢失，需要考虑存储节点（即状态）周期性刷新问题。

此外，为了简化电路，采样开关同样可以仅采用 NMOS 传输管来实现。

7.3.2 CMOS 触发器

1) *D* 触发器工作原理

不同于电平敏感的 *D* 锁存器，这里介绍的边沿触发 *D* 触发器只有在时钟翻转时才采样输出。0 翻转为 1 时采样称为上升沿触发器，而 1 翻转为 0 时采样称为下降沿触发器。*D* 触发器通常采用两个锁存器为基本单元设计成主-从（Master-Slave）结构，上升沿触发 *D* 触发器的逻辑符号如图 7.31 所示。

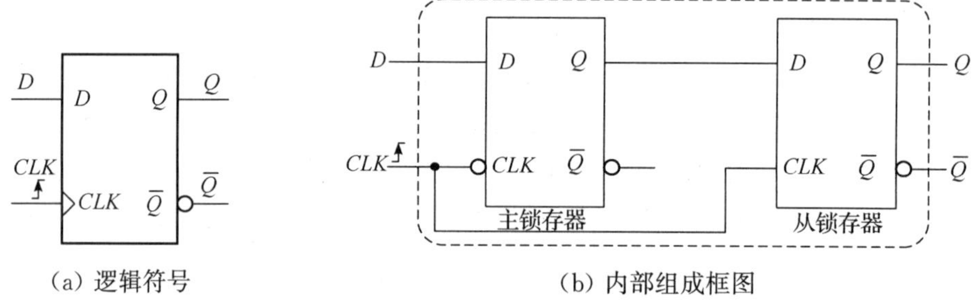

(a) 逻辑符号　　(b) 内部组成框图

图 7.31　上升沿触发 *D* 触发器逻辑符号与内部框图

当 *CLK* 时钟的下降沿到来时（以及 *CLK* 时钟的整个低电平期间），主锁存器存储输入数据 *D*，而从锁存器输出 *Q* 则保持上一数据不变；当 *CLK* 时钟的上升沿到来时（以及 *CLK* 时钟的整个高电平期间），主锁存器进入数据保持模式，而从锁存器则将主锁存器存储的数据 *D* 传输给输出 *Q*，从整个电路的外部特性看，*D* 触发器是在 *CLK* 时钟的上升沿完成数据状态的转换，所以是时钟边沿触发器。

下降沿 *D* 触发器同样是采用两个锁存器的主-从结构，其中，主锁存器时钟为高电平有效，从锁存器时钟则是低电平有效，从整个电路外部看是在 *CLK* 时钟的下降沿完成状态的转换，下降沿触发 *D* 触发器逻辑符号与内部框图如图 7.32 所示。

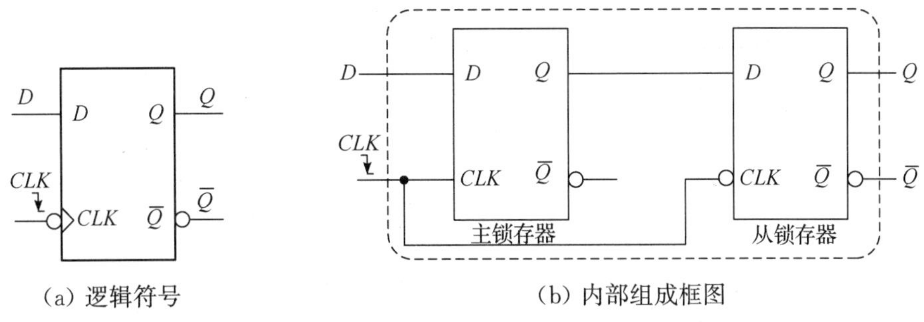

图 7.32　下降沿触发 *D* 触发器逻辑符号与内部框图

2) *D* 触发器门级电路

图 7.33 为 D 触发器门级实现电路，采用 CMOS 主-从结构，上升沿触发，并且带异步复位功能。

当复位端 R 输入低电平时清零，Q 端被强制输出 0，其互补端强制输出 1。在复位端输入高电平时与非门打开，此时如果 CLK 时钟为 0，传输门 T_1、T_4 导通，T_2 和 T_3 关断，主锁存器将数据 D 传送给 T_2，从锁存器维持不变；当 CLK 时钟变为 1 时，T_1、T_4 关断，T_2 和 T_3 导通，数据 D 经从锁存器传送到输出端 Q，整个电路完成输出数据状态的转换，转换时刻发生在 CLK 时钟的上升沿，所以为上升沿触发。

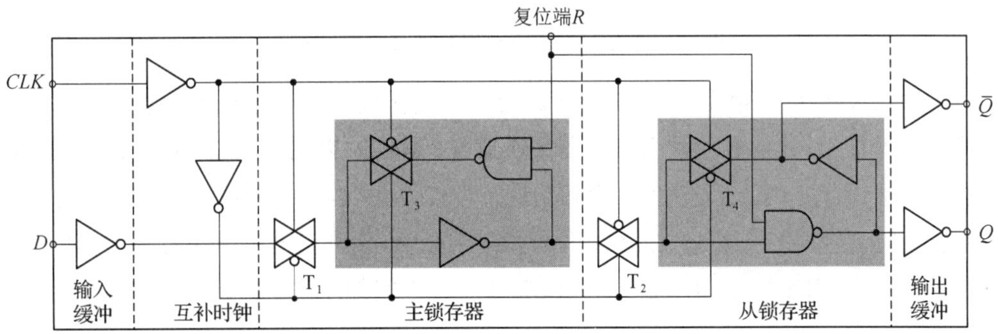

图 7.33　*D* 触发器门级电路

3) 其他类型触发器扩展

采用 D 触发器为基本单元，结合一些外部逻辑门，可以构造出许多其他类型边沿触发器，例如 T、JK 触发器等。

D、JK、T、T' 等触发器状态方程之间存在关系，可以构造出其他触发器，如图 7.34 所示。

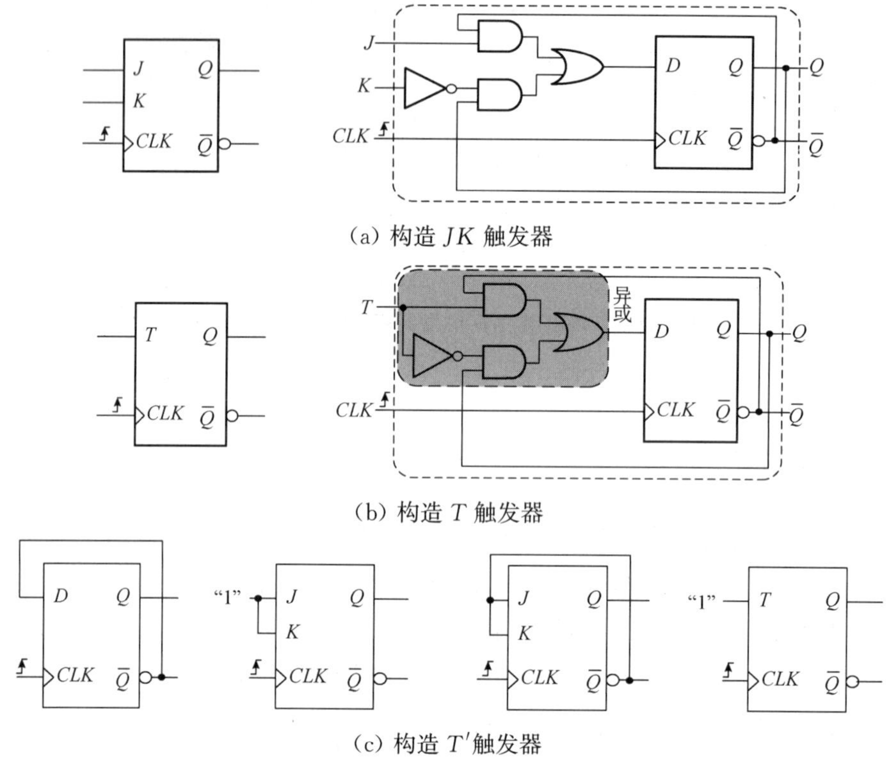

(a) 构造 JK 触发器

(b) 构造 T 触发器

(c) 构造 T'触发器

图 7.34　由 D 触发器扩展其他各类型触发器

本节重点介绍了 D 触发器，并简介了结合逻辑门扩展出其他类型触发器的方法。事实上在库单元设计中，其他多种类型触发器并不常见，当然如果确有需求，可以采用上述逻辑门扩展的方法设计实现。从速度、面积和功耗等角度考虑，数字单元设计和优化会选择在晶体管级实现，但是随着逻辑综合技术的发展，其实这种扩展工作已经不再需要手动进行，利用硬件描述语言 HDL 代码进行逻辑综合，就可以产生类似于图 7.34 所示的各种触发器等效电路。

7.4 数字标准单元库

基于数字标准单元库的芯片设计，其采用数字逻辑综合软件自动调用厂家标准单元库完成芯片设计，是目前数字专用集成电路(ASIC)设计领域常用技术之一，借助该技术可以进一步提升大规模数字集成系统自动化设计水平与规模，能够极大提升芯片设计的复杂性能。

7.4.1　数字标准单元库用途

基于标准单元库的数字芯片设计方法，其基本设计思想是将人工设计的各种成熟的、优化的、等高的版图单元电路存储在一个单元数据库中用作标准单元，根据用户要求，利用 EDA 工具把电路分成各种标准单元的连接组合，调用标准单元并以合适的方式将它们排成行与列，使芯片成长方形，行间留出足够空隙作为单元间的连线通道，根据已有的布局和布线算法自动实现用户需求。如图 7.35 所示为某款基于数字标准单元库采用数字逻辑综合法设计实现的芯片版图照片，芯片版图的布局与布线全部依托 EDA 工具自动完成。图 7.35(a)为芯片解剖后从顶层看到的密集布线情形，其中纵向相对较粗的为电源和地线，而且是交错布置，横向走线包括底层相对较细的走线为信号走线，图 7.35(b)为去除芯片所有布线层后剩余的器件层照片，可以看到该芯片版图调用到的各个基本单元，形状完全相同的表示同一种基本单元，各种基本单元高度相同宽度大小不等，均呈现由上而下多行排列。

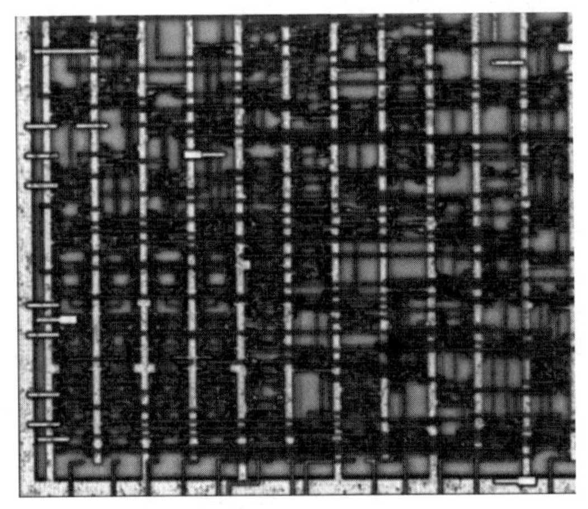

(a) 数字芯片裸片局部照片

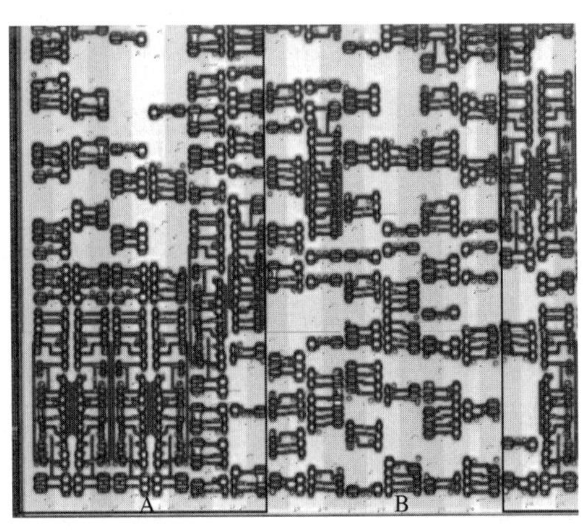

(b) 去除各层布线后的芯片器件层照片

图 7.35　基于数字标准单元库的版图设计示例

基于标准单元库的数字芯片设计基本流程如图 7.36 所示，整个设计流程主要分为两步，第一步为前端逻辑综合设计，基于相关 EDA 软件平台，采用硬件描述语言（多为 Verilog-HDL）描述电路功能或者电路结构，通过逻辑综合软件完成原理图的设计生成与验证；第二步为后端版图综合设计，依托工艺厂家的标准单元库，完成门级网表综合设计、逻辑与时序仿真验证，并进而完成版图综合自动布局布线，最后提取寄生参数完成后端仿真验证。上述所有设计检查无误情况下，送交厂家生产流片。

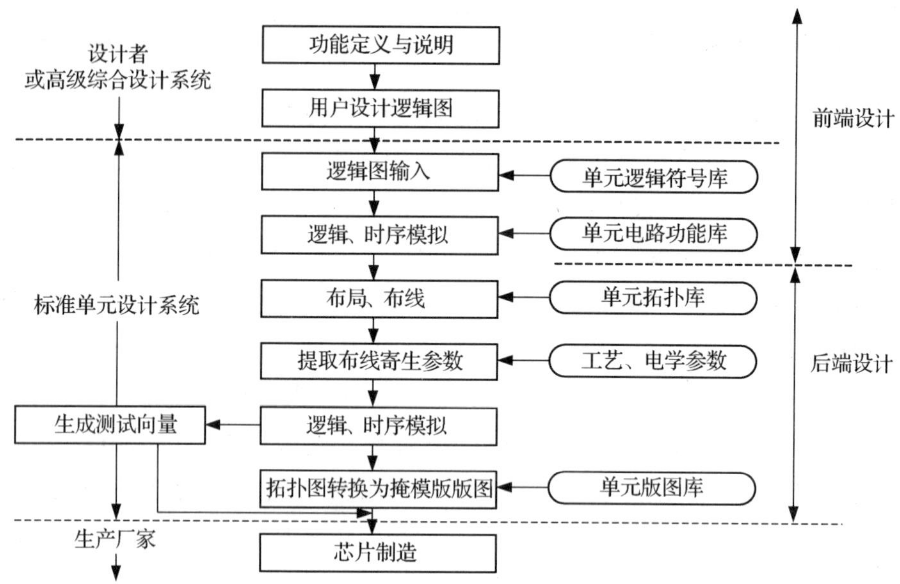

图 7.36　基于标准单元库的数字芯片设计流程

7.4.2　数字标准单元库简介

标准单元库单元种类一般主要包括：

(1) 门。门包括多输入标准门电路，如与、与非、或、或非等，一方面需要简化逻辑关系，另一方面能够节约芯片面积。

(2) 驱动器。驱动器包括正相和反相驱动两种形式，每种形式又区分不同输出负载能力的单元，标准单元库制作丰富的厂家，其提供的同类型单元不同驱动能力可以多达几十种。

(3) 多路转换器。多路转换器包括可以将单元库中的基本多路转换器扩展为多位多路转换器。

(4) 触发器。触发器常设计成主从结构，包括 D、RS、JK 触发器等，这些触发器根据客户需求，可以提供有(无)清零/置位端不同类型供选用。

(5) 缓冲单元。缓冲单元包括驱动电平转换电路、输入/输出端口保护电路和用于外部连接的输入/输出焊盘等。

(6) 其他如锁存器和移位寄存器等基本单元。

总之，一个完备的数字标准单元库应该包括尽可能多的基本单元电路，以供设计者选择使用，而建立这样的标准单元库是一个长期而又复杂的过程。标准单元库中的单元电路多种多样，所描述的内容包括：逻辑功能、电路结构与电学参数、版图与对外连接端口的位置。

标准单元库从外在形式上，主要包括三方面内容：

（1）逻辑单元符号库与功能单元库

逻辑单元符号库包含各种标准单元的名称和符号，并标有输入输出及控制端；功能单元库则是在标准单元版图确定后，从中提取了分布参数并由 EDA 软件进行模拟得到的电路单元性能，并将电路单元的功能描述成电路逻辑模拟与时序模拟所需要的功能库形式。例如图 7.37 为从标准单元版图提取出的单元逻辑符号与内部电路原理图，从功能上分析，该单元是一个具有进位输入输出的 2 位加法器电路。

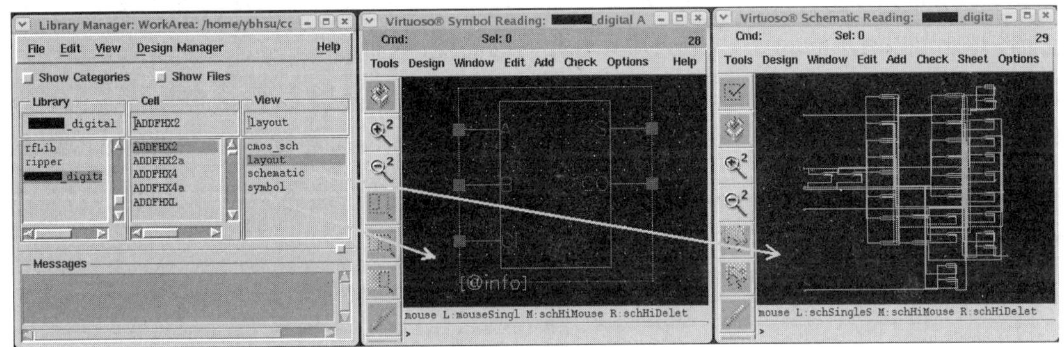

图 7.37　加法器逻辑符号与功能

（2）拓扑单元库

拓扑单元库是版图主要特性的抽象表达，它去掉了版图内部的具体细节，但是包括版图单元的宽度、高度、输入输出端口和控制端口的位置。拓扑单元库保持了单元的主要特征，用它来进行标准单元的布局布线可以大大减小设计处理的数据量，提高版图设计效率。如图 7.38

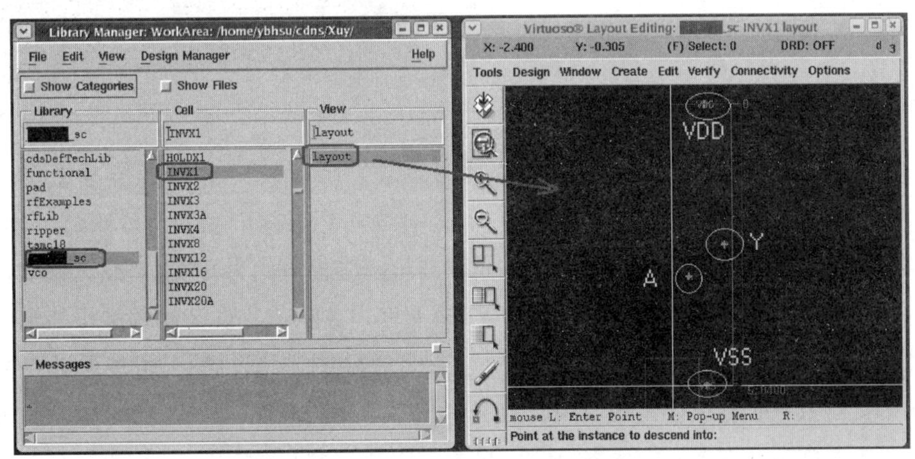

图 7.38　反相器拓扑单元示例

所示反相器 INVX1，其拓扑单元中仅仅显示输入 A、输出 Y，以及电源 VDD 与地 VSS，版图内部结构并不显示。图中反相器从 INVX1 到 INVX20A，均是该工艺提供的数字综合用基本单元，即同样一个反相器 INV，根据不同的驱动能力大小设置了不同的宽长比尺寸，所以可供选择的反相器单元很多，基本单元品种越丰富，数字综合软件在调用时越灵活，越方便。

(3) 版图单元库

版图单元与工艺直接相关，是标准单元库设计者根据工艺制造厂提供的几何设计规则精心设计的全手工版图，并以标准版图数据格式存储在计算机内，可供使用者直接调用。这些版图单元可以有不同的宽度，但必须具有相同的高度，例如图 7.39 中 D 触发器(DFF，图中 DFF 不同的后缀表示其不同的控制功能端与尺寸)的高度与图 7.38 反相器 INV 的高度均是 5.04 μm，但是宽度各不相同；DFF 单元的电源线和地线通常安排在单元的上下端，从单元的左右两侧同时出线，电源和地线在两侧的位置要相同，线的宽度要一致，以便自动布局布线时单元间电源和地线的对接。

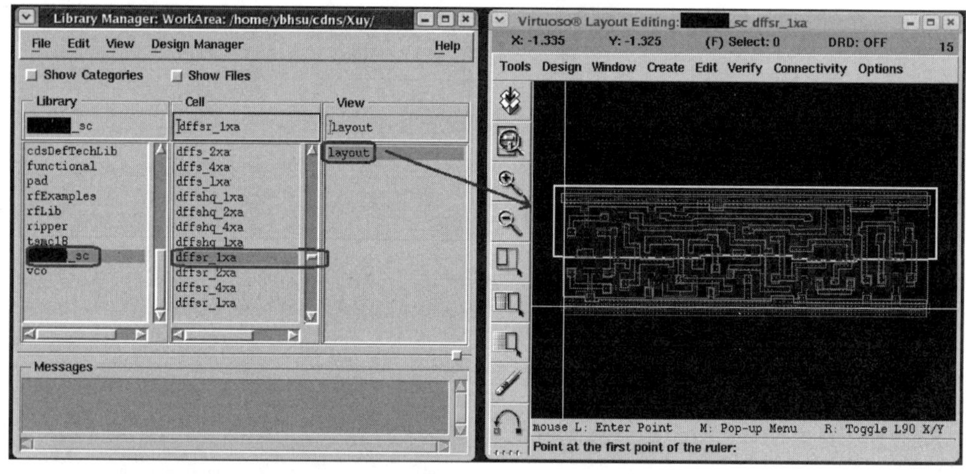

图 7.39　触发器版图单元示例

标准单元库的设计基本流程如图 7.40 所示，各个芯片工艺厂家的流程略有区别，有些厂家是自行开发数字标准单元库，而有些则是依托第三方公司代为开发，但是无论如何其基本流程大同小异，均是基于芯片厂家加工工艺，按照客户数字芯片设计过程中可能遇到的各种需求定制各种标准单元，并依次完成逻辑模拟、时序验证、版图绘制与寄生参数提取等流程后，发布交由数字芯片设计公司使用。数字单元库的开发，不仅需要考虑基本单元的逻辑功能，还需要考虑各基本单元的速率、功耗、尺寸与驱动能力等多项因素，需要结合芯片工艺特征水平综合评估。

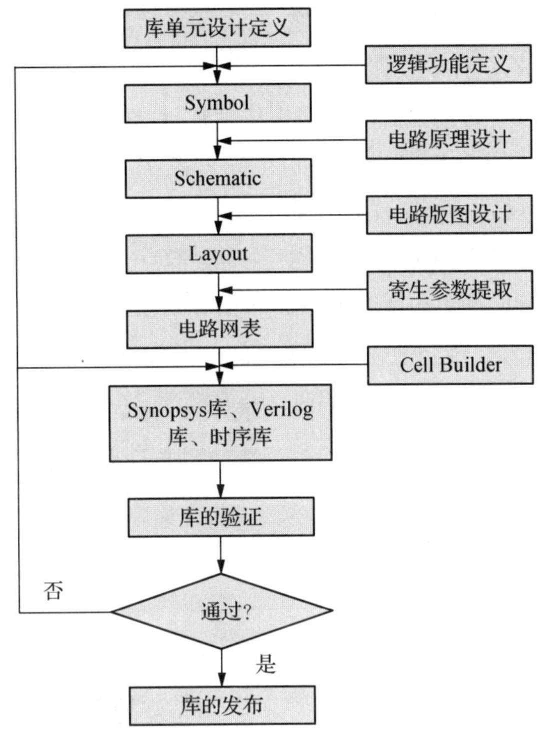

图 7.40　数字标准单元库设计流程

7.5 输入/输出接口电路

数字集成电路产品级设计加工还需要考虑输入/输出(I/O)接口电路,大部分 I/O 接口电路在结构上可以采用标准单元形式,具体可分为输入、输出和双向接口电路。本节将首先介绍输入/输出共同需要的接口电路——静电防护电路,这也是产品级芯片设计必备接口电路,之后再行简要介绍几种常见的输出接口电路。

7.5.1　输入/输出 ESD 接口电路

数字集成电路输入/输出接口首先需要考虑管脚的静电防护能力,设计相关 ESD 防护电路。

由于 MOS 器件栅极具有极高的绝缘电阻,当栅极处于悬置状态时,由于某种原因(比如用手触摸),感应产生的电荷无法很快泄放掉,但是 MOS 器件的栅氧化层极薄,感应电荷会导致

MOS 器件的栅和衬底之间产生非常高的场强，如果场强超过栅氧化层的击穿极限，则将发生栅击穿，使 MOS 器件失效，这种现象称之为静电释放(Electro-Static Discharge，简称 ESD)。

为防止器件 ESD 损伤，必须为感应电荷提供泄放通路，相应的接口电路称之为 ESD 防护电路。数字集成电路常用的 ESD 防护接口电路如图 7.41 所示，结构上由二极管和电阻构成，常用的情形有图 7.41(a)和(b)两种，其中(a)图为输入接口静电防护电路，(b)图为输出接口静电防护电路，两种 ESD 防护电路均可以将焊盘引入的静电电压限定在-0.7 V～$(V_{DD}+0.7)$ V 之间，当输入静电电压突破该范围时，利用二极管的单向导电特性，至少会有一个二极管导通，提供输入焊盘到地或者电源之间的泄放电荷通道，从而减小外部电荷冲入芯片内部对 MOS 器件造成的损伤风险，另外为保险起见，在焊盘与内部电路之间还会另行增加一个限流电阻 R，大小一般几百欧姆，用于进一步限制泄放之后残留的静电电流对内部核心电路的冲击影响。

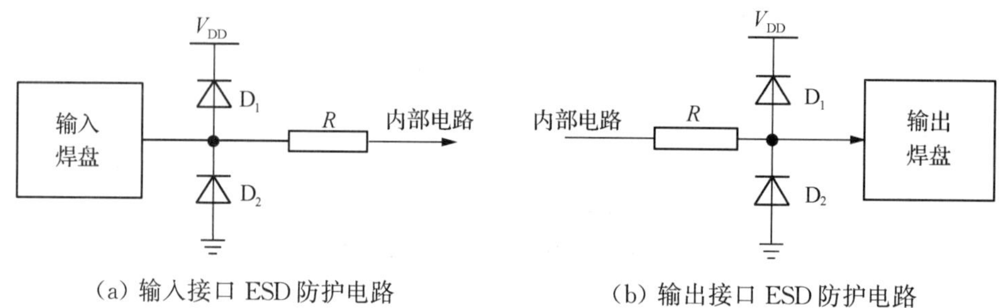

(a) 输入接口 ESD 防护电路　　(b) 输出接口 ESD 防护电路

图 7.41　数字 IC 输入/输出 ESD 防护电路

实际工程设计中，有些工艺厂家也会推荐采用 PMOS 与 NMOS 构建 ESD 防护电路，如图 7.42(a)所示，图中 PMOS 管与 NMOS 管均设计成二极管连接形式，其等效电路雷同于图 7.41。与普通 MOS 电路有所区别，MOS 管用作 ESD 放电器件时，为提高 ESD 放电能力与放电速度，在器件尺寸与版图设计上与普通电路略有不同，不同的 ESD 接口电路防护等级标准，ESD 电路的结构与尺寸会有所不同，设计师可以根据工艺厂家专门的 ESD 设计规则文件确认具体要求。本节只介绍电路结构基本原理，ESD 详细防护等级划分与静电释放模型等技术问题在第 9 章节具体展开。

一般而言，作为 ESD 放电用 MOS 管器件，其器件尺寸一般较大，以便提高器件瞬间电流流通能力，例如图 7.42(a)案例中 PMOS 管与 NMOS 管的宽长比均为 200/0.6；另外 ESD 电路版图绘制也有特殊要求，为提高 ESD 放电速度与放电性能，PMOS 管与 NMOS 管的漏极(D 区)面积会特意放大，以便给予焊盘收集到的静电足够宽的放电通道，相比而言真正送入芯片内部的金属连线通道则相对较窄，如图 7.42(b)中间焊盘的右下方是该例输出信号

DOUT 的走线位置，如此这般设计，对于相对频率较低的输出信号 DOUT 的影响不大，但是却可以较大地提升该管脚的静电瞬间释放能力。

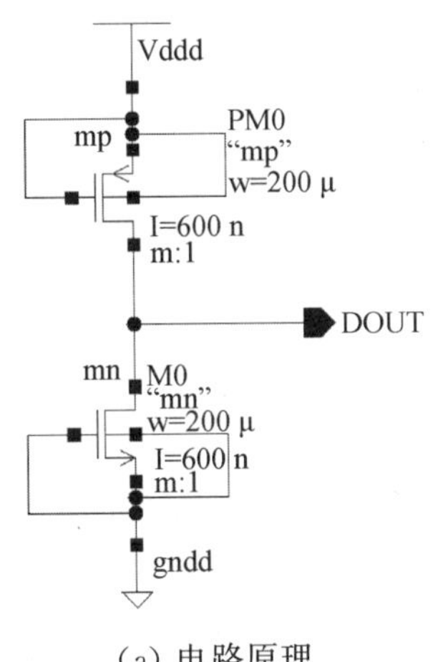

(a) 电路原理

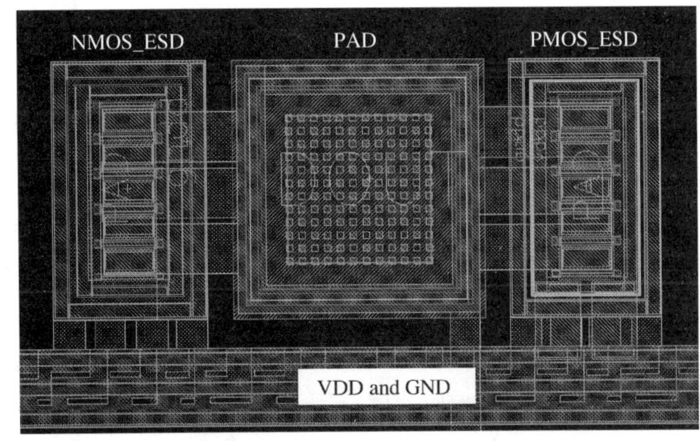

(b) 焊盘与两侧 ESD 电路版图

图 7.42　双 MOS 管 ESD 电路实例

当然，读者从图 7.42(b)可以看到，这种相对简单的 ESD 防护电路由于尺寸相对较大，在获得较高 ESD 防护能力的同时，也会带来较大的寄生电容，所以高频高速信号不能简单运用，否则会严重影响管脚工作速度，具体影响程度需要在做电路仿真时一并验证，另外还需要专门设计适用于高频高速芯片的 ESD 防护电路。

7.5.2　其他输出接口电路

输出接口电路通常需要考虑提高芯片核心电路的负载驱动能力，另外还需要考虑支持实现一定的逻辑功能，例如支持多个集成电路逻辑输出的同时接到总线以实现某种操作，因而在结构上输出电路可采用反相输出、同相输出、三态输出和漏极开路输出等多种形式。

1) 反相输出接口电路

反相输出电路实现信号的反相输出，更重要的是需要提升一定的驱动能力，反相输出接口电路采用的 PMOS 管和 NMOS 管尺寸较大，使得反相输出接口电路具有较大的驱动能力，电路和版图设计需要考虑以下方面：

(1) 因为 MOS 管尺寸比较大，电路中 MOS 管采取多管并联结构(共用源区和漏区)，版图设计上多采用多栅并联结构，漏源区金属引线常设计成叉指状结构。

(2) 考虑到电子迁移率比空穴迁移率大 2.5 倍左右，为使反相器输出波形对称，故 PMOS 管的宽长比尺寸通常要比 NMOS 管大 2.5 倍左右。

(3) 因为栅极存在多晶硅电阻，信号对栅电容充放电强度从信号注入端到硅栅末端产生差异，造成产生的源漏电流变化，影响速度性能。故版图上每个并联 MOS 管的硅栅端头可加以连接，以减小信号在多晶硅栅上产生的衰减，均衡多晶硅栅上的电位。

(4) 用于连接硅栅延伸出来的多晶硅应在场区上走线以减小分布电容的影响。

(5) 作为内部信号对外接口，因为工作环境复杂，输出电路会普遍采用 P+和 N+隔离保护环结构(Guarding Ring)，并在隔离环中设计良好的电源、地接触。

(6) 对于大面积接触区域设计通孔时，为减轻工艺加工的大小尺寸匹配难度，也为了避免大面积接触可能引起金属熔穿掺杂区的情况发生，普遍采取多接触孔代替单个大接触孔的方案。

(7) 接口器件尺寸一般偏大，因此其寄生输入电容也较大，对器件驱动所需要的驱动电流也越大，否则电路响应速度会因为前级驱动对电容充放电的速度不够而使得速度性能恶化，所以要求前级具有一定的电流驱动能力，获得大的输出驱动能力可以采用奇数级反相器级联结构，典型电路结构同本章图 7.7 类似。

2) 同相输出接口电路

同样为提高输出驱动能力，输出接口电路也可以采用偶数级反相电路级联结构。利用级联结构可以大大减小内部小尺寸电路带载压力，一般先由内部电路驱动一个较小尺寸的反相器，再逐级驱动更大尺寸的反相器。偶数级反相器级联可以获得较大的外部驱动能力，同时还可以保证驱动电路前后逻辑关系保持不变。

3) 三态输出接口电路

正常逻辑输出只有两种状态(高电平“1”和低电平“0”)，而三态输出电路除能够输出逻辑“0”和“1”之外，还可以输出高阻抗状态“Z”，即该单元电路具有三种输出状态。一个同相三态输出单元电路和功能表分别如图 7.43(a)(b)所示。

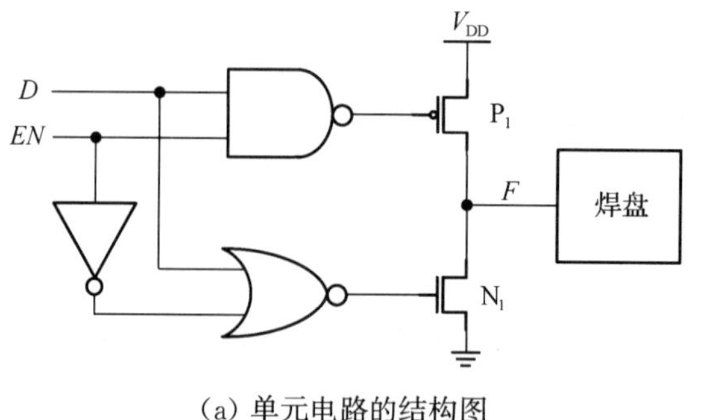

(a) 单元电路的结构图

EN	D	P_1	N_1	F
0	0	截止	截止	Z
0	1	截止	截止	Z
1	0	截止	导通	0
1	1	导通	截止	1

(b) 功能表

图 7.43　同相三态输出电路

由图7.43可见，三态输出接口电路有两个输入端，包括数据输入端 D 和控制输入端 EN。当 EN 为逻辑“0”时，与非门输出为“1”，或非门均输出为“0”，PMOS和NMOS管此时都处于截止状态，焊盘上信号 F 为高阻抗状态；当 EN 为逻辑“1”时，与非门和或非门均正常工作，焊盘上信号 F 与 D 信号逻辑相同。

4) 漏极开路输出接口电路

漏极开路(Open Drain，OD)输出电路特点是NMOS输出管的漏极上没有接任何形式的上拉负载，因而NMOS管不具备完整的逻辑输出功能，不能正常输出高电平，使用该类型输出电路时需要外接上拉电阻才能实现正常逻辑输出，如图7.44所示。

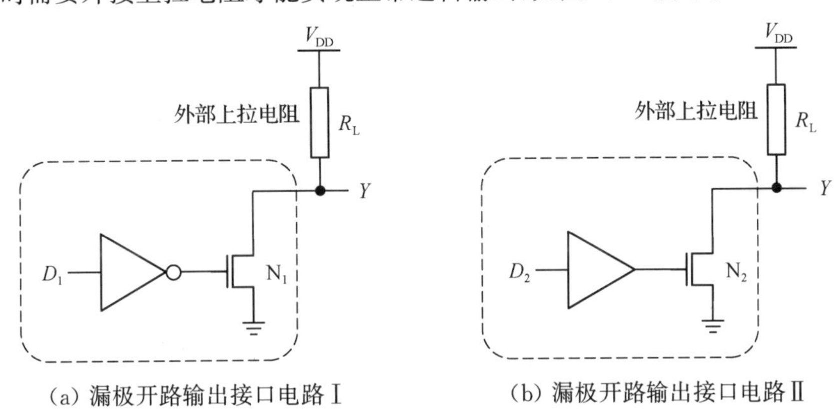

(a) 漏极开路输出接口电路Ⅰ　　(b) 漏极开路输出接口电路Ⅱ

图7.44　漏极开路输出接口电路

漏极开路输出电路的作用至少包括3点，分别是：

(1) 提高驱动能力。漏极开路输出采取外接上拉电阻形式，利用上拉电阻能够提高电路输出驱动能力。

(2) 实现电平转换。通过改变外接上拉电阻能够改变输出电平，但是负载电阻的取值需要保证电路输出逻辑电平正确，且负载电流和电路延时不能过大。

(3) 实现线与逻辑。具有OD输出结构的集成电路模块允许连接到一个总线上，如图7.45所示，并实现“线与”功能，输出 $Y=D_1 \cdot D_2 \cdot \cdots \cdot D_n$，同样，输出电路需要连接上拉电阻才能正常工作。

为驱动总线上的负载，OD结构输出单元中NMOS管需要设计大尺寸宽长比，MOS管结构通常

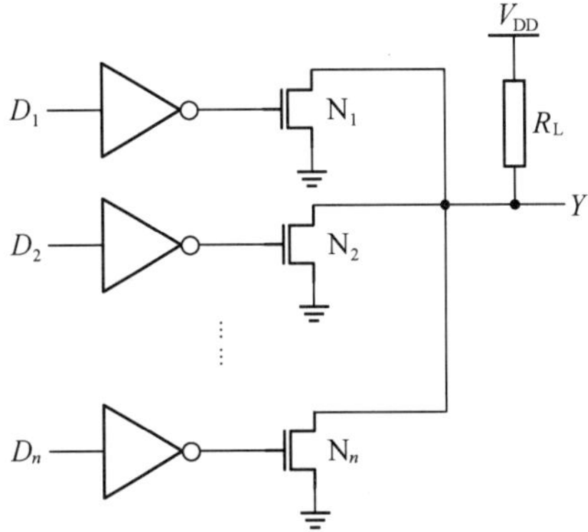

图7.45　漏极开路输出电路的线与结构

采用多 MOS 管并联方式，版图上同样要求每个并联 MOS 管的硅栅两侧端头加以连接。

习题与思考题

1. 请绘制标准 CMOS 工艺反相器电路原理图，并基于 P 衬底 N 阱工艺、N 衬底 P 阱工艺，分别绘制该反相器版图剖面示意图。

2. 请参照三输入与非门和与门电路设计思路，设计绘制三输入或非门和或门电路原理图。

3. 请借鉴 CMOS 复合逻辑电路设计思路，分别采用最少器件设计实现以下两种电路逻辑功能，设计时输入变量使用正负逻辑均可。

(a) $F=\overline{AB+CD}$　　　　(b) $F=AB+CD$

4. 请设计一个传输门开关型 D 锁存器，绘制 MOS 管级实现电路。要求：该锁存器具有电平敏感特性，CLK 时钟为 0 时送数，即 $Q^{n+1}=D^{n}$；CLK 时钟为 1 时输出保持不变，$Q^{n+1}=Q^{n}$。

5. 尝试用 CMOS 与或非逻辑设计实现 CMOS 一位全加器，并分析电路工作原理。

6. 尝试用传输门设计并仿真实现一位全加器，并分析电路工作原理。

参考文献

[1] 王志功，陈莹梅. 集成电路设计[M]. 3 版. 北京：电子工业出版社，2013.

[2] 毕查德·拉扎维. 模拟 CMOS 集成电路设计[M]. 陈贵灿，程军，张瑞智，等译. 2 版. 西安：西安交通大学出版社，2018.

[3] Jan M Rabaey，等. 数字集成电路-电路、系统与设计[M]. 周润德，等译. 北京：电子工业出版社，2010.

[4] Hubert Kaeslin. 数字集成电路设计：从 VLSI 体系结构到 CMOS 制造（英文版）[M]. 北京：人民邮电出版社，2010.

[5] R Jacob Baker. CMOS 集成电路设计手册：数字电路篇[M]. 朱万经，张徐亮，张雅亮，译. 3 版. 北京：人民邮电出版社，2014.

第 8 章 版图设计与物理验证

关键词

- 版图、物理验证
- 版图基本单元、基本设计规则、推荐设计准则
- 版图数模混合设计、布局与布线

内容简介

本章首先介绍集成电路版图设计的基本方法与流程，以及可供版图设计调用与修改的基本单元，然后介绍了版图设计规则必须遵守的原因与设计规则检查方法，另外，对于模拟电路与数模混合电路设计，同时给出了提高芯片性能一般需要遵守的设计准则，最后结合数模混合芯片产品化设计给出范例。

8.1 节概述集成电路版图设计基本概念、集成电路版图设计与板级 PCB 版图设计的区别与联系，以及模拟与数字集成电路版图设计的两种不同方法与流程，提升读者对版图设计的总体认识。

8.2 节介绍版图设计基本单元，有教材也称之为“图元”，目前对于全定制模拟集成电路版图设计，工艺厂家一般都以参数化单元形式将可供调用的版图基本单元提供给用户，用户在设计调用时直接输入器件尺寸即可自动生成符合设计规则的基本器件，留给用户的工作更多是布局与走线，极大程度上简化了版图设计工作难度。

8.3 节介绍芯片版图设计务必完成的几项物理验证流程，其中设计规则检查用以确保绘制的版图能够被厂家工艺线接受并可正确加工，版图与原理图对照检查则是用于检查版图与原理图一致性，确保“所绘即所需”，另外模拟集成电路特别是射频集成电路都特别要求务必完成版图后仿真，后仿真用于评估版图寄生参数对电路性能的影响。

8.4 节推荐根据长期工程经验积累获得的一些模拟集成电路版图设计应该遵循的准则,这些有益设计准则的遵守,用于避免或者减小工艺与噪声对版图性能的影响,可以进一步提升集成电路版图流片加工后的性能。

8.5 节结合目前较为常用的 Cadence 集成化芯片设计平台,介绍了版图设计绘制的一般方法与注意事项,结合多年实践经验给出了一些学习方法上的建议,特别是对于版图初学者而言,想必会更加快速地提升读者对版图设计环境配置的理解,提高学习效率。

8.6 节是在完成版图基础入门的基础上,进阶到多个芯片版图整体拼图布局布线时需要考虑的一些准则与建议。

8.7 节则是结合一款数模混合功放芯片的实际产品经验,示范讲解芯片工程开发过程中版图的实际设计绘制方法与流程,希望通过该工程案例讲授,理论与实践相结合,加深读者对版图设计的综合性认识。

8.1 版图设计概述

版图是集成电路设计者将设计、仿真和优化后的电路转化成为一系列的几何图形,包含各种器件、各层连线类型与尺寸等物理信息,用以指导集成电路制造厂家根据该数据制造掩模。根据复杂程度的不同,一种 IC 生产工艺需要的一套掩模可能十几层到几十层不等,一层掩模对应于一种生产工艺中的一道或数道工序,掩模上的图形决定着芯片加工时器件或连接物理层的尺寸,版图几何图形尺寸与芯片物理尺寸直接相关。

8.1.1 芯片版图设计基本概念

通过电路仿真和优化确定出集成电路的结构和元器件参数之后,就可以着手集成电路的后端设计,即版图设计工作。由于器件的物理特性和工艺限制,芯片上物理层的尺寸对版图的设计有着特定的规则,这些规则是由各集成电路厂家根据本身的工艺特点和技术水平制定的,因此不同的工艺,就有不同的设计规则,设计者只能根据厂家提供的设计规则进行版图设计。严格遵守设计规则可以极大地避免由于短路、断路等原因造成的电路失效,以及工艺容差及寄生效应引起的性能恶化。

版图是工艺厂家生产与加工芯片的基础数据，版图设计首先需要满足厂家工艺的设计规则。版图在设计过程中要进行定期的检查，避免错误的积累从而导致难以修改，如定期进行设计规则检查，以及原理图与版图对比。多数前后端全流程集成电路设计软件都具有版图设计功能，并且能够基于芯片生产厂家提供的设计规则快速地完成设计检查。

根据不同的芯片性能特点设计版图，还需要考虑不同的经验性设计准则，才能保证流片后获取最好的性能，为此版图设计常被称为版图艺术，特别是高频、高速和大功率芯片版图设计，都有很多的设计准则与经验值得遵循。

8.1.2　芯片版图设计对比 PCB 版图设计

本书第 1.3 节已经对芯片版图和印制电路板(PCB)版图做了详细对比，两者版图在结构组成、加工精度和生产周期等方面存在较大差别，但是在版图设计方面，两者有很多相似之处，如果掌握其中任意一种版图的设计方法，转型绘制另外一种版图会非常便捷，两者版图设计相似之处主要体现在以下几个方面：

(1) 设计流程相似

两种版图都是在电路原理图设计完毕基础上，对标电路原理图设计版图，绘制版图后都需要进行设计规则检查和版图原理图匹配性检查。两者略有不同的是，芯片版图既需要绘制金属连线，也需要绘制器件，连线和器件是一体化绘制与加工实现，PCB 版图则是只需要绘制连线，相对更加简单，PCB 板上的器件则是制板完成后通过额外焊接完成增补。

(2) 设计规则类似

在布局布线层面，两种版图设计规则类似，均有最小线宽、线间距等尺寸要求，不同之处在于 PCB 版图由于无需绘制器件，所以设计规则相对简单很多。

(3) 经验准则雷同

在高性能版图设计经验准则方面，很多设计经验是通用的，准则是雷同的。例如高速信号不要长距离平行走线，尽量垂直交叉走线，模拟、数字和功率等不同模块电路分开放置避免相互干扰，各类不同电源与地分割供电，防止电源噪声相互串扰等。所以，本节下面介绍的版图设计准则，很多也可以推广运用到 PCB 版图设计制版工作中。

8.1.3　芯片版图设计常用方法

集成电路版图设计方法基本可分为手工全定制版图设计和布局布线自动综合版图设计两大类。模拟集成电路设计主要采用手工全定制版图设计；数字集成电路设计，特别是大规模数字集成电路设计，更多适合采用布局布线自动综合完成版图设计。

1）全定制版图设计

全定制版图设计，即所有的版图均由手工绘制，得到的版图结构紧凑，面积利用率高，性能可以提升到极致，适用于小规模 ASIC 电路，特别是模拟与射频电路。全定制版图设计的优点是可以针对每个晶体管进行版图优化，以获得最佳性能和最小芯片面积，该设计方式对工具的依赖性较小，版图工具主要协助完成图形绘制和版图物理验证。全定制版图设计的缺点是人工绘图工作量大、耗时长，难以适用于超大规模集成电路（VLSI）版图设计。当然，随着电子设计自动化（EDA）技术的进步，全定制版图设计的自动化程度也在不断提高。

目前，大部分 EDA 公司都能够提供全流程交互版图编辑器，如 Cadence、华大九天 Aether 等都有功能完善、性能良好的版图编辑工具。

Cadence 公司的 Virtuoso 版图编辑器是 IC 全定制设计平台中堪称业界标准的全定制物理版图设计工具，支持全定制数字电路、数模混合电路以及模拟电路在器件、单元和模块等各层次的版图设计。另外使用 Virtuoso 版图编辑器，通过配置可选的参数化单元可以获得额外的加速性能，提高版图设计效率。

国产化 EDA 软件方面，华大九天模拟集成电路设计全流程系统软件——Aether 具有性能稳定、集成化程度高、用户界面友好等特点，与其他 EDA 软件系统良好兼容，支持众多的标准数据格式转换。在 Aether 软件提供的交互式版图设计环境中，设计者可以根据设计电路的性能需求，对图形反复进行布置和连线，达到更佳布局效果，最大限度地利用芯片面积、提高成品率，因而性价比很高。

特别值得一提的是，Aether 软件实现了版图绘制与版图物理验证的全套集成，相比于 Cadence 软件版图验证时需要向外集成 Mentor 公司的 Calibre 而言，Aether 软件集成化、自动化水平更好。

鉴于篇幅所限，本节以目前业界最为常用的 Cadence 公司 Virtuoso 版图编辑器为例简要介绍版图设计特点，但并不给出个人倾向性使用建议，EDA 软件工具在操作使用方面很多是相似的，只要熟练掌握其中一种软件，在需要换用其他软件时其实非常简单快捷。

Virtuoso 版图编辑器的主要优点可概括如下：

（1）层次化数据管理方式，易于生成和管理复杂设计项目。如图 8.1 为 Cadence 层次化管理目录，从项目库 Library 到每个库中不同单元 Cell，再到每个 Cell 中不同 View，层次清晰，条目清楚。

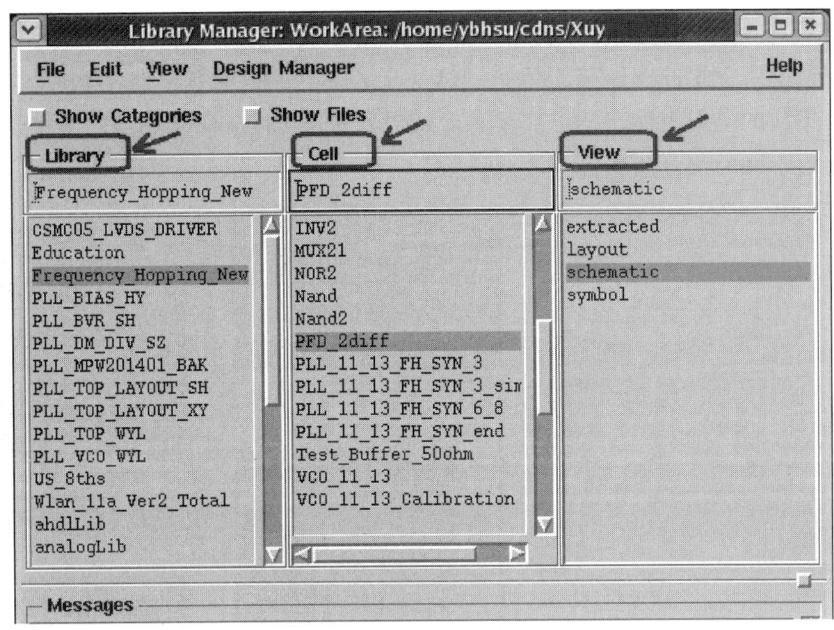

图 8.1　Cadence 层次化管理目录

(2) 使用 Pcell 可以提高设计效率并优化单元电路设计。如图 8.2 所示利用厂家提供的 Pcell 能够缩短设计输入时间、减少违反设计规则情况发生、加速设计自动化、将冗长和重复性的版图设计任务最小化，通过 Pcell 参数设置，可以改变尺寸、形状，并且使用可变设置可以简化复杂形状和器件的生成、编辑和管理，加速完成版图设计任务。

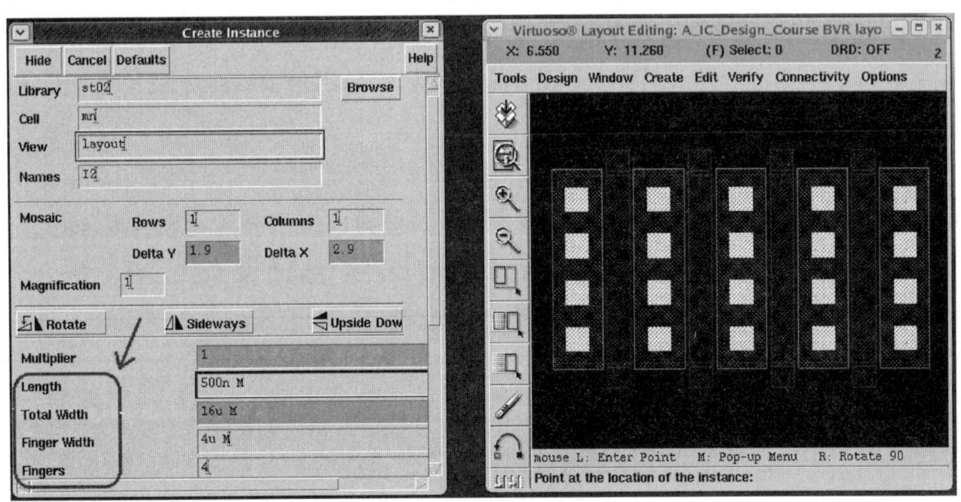

图 8.2　Pcell 调用实例

(3) 完全层次化的多窗口编辑环境。如图 8.3 所示，Virtuoso 版图编辑器提供在任意编辑会话中打开多个单元或模块的功能，或在同一个设计不同视图中帮助确认复杂设计的一致性。其集成的全局视窗是一个非常直观的管理助手，能够在总体设计中帮助定位放大具体区域、优化性能、提高版图设计效率。

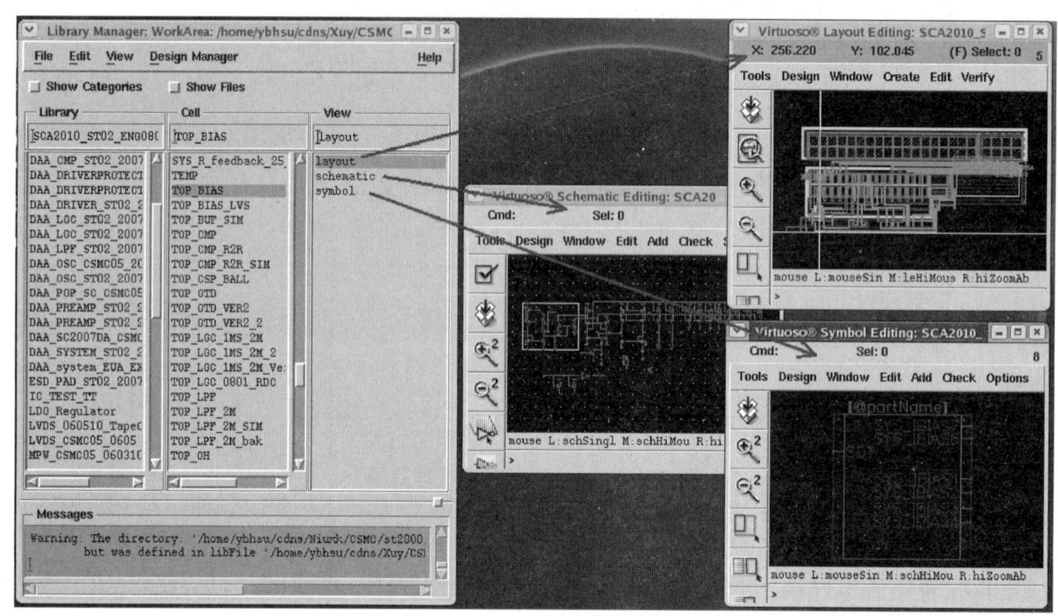

图 8.3　层次化多窗口编辑环境

2) 自动布局布线版图设计

在大规模数字集成电路设计中，一般借助相关软件采用自动综合方法完成版图布局布线与验证。

数字集成电路前端设计首先将寄存器传输级(RTL)网表综合成门级网表，完成仿真验证后交给后端版图设计人员，再由后端版图设计人员完成门级网表的物理实现，即把门级网表设计转换成版图，这一过程主要依靠版图综合软件完成自动布局布线。数字集成电路后端设计的主要任务就是将门级网表转换成版图，对版图进行设计规则检查(DRC)和一致性验证(LVS)，并提取版图的时延信息，供芯片仿真和静态时序分析(STA)使用。

数字集成电路后端版图设计的前提与基本条件，首先是要有对应芯片厂家提供的标准单元库(Stand Cell)，标准单元库中包含各种类型数字设计的基本单元门电路，包括非门、与非门、或非门和各种触发器等。另外考虑到不同单元延时、驱动能力等细微区别，即便是某一种基本单元也应有多种类型与尺寸可供选择，如图 8.4 所示为某 CMOS 工艺厂家提供的标准单元库信息，图中工艺库名称已被隐藏，可以看到同样一种 D 触发器(DFF)，根据驱动能力和控制端口的细微差别可以细分为很多种类，如带清零端的"DFFR＊"系列、带置数端的"DFFS＊"系列，以及同时带清零与置数端口的"DFFSR＊"系列等，标准单元库中基本单元品种与数量越多，数字综合软件自动布局布线时可供调用的就越灵活，可以在面积、功耗与速度等多项指标之间达成最优设计。图 8.5 给出了一款 D 触发器标准单元的典型版图，该版图已经由厂家设计定制完毕，数字综合运用时可直接调用。

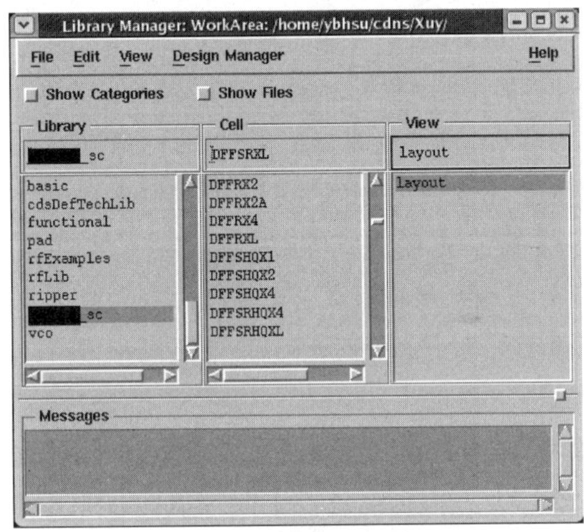

图 8.4　标准单元库实例

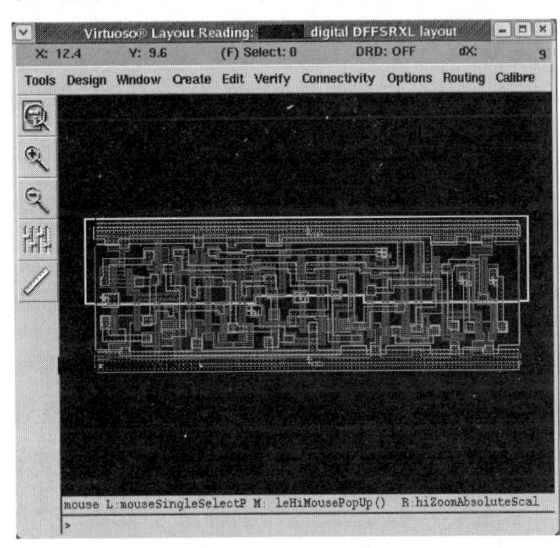

图 8.5　标准单元 D 触发器版图实例

数字集成电路自动布局布线时，根据设计约束条件，软件在保证逻辑功能正确的基础上，对版图的面积、功耗与延时进行迭代优化，最终自动生成符合设计约束条件的数字集成电路版图，这个过程中版图的布局与布线依靠软件自动完成，数字版图工程师主要负责完成版图设计优化与功能及性能的仿真验证。

业界用于数字集成电路自动布局布线的软件有很多，如 Synopsys 公司的 ICC 软件可以用于纳米级集成电路设计的布局布线，可以对电路进行时序、面积、噪声和功耗等方面的优化，其优点在于使用了具有专利的布局布线算法，可以生成最高芯片密度的设计，ICC 使用先进的全路径时序驱动布局布线，综合时钟树算法和通用时序引擎，可获得快速时序收敛，另外 ICC 还应用了如天线效应抑制和连接孔优化等先进技术，能适应纳米级工艺要求，其高效的工程开发管理和递增式处理机制，可确保设计更改能够快速实现。

由于本书重点侧重于模拟集成电路设计，故数字集成电路设计领域相关自动综合布局布线内容不再具体展开。

Tips

为何数字集成电路版图设计可以自动布局布线，但模拟集成电路版图设计不可以？

(1) 几乎所有的数字集成电路，即便规模再复杂，都可以向下分解为数量有限的各种标准单元的组合，如基本“与”“或”“非”门电路以及各种不同触发器等，而模拟集成电路则没有类似的基本单元，模拟集成电路典型的基本单元是各类型放大器、滤波器及信号转换器等电路，这些基本电路即便功能相同，但是性能指标上存在千差万别，如增益不同、带宽不等或功耗有所区别等，厂家很难提前准备标准模拟单元供设计师调用，所以从通用性角度评价，模拟集成电路基本单元通用性没有数字电路强。

(2) 从设计流程上讲，既然所有数字集成电路均可以分解为各种标准单元的组合，那么为提高版图绘制效率，自然可以由厂家事先提供好单元版图，数字设计工程师通过 EDA 软件直接调用即可完成布局布线。模拟集成电路因为没有预先准备好的单元电路，所以版图设计工作得从单元电路手工绘图开始，之后再进行手工布局布线，所以模拟集成电路版图设计称为全定制设计。

(3) 版图自动布局布线的优势是方便快捷，适合于大规模数字集成电路设计；全定制版图设计优势则在于可以更加精细地控制电路性能，适合于电路规模有限的模拟或射频集成电路设计。

综上所述，大规模数字集成电路一般采用自动综合设计，而模拟集成电路更适合于全定制设计。

8.2 版图基本单元

早期的全定制集成电路版图设计，无论是连线还是器件都要从底层开始画起，比如 PMOS 管需要按照厂家的设计规则分别绘制 P 衬底、N 阱和漏源电极等，设计工作量大而复杂，后期随着 EDA 软件的快速发展，参数化单元推出后，设计师只要输入指定的器件宽度、长度或叉指数等参数指标后，借助软件就可以自动生成符合设计规则的各类型基本单元器件，使用非常方便快捷，此时设计师更多的工作主要集中在如何合理地完成器件布局和连线。

对版图基本单元的熟悉掌握，会使电路设计过程中器件的选择与尺寸的优化更加灵活，项目实践中许多刚刚入职的工程师与学生经常会提问，如“同样是 20 kΩ 电阻，到底选择哪种类型，宽长比又如何设置"之类的问题，主要原因是在于对器件工艺的不了解、不熟悉，本节将基于数模混合模式 CMOS 工艺，逐一介绍全定制版图中数模混合与射频设计常用的基本器件单元及其特点，助力读者加深对器件的认识，有利于实践中合理选择器件。

8.2.1　电阻

电阻是集成电路中最基本的无源器件单元，广泛应用于模拟与射频集成电路，即便是数字集成电路，其输入输出接口电路中电阻的使用也非常广泛。集成电路内部电阻的实现方式多种多样，CMOS 工艺中常见的有多晶硅电阻、P 阱电阻、N 阱电阻和扩散区电阻等，而且即便是单一多晶硅电阻，通过增加不同的工艺控制，可以分为高阻与低阻两种类型，另外利用 MOS 管工作在线性区（有的资料中称三角区）的特性，也可以获得 MOS 管等效电阻。

1) 多晶硅电阻

多晶硅在集成电路内部有着广泛的应用，除了用作 MOS 器件栅极之外，还可以用作导线和电阻。多晶硅在用作导线和 MOS 管栅极时，电阻率要求相对较小，以提高导电性能，用作电阻时，根据不同方块电阻值的需求，可以通过增加额外的工艺改变其电阻率，从而获得不同的高阻电阻或低阻电阻，图 8.6 分别示意了多晶硅电阻中低阻与高阻两种类型，高阻多晶硅电阻与普通低阻多晶硅电阻相比，工艺加工上多了一层高阻掩模。

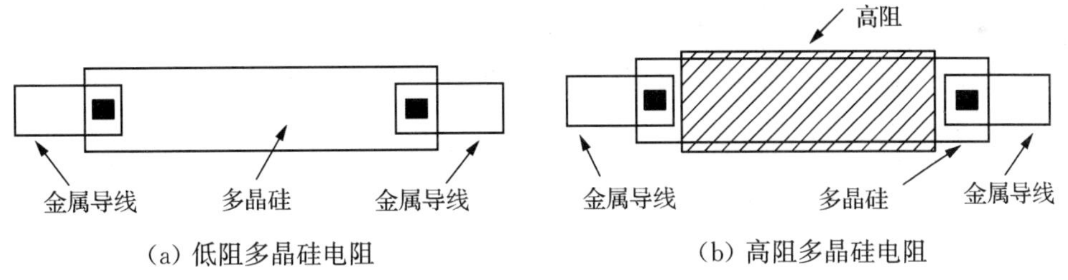

图 8.6　多晶硅电阻

多晶硅电阻阻值的粗略计算公式为

$$r_1 = r_{sh} \cdot \frac{L - \mathrm{d}L}{W - \mathrm{d}W} \tag{8-1}$$

式中，r_{sh} 为方块电阻值；L 与 W 分别是电阻长度与宽度；$\mathrm{d}L$ 与 $\mathrm{d}W$ 分别是工艺偏差。如果精细评价该型电阻阻值，还需要进一步考虑温度的影响以及两端通孔电阻的影响，有些还需要考虑外加电压的影响。公式(8－1)可以适用于仿真前的初步估算，准确的电阻值需要结合该型电阻的工艺模型文件并查看电阻仿真实际结果。

另外，由公式(8－1)可见，由于电阻阻值与电阻宽长比成正比，而 $\mathrm{d}L$ 与 $\mathrm{d}W$ 虽然小但存在随机变化的风险,所以为提高电阻精度,电阻选用前可以先查看厂家工艺文件获取 dL 与 dW 变化信息,再确定电阻合适的 L 与 W,确保尺寸误差相对变化值较小。

2) 阱电阻

阱电阻有 N 阱电阻与 P 阱电阻两种类型。由于阱是低掺杂工艺,所以方块电阻值一般较大,适合于制作高阻值电阻。以 N 阱电阻为例,图 8.7 示意了 N 阱电阻的俯视图(即版图绘制时看到的图形)和剖面图,其中图(a)中的虚线为剖面图(b)的切割示意方向,后续图例同理。由图可以看出,在 N 阱的两端分别用 N+扩散形成电阻的两个欧姆接触就可以构成 N 阱电阻。

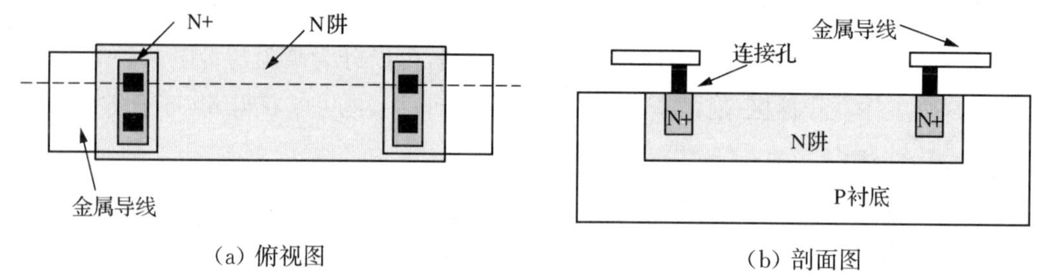

图 8.7　N 阱电阻

N 阱电阻的阻值估算公式类似于公式(8-1),实际准确电阻值依然受到外加电压和温度等因素的影响,具体影响关系可以参见公式(4-1)。另外需要注意的是,对于普通 CMOS 工艺而言,如果 N 阱直接加工在 P 衬底上,由于芯片工作时 P 衬底上存在大量的噪声,会对 N 阱电阻产生干扰,因此 N 阱电阻选用时需要考虑该噪声因素的影响。

3) 扩散区电阻

对于 N 阱 P 衬底 CMOS 工艺而言,扩散区电阻也可以分为两类,一类如图 8.8 所示直接做在 P 衬底上的 N+扩散区电阻,另一类另外还可以加工 N 阱中的 P+扩散区电阻,其结构原理如图 8.9 所示,相比而言,N+扩散区电阻由于直接加工在衬底上,受衬底噪声影响相对较大。

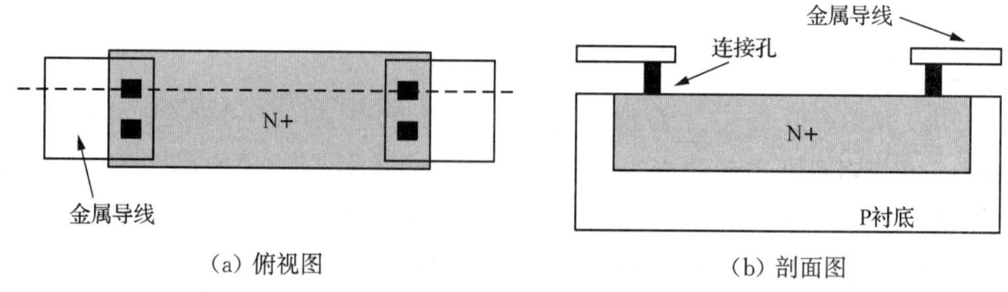

图 8.8　N+扩散区电阻

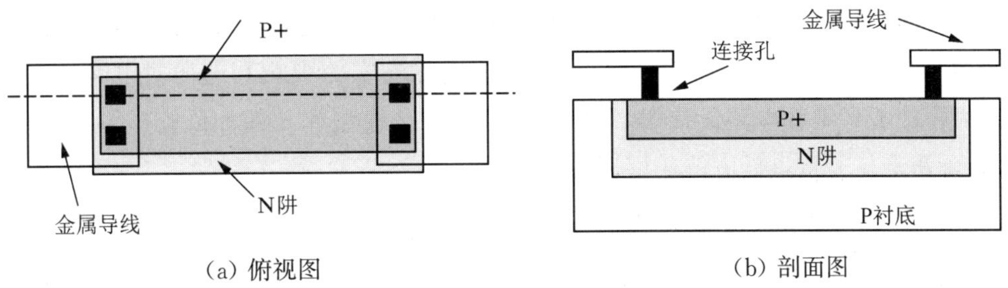

(a) 俯视图　　(b) 剖面图

图 8.9　P+扩散区电阻

4) MOS 管等效电阻

MOS 管工作于饱和区(又称恒流区)时具有放大能力,而工作于线性区时漏源之间可以等效为一个线性电阻,该电阻阻值受到 V_{GS} 与 V_{DS} 的影响,如图 8.10 所示,线性区不同的 V_{GS} 对应的输出伏安特性曲线斜率不一样,相应的等效电阻也不一样。

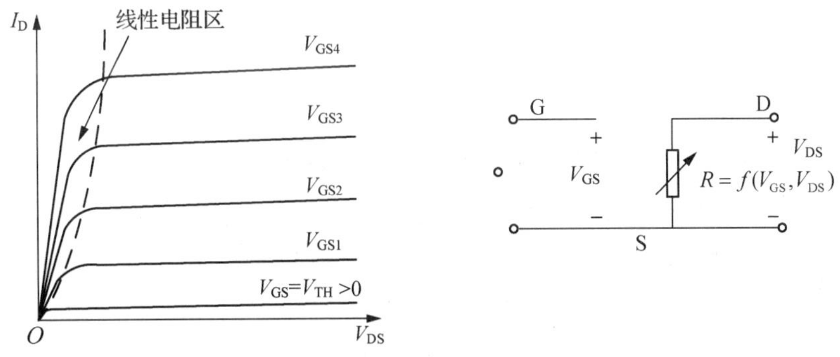

图 8.10　MOS 管线性区等效电阻

由于 MOS 管线性区等效电阻的精度难以控制,该型电阻一般不用于阻值精度要求较高的场合。

8.2.2　电容

电容同样是集成电路内部重要基本器件之一,在电源滤波、信号滤波和开关电容阵列等电路中应用广泛。根据材料与结构的不同,集成电路内部电容主要包括平板电容和 MOS 管结电容两大类,其中平板电容通常又分为 PIP 电容和 MIM 电容。

1) 多晶硅-多晶硅电容

多晶硅-多晶硅电容,即 PIP 电容,其上下电极分别由两层不同的多晶硅构成,两层多晶硅之间则是介质氧化层,PIP 电容版图与剖面图如图 8.11 所示。不同工艺的 PIP 电容单位面积电容有所区别,PIP 电容大小主要与面积成正比,高频高速等场合应用时需要考虑其下极板与衬底之间寄生电容的影响,有时还需考虑边界电容的影响和电压对电容值的影响。读者在做模拟或者射频电路设计时,需要综合查看工艺模型库文件和厂家提供的工艺设计文件,仔细辨清工艺特点后方能用好用精相关工艺。

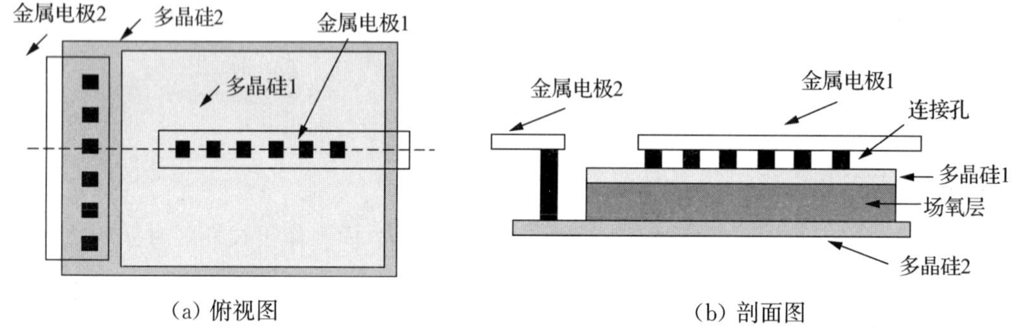

(a) 俯视图
(b) 剖面图

图 8.11　多晶硅-多晶硅电容

2) 金属-金属电容

与 PIP 电容结构原理类似,金属-金属电容简称 MIM 电容,也属于平板电容类型,不同之处仅在于电容的上下极板为两层不同的金属,中间介质依然是氧化层。MIM 电容大小和寄生参数的影响与 PIP 电容特点类似,不做过多赘述。芯片内部平板电容的单位面积电容一般在 fF/μm^2 数量级,如某厂家 0.18 μm CMOS 工艺,可以分别提供 1 fF/μm^2 和 2 fF/μm^2 的两种 MIM 电容。平板电容容值虽然较小,但是精度相比 MOS 电容而言更高,多用于电容精度要求较高的场合。图 8.12 为 MIM 电容,其结构与 PIP 电容类似,只是上下极板材料有所不同。

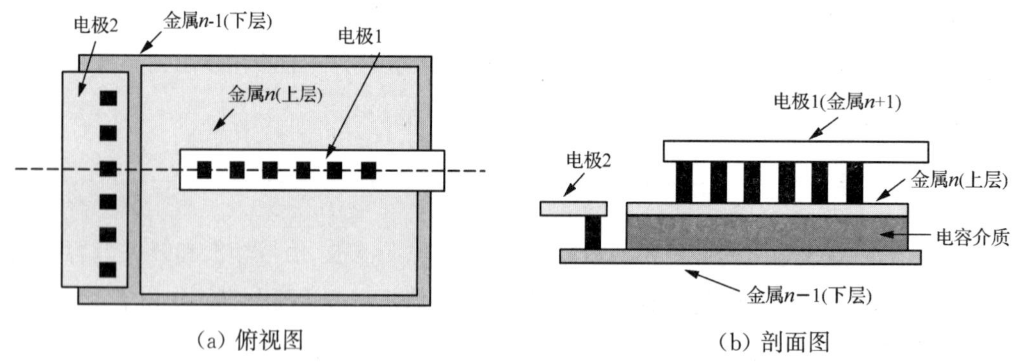

(a) 俯视图
(b) 剖面图

图 8.12　金属-金属电容

3) MOS 电容

MOS 管除了工作于饱和区可以放大信号,工作于线性区可以用作 MOS 电阻之外,实际应用中还可以用作 MOS 电容。将 MOS 管栅极作为 MOS 电容的一极，将 MOS 管的漏极与源极并联作为 MOS 电容的另外一极，就可以利用 MOS 管的沟道寄生电容。MOS 电容的大小与导电沟道面积(WL)、氧化层厚度 t_{ox} 以及氧化层介电常数 ε 有关，估算公式为：

$$C=\varepsilon \cdot \frac{WL}{t_{ox}} \tag{8-2}$$

MOS 管用作电容时的连接关系如图 8.13(a)所示，相比平板电容，MOS 管电容的单位面积容值较大，但是其容值受加载电压的影响，如图 8.13(b)所示是一个非线性电容。另外，MOS 电容在有效利用沟道寄生电容的同时，也会受到沟道寄生电阻的不利影响，简化后 MOS 电容的等效电路模型如图 8.13(c)所示，可以理解为电容两极串联接入了一个寄生小电阻。

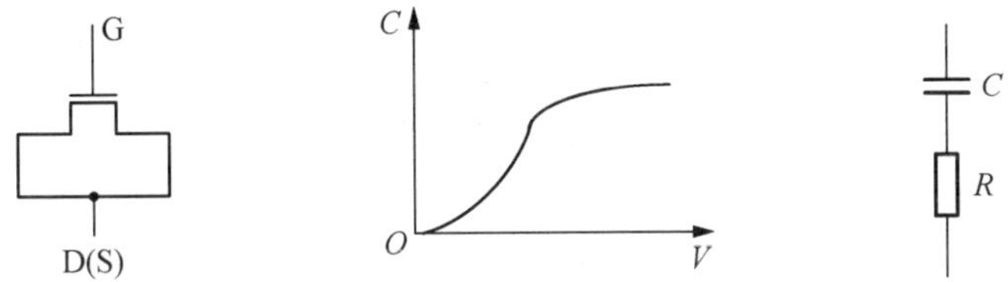

(a) MOS 电容电连接　(b) MOS 电容 C-V 特性　(c) MOS 电容等效电路

图 8.13　MOS 电容连接与特性

实际 MOS 电容版图绘制过程中，在 MOS 管沟道面积($S=WL$)一定的情况下，通过有意放大沟道宽度 W、减小沟道长度 L，可以减小沟道寄生电阻，如图 8.14(a)和(b)分别是 MOS 管电容改进前与改进后的不同绘图方法，图(b)相比于图(a)而言，沟道宽度 W 放大 4 倍，而沟道长度 L 减小 4 倍，总的面积 S 不变。

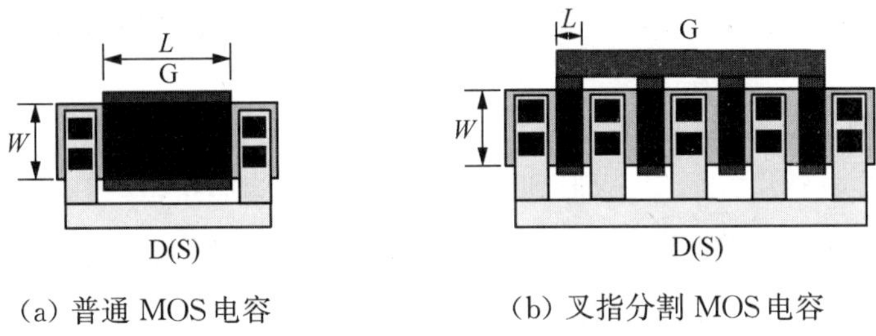

(a) 普通 MOS 电容　(b) 叉指分割 MOS 电容

图 8.14　MOS 电容叉指分割

8.2.3　电感

标准 CMOS 工艺库中一般不提供电感器件供客户调用，电感往往只有在 CMOS 射频工艺库中才会出现。凡是需要用到电感设计的集成电路，其工作频率一般都比较高，而电感寄生参数模型相对复杂，所以厂家能够提供的电感 Pcell 可选类型与可调参数非常有限，例如电感 Pcell 常见可选的参数主要包括电感线圈圈数、电感线圈金属宽度等。芯片内部电感结构早期受到工艺限制只能是平面方形螺旋电感，工艺改进后目前主要是八边形螺旋电感，部分先进工艺螺旋电感形状已经可以趋近于圆形。图 8.15 所示为射频 CMOS 工艺不同时期曾经用过的不同形状的芯片内部平面螺旋电感。

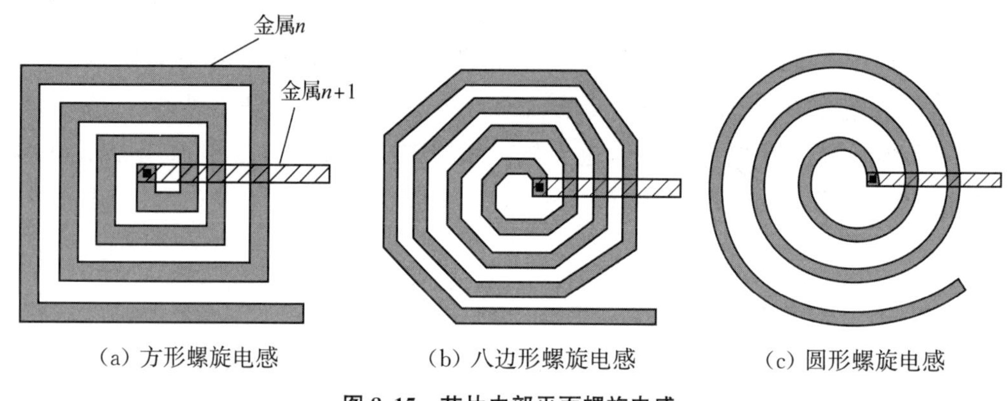

(a) 方形螺旋电感　(b) 八边形螺旋电感　(c) 圆形螺旋电感

图 8.15　芯片内部平面螺旋电感

平面螺旋电感感值大小与版图尺寸的关系，以及电感寄生参数模型在本书 4.2 节中已经阐述，此处不再赘述。

Tips

电感不仅在电路中产生电场影响，高频应用时对周边的磁场也会产生影响，故为确保芯片性能，电感版图绘制或直接调用时周边一般都会要求留有一定的空间距离，在该规定的空间范围内不建议放置其他器件版图，以便防止相互电磁影响。

有关电感版图，补充说明几点：

(1) 平面螺旋电感从方形、八边形到圆形逐步改进结构形状，其相应品质因数 Q 的性能也会得以改善。原因在于高频运用时，对于方形和八边形电感而言，高速电流流经线圈拐角时导电粒子会发生激烈碰撞而使拐角发热，产生更多的电感损耗，而圆形电感对于高速电流而言流经更加顺畅，所以损耗相对较少。读者理解该现象时可以将高速导电粒子比作是高速赛车，流经的电感线圈可以比作是赛车穿过的赛道，圆形赛道拐弯角度更加顺滑，因此更加适合高速赛车。

(2) 芯片内部平面螺旋电感由于受到加工工艺限制，目前难以做成类似分立元件电感那种立体螺旋形状，如图 8.16(a)与(b)分别示意了芯片内部平面螺旋电感与分立元件立体螺旋电感的结构，由于电流流过平面电感内外层线圈时产生的磁场磁力线会有部分相互抵消，因此会影响电感品质因数 Q，所以在一些高性能通信场合，为提升电路性能依然使用片外立体螺旋电感。

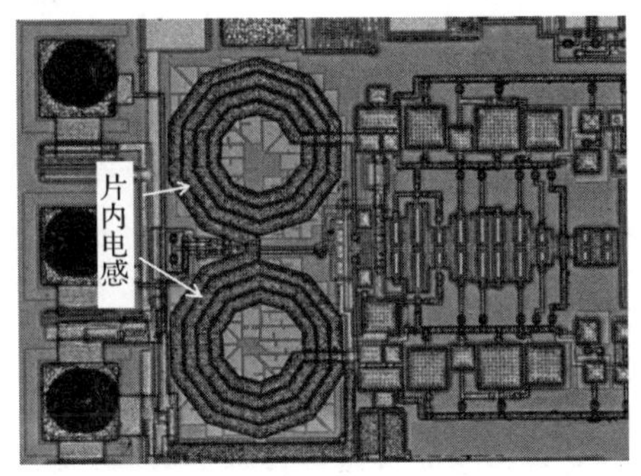

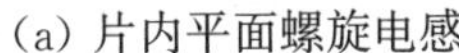

(a) 片内平面螺旋电感

(b) 片外立体螺旋电感

图 8.16　芯片内外电感结构对比

8.2.4　二极管

二极管器件在 CMOS 工艺中，多数用作 ESD 保护电路，用于释放外界静电对芯片的冲击。N 阱 P 衬底单阱类型 CMOS 工艺中，二极管主要存在两种类型，一种是直接做在 P 衬底上的 N+/P-Sub 二极管，另一种则是做在 N 阱中的 P+/NWELL 二极管。

图 8.17 和图 8.18 分别是 N+/P-Sub 二极管和 P+/NWELL 二极管，图中(a)与(b)各自对应二极管版图与剖面图。二极管作为 ESD 放电主要器件，其放电电流与二极管 PN 结面积直接相关，一般而言，若 ESD 保护电路防静电标准越高，则放电二极管结面积也会越大，二极管尺寸也就越大，但是由于 PN 同时存在结电容效应，所以过大的二极管作为 ESD 保护电路，会影响芯片接口电路的高频高速性能。

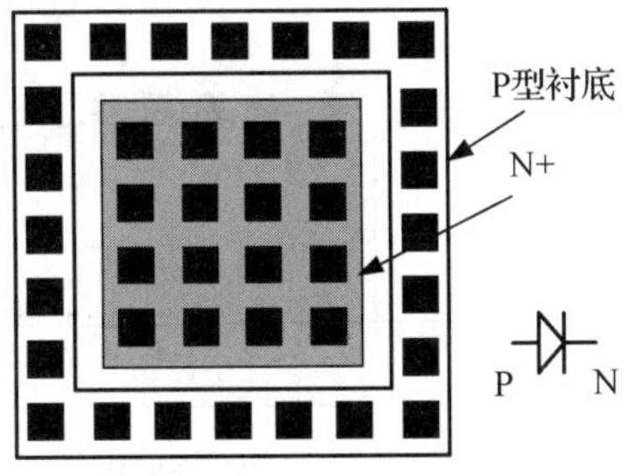

(a) N+/P-Sub 版图

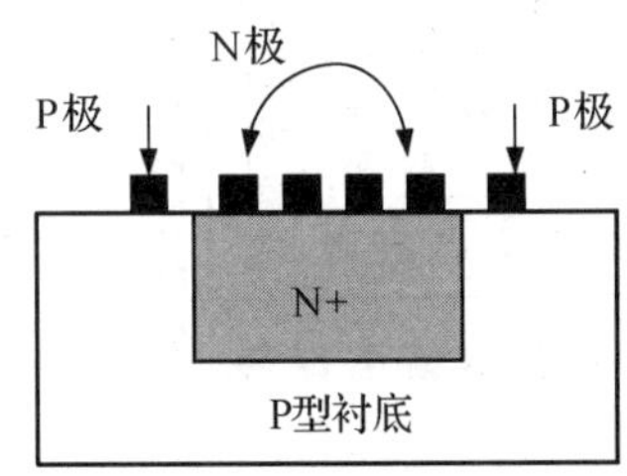

(b) N+/P-Sub 剖面图

图 8.17　N+/P-Sub 二极管

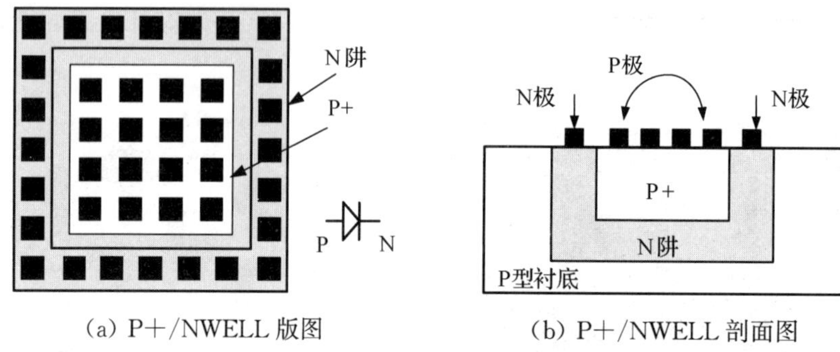

(a) P+/NWELL 版图　　(b) P+/NWELL 剖面图

图 8.18　P+/NWELL 二极管

需要注意的是，由于 N+/P-Sub 二极管的 PN 结 P 电极直接连接衬底，所以使用时该型二极管 P 极只能接地。

8.2.5　三极管

标准 CMOS 工艺中通常利用寄生效应制作三极管，该寄生三极管电流放大倍数较小，没有双极型 BJT 工艺中的三极管性能优越，所以一般不用于信号放大，而是通常用在带隙基准电压源等电路中，利用其发射结电压的负温度系数特性与其他正温度系数电压进行运算，可以产生零温度系数的基准电压源。

在单一 N 阱 CMOS 工艺中，通常多用的寄生三极管为 PNP 型，其版图与剖面图如图 8.19 所示，由图可以看出这是一种纵向寄生三极管，而且还可以发现，该型 PNP 三极管的集电极 C 因为连接衬底故只能接地，所以电路设计运用时功能会受到限制。

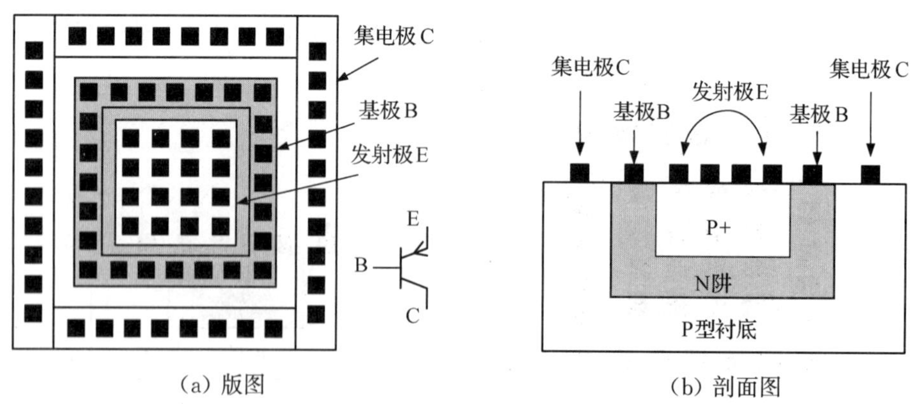

(a) 版图　　(b) 剖面图

图 8.19　PNP 寄生三极管

单一 N 阱 CMOS 工艺中当然也可以制作 NPN 寄生三极管，此时一般在图 8.19(b)所示剖面图的 P+区内部形成新的 N+区，从而形成 NPN 寄生三极管结构，该型 NPN 寄生三极管由于 N 阱相对隔离，C 极电压连接灵活，所以器件应用灵活性更好。

PNP 型与 NPN 型寄生三极管在生产加工时，各工艺厂家制程略有区别，感兴趣的读者可以在使用前查阅相关厂家 PDK 文档。

8.2.6　MOS 场效应管

MOS 场效应管是 CMOS 工艺中最重要的有源器件，主要分为 PMOS 管与 NMOS 管两种。单阱 CMOS 工艺中两种 MOS 管的版图（即俯视图）与剖面图分别如图 8.20 和图 8.21 所示，图中可以看到，在物理版图中无论是 PMOS 管还是 NMOS 管，多晶硅穿过有源区就形成一个 MOS 管，P+扩散区与有源区重叠“取与”得到 P 型有源区，N+扩散区与有源区重叠“取与”得到 N 型有源区，P 型与 N 型有源区分别在栅极的两侧构成 MOS 管的漏极（D）和源极（S）。

MOS 管用户可调的主要参数是栅极宽度与长度，见图中的 W 与 L，两个参数分别对应界定了栅极下方源区到漏区之间沟道的宽度与长度。

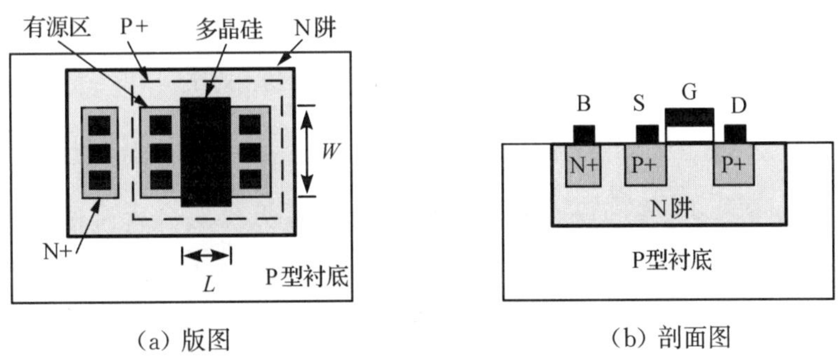

（a）版图　　（b）剖面图

图 8.20　PMOS 管版图与剖面图

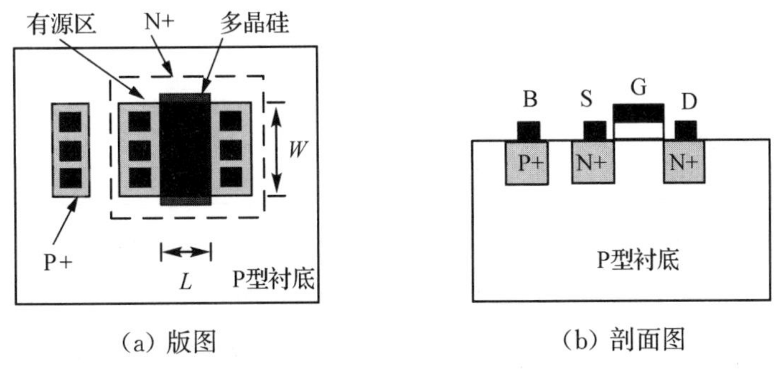

（a）版图　　（b）剖面图

图 8.21　NMOS 管版图与剖面图

MOS 管在版图绘制过程中，考虑到多个 MOS 器件之间匹配或者版图布局更加灵活方便等因素，多采用叉指并联结构形式，如图 8.22(a)所示，假设 MOS 管的宽长比是 $W/L = 4\ \mu m/0.25\ \mu m$，当采用叉指并联形式时可以等效绘制成图 8.22(b)形式，即 4 个宽长比为 $1\ \mu m/0.25\ \mu m$ 的 MOS 并联形式，修改前后两种不同形式绘制的版图低频性能基本不受影响，但是在高频运用时，需要考虑两种类型结构的寄生电阻与寄生电容有所区别，MOS 器件的高频性能并不完全相同。

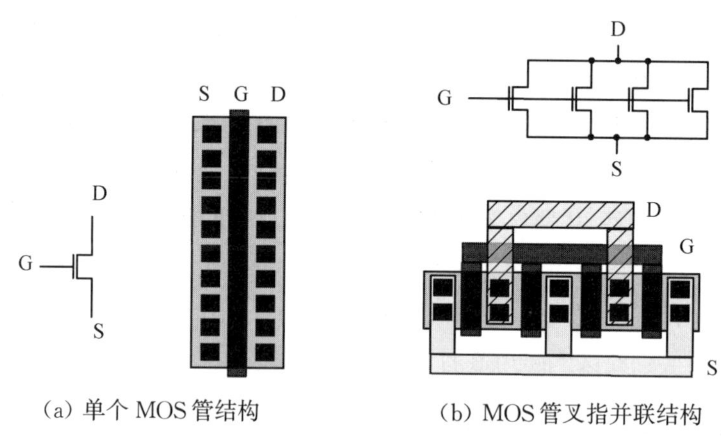

(a) 单个 MOS 管结构　　(b) MOS 管叉指并联结构

图 8.22　单个 MOS 管与叉指并联结构对比

> **Tips**
>
> 为性能可靠起见，模拟与射频集成电路设计时，无论是有源器件还是无源器件，为正确评估寄生参数对版图后仿数据的影响，版图与原理图尺寸尽量确保完全一致，完全一致不仅指总的宽长比一致，总的叉指结构与数量也需一致。如果电路优化时需要修改器件参数，务必确保版图与原理图器件参数同步修改。

8.3 版图物理验证

集成电路版图是一系列代表不同含义的几何形状图形的物理组合，所有绘制出的不同物理形状的图形，一方面需要确保工艺厂家能够正确识别生产，另一方面还需要保证加工生产后的器件与预期的电路原理图完全一致，所以需要分别进行相关规则检查。

版图物理验证又称版图设计检查，主要包括设计规则检查(Design Rule Check，简称 DRC)与原理图版图对照检查(Layout Vs. Schematic，简称 LVS)，对于各种高频高速、高精度基准电压源、电流源电路，还需进一步增加版图寄生参数提取与后端仿真验证（Extract & Post-simulation，简称 EXR），总体而言，版图物理验证主要包括上述三项内容，如图 8.23 所示。

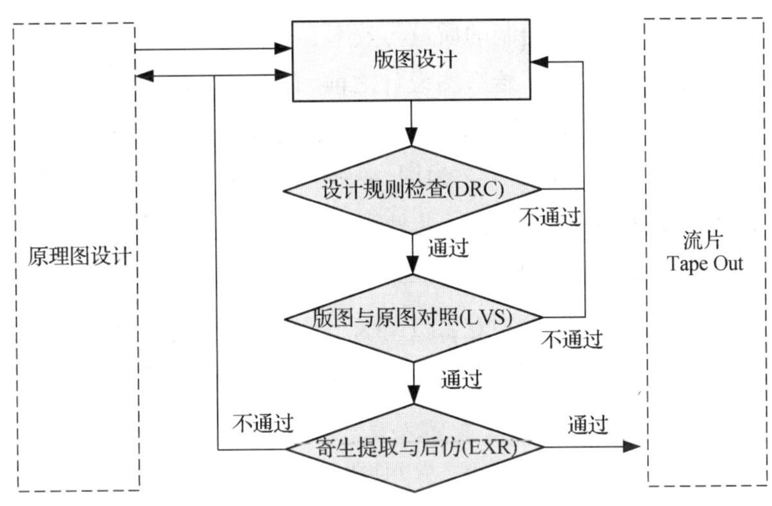

图 8.23　版图物理验证基本流程

8.3.1　设计规则检查

设计规则检查，主要用于版图几何规则检查，以确保所绘制的版图能够被工艺厂家正确加工。

集成电路制造必然受到工艺技术水平的限制和器件物理参数的制约。集成电路在加工过程中会受到多种非理想因素的影响，如制版光刻的分辨率问题、多层版之间的套准问题、集成电路表面不平整性问题、制作中的扩散和刻蚀问题以及因载流子浓度不均匀分布所导致的梯度效应等，这些非理想因素会降低集成电路的性能和成品率。为了保证器件正确工作并提高集成电路的成品率，要求设计者在版图设计时遵循一定的设计规则，这些设计规则由工艺厂家直接制定与提供。

设计规则是工艺厂家指导版图设计必须遵守的规范文件，满足设计规则的版图设计是保证工艺实现的基本要求，设计规则主要包括芯片内部各物理层的最小宽度、最小间距以及层与层之间的最小间距、最小交叠等。实际设计过程中，一般工艺厂家会将 DRC 检查文件以通用的文件格式提供给各设计单位，设计者可以选用不同的设计软件直接调用即可完成设计规则检查，所有 DRC 检查通过后的版图数据，进一步经过 LVS 检查后才能送交厂家生产。

实际芯片设计中涉及的工艺规则非常多，一个 DRC 规则文件内容动辄上千行，非常严格又细致，详细定义了该工艺的各种几何约束规范，以此确保芯片加工制造的成品率。如此复杂的 DRC 规则文件，无法通过人工逐一识别检查，一般通过 EDA 软件辅助快速检查，但是作为全定制版图设计工程师，一定程度上事先学习了解相关规则意义与标准，可以大幅降低 DRC 检查出错概率，提高版图绘制的质量与效率。

建议集成电路设计工程师在开始版图设计之前，有必要学习了解相关厂家提供的工艺设计文件，版图绘制过程中借助相关 DRC 检查软件快速检查排除 DRC 错误即可。

下面以某厂家 0.35 μm CMOS 工艺为例，举例说明几种常见的设计规则检查内容。注意表 8.1 对应的设计规则如图 8.24 所示，此处提及的仅仅为多晶硅栅和接触孔相关的部分规则，其他各种设计规则鉴于篇幅本节不再逐一罗列。

表 8.1　某厂家 0.35 μm CMOS 工艺部分设计规则举例

1. 多晶硅栅规则/μm		
1.1	最小宽度	0.35
1.2	最小间距	0.45
1.3	栅对有源区最小交叠	0.45
1.4	漏、源对栅最小交叠	0.60
1.5	与相关有源区的最小间距	0.02
2. 接触孔规则/μm		
2.1	固定尺寸	0.4×0.4
2.2	接触孔之间的最小间距	0.40
2.3	有源区与接触孔之间的最小交叠	0.15
2.4	多晶硅与接触孔之间的最小交叠	0.15
2.5	多晶硅上接触孔与有源区之间的最小交叠	0.40

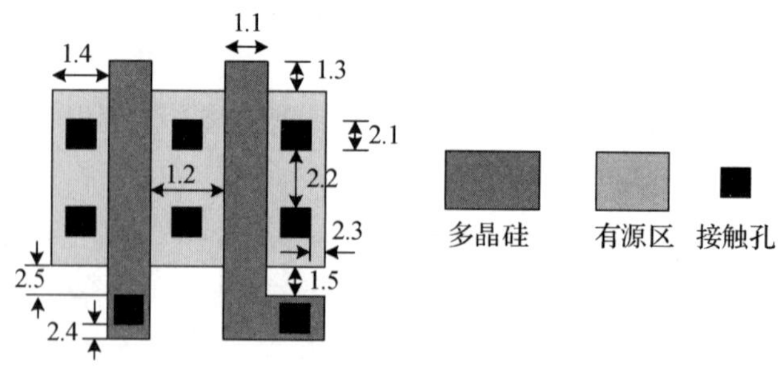

图 8.24　版图多晶硅与接触孔规则示意

比较表 8.1 和图 8.24 可以看出，该 CMOS 工艺最小栅宽如图中 1.1 所示为 0.35 μm，栅与栅之间最小间距为 1.2 所示 0.45 μm，单个接触孔为固定尺寸 0.4 μm×0.4 μm，接触孔之间的最小间距为 0.4 μm，诸如此类等。版图设计师在提前知晓这些规则的情况下，绘图过程中加以严格执行，可以避免 DRC 检查出错后重新返工的烦恼。

为提高 DRC 检查效率，版图绘制过程中几点注意事项通常包括：

(1) 分模块分阶段完成 DRC 检查

全定制版图设计采用的是自底向上(Bottom Up)的设计方式，是一种类似于搭积木由子模块到系统的构图法，所以版图绘制极可能会出现“牵一发而动全身”的情况发生，个别子模块版图如果出错重新绘制，可能导致其他模块和系统模块都要修改挪动的问题，所以 DRC 检查，建议严格分模块、分阶段经常性检查。

(2) 设计规则与设计准则同时兼顾

版图绘制时，建议设计师既要遵照工艺厂家提出的设计规则，同时也要兼顾本章下文提及的一些设计经验与准则，比如需要考虑防止栓锁效应、防止天线效应、防止应力影响等采取的一些举措。版图绘制过程中，经常进行阶段性的版图审查(Review)是非常重要的，不断地发现版图问题并及时解决，对保证版图质量非常重要，对工程师的学习成长也非常有益。

(3) 同层版图连接时不建议重叠

版图绘制过程中，器件与连线之间、连线与连线之间会面对大量的相同版图层物理连接的问题，理论上讲，只要两块相同的版图层重叠，无论重叠区域多少，生产加工时工艺就会自动将其合并(Merge)成一层，对版图性能没有任何影响，而且工程设计中，很多工程师有这样的绘制习惯，如图 8.25(a)所示，但是笔者还是建议同层版图连接时直接贴合上就可以，不建议留有重叠区域，如图 8.25(b)所示。究其原因一方面是为了版图美观，另一方面更是为了连接的安全可靠，特别是对于规模大、层次复杂的全定制版图设计，如果由于各种原因导致了某模块版图细微移位，这里建议的“直接贴合”方法会在 DRC 检查时及时发现版图断开的空隙，及时告警便于及时修改。

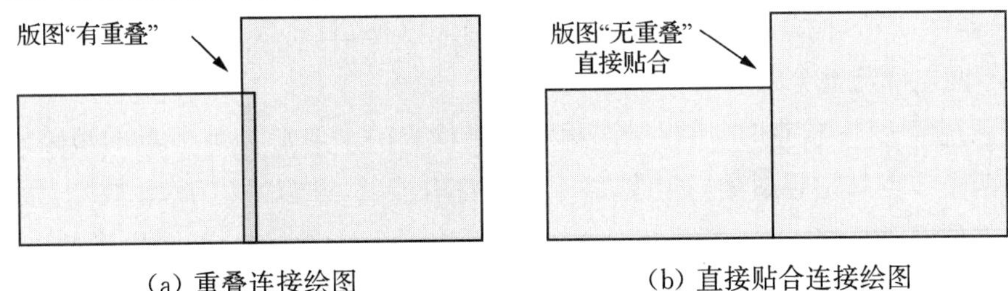

(a) 重叠连接绘图　　(b) 直接贴合连接绘图

图 8.25　同层版图重叠连接与直接贴合连接

8.3.2　版图与原理图对照

版图与原理图对照(LVS)检查，主要用于对比芯片版图与原理图，确保两者电气连接完全一致，如图 8.26 所示。LVS 检查借助相关 LVS 检查工具，通过调用 LVS 规则文件将电路原理图提取出的网表文件与版图提取出的网表文件作对比，发现两者不一致的地方及时提醒设计工程师修改版图。

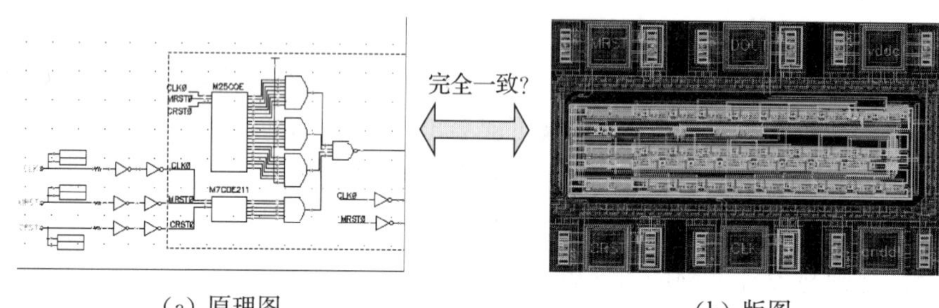

(a) 原理图　　(b) 版图

图 8.26　版图 LVS 检查

为提高 LVS 检查效率，同样提出几点注意事项，具体包括如下：

(1) 分模块分阶段完成 LVS 检查

同 DRC 检查一样，为减少检查工作量，LVS 检查同样建议分子模块、分阶段逐步完成。因此在原理图设计仿真时就应该提前规划好层次化设计模式，系统级电路原理图可以根据不同功能逐级分解成多个不同层次，按照子模块嵌套的方式构建电路架构，这样无论是针对电路功能仿真还是版图 LVS 对照检查，都可以做到层次分明、结构清晰，LVS 对照检查不易出错。

(2) 版图与原理图器件叉指数完全对应

为保证版图与原理图完全匹配，建议原理图设计仿真之初就按照设计预期完成器件的叉指分割，在确保器件版图绘制完全匹配的同时，也便于检查核对器件的匹配特性，例如 MOS 管或电阻电容的轴对称、中心对称等特性。另外，版图绘制时为匹配增补的一些虚拟(Dummy)器件，LVS 检查之前需要在原理图中对应增补。

(3) 不同电源与地分别取名

版图系统级 LVS 检查时，出现错误相对更难检查的是电源与地节点的短路问题，因为电源与地两个节点都是版图全局走线，各个模块都有涉及，一旦发生 LVS 故障，版图中电源与地各个部位都会报警，难以准确定位。在数模混合版图设计中，不同用途的电源与地节点，建议区分取名，例如 VDD_A 和 VDD_D，GND_A 和 GND_D，分别表示模拟电源、数字电源和模拟地、数字地。

8.3.3　版图提取与后仿

版图提取与后仿，主要通过提取所绘制版图的寄生参数，主要为寄生电阻与寄生电容，在增补考虑寄生电阻与电容的情况下，重新完成电路主要性能的仿真验证，这种增加了版图寄生参数的仿真验证，称为“版图后端仿真”，简称后仿(Post-simulation)，后仿由于兼顾了版图寄生参数的影响，得到的数据更加接近实际测试性能。

相比于原理图前仿(Pre-simulation)，版图后仿由于含有寄生参数，仿真性能相比于原理图仿真性能可能会有所下降，特别是高频高速电路设计仿真时，寄生参数的影响更为明显，所以在版图绘制成功并完成 LVS 检查之后，模拟电路设计特别是高频高速电路设计，需要进一步完成版图后仿。

在某些高频、高功率运用场合，为了使得仿真结果尽可能地接近芯片实际测试结果，甚至应该将后期封装键合的电路模型、实际应用负载与信号源等一并带入仿真验证。

芯片设计开发中，由于后仿的仿真对象是带有大量寄生参数的版图网表，仿真数据量一般较大仿真时间较长，所以后仿需要根据实际需求，择优选取最重要的电路指标进行验证，如果验证发现性能指标下降，需要调整版图设计以便减小寄生参数的影响，特别情况下，如果版图修改无法降低寄生参数的影响，此时需要重新考虑原理图设计的优化改进。

8.4 版图设计基本准则

不同于前文版图物理验证必须遵守的设计规则，本节所指的设计准则，指在遵守版图设计规则的基础上，对版图设计的进一步设计优化，如果合理运用基于经验积累的一些准则，可以进一步提高集成电路设计的可靠性、安全性，保证产品性能指标，更大程度上做到芯片测试结果与芯片仿真数据的完美匹配，提高芯片“一次性流片”成功率。

8.4.1 匹配增强设计

集成电路器件匹配对于模拟与射频集成电路设计非常重要，例如运算放大器输入差分对管只有在器件尺寸及外围负载完全匹配的情况下才能获得最好的共模抑制效果，又如电流镜电路中也只有 MOS 器件尺寸完全相同且偏置电压相等的情况下，才能获得更精准的镜像比例电流输出，实际在原理电路仿真时，其实无法考虑器件尺寸的失配影响，都默认为理想情况下的尺寸完全相同，然而由于集成电路加工工艺的影响，事实上存在加工生产出的器件彼此间尺寸无法完全相同的情况，一定程度上会影响器件的匹配性能，这种现象称之为失配。

例如集成电路内部电阻，虽然加工误差精度一般最大都在±20% 左右，但是在同一次流片集成电路内部相邻很近的区域，通过特定的版图结构设计，可以使得不同电阻在加工后，即使仍会同时发生偏差，但是电阻两两之间大小一致性或称匹配程度提升至1%～0.1%的精度，这种特殊的版图设计，称之为版图“匹配”设计。

在研究器件匹配对策之前，首先需要明确器件失配的原因与机理。

1）器件失配分类与原因

版图上两个完全相同的器件之间发生失配的类型大致可以分为随机失配与系统失配两类，两种失配的原因与相应处理对策有所不同。

（1）随机失配

随机失配是由于器件的尺寸、掺杂浓度、氧化层厚度等因素的细微波动与变化引起的失配。版图工艺加工过程中理想无失配的情况如图8.27(a)所示，版图边缘切割笔直无波动、内部掺杂均匀，而发生随机失配的主要原因分为两大类，一类是图8.27(b)所示版图区域内部掺杂浓度不均匀性造成器件的特性略有差异，另一类则是图8.27(c)所示版图边缘尺寸细微波动导致包括器件宽度W、长度L与厚度H均会存在微观领域的细微波动。

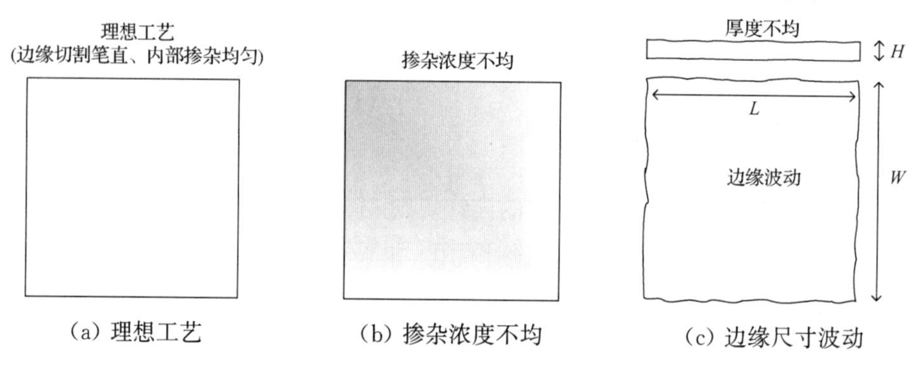

(a) 理想工艺　(b) 掺杂浓度不均　(c) 边缘尺寸波动

图8.27　随机失配主要原因

（2）系统失配

系统失配是源于工艺偏差、接触电阻、刻蚀速率、扩散影响、机械应力与温度梯度等诸多因素的影响。工艺偏差是指在制版、刻蚀、扩散、注入等芯片制造过程中由于几何收缩或扩张导致的尺寸误差；接触电阻的影响主要是指对于小阻值电阻而言，电阻两端连接孔电阻的大小会对总电阻的匹配产生影响；刻蚀速率的影响是指芯片内部物理层特别是多晶硅的刻蚀速率与刻蚀窗口大小有关，不同的刻蚀窗口刻蚀出的多晶硅等物理层略有差别；扩散影响则是表现在同类型扩散区相邻时相互增强，不同类型扩散区相邻时则相互减弱；最后有关梯度对系统失配的影响，主要体现为由于机械应力、温度、载流子掺杂浓度或者氧化层厚度分布不均呈现梯度分布时，元器件之间会存在差异，差异的大小取决于梯度变化程度与距离。

版图匹配设计目的，在于根据不同的失配原因，找寻相应方法尽可能减小上述随机失配与系统失配带来的影响，以便提升芯片实测性能与仿真性能的一致性。

2) 随机失配减小方法

由于随机失配主要来自器件周边尺寸与内部掺杂的细微波动，所以大器件尺寸和大器件面积设计可以一定程度降低失配误差变化量的相对影响。

对于两个容值都是 C 的电容而言，电容间失配标准差为：

$$\delta_{\mathrm{C}}=\sqrt{\frac{k}{C}} \tag{8-3}$$

式中，k 为电容失配系数；C 为容值。由公式可以看出，失配大小与电容值倒数的平方根成比例，即电容值增加 N^2 倍，失配减小到原来的 $1/N$，而电容值增加 N^2 倍意味着电容面积也要增加 N^2 倍，所以总体而言这种通过增加面积减小失配的方法成本比较高，在一些对电容精度要求非常高的场合，更多还是通过电容校准的方式实现。

对于两个阻值相同且宽度相同的电阻而言，电阻间失配标准差为：

$$\delta_{\mathrm{R}}=\frac{1}{W}\sqrt{\frac{k}{R}} \tag{8-4}$$

式中，k 为电阻失配系数；R 为电阻值。由公式可以看出，两个电阻失配大小同样与电阻值倒数的平方根成比例，如电阻值增加 4 倍，失配减小到原来的 1/2；另外，不同于电容失配，电阻间的失配还与电阻的宽度 W 成反比，电阻在阻值不变的情况下，宽度越大失配越小，实际上在阻值不变的情况下，电阻宽度放大 1 倍，相应的长度也要放大 1 倍，所以电阻的版图面积会放大 4 倍，同样是以占用更大的版图面积为代价。同样道理，在对电阻精度要求非常高的场合，更多还是通过电阻校准的方式实现。

3) 系统失配减小方法

为了降低系统失配，以下一些有益的版图设计技术经常在实践中采用。

(1) 器件复制

器件复制指需要匹配的两个或多个元器件都是由某一个或一组元器件单元复制构成，这种方法可以降低工艺偏差或者欧姆接触电阻失配的影响。如图 8.28 所示某款芯片裸片照片，可以看出电路左右两侧电路是完全对称的。实际版图设计过程中，如果原理图是对称结构，那么版图在绘制时只需绘制半边电路版图，另外半边电路的版图直接拷贝复制即可，避免两边版图分别绘制导致不完全相同的情况发生，因此可以降低版图绘制失配。

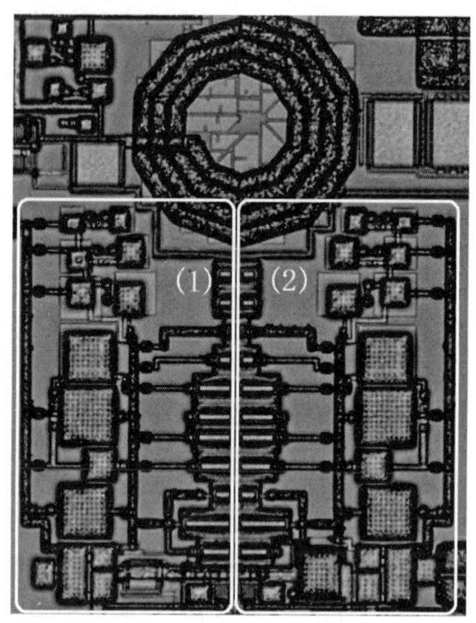

图 8.28　版图复制减小失配

(2) 增补虚拟单元

虚拟(Dummy)单元,有的教材中又称为"哑"单元,增补虚拟单元可以提升需要匹配器件的周边环境一致性,主要用于减小刻蚀速率与扩散差异导致的细微影响。常用的方法是在匹配器件的周边或两侧增加一些同类型的 Dummy 单元,这些 Dummy 单元的放置只用于改进环境一致性,使得从匹配器件的角度看出去,所有器件周边的环境均一致,这边所指的周边环境一致性,包括增加的单元类型与空间间隔都需一致,有时为节省版图面积,同类型 Dummy 单元的尺寸可以缩小一些。图 8.29(a)和(b)分别给出了 3 个匹配电阻 R 以及 3 个匹配 PIP 电容 C 增加 Dummy 单元的绘图方法,为减小版图占用面积,两图中 Dummy 电阻 R_D 与 Dummy 电容 C_D 尺寸均作了压缩。

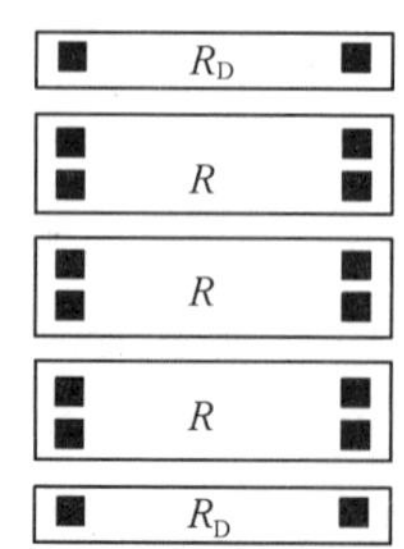

(a) 电阻增补 Dummy 单元

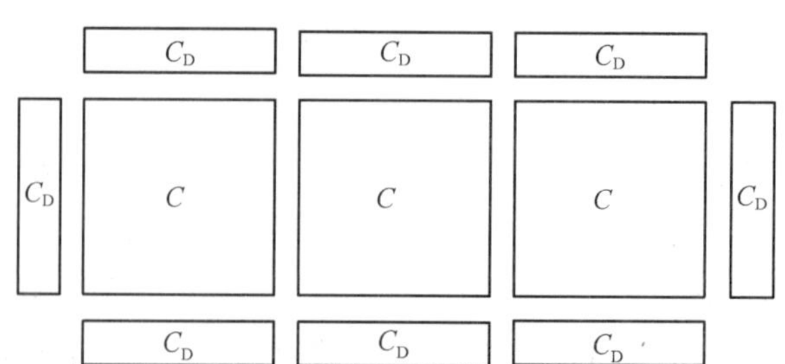

(b) PIP 电容增补 Dummy 单元

图 8.29　电阻与电容增补虚拟单元

（3）对称设计

在掺杂特性呈现线性梯度特性下，对称设计可以抵消梯度效应产生的失配影响。区分一维与二维空间，对称设计可以分为一维轴对称设计和二维共质心对称设计。如图 8.30(a)示出了一维空间一种轴对称设计与一种非轴对称设计，左图满足轴对称版图设计要求，其中双 A 双 B 与双 C 各自的梯度中心点均重合在 X 轴中心点；右图则不满足轴对称版图设计要求，因为可以看出右图中双 A 双 B 与双 C 的梯度中心点并不重合，并不满足轴对称要求。举例来说，如果该线性梯度曲线反映的是掺杂浓度曲线，可以看出右图中的双 A 双 B 与双 C 各自中心点的掺杂浓度并不完全相同，会存在细微差别，由此加工出的电阻 A、B、C 会不完全相等。

图 8.30(b)则是在一维空间轴对称的基础上，拓展到了二维空间的对称设计，在 X 轴与 Y 轴二维空间都有对称设计要求，此时可以采用共质心对称（又称中心对称）版图设计，其对称机理与一维空间轴对称机理类似，这里不再进一步展开。

Tips

实际版图绘制过程中，一般电流源或匹配电阻版图设计时，采用轴对称设计即可满足设计要求；而匹配要求更高的差分输入对管设计，一般多用相对匹配性能更好的共质心对称设计。当然，有时在差分对管匹配性要求不高或者差分对管器件尺寸较小，随机失配占主导的情况下，差分对管采用轴对称设计与采用共质心设计性能差别并不大。

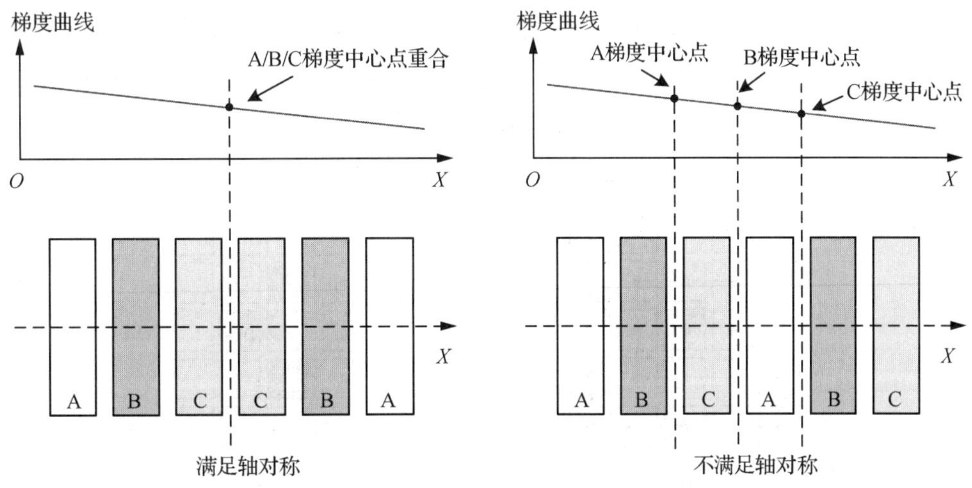

(a) 轴对称与非轴对称版图

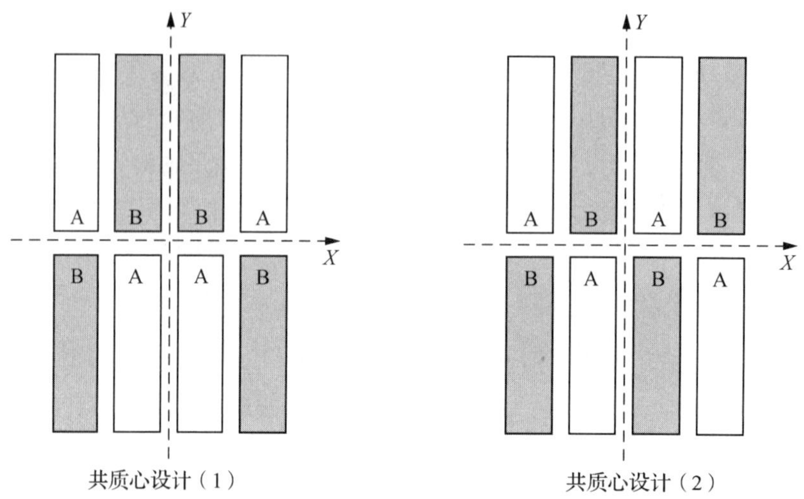

(b) 共质心对称版图

图 8.30　版图轴对称与共质心对称设计

版图设计实践中为达到更好的匹配效果，电容和双极型晶体管常常还采用一种共圆心的绘图方法，实际属于共质心设计方法的一种特例，如图 8.31(a)所示，版图内部两圈分别为电容 C_1 和 C_2，电容之比为 1∶8，最外圈增加 16 个虚拟(Dummy)器件 C_D，用以确保 C_1 与 C_2 两圈电容周围环境一致，提升电容 C_1 和 C_2 匹配性能。

假设有三个双极型晶体管需要匹配设计，且数量比为 $Q_1 : Q_2 : Q_3 = 1 : 4 : 4$，则图 8.31(b)是可以参考的一种版图匹配设计方法，图中最外圈 16 个双极型晶体管同样是 Dummy 器件，设置目的同样是确保 Q_1、Q_2 与 Q_3 周边器件环境一致以提升匹配性能。

共圆心版图绘制方法虽然匹配性好，但是使用时内圈器件向外引线不方便，而且外圈 Dummy 器件占用面积较大，版图绘制时需结合实际情况综合考虑。

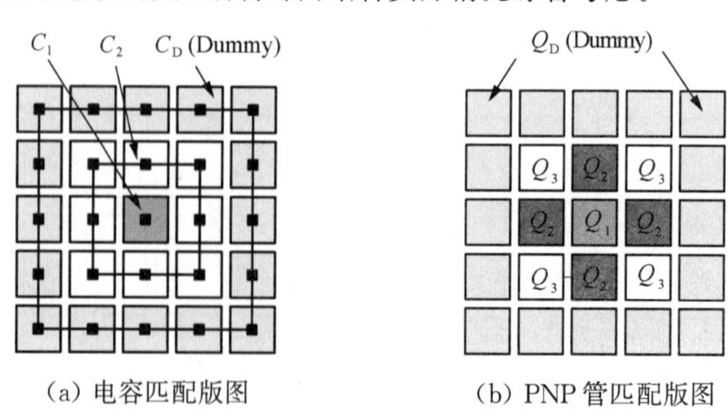

(a) 电容匹配版图　　(b) PNP 管匹配版图

图 8.31　共圆心版图匹配设计

（4）器件靠近放置

需要匹配的单元在满足设计规则条件下，尽可能地靠近放置可以减小因环境不同、机械应力和掺杂浓度有别等因素造成的影响，提升版图匹配性能。以图 8.32 所示 MOS 管版图绘制为例，图(a)MOS 管方向不同，受工艺影响制成的 MOS 匹配性能很差；图(b)MOS 管方向虽然相同，但是两管源漏极周边环境不尽相同，受刻蚀速率与掺杂浓度的影响，同样会有两管的不匹配；图(c)在两管两侧分别增加了一个 Dummy 管，匹配性能得以改善，效果良好；图(d)在图(c)的基础上，将 M_1 与 M_2 管分成两段叉指并联，既压缩了 MOS 单元之间的距离，又同时采用了轴对称版图技术，匹配效果进一步提升，匹配性能相比最优。

需要注意的是，图(d)中漏源极共用的叉指并联版图绘图技术，只有在 MOS 管 M_1 与 M_2 之间存在公共电路节点的条件下才可使用，当然，常见的电流源与差分对电路一般都满足有公共电路节点的条件。

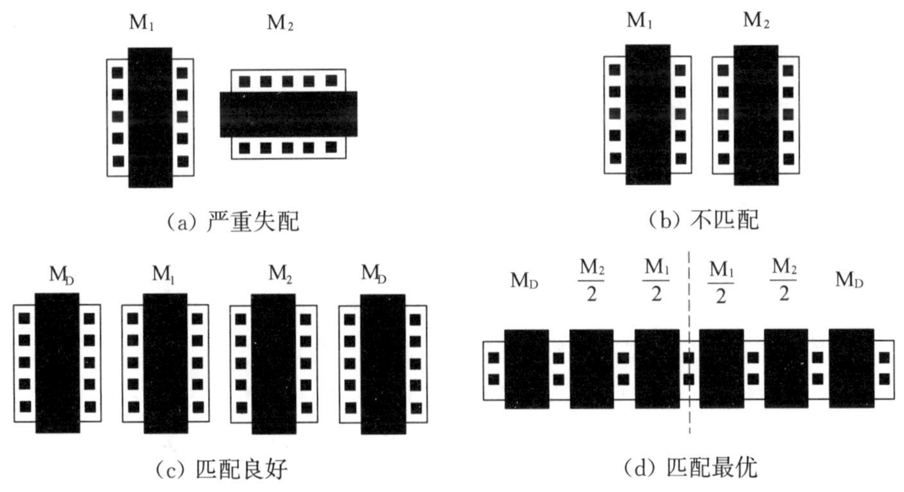

图 8.32　MOS 管匹配策略比较

Tips

实际版图绘制过程中，上述几种设计技术往往是多种综合运用，如对称设计的同时，对称的单元版图则是通过复制方式直接获得，不要另行绘制，另外除对称绘制之外，还会在周边或者两侧增加 Dummy 单元，提高需要匹配设计的器件周边环境的一致性，如图 8.33 所示，R_1 与 R_2 电阻利用左右复制实现轴对称设计，同时在外围两侧增加 Dummy 电阻。由此可见，在实现版图轴对称设计时，匹配器件阵列尽量拆解成偶数单元便于绘图，Dummy 器件同时注意两端对称接至固定电位，如接电源与地均可，防止静电积累带入噪声干扰。

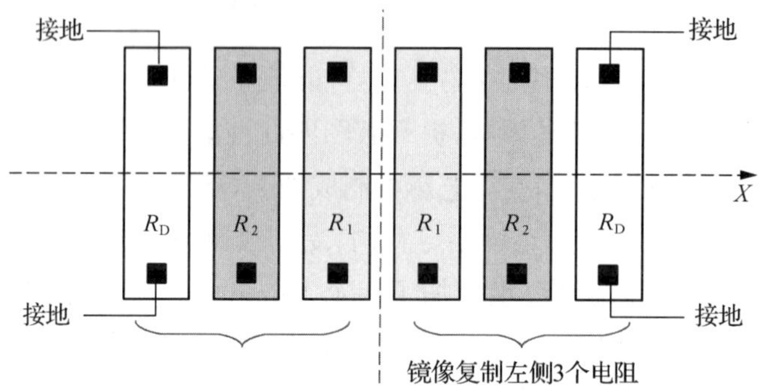

图 8.33　多种版图匹配技术综合运用

8.4.2　可靠性提升设计

这里所讲的可靠性是针对集成电路性能安全风险而言，主要提出集成电路在遇到意外突发情况时的防护措施，主要包括两方面：一是减小栓锁效应的影响，二是减小天线效应的影响。两种效应未必一定发生，但是通过研究其发生机理并给出合理举措，可以降低风险发生概率，提升产品可靠性。

1）栓锁效应的影响与对策

版图设计时一个重要的原则就是要防止栓锁(Latch-Up)效应。标准 CMOS 工艺器件结构中往往会寄生一个水平横向的 NPN 管和垂直纵向的 PNP 管。如图 8.34(a)所示为最基础的反相器电路原理图，图 8.34(b)则显示其版图的物理结构剖面，由图可以看到除了 PMOS 与 NMOS 器件外，还有两个寄生三极管器件 Q_1 和 Q_2，其中寄生纵向 PNP 管 Q_1 的集电极、基极和发射极分别对应 P 型衬底、N 阱和 PMOS 管的源极或漏极，寄生 NPN 管 Q_2 的集电极、基极和发射极，分别对应 N 阱、P 型衬底和 NMOS 管的源极或漏极，图中 R_1 是 PNP 管的基极即 N 阱到电压源之间的寄生电阻，同理 R_2 是 NPN 管的基极即衬底到地之间的寄生电阻，由于 P 型衬底和 N 阱是半导体材料，寄生电阻 R_1 和 R_2 虽然小但始终存在，所以基于该寄生效应的等效电路如图 8.34(c)所示。

一般情况下，由于 R_1 和 R_2 电阻较小，电阻上压降可以忽略，所以 Q_1 与 Q_2 通常处于截止状态，但是在某些特殊情况下，如果 Q_2 的基极受到瞬间干扰导致基极电压上升，Q_2 会瞬间导通，而 Q_2 的导通拉低 Q_1 的基极电位也会进一步使 Q_1 导通，Q_1 的导通反过来提升 R_2 电阻上端电压，导致 Q_2 更深程度地导通，由此形成正反馈，使 Q_1 与 Q_2 都导通，会在电源与地之间形成较大的导通漏电流使得电路无法正常工作，这种现象称之为“栓锁效应”。

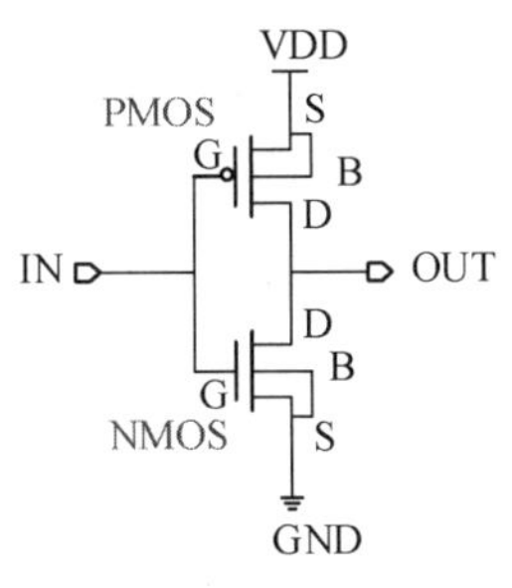

(a) 反相器原理图

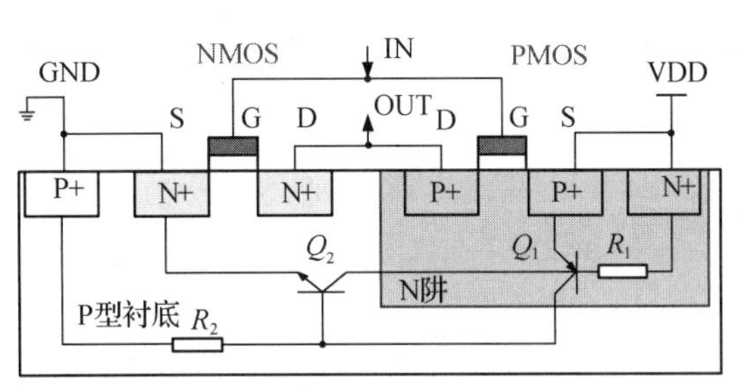

(b) CMOS 工艺寄生三极管示意图

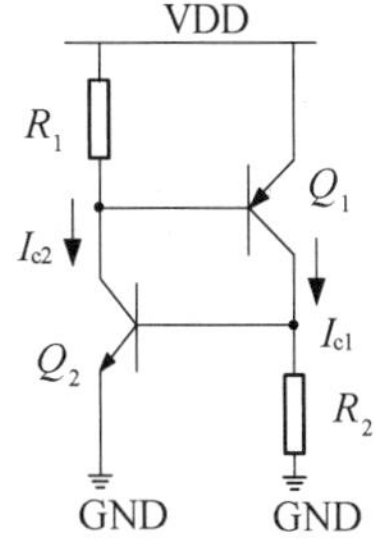

(c) 栓锁效应等效电路

图 8.34　栓锁效应原理与等效电路

为防止栓锁效应发生，需要尽可能减小寄生电阻 R_1 与 R_2 的阻值，尽可能减小 Q_1 与 Q_2 的电流放大倍数。纵向 PNP 管主要受 N 阱等工艺影响，设计师难以改变其特性，但是对于横向 NPN 管，可以通过拉大 NMOS 管与 PMOS 管之间的间距达到减小 NPN 管电流放大倍数的效果。如图 8.35(a)所示，N 阱中 PMOS 管与衬底上 NMOS 管的最小间距"s"在厂家 DRC 设计规则文件中都有规定，版图绘制时需要按照规则文件拉开距离，同时 PMOS 管与 NMOS 管尽可能合并归类布局，即不同 PMOS 管尽可能归并邻近放置，NMOS 管同样邻近放置；另外实际版图绘制中，一般 N 阱要求多点位接电源、P 型衬底要求多点位接地，例如 PMOS 周围布置电源环、NMOS 周围布置地环，以此达到减小 N 阱和 P 型衬底寄生电阻 R_1 和 R_2 阻值的目的，但是实际版图布局布线时，如果 MOS 管周围布置封闭的电源环或地环，容易导致 MOS 器件走线困难，因此工程设计中通常可以考虑如图 8.35(a)所示的半封闭电源环和地环，通过图中通孔阵列 M_1-Nwell 多点连接 N 阱与电源 VDD，可以保证 N 阱各点位电压精确等于 VDD，同理，通过阵列 M_1-Psub 多点连接衬底与地 GND，可以保证衬底各点位电压精确等于 GND。

如果模块电路中 PMOS 器件和 NMOS 器件数量较多，各自相邻布局时占用面积较大，此时为确保 PMOS 周边 N 阱各点位电压精确等于电源电压 VDD，NMOS 周边各点位电压精确等于地电压 GND，还需要进一步如图 8.35(b)所示在 MOS 管中间位置间或插入电源环与地环，如此才可以确保图中 N 阱或 P 型衬底任意一点良好接电源或地，不但可以确保各自电位精确相等，还有助于噪声隔离与释放，如图中 N 阱上中间插入一列 M_1-Nwell 通孔后，A 点连接导体电源的最小距离从 x_1 减小为 x_2，衬底上中间插入一列 M_1-Psub 通孔后，B 点连接导体地的最小距离从 y_1 减小为 y_2。

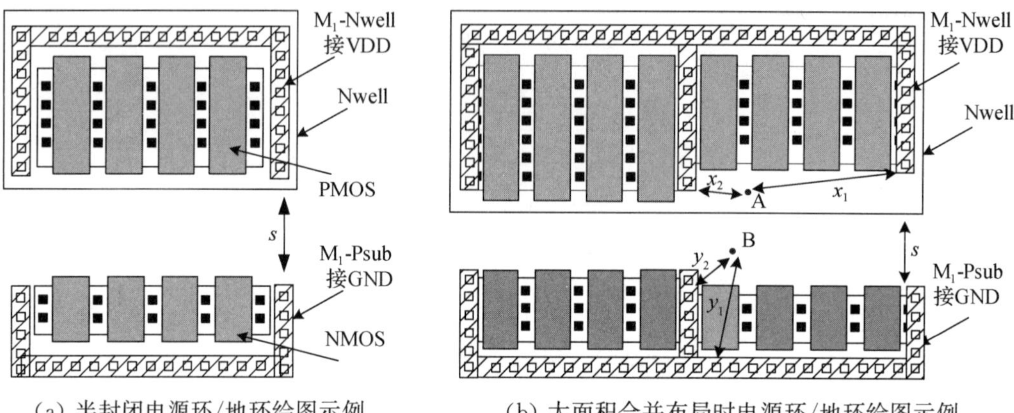

(a) 半封闭电源环/地环绘图示例　　(b) 大面积合并布局时电源环/地环绘图示例

图 8.35　减少栓锁效应版图绘制方法举例

2) 天线效应的影响与对策

天线效应是指大面积的金属与栅极相连时，该金属会等效为一个天线，如图 8.36(a)所示，在芯片使用和加工过程中收集周围环境的带电粒子，带电粒子积累后导致金属电势提升，金属电势的提升会增加栅极氧化层击穿的风险，另外与栅极连接的大面积多晶硅也一样会引起天线效应。为降低天线效应的影响，一方面需要工艺生产设备与环境尽量降低带电粒子，另一方面也需要版图绘制的改进与加强。

实际版图绘制过程中，为减小天线效应的影响，一般会采用多层金属逐渐过渡的方法，如图 8.36(b)所示，减小加工过程中直接与 MOS 管栅极相连的多晶硅或某单层金属的面积，以此降低多晶硅或单层金属面积过大导致带电粒子积累过多损伤栅极的风险。另外结合第 9 章介绍的芯片整体布局时静电防护设计需要，如果 MOS 管栅极与芯片输入/输出焊盘 PAD 直接连接，通过多层走线过渡或者走线弯折的方式，还可以一定程度上同时降低外界静电对 MOS 管栅极冲击的风险。

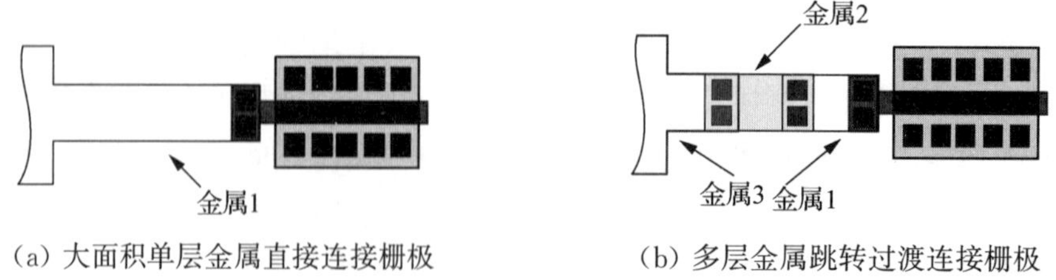

(a) 大面积单层金属直接连接栅极　　(b) 多层金属跳转过渡连接栅极

图 8.36　天线效应

当然，如果是高频高速电路，上述多层金属跳线或者走线弯折等降低天线效应的方法可能会降低芯片的高频高速性能，所以高频版图设计需要综合考虑天线效应与高频性能之间的折中权衡(Trade Off)。模拟集成电路设计,一个非常重要的特点就是往往在多项指标之间根据需要寻求最佳平衡,例如带宽与增益之间、速率与功耗之间、高频性能与防护等级之间,诸如此类等,在“鱼和熊掌不可兼得”的时候,设计师需要“敢于”并“善于”取舍。

8.4.3　减小寄生参数设计

版图绘制时,需要充分考虑寄生参数的影响,特别是针对基准电压源电路、基准电流源电路及高频高速电路,寄生参数对电路性能的影响不可忽视。寄生参数的影响,可以区分寄生电阻、寄生电容和寄生电感的影响三大类。

1) 寄生电阻的影响与对策

(1) 电阻通孔寄生电阻

一般而言,电阻两头与金属连接的通孔均采用阵列的方式打孔,打孔的数量没有明确要求,但是在一些电阻精度要求非常高的场合,如带隙基准电压源电路,多个电阻之间要求匹配设计时,需要适当考虑通孔寄生电阻带来的影响,假设一个电阻的寄生电阻是 R,那么 n 个通孔并联,总的通孔电阻就会降低为 R/n,所以不同数量的通孔,电阻两端通孔寄生电阻的大小会有所区别。

为避免通孔电阻对总电阻的影响,基准电路设计选用电阻时最好尽量选用高阻值电阻,一方面可以降低通孔以及连线寄生电阻的相对影响,另外一方面还可以降低带隙基准电路的功耗,可谓一举两得。

(2) 连线寄生电阻

集成电路内部连线,既可以选用不同层金属,也可以选择多晶硅,但是考虑到多晶硅的电阻率相比金属更大,所以长连线时一般不要选用多晶硅而是选用金属,防止寄生电阻过大影响性能,多晶硅连线一般只用于连接栅极或电容等没有静态电流流经的支路;另外,即便是选用金属连线,一般不要用工艺规定的最小金属线宽,一方面是减小连线寄生电阻,另一方面也要考虑连线允许的功率;当然金属连线的宽度也不是越大越好,如果连线宽度过宽,寄生电容会增加,对于高频高速信号而言又会产生影响,所以这又是一个“Trade Off”问题。

(3) N 阱和 P 型衬底寄生电阻

N 阱和 P 型衬底寄生电阻的影响,主要体现于潜在的栓锁效应影响上,有关栓锁效应的原理前文已经介绍,这里不再重复,另外 N 阱和 P 型衬底寄生电阻,对加载到器件上的电源线和地线的噪声也会产生影响,所以集成电路内部器件与器件之间、模块与模块之间,适当地增补一些电源线和地线环路,对于释放噪声会有一定帮助。

2）寄生电容的影响与对策

寄生电容的影响主要突出体现在高频高速电路场合，由于高频高速信号走线时，其与周围走线或器件之间通过寄生电容会有相互之间的串扰，所以高频电路特别是频率较高的射频电路版图设计时，经常需要注意的有以下几个方面：

(1) 两个非差分的高频信号线，应避免并行长距离走线，防止彼此相互串扰，如果必须交叉，可以选择垂直交叉走线，以便尽可能减少两线之间的耦合面积。

(2) 高频高速信号走线时，尽可能不要放置在器件上方，多层金属布线时，在迫不得已情况下走线必须经过器件时，尽可能选择离器件相对较远的上层金属，上层金属距离器件较远，寄生电容相对更小。

(3) 敏感信号走线与数字信号或者大功率信号走线之间，需要保持一定的距离，否则敏感信号可能会受到数字信号或大信号干扰。这里所指的敏感信号，包括但不限于芯片系统级偏置电流源和偏置电压源，以及模拟小信号振荡器。

3）寄生电感的影响与对策

在 GHz 以上高频高速集成电路设计领域，金属走线的寄生电感也会越来越多地对电路性能产生影响，特别是微波毫米波芯片设计领域，芯片内部的集总参数模型已经不能满足设计精度要求，此时需要提取版图的分布参数模型进行电路与电磁场性能仿真。

另外，芯片键合封装过程中引入的金属键合线其寄生电感的影响也不可忽视，严重的情况下，会在芯片焊盘上产生明显的电源或地信号的激烈抖动，这种现象常称之为 Bounce，其现象如图 8.37 所示，Bounce 会严重“污染”电源与地信号，因此做芯片整体系统仿真时，需要充分模拟评估 Bounce 对电路性能的影响，仿真时需要对键合线产生的寄生电感和寄生电阻进行建模，之后带入电路做性能仿真。

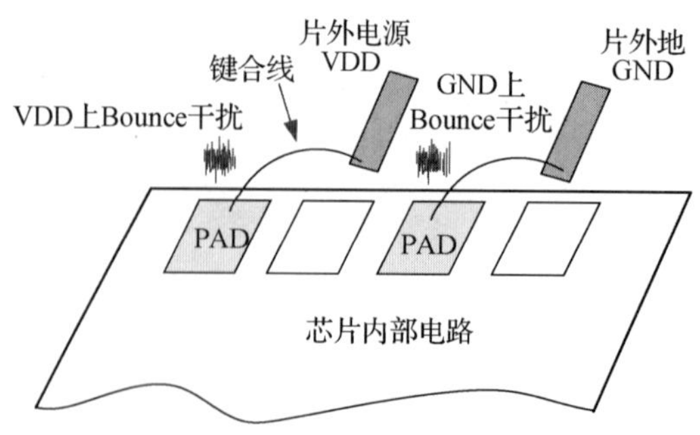

图 8.37　Bounce 现象产生与影响

8.5 全定制版图设计流程

目前业界常用的模拟集成电路全定制版图设计工具，除了应用最为广泛的 Cadence 软件之外，近年来随着国产化自主可控进程的快速推进，国内著名 EDA 软件设计公司华大九天推出的全流程 IC 开发平台也不断迭代更新，旗下 IC 设计软件从早期的 Panda，到 Zeni，再到如今的 Aether，均可同时支持原理图与版图一体化设计集成。

无论选择哪款软件，模拟集成电路全定制设计流程基本一致，包括原理图设计、前端仿真、版图绘制、物理验证与后端仿真。下面基于 Cadence 集成化 IC 设计平台，以单级运算放大器为例，具体介绍模拟集成电路版图全定制设计流程。

8.5.1 全定制版图设计环境

Cadence 全定制版图设计平台，无论是 IC51 版本还是 IC61 版本，其使用界面与操作方法大同小异，这里以 IC51 版本为例，概要介绍全定制版图设计中需要注意的主要事项，有关软件的使用方法与操作步骤，读者可以上网下载相关软件使用手册，这里不再具体展开。

以一套已经安装配置好的 Cadence 软件为例，IC51 版本输入命令行“icfb&”即可启动 Cadence 的初始主界面，如图 8.38 所示，点击“Tools”菜单，可以看到最常用的两项子菜单，一是库管理“Library Manager”，二是库路径编辑设置“Library Path Editor”。

图 8.38　Cadence 启动初始主界面

点击“Library Manager”进入库管理使用界面，如图 8.39 所示，可以看到基于 Cadence 完成芯片全定制设计的基本库主要包括三类：① 工艺库：由芯片厂家提供，是所有芯片设计流片的基础，其包含厂家可以提供的所有基本器件、基本规则和相关的设计配置文件；② 基础库：又可称为通用库，与具体某次流片的厂家工艺无关，主要包括“basic”、“analogLib”和“ahdlLib”等库，常见模拟电路设计，调用“basic”与“analogLib”两库基本够用，其主要包括各种电压源、电流源和地信号等；③ 项目库：是项目组成员每次开发不同项目时留下的成果，该库建立时需要首先与具体使用的工艺文件库进行关联，全定制开发过程需要按照层次化进行“自底向上”设计，首先由系统级工程师划分好整个项目的不同功能子模块，如图 8.39 中项目库“SCA2010_ST02_ENG0801”内部就包括很多不同的“Cell”子模块，定义好子模块相互之间的接口后，再按照先模块设计后顶层系统验证的顺序开展工作。每个项目库中无论是子模块还是顶层模块，“Cell”下面各个模块的“View”均包括原理图“schematic”、版图“layout”和符号“symbol”。

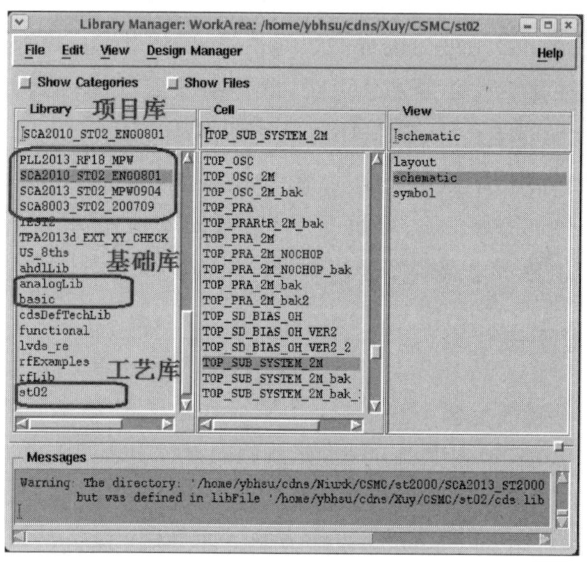

图 8.39 Cadence 项目库管理

点击“Library Path Editor”，可以打开库路径编辑设置窗口，如图 8.40 所示，所有在库管理目录中可见的项目库、工艺库和基础库，在库路径编辑设置界面中均可以修改，而且可以看到完整的库路径信息，便于工程师对项目库资源进行有效管理。

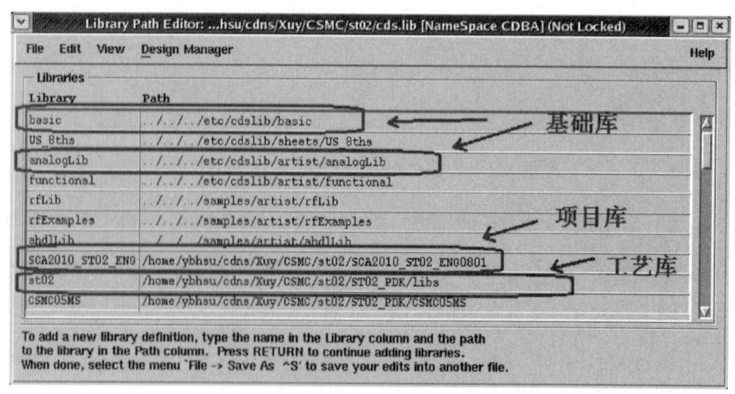

图 8.40 Cadence 库路径编辑器

另外,"Library Path Editor"界面中所有指定的上述三种库的路径信息,其实在 Cadence 安装目录下的库文件"cds. lib"中都有编辑,相同项目下的库文件"cds. lib"见图 8. 41 所示,可以看到,"cds. lib"与"Library Path Editor"库路径内容编辑是相互映射关系,工程师增加或者删减库目录时,只需选择其中任意一种方式即可。

Tips

在文本文件"cds. lib"或在界面"Library Path Editor"中删除库路径,只会导致"Library Manager"中不再显示相应库目录,存储在相应路径下的库文件并不会被删除。

(1) "Library Path Editor"中删除库与库路径,只需点击右键并选择"Delete";

(2) "cds. lib"中删除库与库路径,只需在行首添加"#"注释相应行的库定义即可。

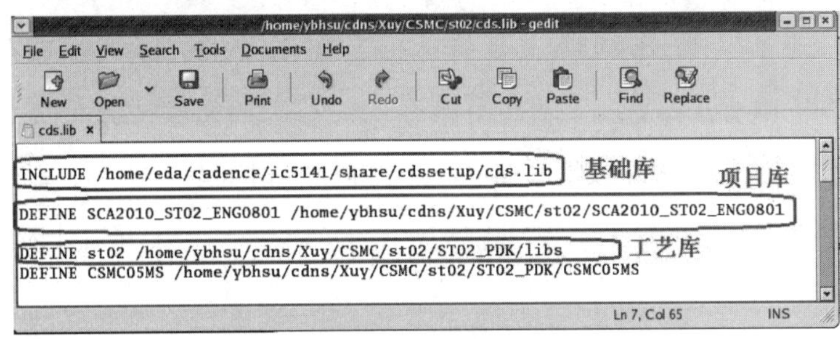

图 8. 41　Cadence 库路径设置文本文件

完成 Cell 的 schematic 设计后,新建对应 Cell 的 layout,打开后的 layout 编辑器如图 8. 42 所示,图中左侧"LSW"栏为本次流片工艺可以使用的各种绘制图层,这些图层中有的是工艺实际加工用的掩模层,有的只是标识层并不用于实际加工,具体每一层名称代表何种含义,需要追踪查看相应的工艺支持文档。当读者理解了器件版图中每一图层的物理含义,才会对芯片工艺的设计结构有更深的理解。

Tips

建议版图初学者,在正式开始绘制版图前,可以调用工艺提供的不同器件,通过打散"Flatten"的方式进入器件内部,并结合厂家工艺技术支持文件,逐一学习理解器件设计工艺。这一方法非常有利于锻炼初学者对版图设计的空间想象力,加深初学者理解版图中那一堆"花花绿绿"的几何图形背后的含义。

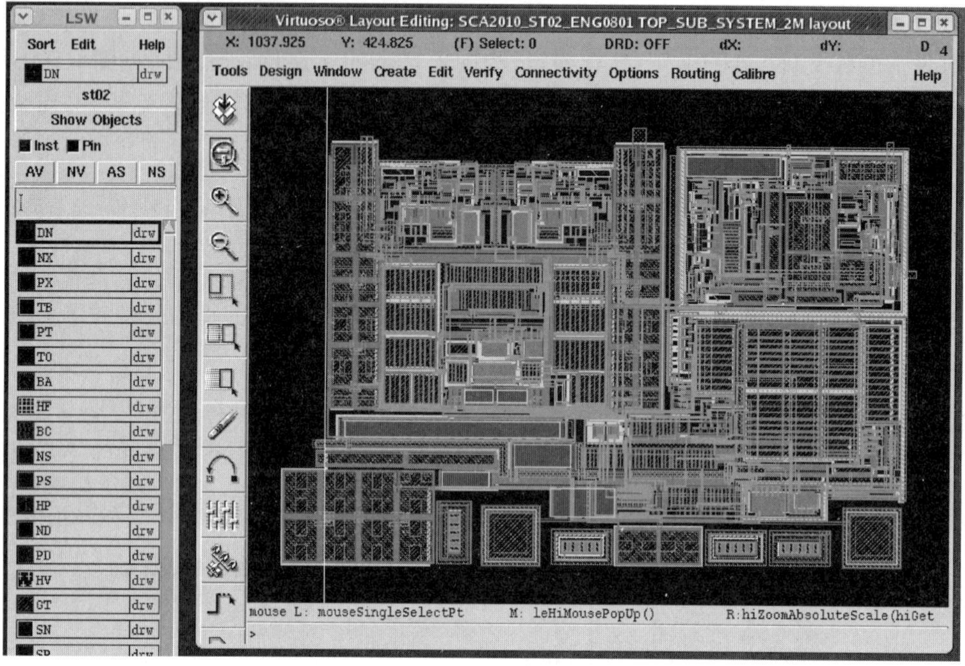

图 8.42 Cadence 全定制版图绘图环境

有关版图设计的主要注意事项，需要提醒注意的经验包括以下几点：

（1）同一项目组的不同组员在分工绘制不同模块版图时，首先需要统一指定版图的“Grid”，如果“Grid”不统一，后期不同模块版图在系统级拼接时会出现连接无法对齐的问题。设置方法很简单，打开版图编辑器后键入快捷键“e”，软件自动跳出菜单“Display Options”，修改“Grid Control”设计即可，通常“Snap Spacing”（对齐间距）设置为 0.005。“Display Options”菜单中其他设置选项的用途与意义，读者可以自行修改尝试，注意修改之前做好备份。

（2）综合考虑电路版图复杂程度和掩模加工成本，版图设计之初需要确定好最多可以使用的金属层、电阻、电容器件类型等，原因是在不影响芯片性能的情况下，掩模选用的层数越少，掩模的加工制版费用会越低，制造出的芯片产品性价比会更高。当然如果只是参加多项目晶圆流片（MPW）实验，自然不用考虑掩模成本压缩问题。

根据笔者多年来的学术研究与工程设计经验，可以总结出这样的现象：作为产业界 IC 设计公司，基于产品成本控制与竞争力考虑，在完成芯片指定功能的前提下，可以选择成熟可靠且成本相对较低的生产工艺，即便是选用先进工艺也可以通过减少掩模层数、减少器件类型等方式降低成本；与此产生鲜明对比的是，作为学术前沿 IC 设计研究，首当更加重视芯片性能的突破，讲究前沿与探索，一般都是选用最为先进的生产工艺，成品率与成本方面的考虑则会退居其次。

8.5.2　原理图与版图设计对接

全定制芯片设计过程一般按照先 schematic 设计，之后借助 Cadence 软件工具自动或者手工修改，生成 symbol 以供上级电路模块调用验证，最后当模块原理图、仿真验证均满足设计指标之后，再开始版图 layout 绘制，为便于仿真验证和提高版图绘制效率，原理图绘制过程中，以及原理图绘制完毕与版图交接时，几点有益经验可供参考：

(1) 对于数模混合集成电路全定制设计，由于芯片内部模拟电源与数字电源一般会分隔供电，所以在子模块设计时，强烈建议将各模块的电源和地作为 2 个输入端口分别引出，便于系统级连接到不同的模拟电源或数字电源端口，如图 8.43(a)所示，图中运放作为模拟电路，其电源与地分别引出，专门连接至特定的模拟电源 VDDA 与模拟地 GNDA，这样无论是对于系统级数模混合仿真时区分电源干扰，还是对于版图绘制电源时分隔连线均非常有利。图 8.43(a)中除了常见的输入差分对管、PMOS 和 NMOS 镜像电流源之外，增加的 PM_2 与 NM_4 分别为两个开关管，用于在需要的时刻关闭 PMOS 与 NMOS 电流源以降低功耗，电路功耗控制更加灵活。

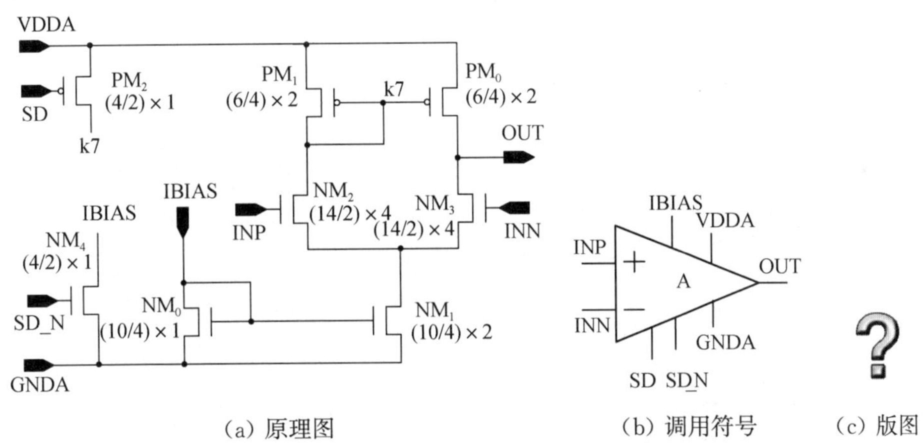

(a) 原理图　　(b) 调用符号　　(c) 版图

图 8.43　基础运放版图设计案例

(2) 如果前端电路仿真与后端版图绘制非同一工程师完成，建议在交接原理图时提前标注好版图绘制特殊要求，如匹配要求、低噪声要求、大功率时最小线宽要求等，以便版图工程师能够绘制出性能满意的芯片版图。例如匹配设计要求图 8.44 圈中标识的包括 PMOS 与 NMOS 两对电流源是轴对称，NMOS 差分对最好是中心对称，如果运放匹配要求不是非常严格，采用图中所绘轴对称设计也可以接受。按照匹配要求绘制的运放版图如图 8.45 所示，PMOS 电流源采用了“ABBA”轴对称设计，NMOS 差分对采用了“ABBAABBA”轴对称设计，NMOS 电流源则是采用了“ABA”的轴对称设计。

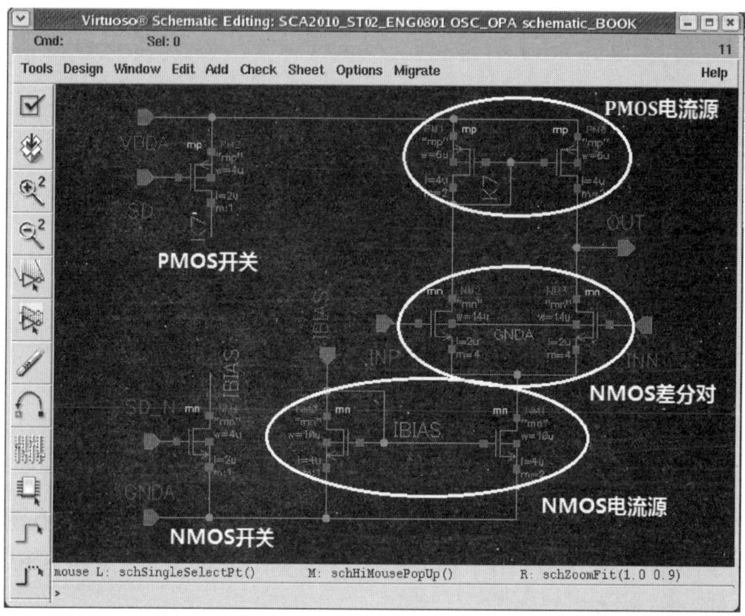

图 8.44 运放原理图匹配标示

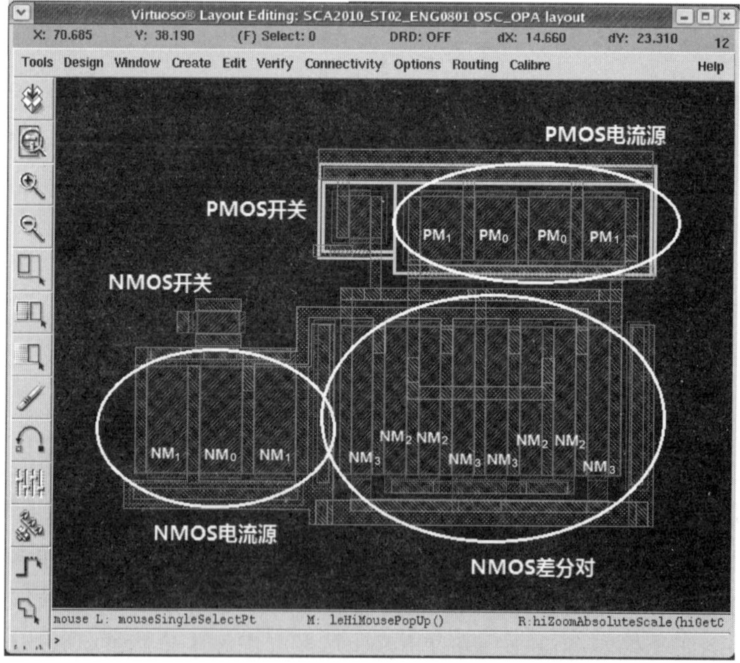

图 8.45 运放版图匹配设计实现

(3) 子模块版图中 PMOS 器件与 NMOS 器件尽可能相对集中放置，可以有效避免栓锁效应影响。图 8.45 中两个独立的用于关闭 PMOS 与 NMOS 电流源的开关管，因没有匹配设计要求，所以位置摆放相对自由，但是依然建议同类型器件归并放置。

8.5.3　版图绘制与物理验证

如今版图绘制所用的基本器件，均可以直接调用工艺厂家提供的 Pcell，无须像早前一样从器件底层开始绘制。Pcell 器件调用时只需参照原理图输入器件尺寸，软件就会自动生成相应尺寸的版图，使用起来方便灵活，全定制版图设计师的主要工作同样是布局与布线(Place & Route，简称 P&R)，不同于数字芯片版图的自动布局布线，全定制版图设计需要手工完成布局布线，正因为是手工布局布线，所以版图绘制中一些通用的设计规则与经验性的设计准则需要一定时间的积累，积累时间越长，经验越丰富。值得参考借鉴的有益经验包括以下几点：

(1) 多成员合作完成芯片版图时，版图布局预先规划非常重要。芯片整体版图包含多少子模块、每个子模块版图预估尺寸与形状，以及相互干扰的子模块位置分开与电源分割供电等问题均需提前考虑清楚，绘制过程中版图尺寸与形状需要及时调整，以便构成相对美观的芯片整体版图，这个过程需要项目组成员之间的密切配合。

(2) 有关版图的物理验证，按照先子模块后顶层的顺序依次做 DRC 与 LVS 验证，DRC 验证时需要经常性检查，发现设计规则错误及时修改，避免版图过大后发现错误造成修改困难的局面。

(3) 无论是版图绘制还是原理图设计，建议端口尽量选取有物理意义的名称，例如运放同相输入端取名 INP、反相输入端取名 INN 和输出端取名 OUT 等，便于后期自行查错和项目组集体 Review。另外，设计过程中确保原理图与版图端口或节点名称相同、大小写一致，以此避免视觉上的混乱，而且电路规模大时也便于错误检查。总体而言，无论是版图还是原理图，一个视觉上规划整齐又美观大方的设计，是芯片流片后性能测试优异的基础。

8.6 芯片版图整体布局布线

以上章节主要针对功能子模块电路的全定制版图设计规则与准则，是版图设计的起步阶段，一张完整的芯片版图拼图，还需要考虑多个子模块版图的整体布局与布线。全定制芯片版图整体布局布线不但需要考虑信号完整性，还需要考虑芯片内部良好的抗噪声、抗干扰性能，另外电磁兼容性能与热传导散热性能等也需要综合考虑。

版图工程师在芯片版图拼图设计时，第一需要研究如何合理布局，首先考虑版图与电路原理图的匹配一致性，多少输入/输出端口、多少测试监控端口以及多少电源与地端口，务必确保完全一致，其次在布局时还需要考虑各模块不同的性能特点，尽可能减小彼此之间的相互干扰与影响；第二需要研究布局之后的布线，布线的金属层数选择、金属走线宽窄和走线方向，需要综合考虑芯片的加工成本和性能指标等因素。

8.6.1 全定制版图布局注意事项

1) 信号流畅与抗干扰考虑

版图整体布局规划时，布局规划图要尽可能与电路原理图信号的流程方向一致，即芯片输入输出部分尽量分别放置在两侧，防止输出信号反向串扰输入信号，特别是功率放大芯片或者数模混合芯片内部干扰会更加突出。

器件或子模块电路结构如果差分对称，则版图设计需要对称布局；芯片整体电路结构对称时，芯片版图布局一样需要对称，无论是对于共模噪声抑制，还是对于匹配一致性都至关重要。

对模数混合集成电路而言，模拟与数字模块相对分离放置，可以更好地降低数字电路对模拟信号的干扰；如果是功率放大集成电路，特别注意功率器件与模拟小信号模块电路同样需要远离放置，以避免功放大信号对微弱小信号的干扰。

2) 芯片可测试性考虑

版图整体布局规划时，需要同时考虑芯片封装与测试。一方面，在按需预留输入输出焊盘(PAD)的同时，还需要充分考虑电路内部节点的测试监控，所以需要同时预留测试用PAD；另一方面，如果需要考虑封装前探针台裸片测试，更需要提前确认探针台探针头的型号与规格，例如对于差分探头 GSGSG(G 表示 Ground，S 表示 Signal)，PAD 布置时，PAD 的类型与间距务必保持与探针头一致，即信号“S”与屏蔽地“G”两种 PAD 需要交替放置，如图 8.46 焊盘布置示意图，图中焊盘“G”只能连接地线，“S”可以用于连接信号线；另外芯片角落垂直相邻的两侧 PAD 需要保持足够的距离，例如至少 200 μm，否则垂直紧邻的两侧 PAD 会因靠得太近而相互妨碍，导致探针无法同时扎针测试，如图 8.47 所示，由于探针头相比于焊盘而言要大很多，所以两个焊盘无论是垂直相邻还是水平相邻，如果靠得很近，探针针尖同时扎取焊盘时，可能导致两个探针头相互物理阻挡。

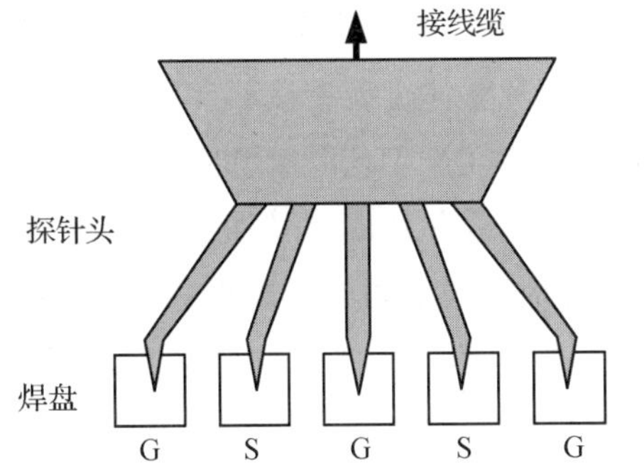

图 8.46　GSGSG 探针头扎取焊盘示意

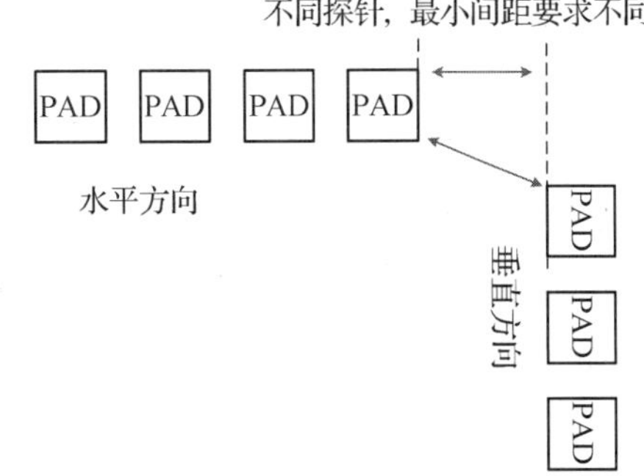

图 8.47　探针测试时相邻两侧焊盘保持间距

3）芯片可靠性提升考虑

为防止芯片受到外界静电放电损伤，产品级芯片的每个 PAD 均需要考虑布置静电防护电路(ESD)。对于常见的 ESD 保护方案与电路，经典方案除了可以参见第 9 章芯片设计加固内容之外，设计师还可以寻求各芯片工艺厂家的支持，一般情况下厂家都会有自己基本型的 ESD 防护方案推荐，包括具体的电路结构、器件尺寸、能够承受的 ESD 防护等级标准等信息。

随着集成电路高频高速性能的不断提升，厂家推荐的常规 ESD 防护方案可能未必满足芯片设计性能，主要原因是厂家推荐的 ESD 方案电路尺寸相对较大，其带来的寄生参数对高频高速性能的影响较大，高频高速芯片设计时无法直接运用，所以近年来也有很多学者在研究开发运用于高频高速电路的新型 ESD 电路方案，感兴趣的读者可以查新与借鉴。

需要说明的是，无论何种 ESD 防护方案，加载到芯片输入输出焊盘后，务必通过仿真和测试评估其对电路原来性能的影响，如果 ESD 加载后仿真发现电路性能整体变差，需要及时修改原始电路设计或者变更 ESD 方案，另外，不同芯片的 ESD 静电安全防护等级，需要寻求具有相关资质的测试厂家完成测试认证。

8.6.2　全定制版图布线注意事项

1）金属布线密度考虑

按照工艺厂家规则要求，多层金属布线时每层金属均有布线密度要求，多数为 30%以上，提出此要求的目的是尽量确保工艺生产过程中各层金属的均匀使用，提升工艺可靠性能。

做过设计规则检查(DRC)的读者都知道，DRC 检查时一般都会出现金属密度警告信息，比如 DRC 检查告警称某层金属 M_1 或 M_2 等密度小于 30%，要求检查修改版图，有经验的工程师在做子模块版图设计时一般直接忽略。虽然子模块版图绘制时可以忽略该警告，但是芯片整体拼图流片时，该警告不可以忽略，流片前芯片整体金属密度必须满足厂家工艺规则要求，否则会降低芯片可靠性，流片数据送出后可能存在被工艺厂家退回修改的风险。

针对金属密度告警，芯片整体版图拼图布线时，可以围绕芯片四周增加不同金属层的电源与地环线以提高金属密度。注意：电源环线金属层与地环线金属层可以重叠放置，通过两层金属之间的耦合电容还可以降低噪声影响。

2）金属应力考虑

（1）宽金属走线应力考虑

芯片内部上层大面积宽金属走线时，为防止金属受应力影响变形，一般会通过金属层挖窄槽(Slot)的方式予以解决，如图 8.48(a)所示宽金属挖槽。宽金属挖狭长窄槽的物理规则以及多宽的金属需要挖槽，生产工艺厂家一般会有具体规则要求，例如有的工艺规定但凡金属走线宽度大于 25 μm 就需要挖槽。挖槽方向一般与金属中电流方向一致，这样对金属导电性能影响不大。

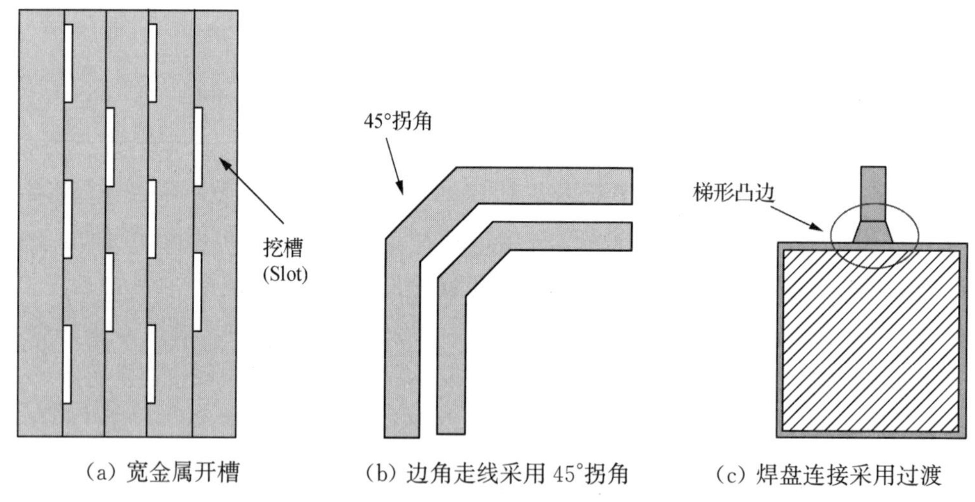

(a) 宽金属开槽　　(b) 边角走线采用 45°拐角　　(c) 焊盘连接采用过渡

图 8.48　考虑金属应力影响的几种版图形式

（2）芯片边角走线应力考虑

在芯片 4 个边角附近布线时，不建议采用直角走线，因为此时金属应力会集中在金属连线的外顶点处，可能导致芯片保护层变形或破裂。建议采用如图 8.48(b)所示的 45°拐角走线，这样有助于均匀地分散金属应力的影响。

其实，这种不用直角走线而是采用 45°或其他圆弧角度走线的方法，在高频高速电路中也经常用到，这种布线方法可以有效地避免高频高速粒子在金属中流动至直角拐角处时发生激烈碰撞而导致金属发热的现象。有关这个过程的影响，读者可以对比想象一大批高速摩托车手在直角拐弯赛道与在有弧度拐弯赛道赛车时不同的影响效果，直角拐弯时，高速赛车手更容易相互碰撞翻车，而有一定弧度的赛道对于高速行驶的赛车而言其影响会小很多。

(3) 焊盘键合应力考虑

芯片键合过程中，金属丝焊接到焊盘时也会产生一次性的应力影响，为防止应力影响可能导致的焊盘与金属连线之间的断裂，许多版图设计工程师会考虑在焊盘金属连线处增加过渡区域，如图 8.48(c)所示的梯形凸边区域，以此增强芯片内部连线与焊盘之间的连接可靠性。当然随着键合工艺设备的发展进步，键合过程产生的应力影响越来越小且基本可控，所以这种凸边的增补貌似可以忽略，但是由于其所占用的面积较小一般还是建议保留。

3) 芯片空余位置合理利用

总体而言，一个高性能的版图设计，从布局走线上看是非常紧凑的，从信号流向上看也是非常顺畅的，好的版图会给人一种美观大方的感受，好的芯片性能依赖于精心的版图设计与优化。芯片版图布局布线完成以后，可能依然存在多余空间，如果多余空间过大，需要考虑布局布线的进一步优化；如果多余空间不大，可以考虑通过金属切割，适当增加一些版图的标识，如芯片型号、流片时间或者版本号等信息。

8.7 数模混合功放芯片版图设计实例

8.7.1 数模混合功放芯片版图设计面对的主要问题

版图设计布局一方面要考虑信号流动的顺畅性，另一方面更要重视不同模块之间干扰与噪声的相互影响。对于数模混合或者功率放大类芯片设计，由于噪声敏感电路与强噪声干扰源电路共存，版图各个子模块位置合理布局就显得越发重要，否则会引起不同模块之间的噪声相互干扰。版图设计主要区分两类电路的合理布局，一是噪声敏感电路，如各类偏置电流源与基准电压源电路，二是强噪声源产生电路，如各类振荡器电路或者数字开关功放电路，前者敏感电路需要尽量减少外围电路噪声对其的干扰，后者开关等电路会产生大量的噪声干扰，所以需要远离噪声敏感电路放置。

另外，功放芯片电路中一般都有过流、过压或过热保护电路，过热检测传感器位置的合理选择也是需要考虑的问题，毕竟功率芯片在发热时芯片不同位置的温度并不完全一致，根据距离热源的远近，存在一定的温度梯度，所以过热温度阈值检测点要合理设置。

8.7.2 数模混合功放芯片版图设计实例

芯片完整的版图设计，首先需要整体规划与预布局，包括拟采用的封装类型、焊盘数量、焊盘尺寸、划片槽尺寸、版图预估尺寸与面积等。一般根据客户需求和应用场景，同时结合焊盘数量共同确定需要的封装类型；预留的焊盘数量不仅包括正常工作时的管脚数量，还需考虑中间测试监控与版图校正需要的焊盘；焊盘尺寸、结构与形状可以根据芯片生产与封装厂家的工艺共同确定；划片槽尺寸由生产厂家工艺决定；芯片版图总的面积和尺寸可以根据各个子模块版图面积进行预估，最终的芯片版图形状与大小需要不断调整。

图 8.49 所示为一款 D 类数模混合功放芯片电路，用于 3 W 音频功率放大，芯片包括两个模拟小信号输入端（SYS_INP 和 SYS_INN）、两个数字大功率输出端（SYS_OUTP 和 SYS_OUTN）以及一个芯片关断使能端（SYS_SD），芯片内部主要模块包括：小信号预放大器、模数转换模块和数字预驱动与开关功放模块，另外还包括系统偏置电流源与电压源、过热过流过压保护模块以及三角波发生器模块，各个模块电路性能特点迥异，整个芯片版图涵盖了对模拟电路、数字电路以及功率电路的所有设计要求。

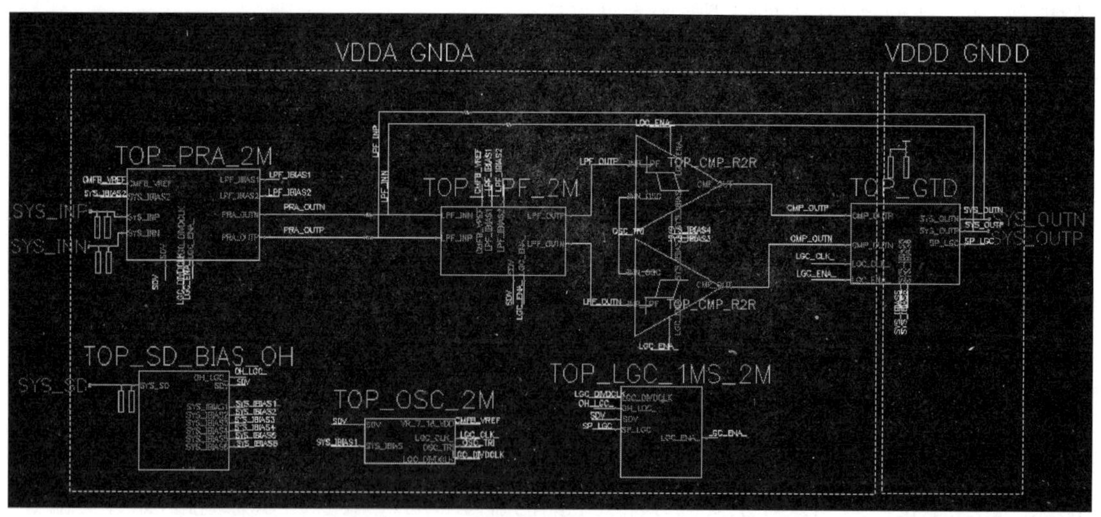

图 8.49　D 类数模混合功放芯片原理电路

首先，从芯片整体布局上考虑，作为数模混合功率放大芯片，从功率大小的角度观察，基本可以分为大、小功率两部分，小功率电路部分主要包括：音频小信号预放大器、模数转换电路、系统偏置电流源与电压源、三角波发生器以及逻辑控制单元等电路，这些电路功能复杂但是功率整体有限；大功率电路部分则主要包括：功放开关电路与功放开关管前级驱动电路，这部分电路功能相对简单但是处于大功率开关状态，其引起的电源与地信号噪声大，芯片发热明显。

因此，布局上需要先考虑的是功率大小不同的电路模块分开放置，尽可能减小大功率电路模块产生的噪声对小功率模拟电路的干扰，其噪声影响通道一者是来自衬底噪声的传导，二者则是来自电源线或地线对噪声的传导。数模混合功放版图预布局如图 8.50 所示，芯片上方 1/3 处为数字功放开关管与数字驱动电路，该电路模块器件尺寸大且工作于开关状态，所以功耗大、发热明显，集中放置后便于集中统一供电，本例单独采用数字电源 VDDD 与 GNDD 给其供电，过热检测传感器也就近放置，另外如果工艺支持深阱设置，可以在该大功率模块与小功率模块衬底交界处预埋深阱，一定程度上隔离数字地线上的噪声通过衬底对模拟电路衬底的干扰。

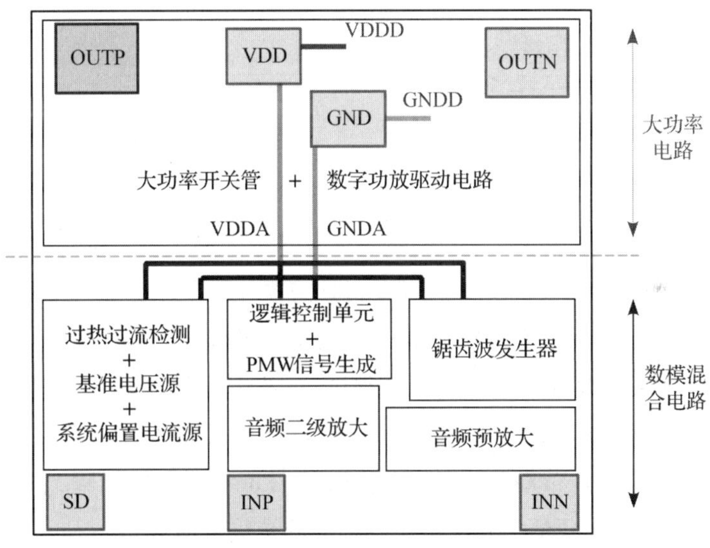

图 8.50　数模混合功放芯片版图预布局

其次，从芯片整体布线角度考虑，一是电源与地线要分割，具体包括：模拟电路与数字电路的电源与地线要分割、小功率电路与大功率电路的电源与地线要分割，以期避免噪声敏感的模拟电路，如基准电流源与电压源电路、前级放大器电路等受“不干净”电源与地供电影响性能；二是要兼顾敏感信号线在传输路径上受到的干扰，对于特别敏感的模拟小信号传输，优先采用差分输入与输出的方式设计电路方案，由此可以抵消外界干扰对有用信号的影响，另外，也可以在敏感信号线周围布置金属屏蔽腔，屏蔽腔外壳接地参考图 8.51，敏感信号线从内部穿越如图中横切剖面图所示，一定程度也可以减小外界噪声干扰。

最后，如果敏感模拟信号与数字开关信号必须相邻，首先需严格禁止图 8.52(a)所示的平行布线方式，因为这种走线方式由于两线之间寄生耦合电容的影响，会导致敏感模拟信号受扰严重，所以要求尽可能采用如图 8.52(b)推荐的垂直相交走线方式以减小两信号的耦合串扰，因为垂直相交走线，两线之间耦合电容相对较小，所以噪声与干扰耦合相对也会较少。

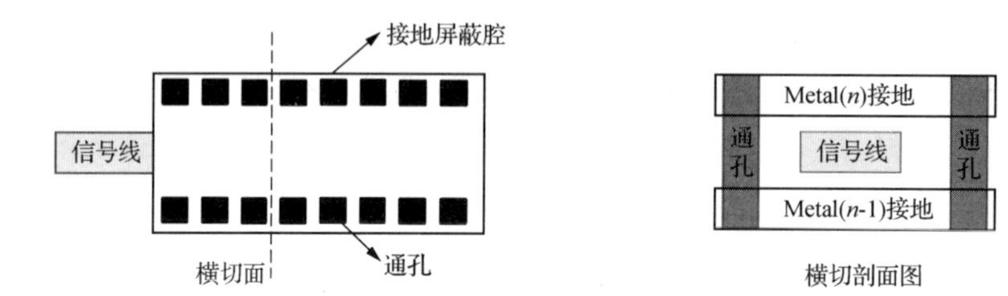

图 8.51 屏蔽腔减少敏感信号受扰方法

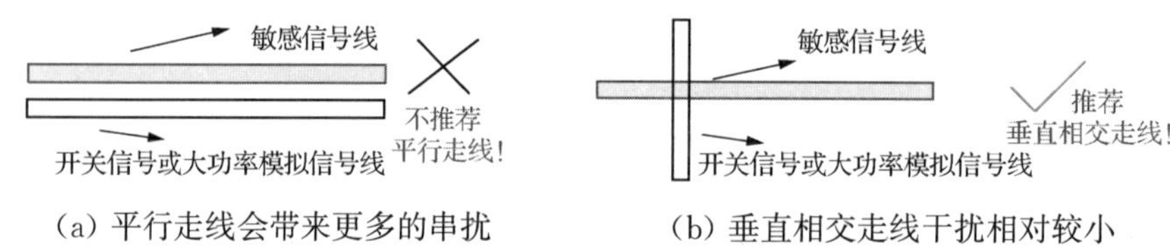

(a) 平行走线会带来更多的串扰　　(b) 垂直相交走线干扰相对较小

图 8.52 信号线与干扰线垂直相交走线示意

以上是芯片系统级版图布局布线整体规划时需要注意的基本事项，实际项目组多人合作绘制版图时难免会出现版图实际绘制的面积大小和形状与规划不完全一致的情况，此时项目负责人需要根据具体情况及时进行动态调整，一般情况下，完成一项全定制芯片版图设计统筹工作，项目整体负责人需要总体把握的关键事宜主要如下：

(1) 规划好版图的整体布局与电源走线，如图 8.50 所示，包括输入输出 PAD 所在位置、各个子模块所在位置与预估尺寸及电源与地线的走线方向等；

(2) 规定版图绘制统一的步长(Grid)，防止整体拼图时出现版图连接对不齐的情况；

(3) 规定项目最多可用的金属层数以及可以使用的器件类型，以便最优化版图掩模层数，节约芯片加工成本；

(4) 层次化定义好各子模块电路，既要方便前端原理图仿真，也要方便后端版图 DRC 与 LVS 验证；

(5) 合理规划并分割好各类型电源与地信号，如模拟电源模拟地、数字电源数字地等；

(6) 版图布局规划之前，应该提前定好芯片封装形式，并且做好裸片与封装后两套测试方案的制定工作，防止因考虑不周导致芯片流片后无法测试的情况发生，特别是首次芯片流

片,需要考虑芯片内部除正常输入/输出端口之外其他关键节点的跟踪测试,所以需要预留测试 PAD;

(7) 个别需要流片后进行工艺校正的芯片,如带隙基准电压源等电路,需要同步考虑 Trim 设置方案。

图 8.53 为本例 D 类数模混合功放芯片流片最终版图,版图尺寸为 1.3 mm×1.5 mm,采用 DFN8 塑封,是当时国内最早实现产品化的数字 D 类功放芯片,功放转换效率非常高,时至今日仍广泛运用于各类便携式音频播放设备之中。

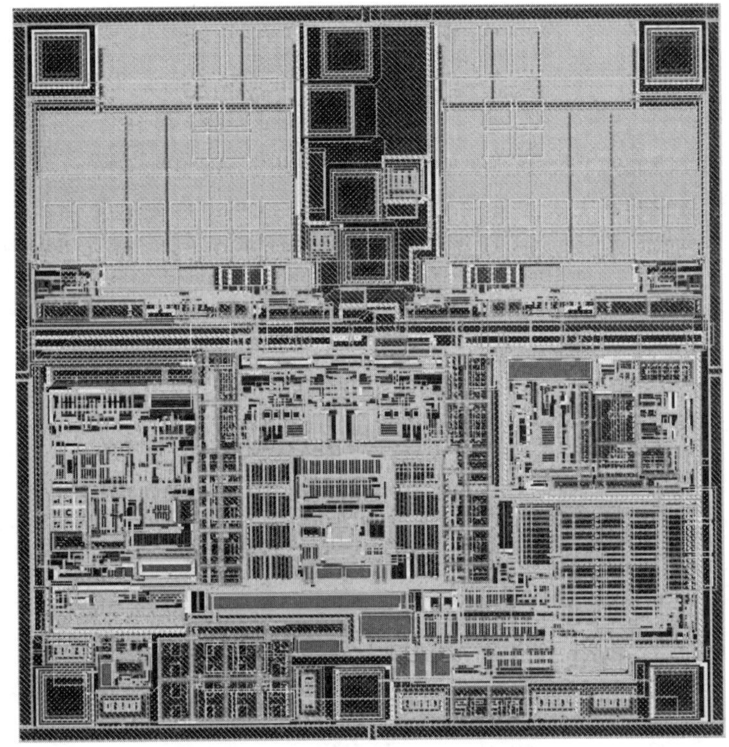

图 8.53　D 类数模混合功放芯片版图

习题与思考题

1. 请阐述集成电路版图与集成电路原理图之间关系。
2. 请阐述模拟电路版图全定制设计与数字电路版图自动布局布线之间区别。
3. 版图物理验证主要包括哪些步骤,各自验证目的是什么?

4. 版图设计中无源器件电阻 R 与电容 C 匹配设计目的是什么，可以减小或抵消哪些因素的影响，具体如何完成匹配设计？

5. 版图设计中有源器件 MOS 管匹配设计目的是什么，可以减小或抵消哪些因素的影响，具体如何完成匹配设计？

6. 从版图设计角度考虑，如何减小芯片中某一电路可能受到的其他电路噪声的影响？

7. 模拟 CMOS 运算放大器版图设计时，需要关注哪些设计规则？

8. 模数混合集成电路整体版图布局布线时，需要重点注意哪些事项？

9. 假设需要设计流片一款运算放大器，请设计给出芯片整体版图布局布线方案，具体要求：

① 运放为由 PMOS 输入差分对和一级 NMOS 共源放大器构成的经典两级运放结构；

② 运放电流源采用内部设计集成，请注意监测电流源偏差可能造成的影响；

③ 芯片封装后能够测试交直流性能，必要时可以监测内部关键节点性能指标。

10. 请任选一款集成电路全定制设计软件，完成题 9 运算放大器版图绘制，并同时完成物理验证。

参考文献

[1] Alan Hastings. 模拟电路版图的艺术[M]. 张为，等译. 2 版. 北京：电子工业出版社，2013.

[2] 毕查德·拉扎维. 模拟 CMOS 集成电路设计[M]. 陈贵灿，程军，张瑞智，等译. 2 版. 西安：西安交通大学出版社，2018.

[3] 王志功，陈莹梅. 集成电路设计[M]. 3 版. 北京：电子工业出版社，2013.

09

第 9 章 封装测试与设计加固

关键词

- 键合、封装
- 裸片测试、封装后测试
- ESD 静电防护、抗辐照设计加固

内容简介

本章依次介绍集成电路封装、集成电路测试、集成电路产品化设计加强等技术。本章内容进一步贴近集成电路产品化设计转化，贴近实际产品应用需求，知识性和应用性较强。但鉴于篇幅有限，相关内容仅能抛砖引玉，如果读者对本专题感兴趣，建议进一步深入查阅相关技术文献。

9.1 节介绍集成电路不同封装形式、封装材料与封装步骤，以及集成电路封装近期的发展趋势。

9.2 节介绍集成电路设计研发过程中常见的两种测试分类，包括裸片测试与封装后测试，阐述了两者不同的测试特点与注意事项。

9.3 节根据集成电路产品应用场景需要，介绍集成电路产品化设计转换过程中需要关注的设计加强技术。一是常规集成电路产品都需要考虑的 ESD 静电防护设计，二是针对集成电路特殊运用如空间高辐照领域，简要介绍了集成电路抗辐照设计加固原理与方法。

9.1 集成电路封装

集成电路在焊接到印刷电路板之前，一般都需要进行封装。集成电路封装目的在于保护集成电路不受或少受外界环境影响，并为之提供一个良好的工作条件，使集成电路具有稳定、正常的工作性能。封装是集成电路重要的保护措施，目前已经实现高度自动化。封装市场竞争激烈，总体而言，封装成本日趋降低。

集成电路封装一般是指利用微细加工技术，将集成电路和其他要素在基板上进行布置、粘贴和连接，引出接线端子并通过可塑性绝缘介质灌封固定，构成整体立体结构的一种工艺。

9.1.1 封装分类

近年来，集成电路封装技术发展极为迅速，封装种类繁多、结构多样、发展变化大，需要对其进行分类研究。从不同的角度出发，集成电路主要有以下两种分类方法：

① 按集成电路封装材料分类；

② 按集成电路外形结构分类。

1) 按照集成电路封装材料分类

集成电路通常需要焊接或粘贴在载体上，如果按照集成电路封装材料分类，传统的封装形式主要包括金属封装、陶瓷封装以及塑料封装等，对于有些简易应用场合，市场上也曾出现过树脂封装的形式，图 9.1(a)、(b)、(c)、(d)分别为几种不同材料封装的集成电路案例。

(a) 金属封装

(b) 陶瓷封装

(c) 塑料封装

(d) 树脂封装

图 9.1 常见的几种封装载体

(1) 金属封装：半导体封装最原始的形式，是将分立器件或集成电路置于一个金属容器中，用镍作封盖并镀上金。金属外壳采用由合金材料冲制而成的金属底座，借助封接玻璃，在氮气保护气氛下将合金引线按照规定的布线方式熔装在金属底座上，经过引线端头的切平和磨光，再镀镍、金等惰性金属给予保护。金属封装的优点是气密性好，抗外界干扰能力强，不受外界环境因素的影响，缺点是价格昂贵，外形灵活性小，不能满足半导体器件日益快速发展的需要。如今金属封装所占市场份额已越来越小，几乎没有商品化产品，仅少量用于具有特殊性能要求的军事或航空航天领域。

(2) 陶瓷封装：继金属封装后发展起来的一种封装形式，与金属封装一样具备较好的气密性，但价格低于金属封装，经过几十年不断改进，陶瓷封装性能越来越好，尤其是陶瓷流延技术的发展，使得陶瓷封装在外形、功能方面的灵活性有了较大的提高。陶瓷封装以其卓越的性能，在航空航天、军事及许多大型计算机方面都有广泛的应用，总体占据 10%左右的封装市场。陶瓷封装除了具有气密性好的优点之外，还可实现多信号层、多地层和多电源层，并具有对复杂器件结构进行一体化封装的能力。

(3) 塑料封装：目前封装市场主流。自 20 世纪 70 年代以来发展极为迅猛，已占据 90%左右的封装市场份额，而且由于塑料封装在材料和工艺方面的不断改进，这个份额还在不断攀升。随着集成电路钝化层技术和塑料封装技术的不断进步，尤其是在 20 世纪 80 年代以来，半导体技术有了革命性的改进，集成电路钝化层质量有了根本性提高，使得塑料封装尽管仍是非气密性的，但其抵抗因潮气入侵而引起电子器件失效的能力已经大大提高，因此，一些以前使用金属或陶瓷封装的产品，也已逐渐被塑料封装产品所替代。塑料封装最大的优点是价格便宜，其性能价格比非常优越。

(4) 树脂封装：市场早期曾经出现过的一种更加简易的封装形式，主要特点是成本低廉，适用于某些一次性短时间应用场合。例如早期曾经流行的音乐贺卡，贺卡中往往集成了一款一打开就可以播放音乐的芯片，该音乐芯片采用的封装形式很多都是树脂封装。

2) 按照集成电路外形结构分类

根据集成电路不同的应用领域、工作频率，同时考虑到封装价格成本，目前有多种多样外形封装形式，另外，随着封装新技术的发展，多种先进封装也陆续出现，这些将在本章后续章节中介绍，本节主要介绍常规的集成电路封装形式，主要包括以下几种方式：

(1) DIP(Dual-Inline Package)：双列直插封装。DIP 适合于在电路板上布孔永久焊接或通过插座插拔连接，由于其尺寸与体积较大，封装带来的寄生参数较大，多适用于低频、非高速应用场合，如图 9.2 所示。

图 9.2 DIP 封装

图 9.3 ZIP 封装

(2) ZIP(Zigzag In-line Package):Z 型引脚直插式封装。该类型引脚在芯片单侧排列，只是引脚粗短些，间距等特征也与 DIP 基本相同，其外形如图 9.3 所示，背后带孔的金属为功率芯片常用的金属散热片，通常可以固定在更大的散热片或者金属机箱内侧。

(3) SOP(Small-Outline Package):小型封装。两边带翼型引线，适合于表面贴装，引脚端子从封装的两个侧面引出，呈 L 形，如图 9.4 所示，该型封装个头小巧，便于手工贴装。

图 9.4 SOP 封装

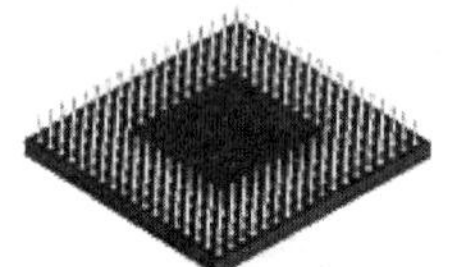

图 9.5 PGA 阵列封装

(4) PGA(Pin Grid Array):针栅阵列。封装底面垂直阵列布置引脚插脚，如同针栅，与 DIP 同属于插入式封装，但引线数目大为提高。插脚间距为 2.54 mm 或 1.27 mm，插脚数多者可达数百个，常用于高速超大规模集成电路封装。针栅阵列封装集成电路安装时一般直接插入专门的 PGA 座，如图 9.5 所示。

(5) QFP(Quad Flat Package):四方扁平封装。四边带翼型引线，I/O 管脚数比 SOP 多得多，同样适合于表面贴装，管脚间距 0.5 mm 、管脚数量 200 的 QFP 封装尺寸仅为 30 mm×30 mm，如图 9.6 所示，由于管脚数量较多，一般多为机器贴装。

图 9.6 QFP 封装

图 9.7 PLCC 封装

图 9.8 CLCC 封装

(6) PLCC(Plastic Leadless Chip Carrier):塑封无引脚芯片载体。封装后的芯片可以压入一个适配的插座内，更换芯片时，通过施加压力使芯片自动弹出，更换使用非常方便，该型封装示意如图 9.7 所示。

(7) CLCC(Ceramic Leaded Chip Carrier):陶瓷有引线芯片载体。在陶瓷基板的四个侧面都设有引脚的表面安装型封装。由于芯片尺寸小，封装寄生参数相比较小，所以更适合用于高速、高频集成电路封装，其外形如图 9.8 所示。

9.1.2　封装基本步骤

集成电路封装工艺一般包括晶圆圆片减薄与切割(Wafer Ground and Saw)、管芯贴装与引线键合(Die Attach and Wire Bonding)、转移成型(Transfer Molding)、后固化(Post Cure)、去飞边毛刺(Deflash)、上焊锡(Solder Plating)、切筋打弯(Trim and Form)、打码(Marking)等多道工序，下面作简要介绍。

1) 晶圆减薄与划片

晶圆减薄是指在专门的设备上，对晶圆圆片背面进行研磨，将圆片减薄到适合封装的程度。

由于晶圆圆片的尺寸越来越大(从 4 英寸、5 英寸、6 英寸、8 英寸增加到 12 英寸)，为了增加圆片的机械强度，防止圆片在加工过程中发生变形、开裂，圆片的厚度也一直在增加。但是，随着系统朝轻薄短小的方向发展，芯片封装后模块的厚度变得越来越薄，因此，封装厂拿到晶圆后，一般都会先对晶圆背面进行减薄处理。

减薄后再利用激光沿划片槽将晶圆中的各个集成电路分开，划片的宽度一般在 30～50 μm，所以两个集成电路之间的划片槽预留 100 μm 就足够用于划片了，该注意事项对于版图拼版工程师而言需要引起关注，特别是小批量研发过程中如参与 MPW(Multiplier Project Wafer，俗称多项目晶圆)流片时，不同芯片版图的拼版布图，需要提前考虑芯片的划片、封装与测试等工作。

2) 裸片键合

首先将切割后的集成电路裸片粘贴到陶瓷管壳或者引线框架中，粘贴物质一般是环氧树脂，其具备良好的粘贴特性，然后利用手工或者自动焊接机，将金丝或者铝丝等金属丝一边焊接在集成电路裸片的焊盘上，另一边焊接在封装引线框架的金属连接条上，以此实现集成电路裸片与封装管壳引脚的电气互连，这一过程称之为键合(Bonding)。图 9.9 为某款芯片 8 管脚 DFN 键合指示图，图(a)中指定了芯片裸片焊盘(PAD)与封装载体引线框架金属一一对应的连接关系，本案例特别之处在于，由于该芯片是一款功率放大芯片，芯片的 6 号地线管脚与 7 号电源管脚，特别要求进行双焊盘、双金属线键合，其目的在于可以提高键合线流经的电流峰值，另外该芯片背面还额外增加了散热金属片以便提高散热性能，参见图(a)中左上角“背视图”所示区域，以及图(b)中间较大的虚线框区域。

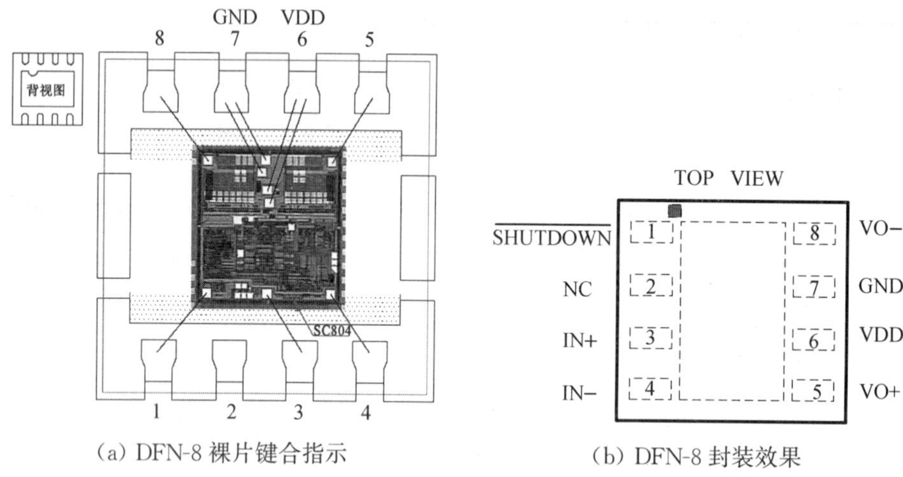

(a) DFN-8 裸片键合指示　　(b) DFN-8 封装效果

图 9.9　DFN-8 裸片键合指示与封装效果

3) 塑封与标识

利用高温或者其他热固性矿物填充材料进行注塑，实现对集成电路的无缝隙包围，完成芯片的封装加固之后，在其表面进行喷墨或者激光打印完成集成电路产品标识，注塑与激光打标分别如图 9.10 与图 9.11 所示。

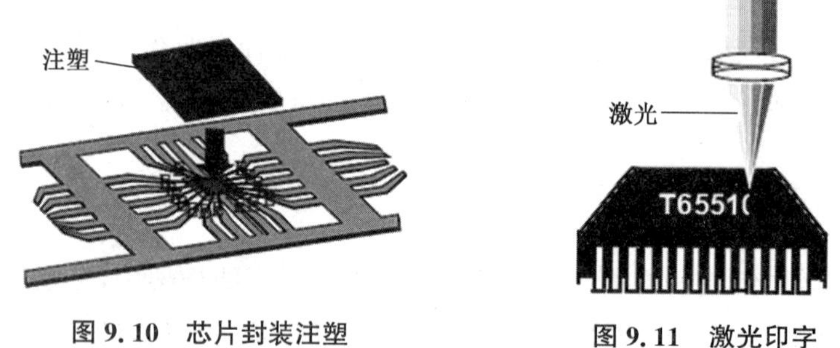

图 9.10　芯片封装注塑　　**图 9.11　激光印字**

4) 产品测试

不同于集成电路裸片测试(一般称为中测)，集成电路封装后测试主要完成集成电路密封和外观完整性能质量测试，以及集成电路封装后的电气性能测试(称之为终测)。芯片产品批量终测时，一般由芯片设计公司根据测试公司提出的要求，提交相关测试文档后由测试厂家上机批量自动测试与分拣。

对尚且处于早期研发阶段的芯片样片，流片后样片的测试验证一般由芯片设计公司自行完成，所以一个有经验的集成电路设计工程师，在芯片设计阶段，无论是前端电路仿真阶段，还是后端版图设计阶段，都要提前考虑芯片测试实施方案，包括封装与测试寄生参数对电路性能的影响、测试方案的可行性与完整性等，必要的情况下样片还需要考虑做聚焦离子束(FIB)修复时的设计预留。因此，集成电路设计仿真阶段，为确保仿真验证的准确性、可靠性，一般建议最好同步代入封装键合模型与实际应用时的负载进行前后端仿真验证，同时需考虑清楚“可测试性设计”，以便流片出现问题时可以实现故障可追溯、可定位。

9.1.3　封装技术新发展趋势

20 世纪 90 年代初，集成电路发展到了超大规模集成电路(VLSI)阶段，要求集成电路封装向更高密度和更高速度发展。集成电路封装从四边引线型向平面阵列型发展，焊球阵列封装的发明很快成为主流，后面又相继开发出各种封装体积更小的芯片级封装形式，几乎在同一时期，多芯片模块集成技术得以蓬勃发展，被称为电子封装的又一场革命。与此同时，由于电路密度和功能需要，3D 封装和系统级封装也得到迅速发展。

因本章篇幅所限，不会一一展开介绍，仅仅抽取焊球阵列封装(Ball Grid Array，简称 BGA)、3D 封装、多芯片模组封装(Multi Chip Module，简称 MCM)以及系统级封装(System In Package，简称 SIP)做概要介绍，集成电路其他封装类型，诸如芯片级封装(Chip Size Package，简称 CSP)、倒装芯片(Flip Chip)焊接等技术，本书不再展开，感兴趣的读者可借助在线资源自行搜索学习。

1) 焊球阵列封装

焊球阵列封装(BGA)，又称球栅阵列封装，是表面安装型封装的一种，通过在基板背面布置二维阵列的球形端子作为引脚，而不是采用针形引脚，如图 9.12 所示。焊球间距通常为 1.5 mm、1.0 mm、0.8 mm，与针栅阵列封装(PGA)相比不会出现针脚变形问题，可靠性更高。球栅阵列封装技术的优点是体积小且引脚数多，引脚间距大，从而提高了组装成品率和可靠性。由于体积缩小和芯片引出线缩短，使得信号传输延迟、信号衰减和寄生参数减小，芯片频率特性得到大幅提高，可以运用于更高工作频率，同时电热性能和抗干扰性能也得到进一步改善。

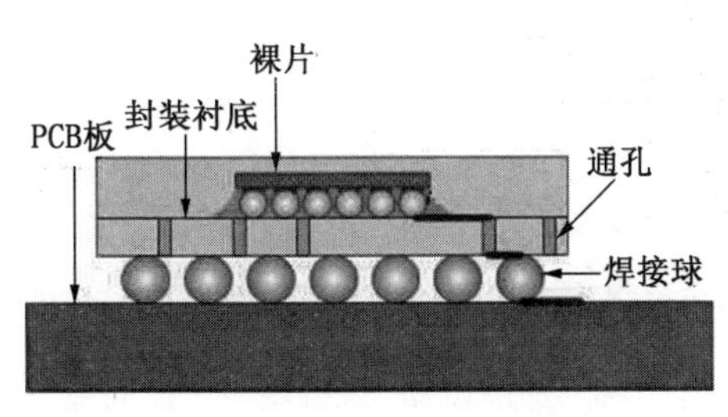

图 9.12　BGA 封装示意图

图 9.13　叠层型 3D 封装示意图

2) 3D 封装

3D 封装形式多样，目前采用较多的一种 3D 封装形式被称为叠层型 3D 封装，即在传统 2D 封装的基础上，把多个芯片裸片、封装芯片、多芯片模块甚至圆片进行叠层互连，构成立体封装。这种 3D 封装类型发展速度很快，原因有二：一是巨大的手机和其他消费类产品市场的驱动，要求在增加功能的同时减薄封装厚度与减小封装面积；二是其所用工艺基本上与传统工艺相兼容，经过改进很快能批量生产并投入市场。该型芯片封装有两种叠层方式：一种是金字塔式，从底层向上芯片裸片尺寸越来越小；另一种是悬梁式，叠层的芯片尺寸一样大。目前叠层型 3D 封装已能把 Flash Memory、DRAM、SRAM、数字集成电路和模拟集成电路等叠在一起。图 9.13 所示为叠层型 3D 封装示意图，由图可以看出，不同层面封装了不同类型的集成电路，以此代替了原有的各自独立封装的形式，减小了尺寸的同时提高了电路性能。

3) 多芯片模块组装技术

多芯片模块组装，是指将多个没有封装的集成电路芯片高密度地安装在同一个基板上构成一个完整的部件。多芯片模块（MCM）因基板材料的不同，可以分为陶瓷多层基板（Multi Chip Module-Ceramic，简称 MCM-C）、薄膜多层基板（Multi Chip Module-Deposited Thin Film，简称 MCM-D）、塑料多层印制板（Multi Chip Module-Laminate，简称 MCM-L）等。MCM 的出现为电子系统小型化、模块化、低功耗、高可靠性提供了更有效的技术保障。图 9.14 为一个 MCM 封装实例，单个基板上集成封装了多个不同类型的芯片，极大程度上提高了封装密度，提高了系统的集成度。

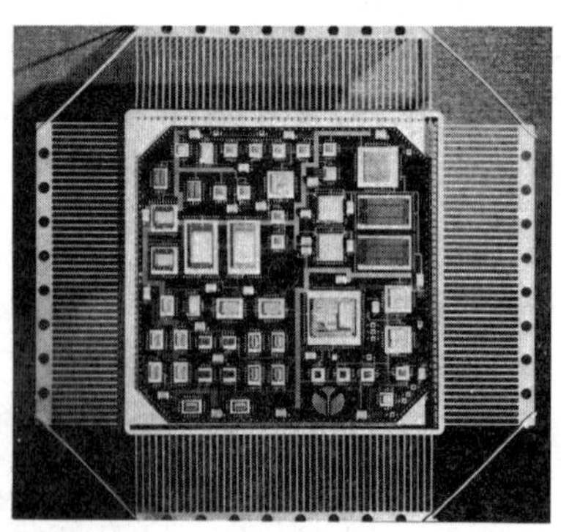

图 9.14　多芯片模组封装案例

MCM 技术特点主要体现于：① MCM 组装密度高，互连线长度极大缩短，与表面封装器件相比，减小了外部引线寄生参数对高频高速电路性能的影响；② MCM 将多块未封装的集成电路芯片高密度地安装在同一基板上，极大地缩小了体积，提高了系统集成度；③ MCM 技术的基板与 PCB 基板相比，热匹配性能和耐冷热冲击能力要强得多，因而使产品的可靠性获得了极大的提高。

4) 系统级封装(SIP)技术

系统级封装技术，是指将多个具有不同功能的有源器件（芯片裸片）与无源器件（电阻、电容或电感），以及诸如微机电系统（MEMS）或光学器件等其他元器件优先组装到一个封装体内部，成为能实现一定功能的单个标准封装器件，由此形成一个微型系统或子系统，一个典型的 SIP 产品案例如图 9.15 所示。

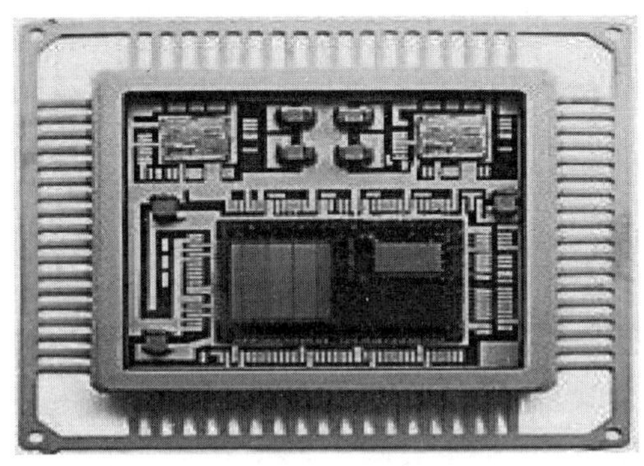

图 9.15　SIP 产品案例

SIP 技术在微系统设计领域的应用日趋广泛，目前集成电路与微系统已经成为集成电路相关领域一个重要的研究方向。SIP 技术近年来得以迅速发展，主要原因在于以下几点：

首先，从芯片成本上讲，随着芯片集成度的剧增，特征尺寸不断减小，芯片成本和复杂度也跟着剧增。14 nm 以下工艺节点对大部分中小型芯片公司其实并不友好，主要是产品研发成本与风险巨大，性能提升有限，国内外只有少数高端用户才能承受。而大部分模拟、射频芯片包括一般规模的数字芯片，多数采用相对较低的工艺节点技术就可以完成性能指标设计，目前绝大多数芯片设计公司采用的产品工艺线都是 14 nm 以上特征尺寸工艺，目的在于获得更高的芯片产品性价比。因此 SIP 技术的引入，可以使用户在较低工艺节点上，通过多裸片封装集成，获得更高工艺节点的电路规模，而成本却可以降低很多。

另外，新的芯片产品市场应用需求多样化特征日趋明显，集成电路与微系统整合的趋势越来越显著，如集成电路与各类微传感、微机电系统要求微型化集成，也催生了 SIP 技术的开发与应用。如图 9.16 所示，该 SIP 芯片将专用集成电路（ASIC）与微机电系统 MEMS 上下做堆叠封装，提高了系统集成度，同时也提升了连接可靠性。

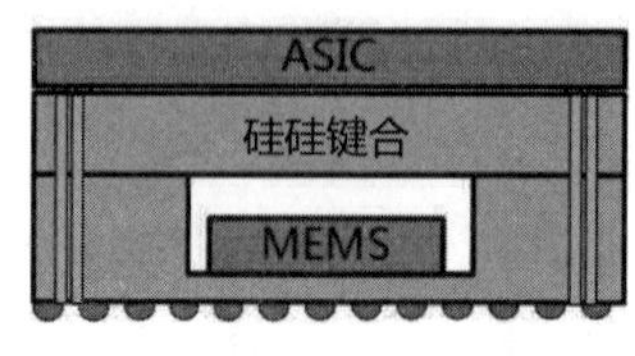

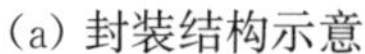

(a) 封装结构示意

(b) 芯片立体透视图

图 9.16　ASIC 与 MEMS 封装集成

最后，鉴于生产加工工艺的限制，摩尔定律逐步接近物理瓶颈，工艺节点精度逐年递增的趋势放缓已成定局，以往通过降低芯片工艺特征尺寸提高芯片集成度的方法难以持续。如此情况下，如果需要更大规模的芯片电路设计，SIP 系统级封装不失为一个很好的解决思路，相当于将以往芯片内部类似于平房架构的芯片布局，改造升级为立体楼房架构，可以继续提升单颗芯片内部电路规模。

SIP 技术主要优点包括：

(1) 适合于多类型、多制程芯片集成，用户设计灵活方便；

(2) 设计开发难度相比于更高工艺节点的芯片设计，难度低、设计周期短；

(3) SIP 封装成本相比于流片成本更低。

自 2016 年台积电率先将 SIP 先进封装技术应用于手机等消费类电子产品开始，SIP 技术便开始进入技术和市场爆发阶段。SIP 先进封装的特征是使用集成电路制程设备，在芯片级和晶圆级层面，使用微纳米量级的二维和三维互连结构，实现芯片裸片高密度引出、互连和保护的封装工艺。随着摩尔定律走向极限，继芯片前道工艺制程之后，SIP 先进封装将成为电子信息装备微型化发展主动力，具有高投入、高难度、高回报等典型特点。

SIP 关键技术主要包括基板技术和封装技术两方面，目前主流的基板技术包括陶瓷基板、有机基板和硅基板等，用到的主流封装技术包括硅通孔(TSV)互联、重布线层(RDL)、三维堆叠等。通过在芯片和芯片之间、晶圆和晶圆之间制造垂直通孔和再布线通路，通过 Z 方向(区别于传统的平面 XY 方向)通孔实现互联，极大程度缩短了芯片互联长度，提供了更快、更短、更省电的互联选择。

图 9.17 是一款多芯片陶瓷封装 SIP 产品，采用正反双腔体引线键合陶瓷封装，图(a)为双腔体引线键合结构侧视图，图(b)为正面腔体，集成 2 颗 ASIC 芯片、3 颗 SRAM 芯片，采用合金熔封实现气密性封帽，图(c)为反面腔体，集成 2 颗 SRAM 芯片、1 颗 FLASH 芯片、1 颗 SOC 芯片及若干电阻电容，采用平行缝焊实现气密性封帽，封装后的芯片实物照片如图(d)所示，整个芯片尺寸为 30 mm×30 mm，管脚数量 256，最大功耗 3.1 W。

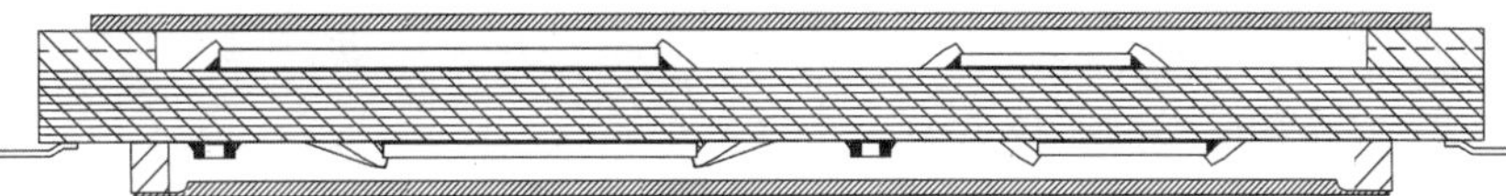

(a) 双腔陶瓷封装侧视图

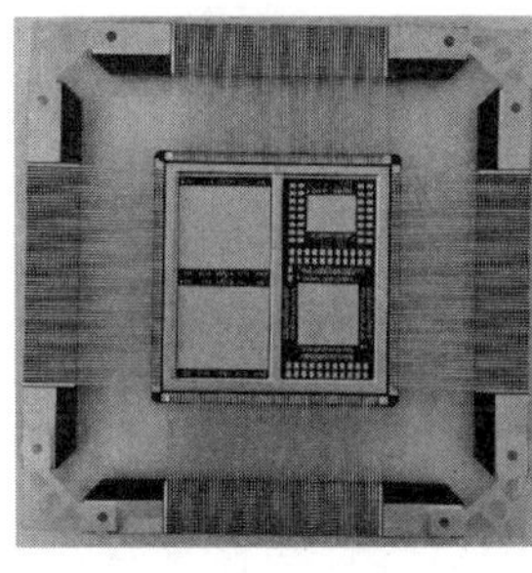

(b) 正面腔体视图　　(c) 反面腔体视图　　(d) SIP 封装实物照片

图 9.17　多芯片陶瓷封装 SIP 案例

就目前情况看，SIP 技术也存在一定的缺点，比如集成工序相对复杂、批量化生产加工不方便等。实际工程应用中，芯片设计到底采用何种封装形式，是选择 SOC、MCM，还是 SIP？最终还是需要根据芯片运用场景、数量规模以及成本价格等多方因素综合考虑。

9.2 集成电路测试

9.2.1 测试概述

测试是集成电路生产加工过程中的一个重要环节，一方面可以用于监控集成电路生产工艺的稳定性，另一方面更多的则是用于检测集成电路的性能。集成电路测试一般分为两类，一类为产品中测，另一类为产品终测。

中测多为集成电路生产工艺中的测试，一般进行裸片测试，通过测试可以及时筛选出晶圆中不合格的芯片裸片并做好标注予以剔除，另外，就芯片性能测试而言，在研发阶段也往往需要裸片测试，特别是模拟或射频类芯片，由于此类芯片受封装形式影响较大，所以一般在芯片封装前后都会对其进行性能检测并作性能对比检查，以此更利于性能缺陷的排查定位；而产品终测，测试对象则是封装后的芯片，其测试结果是芯片用户可以直接接触到的最终性能，批量测试时一般借助测试系统通过编程完成自动测试筛选，非批量测试时则需要制作相应的测试评估电路板完成性能检测。

下面就集成电路设计研发过程中经常用到的几种测试方法进行概要介绍，集成电路生产线上借助测试系统批量自动测试的方法本章节不涉及。

9.2.2 测试分类

1) 裸片测试

首先特别说明的是，本章介绍的芯片裸片测试不是代工厂生产线工艺稳定性测试，而是集成电路设计单位从代工厂取回裸片后自行开展的裸片性能测试。

集成电路裸片测试的典型特点是，由于裸片的尺寸非常小，芯片的输入输出焊盘(PAD)无法通过肉眼直接分辨，测试一般需要借助裸片测试探针平台完成，裸片测试过程中，需要借助测试探针台配套的显微镜完成测试探针对裸片焊盘的连接，以此实现裸片的电源供电与信号输入输出，如图 9.18 所示，测试探针台的作用就是完成从肉眼可视的宏观仪器仪表到显微镜下微观裸片电路的电气连接，该过程中一个重要的设备就是测试探针头，如图 9.19 所示，考虑到输入输出时信号损失与高频条件下的阻抗匹配，测试探针头主要分为直流探针和交流探针两大类，测试过程中根据不同的信号类型灵活选用。根据探针头不同的工作性能，如直流与交流、低频与高频、单端与差分等，其价格与性能差别非常明显。

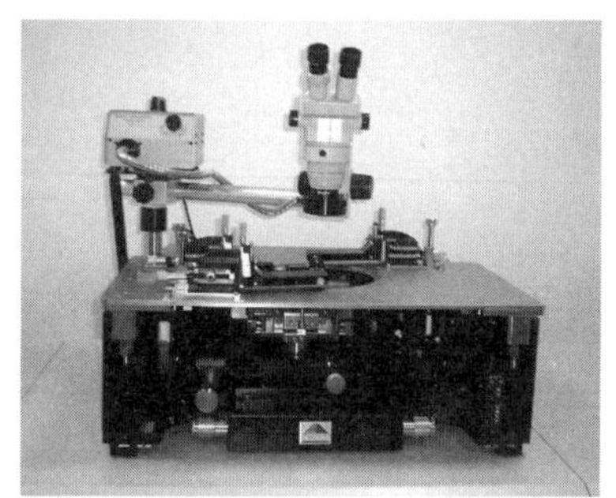

(a) 芯片裸片测试探针台

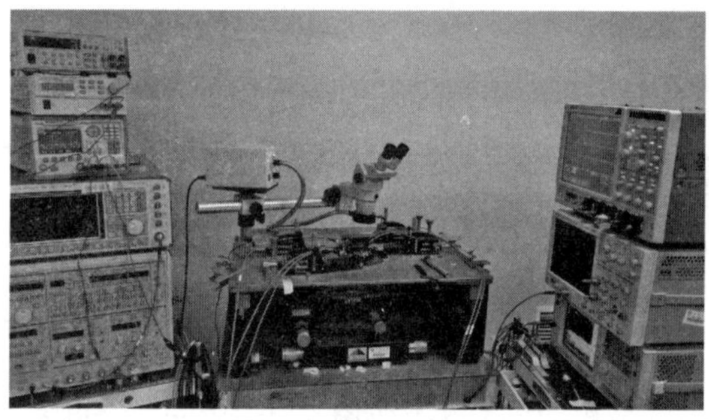

(b) 芯片裸片测试场景

图 9.18 裸片测试探针台

(a) 直流探针头

(b) 交流探针头

图 9.19 探针头照片

图 9.20 为芯片裸片测试时在显微镜下拍摄到的照片，照片四周方形为焊盘(PAD)。需要特别注意的是，在芯片版图绘制过程中，如果考虑到做裸片测试，那么绘制摆放焊盘时，所有焊盘之间的间距必须符合测试所用探针的间距规格，否则探针头将无法扎上焊盘，无法完成连接测试，所以版图绘制前版图设计工程师需要与测试工程师提前沟通确认焊盘大小、焊盘间距等信息。

为顺利完成裸片测试，版图绘制放置焊盘时需要提前注意的事项有以下几点：

(1) 焊盘尺寸与焊盘间距需要与测试用探针头规格一致。

(2) 焊盘类型与探针类型需要保持一致，并且注意分侧放置，即上、下、左、右分开放置。

例如图 9.21 案例中，考虑到直流电源、直流地以及直流检测输入输出端口的需要，可以将直流焊盘集中放置于裸片一侧，本例中直流焊盘集中放置在上侧与右侧，而交流信号的输入输出也需要集中放置，便于选用交流探针，本例交流焊盘选择放置在了左侧和下侧。

(3) 交流探针头区分差分与非差分不同类型，焊盘布置时需要提前考虑与其对应。

交流探针头通常有多种类型，图 9.21 案例中左侧和下侧芯片焊盘对应的测试探针头为 SSGSS，S 表示“Signal”，G 表示“Ground”，可以理解为该探针头有 5 根探针连接，中间连接“地”信号，两侧分别可以输入输出一对差分信号。除此之外，常见的探针头还有 GSGSG、SGS 等，实际运用中可根据需要合理选择。交流探针头类型选择的基本依据包括：差分对信号尽量靠近、非差分对不同的交流信号地线“G”需要分开、输入交流信号与输出交流信号尽量不要放于同侧、高频信号与低频信号要注意考虑信号间相互干扰等。

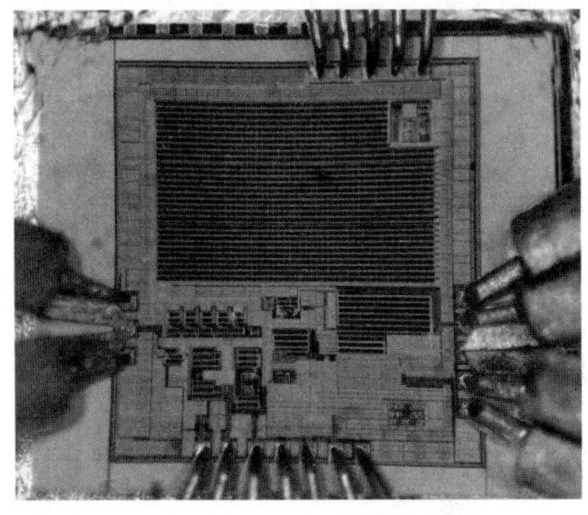

图 9.20　裸片测试案例

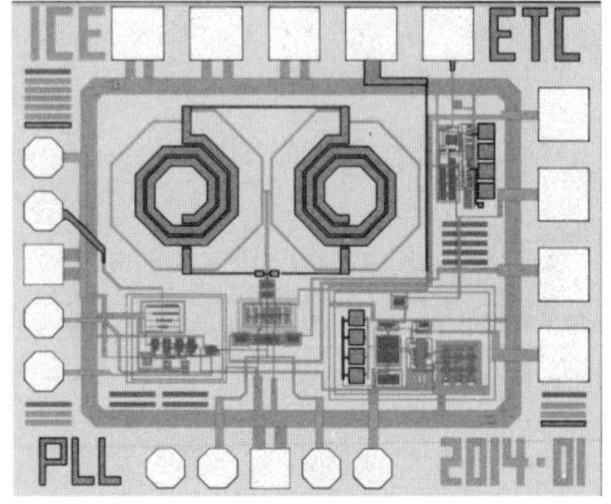

图 9.21　探针头选择案例

2) 封装后测试

集成电路研发过程中的封装后测试一般有两种类型。

第一种测试类型是实验室研究工作中常见的裸片键合测试。案例如图 9.22 所示，这是一种通过键合线简单封装后的测试方法，为了更加准确地模拟出芯片真实应用情景，使得测试结果更加准确，裸片测试在用印刷电路板(PCB 板)制作时务必考虑真实负载场景，高频运用时还要考虑阻抗匹配与键合线寄生电感的影响。

第二种测试类型则是完成产品化封装后的测试。厂家采用自动测试机完成芯片静态性能测试，而完整的芯片功能与性能，则需要通过制作芯片测试评估板(Demo 板)完成测试评估。一般情况下，售后服务相对完善的芯片公司，通常会向客户提供各种芯片评估板原理图与 PCB 版图，用以指导用户更好地使用芯片产品，图 9.23 是一款厂家免费提供的数字功放芯片 Demo 板原理图，芯片用户可以按照电路原理图绘制 PCB 电路板，快速完成厂家芯片性能的测试评估，另外，服务完善的公司还会直接寄送 Demo 测试板给客户试用。芯片流片成功后给终端用户提供应用原理图或 PCB 测试板，可以方便用户更好地判断芯片性能，利于用户更快地做出采购决定。

图 9.22　裸片键合后测试

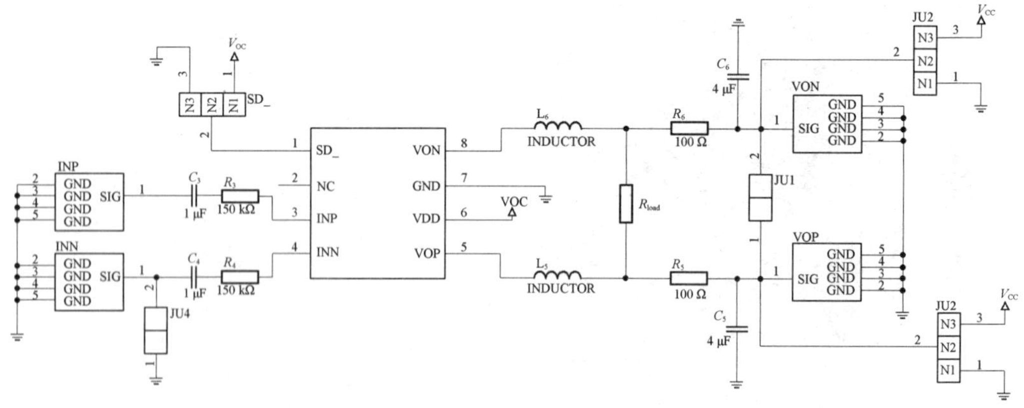

图 9.23　数字功放芯片测试 Demo 板原理图

9.2.3 聚焦离子束修复

1) 聚焦离子束修复功能与意义

聚焦离子束(Focused Ion Beam,简称 FIB)修复,工程上有时简称电子束修复。简单说就是将 Ga(镓)元素离子化成 Ga^+,然后利用电场加速,再利用静电透镜聚焦,将高能量(高速)的 Ga^+ 打到指定的点位,实现芯片内部电路的修复。

集成电路研发过程中,如果某次设计流片发现芯片出现问题,修改设计后等待下一次流片验证时间可能较长,我们知道通常流片常规时间一般在 6 周以上,另外流片费用相对也较高。为减少流片验证的次数与费用,加快芯片产品上市速度,可以考虑采用对芯片裸片或者封装后的芯片开盖后进行 FIB 修复,经 FIB 修复后的电路可以直接验证芯片备用方案,直接定位芯片内部故障点位,修复后的芯片也可以直接送交客户试用,以此减少上市时间。

2) 聚焦离子束修复基本原理

图 9.24 为 FIB 修复工艺操作示意,其中图(a)表示设计者在怀疑电路模块 C3 可能出现缺陷的情况下,采用 FIB 修复技术切断其输出节点 C 点,然后采用 FIB 修复技术在 A 点与 B 点之间进行 FIB 淀积导电离子,实现 A 与 B 之间的跳线连接,以此准确判断故障出处并验证修复后的测试结果,避免了因类似这种微小故障导致的二次流片验证,大幅降低了流片时间与经济成本。图(b)则是示意了 FIB 修复的工艺剖面,首先第一步是采用离子束切割,切断 C 点处的金属连接,然后第二步是在 A 点与 B 点上方打孔,最后一步是在 A 点与 B 点上方和 AB 之间堆积导电离子,实现 AB 之间的电气连接。

目前 FIB 修复需要借助于相关仪器设备,费用为每小时数百元人民币,相比于二次流片验证费用而言非常低廉。FIB 修复主要技术局限性在于,由于 FIB 切割与淀积离子所用时间较长,该技术主要适合于芯片内部短距离或小面积修复,不适合于长距离与大面积使用,否则成本将大幅上升。

正是由于上述特点,芯片研发阶段如果考虑流片后的 FIB 修复与测试,在芯片版图布局布线之初,工程师就需要考虑 FIB 的"可测试性设计",例如图 9.24(b)中 A、B、C 三点的上方就不应该放置其他走线与障碍物,版图设计时 A 点与 B 点尽可能距离靠近等,总之基本原则就是应该尽可能地便于 FIB 切割与连接。

由 FIB 修复的工作原理可以发现,其实 FIB 修复除了可以作为故障定位与修复外,还可以用于电路不同方案之间的同批次流片与切换验证,或者还可以用于电路参数性能细微修正等目的,当然,工业界出于类似目的的其他方法与手段还有很多,这里不再一一赘述。

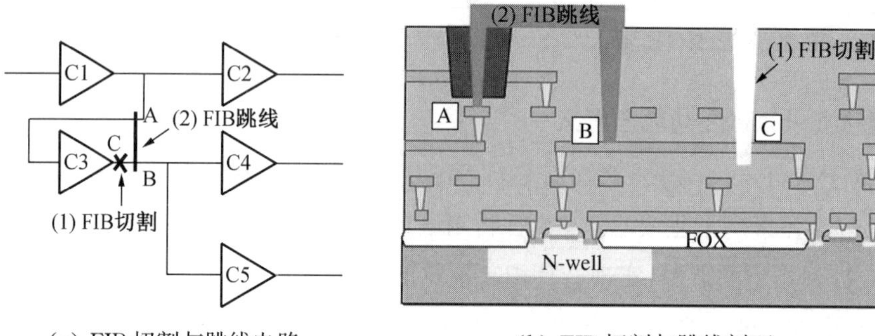

(a) FIB 切割与跳线电路　　(b) FIB 切割与跳线剖面

图 9.24　FIB 操作工艺示意

9.2.4　可测试性设计

在集成电路设计进入超大规模时代后,对集成电路的全部状态和功能进行完全测试是不现实的,因为要完成这样一种测试,它所需要的测试矢量将会是一个天文数字,某种意义上可认为完全测试是一种无穷尽的测试方法。为了解决测试的问题,人们设计了多种测试方案和测试结构,提出了可测性设计(Design For Testability,简写为 DFT)。可测性设计需要在电路设计之初就考虑测试的问题,将可测试设计电路作为逻辑设计的一部分加以设计和优化。

可测性设计的基本原理是:转变测试思想,将输入信号的枚举与测试方法的排列(即完全测试),转变为对电路内各个节点的测试,即直接对电路硬件组成单元进行测试,降低测试的复杂性。具体实现方法包括将复杂逻辑电路分块,采用附加逻辑电路简化测试生成,并能覆盖全部的硬件节点,添加自检测模块,使测试具有智能化和自动化等能力。当前可测试性设计已经成为现代数字系统设计必不可少的一部分,但是由于它对设计本身增加了硬件开销,也会在不同程度上影响系统性能,因此必须慎重考虑,另外,可测性设计测试生成通常是针对门级器件的外节点,而不是直接针对晶体管级电路节点。

目前大多数 DFT 技术都是通过寻求改善"可控制性"和"可观察性"的途径,以及研究使用什么样的设计方法,确保电路节点可测。在提高系统可测性方面最流行、工业化程度最高的两种测试方案是边界扫描测试(Boundary-Scan Test,简写为 BST)和内建自测试(Built-In Self-Test,简写为 BIST)。

1) 边界扫描测试(BST)

边界扫描是在芯片的每一个输入、输出引脚上设置一个或几个单元,它们串行相连形成一个扫描通路,从而构成一条扫描链。根据扫描测试规律,对芯片输入、输出引脚上的信号进行控制或采样测试。由于这条扫描链分布在芯片的边界,故称为边界扫描测试。

BST 体系结构如图 9.25 所示,参照《测试访问门和边界扫描结构》(IEEE 1149.1),图中标准规定了一个四线串行接口,该接口称作测试访问端口(Test Access Port,简称 TAP),用于访问复杂集成电路,例如 MPU、DSP、ASIC、FPGA 或者 CPLD 等。测试数据输入端(Test Data Input,简称 TDI)输入到芯片中的指令寄存器或数据寄存器,串行数据从测试数据输出端(Test Data Output,简称 TDO)输出,边界扫描逻辑由测试时钟端(Test Clock,简称 TCK)计时,测试模式选择端(Test Mode Selection,简称 TMS)控制 TAP 控制器状态。测试复位端(Test Reset,简称 TRST)提供测试硬件复位信号。

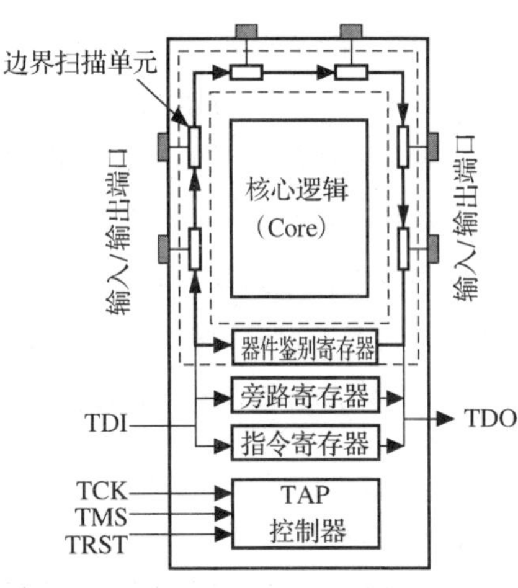

图 9.25　边界扫描测试标准基本架构

芯片在正常工作模式下,边界扫描单元作为通常的输入、输出通道,边界扫描单元不影响芯片正常工作,在芯片边界扫描测试模式下,测试向量将扫描芯片输入、输出引脚,按照边界扫描标准完成芯片的测试工作。

2) 内建自测试(BIST)

BIST 技术是指在制造的集成电路中加入一些额外的自测试电路,测试时从集成电路外部施加必要的控制信号,通过运作内建自测试硬件和软件,检测出被测件的缺陷或故障。显然,这种测试方法不仅简化了测试步骤,而且无需昂贵的测试仪器和设备,但增加了被测器件的复杂性。图 9.26 表示一个采用 BIST 法测试的被测器件(Device Under Test,简称 DUT)原理框图。待测 BIST 集成电路一旦接通内建自测使能信号,内建电路就开始测试 DUT,当一系列检测工序完成后,由 OUT 端输出测试结果。

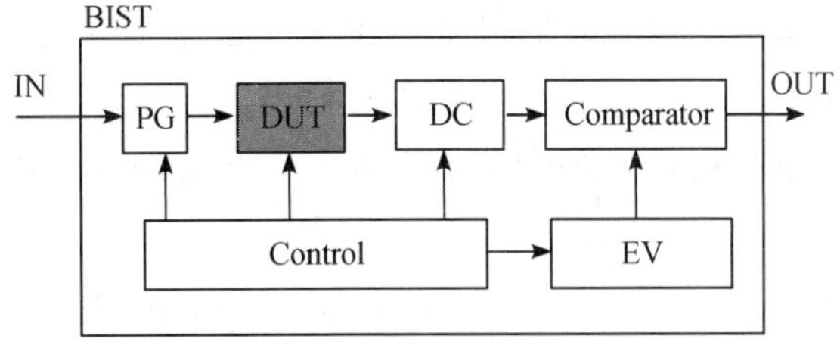

图 9.26　内建自测试 BIST 原理示意图

图 9.26 中 PG 表示测试矢量发生器，与控制模块(Control)生成的时钟一同送至待测器件(DUT)，测试生成的数据经压缩模块(DC)后送数据比较器(Comparator)与正常值寄存器模块(EV)进行比较，比较正确与否的结果由 OUT 端口输出。

BIST 方法自动产生测试向量、自动判断结果的正确性，简化了外部测试设备，另外，由于内建测试逻辑与被测电路逻辑在相同的环境下工作，所以可以在被测电路的正常工作速度下对它进行检测，这样既可以提高测试速度，同时也检查了电路的动态特性，当然，由于内建自测技术在电路系统内部增加了一些附加自动测试电路，与电路系统本身集成在同一块集成电路上，这样就增加了集成电路的面积与消耗。目前 BIST 已经被 VLSI 设计广泛采用，降低测试成本的同时大幅提高了测试速度。

9.3 集成电路设计加固

9.3.1 通用 ESD 静电防护技术

1) ESD 静电放电现象与原理

集成电路工程设计时需要考虑一个很重要的问题，即静电放电(Electrostatic Discharge，简称 ESD)问题，ESD 问题往往会导致集成电路内部击穿从而失效，因此集成电路设计生产时需要考虑 ESD 静电防护问题。

众所周知，两个具有不同静电电势的物体互相靠近时，两个物体之间会发生静电电荷的转移，这个过程就是 ESD 静电放电过程。对于集成电路来说，ESD 过程一般指外界物体接触集成电路的某一个连接点所引起的持续时间在 150 ns 左右的静电放电过程，如图 9.27 所示，这个过程会产生非常高的瞬态电流和电压，可以达到几十安培的电流或者几千伏的电压，可能造成集成电路失效，图 9.28 即为集成电路内部器件与连线遭 ESD 静电击穿后的照片实例。人体或其他机械运动所积累的静电电压远远超过 MOS 晶体管的栅击穿电压，调查显示集成电路失效的原因中约有 30%是由 ESD 引起的，尤其是 MOS 晶体管的栅极特别容易遭遇 ESD 击穿，因此 ESD 防护电路设计是集成电路产品级设计中非常重要的一个环节。

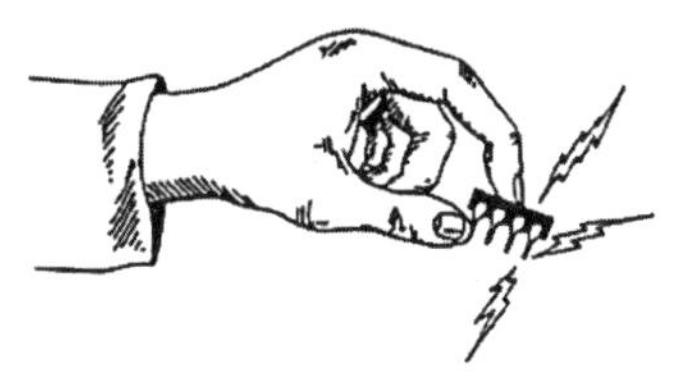

图 9.27　人体接触 ESD 现象示意图

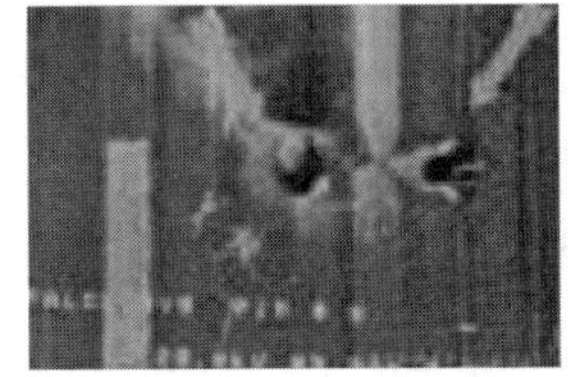
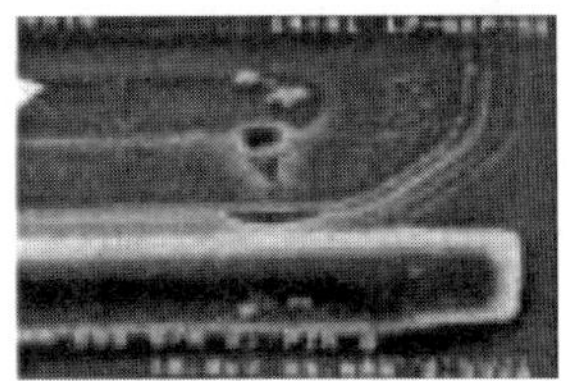

图 9.28　集成电路内部 ESD 击穿实例

ESD 电路防护性能通常用其抵抗 ESD 瞬态电压击穿的能力来评价与衡量，即需要保护的核心电路发生 ESD 失效时的临界阈值电压，称之为 ESD 防护电压标准，其单位是 V。根据 ESD 产生原因的不同，以及集成电路放电方式的不同，常见 ESD 放电测试模型及其防护设计标准分为三类，如表 9.1 所示。

表 9.1　常用 ESD 放电模型及其防护标准　　单位：V

标准类型	人体放电模型（Human Body Model，简称 HBM）	机械放电模型（Machine Model，简称 MM）	器件充电模型（Charged Device Model，简称 CDM）
一般	2 000	200	1 000
安全	4 000	400	1 500
超强	10 000	1 000	2 000

为评价 ESD 防护电路性能，需要对被测集成电路进行 ESD 击穿测试。实际集成电路防护等级测试时，一般采用专用测试仪器产生可重复的瞬态脉冲信号，用以模拟 ESD 静电攻击集成电路，该脉冲攻击信号电压不断上升，直至集成电路内部 ESD 保护电路失效，在此条件下检测出集成电路的 ESD 最大防护能力。一般情况下，多数集成电路产品提供的 ESD 防护标准为 HBM 模型 2 000 V 和 MM 模型 200 V，ESD 防护要求标准更高的场合，可以选择 HBM 模型 4 000 V 和 MM 模型 400 V，所有集成电路产品 ESD 防护能力水平在其产品手册上均可以查询。自研集成电路产品时，可以联系相关具有 ESD 测试评价资质的公司进行检测。

人体模型 HBM 是最常用的一种 ESD 测试模型，图 9.29 为 HBM 等效电路简化模型，其模仿带有静电的人体直接接触集成电路所引起的静电从人体转移到集成电路的过程，该模型用于产生一个静电瞬态电流来测试集成电路与人体接触的 ESD 防护能力，时域中静电瞬态信号波形如图 9.30 所示，脉冲电流上升迅速、下降相对平缓，t_1 为脉冲电流从峰值电流 I_{pk} 的 10%上升至 90%的上电时间，t_2 则为电流放电时间，由图中可以看出，人体 ESD 模型模拟出的瞬间电流典型特征是上电快、放电慢。

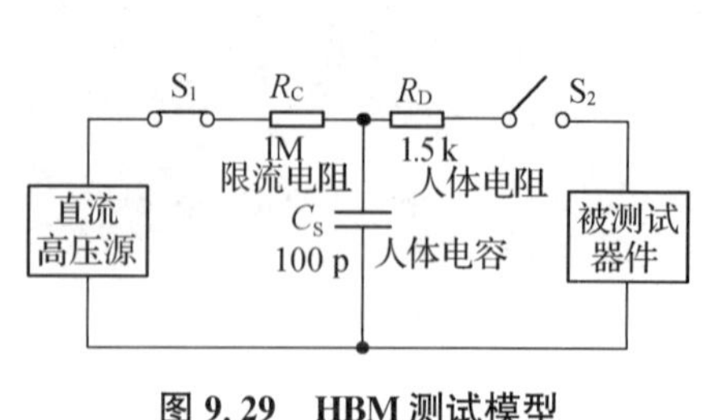

图 9.29　HBM 测试模型

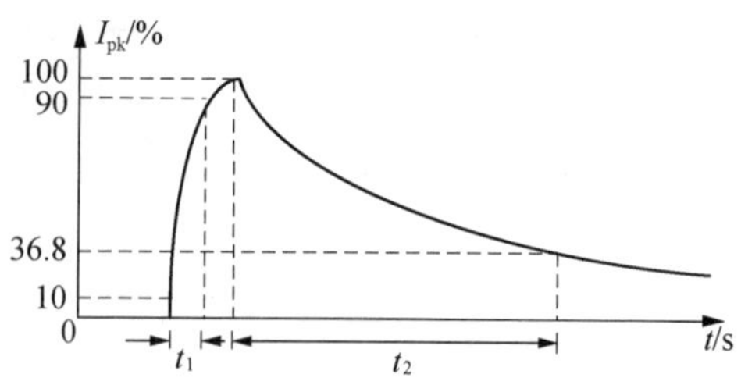

图 9.30　HBM 模拟测试波形

2) ESD 防护基本措施

ESD 击穿主要是由于外界瞬间静电高压或高电流通过集成电路端口对集成电路内部连线或器件造成击穿，所以集成电路的每个管脚端口都需要强化 ESD 防护设计。相比于连接到器件扩散区的集成电路管脚(PIN)，集成电路内部连接到 MOS 管栅极的管脚更需要 ESD 保护，因为 MOS 管栅极更容易被击穿。

常用的 ESD 静电防护措施，除了提高集成电路自身的静电防护能力之外，还包括储藏、运送与应用过程中的众多措施，下面作简单介绍。

(1) 提高集成电路自身 ESD 防护标准

防止集成电路 ESD 击穿受损，首先最重要的是提高集成电路自身防护水平，基本的提高集成电路 ESD 防护水平的方法是在其输入输出管脚上增加 ESD 防护接口电路，具体的 ESD 电路形式可以参见第 7 章第 5 节"输入/输出接口电路"，这里不再重复赘述。图 9.31(a)给出了集成电路输入端/输出端常用的 ESD 整体防护方案简图，每个管脚的 ESD 防护电路主要由两个二极管 D 和一个限流电阻 R 共同构成。每个管脚端并联的两个二极管 D 为首要的 ESD 保护电路，主要完成 ESD 脉冲信号的瞬间放电，用于 ESD 放电的二极管面积越大，越适合 ESD 静电快速向电源端或地端放电；另外串联的限流电阻则是第二道防线，其作用是进一步对没有泄放完毕而冲进被保护核心电路的 ESD 电流进行限流，限流电阻 R 的典型值从几百到几千欧姆不等，一般为多晶硅电阻或扩散电阻，电阻实际设计时宽度要略大一些，以免被大电流冲击而损坏。图 9.31(b)给出了一款芯片项目中 ESD 防护电路的实例，图上圆圈中两个器件分别对应某输入/输出管脚的 ESD 防护二极管 D_1 与 D_2。

由于输入/输出 ESD 保护电路自身尺寸与面积较大，二极管的 PN 结电容和串联限流电阻带来的寄生参数影响在高频应用时往往不可忽视，可能会影响输入/输出信号的带宽并增加噪声，因此工程设计时，既需要根据应用场合的不同、工作频率的高低、电源电压的大小等众多指标，综合选择不同的 ESD 防护电路，又需要权衡评估 ESD 电压防护标准与 ESD 对电路性能的影响。

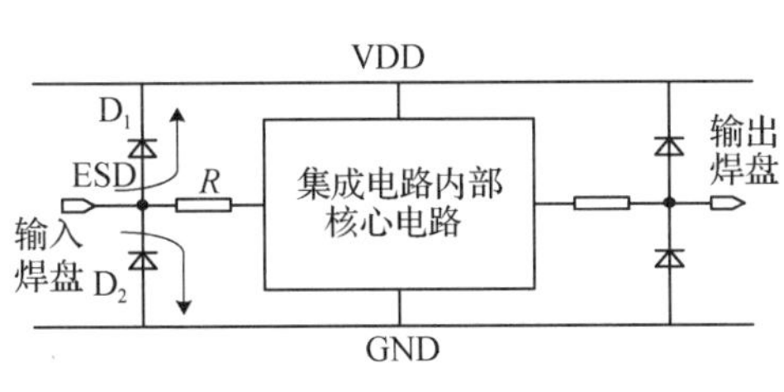

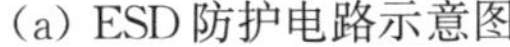

(a) ESD 防护电路示意图

(b) 含 ESD 防护电路的版图

图 9.31　典型 ESD 防护电路设计案例

基于芯片可靠性设计考虑，芯片产品设计时，与芯片输入/输出管脚相关的电路设计仿真，需要同步带入 ESD 等效模型进行仿真验证，特别是高频高速情况下，需要充分考虑 ESD 电路对芯片性能的影响。总体来说，芯片 ESD 设计是一门专项技术，近年来 ESD 防护电路在工艺选择与电路结构等方面陆续出现许多新的结构与创新，感兴趣的读者可以进一步查阅相关文献学习交流。

(2) 进入静电防护区域，应遵照规定着静电防护衣具

进入产品调测机房人员，要求穿防静电工作服和防静电工作鞋，对芯片操作时应带防静电腕带，防静电腕带与机架上防静电插座需可靠连接，如果机架上没有防静电插座，应就近连到保护地上。防静电工作服必须确实穿着妥当，确保无内层衣物外露，女士长发应绑束于脑后并戴静电帽，同时避免其他饰物碰触元件，图 9.32 为实验室 ESD 静电防护衣具，图(a)到(c)分别为防静电工作服、防静电腕带及操作台示意图。

(a) 防静电工作服

(b) 防静电腕带

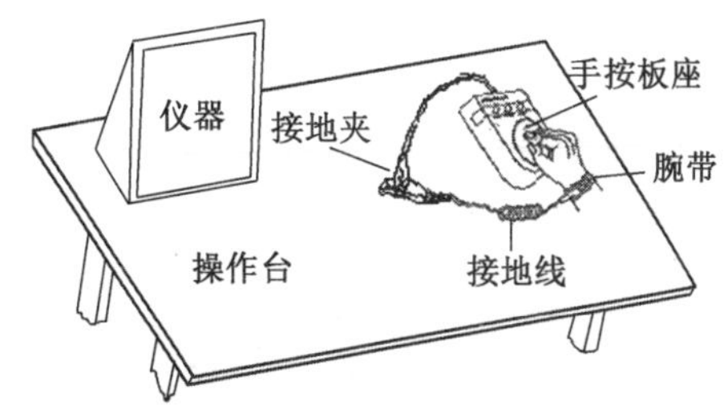

(c) 腕带使用示意图

图 9.32　常用防静电工作服与防静电腕带

(3) 尽量减少与静电敏感元件的非必要接触

尽量减少与静电敏感元件间的非必要接触，处理集成电路元件时应接触芯片绝缘体部位，尽量避免触碰芯片管脚，管脚是最容易造成元件损坏的传导路径，所以必须用手拿取芯片时，注意尽量拿取芯片的绝缘部分，如图 9.33 所示。集成电路、场效应管日常应存放在厂家提供的专用防静电包装中，如芯片存放专用料管，也可以放置在如图 9.34 所示的防静电屏蔽盒、防静电塑料袋或防静电托盘中，元器件应排列整齐有序，做好标识与分类。

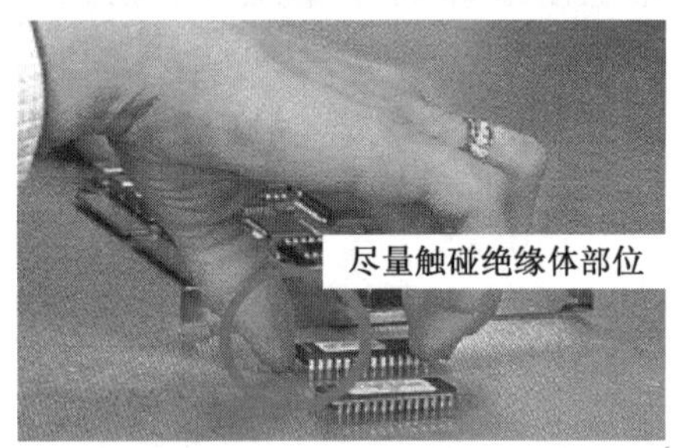

图 9.33　正确触碰芯片方式

图 9.34　防静电屏蔽盒、塑料袋与托盘

9.3.2　专用抗辐照设计加固技术

在电磁辐射恶劣环境下，数字集成电路，特别是数字存储集成电路工作常会受到干扰，如宇宙中单个高能粒子射入半导体器件敏感区，使电路逻辑状态发生翻转，从而导致系统功能紊乱，严重时会发生灾难性事故。图 9.35 显示了空间环境辐射的三个主要来源：一是银河宇宙射线，它是来自遥远的银河系辐射；二是太阳宇宙射线，起源于太阳耀斑爆发所喷发出的大量粒子流；三是地球俘获带，是地球磁场捕获的带电粒子。空间辐射中的主要成分是高能质子、电子、α 粒子以及各种重离子，这些粒子能区广、能量高，具有非常强的穿透能量，对空间宇航员以及运行的电子器件均会产生辐射。

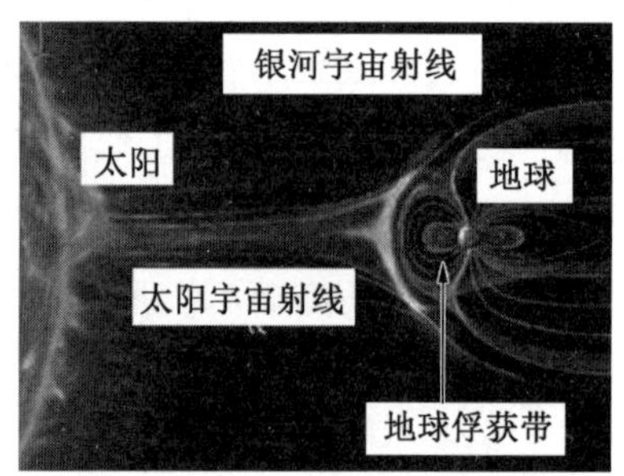

图 9.35　空间辐照环境

特别是近年来随着 CMOS 特征尺寸的逐步减小，集成电路抗辐照设计迎来了更强的挑战，具体包括：① 栅氧层厚度与节点电容的减小使得单粒子翻转更加容易；② 栅长缩小导致寄生三极管栓锁效应变得更加明显；③ 节点间距的减小和集成度的提高使得重离子轰击时电荷共享发生的概率进一步增加。因此如何在 CMOS 特征尺寸缩小的大趋势下，不断增强抗辐照设计能力成为重要的研究课题。

1) 辐照效应基本工作原理

对集成电路与器件影响较大的主要是地球俘获带粒子和太阳宇宙射线，最常见的几种辐照效应主要包括：总剂量效应、位移总剂量效应、单粒子翻转和单粒子锁定。由于太空中高能粒子的轰击，单粒子翻转效应已经成为星载仪器设备故障最常见的原因。最容易发生单粒子翻转效应的是类似于 RAM 这种利用双稳态进行存储的器件，其次是 CPU，再其次是其他接口电路。随着芯片集成度的增加，发生单粒子翻转错误的可能性也在增大。在特定的辐射场景应用中，单粒子翻转已经成为不能忽视的问题。下面是几种常见的单粒子翻转效应可能导致的故障原理。

(1) 栓锁效应

如第 8 章所述，普通集成电路工艺已经考虑了一定程度的防栓锁能力，但是在空间辐照应用条件下，受高能粒子的轰击，集成电路的抗栓锁能力需要进一步加强。图 9.36(a)是目前使用较为广泛的 CMOS 体硅工艺反相器结构剖面图，图中 Q_1 与 Q_2 以及 R_1 与 R_2 均为 CMOS 寄生器件模型，整理后可以得到右图(b)所示的栓锁效应等效电路。假设在空间高能粒子轰击下，电子空穴对受激发产生的电荷可能引起 Q_2 管基极电位的提高，从而有可能使得 Q_2 三极管部分导通，即可能使得 I_{c2} 电流增大，I_{c2} 增大将使 Q_1 的基极电位下降，I_{c1} 电流也会相应增大，R_2 上电压会进一步提高，由此 Q_1 与 Q_2 形成一个正反馈环路，如果环路增益大于或等于 1，最终 Q_1 与 Q_2 将完全导通，从而形成 VDD 到地的贯穿通路形成栓锁。

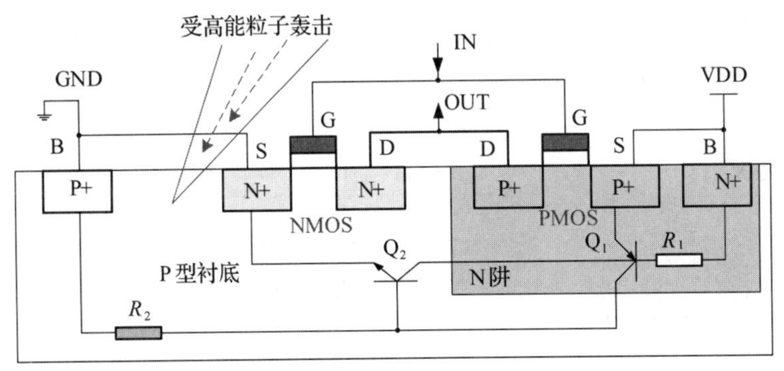

(a) CMOS 反相器受辐照高能粒子轰击示意图

(b) 栓锁效应等效电路

图 9.36　空间辐照下栓锁原理

(2) 电荷共享

电荷共享效应是深亚微米工艺条件下，单个高能粒子轰击硅材料时，产生的电荷被多个敏感节点收集的一种辐照效应。集成电路中 NMOS 器件与 PMOS 器件电荷共享的主要机理来源有所不同：NMOS 电荷共享主要来自扩散，电荷共享的电流主要来自横向扩散电流；

PMOS 电荷共享则是来自于双极效应，共享电荷主要来自双极效应的注入。随着集成电路工艺尺寸的不断缩减，电荷共享导致的集成电路的失效愈加严重。

(3) 其他类型

单粒子翻转引起的其他故障还包括单粒子栅穿引起的栅极击穿，单粒子瞬态引起的电流瞬态变化，以及单粒子扰动引起逻辑状态瞬时改变的软性故障。

2) 集成电路抗辐照设计加固方法

国内外目前研究集成电路抗辐照设计的主要方法，基本分为两类：一类为通过制造工艺的改进完成抗辐照设计加固，另一类为通过电路与系统优化或者冗余设计完成抗辐照设计加固。两种方法相互补充共同提高了器件级、电路级与系统级的抗辐照加固水平。

(1) 工艺抗辐照加固

近年来，集成电路通过材料创新和内部器件结构创新不同程度上改善了抗辐照性能。目前比较成功的一种结构为绝缘体上硅(Silicon On Insulator，简称 SOI)，相比于以前的体硅(Bulk Silicon)结构，其芯片抗辐照能力获得了较大的改进。如图 9.37 所示，SOI 结构相比于体硅结构，由于其存在作为介质隔离的 SiO_2 埋氧层(绝缘层)，在抗单粒子效应和瞬时辐射方面存在优势，受单粒子轰击时产生的电流纵向漏电部分被埋氧层阻隔，电路节点发生翻转的概率得以大幅降低。SOI 不仅可以消除体硅 CMOS 电路中的寄生栓锁效应，同时采用这种材料制成的集成电路还具有寄生电容小、集成密度高、速度快、工作温度范围宽、短沟道效应小以及特别适用于低压低功耗电路设计等优势，被公认为是“二十一世纪的微电子技术”和“新一代硅”，成为如今集成电路制造的主流技术。

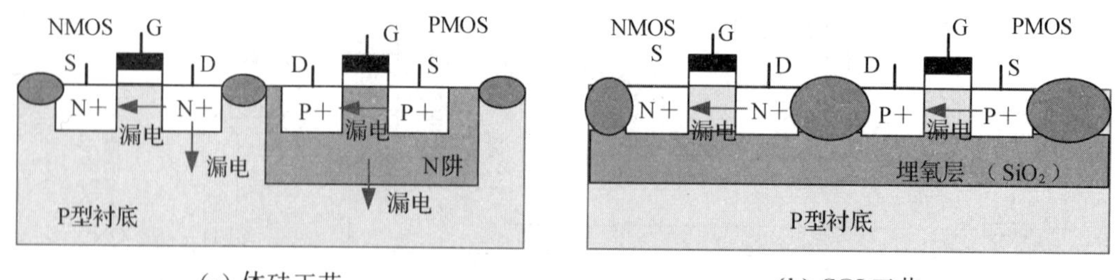

(a) 体硅工艺　　(b) SOI 工艺

图 9.37　体 Si 结构与 SOI 结构示意

(2) 设计抗辐照加固

设计抗辐照加固技术一般分系统级加固与电路级加固两个层面。系统级设计加固方面，可以采用三模冗余加固模式，如图 9.38 所示，在敏感电路部分以三套电路方案并行处理后再做多数判决，以此消除电路受单粒子翻转影响导致的误动。一般情况下，三套处理电路中两套以上同时受辐照影响导致误判的可能性较小，所以这种方案可以一定程度上减小辐照效应的误动，但是这种方式的突出代价是电路规模大幅增加，这种依靠电路冗余备份提高可靠性的方案，对于星载装备不宜过多采用，否则会增加设备的体积与重量。另外，系统级设计加固方面还可以通过改进软件设计提高系统抗辐照能力。

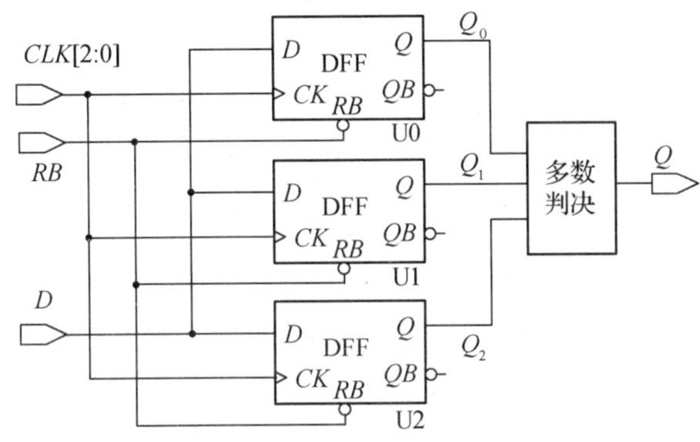

图 9.38　三模冗余设计加固 *D* 型触发器

电路级设计层面，电路版图设计过程中也有多种方式可以改善抗辐照设计效果，比如：

① 增大版图节点间距离，使电路相邻敏感节点远离，减小电荷扩散与阱电势影响；

② 敏感节点与不敏感节点交错排列放置；

③ 增加阱接触，减小其与器件之间的距离以减小栓锁效应；

④ 采用环栅结构或在器件周围加保护环，防止源漏间横向漏电和阱电势扰动。

虽然 SOI 结构使得 CMOS 芯片纵向漏电得以阻隔，但是在高能粒子辐照下，横向源漏之间依然可能产生漏电，如图 9.39(a)所示，图 9.39(b)环栅结构可以封闭普通栅结构边界源漏之间的漏电通道，大幅减小横向漏电。

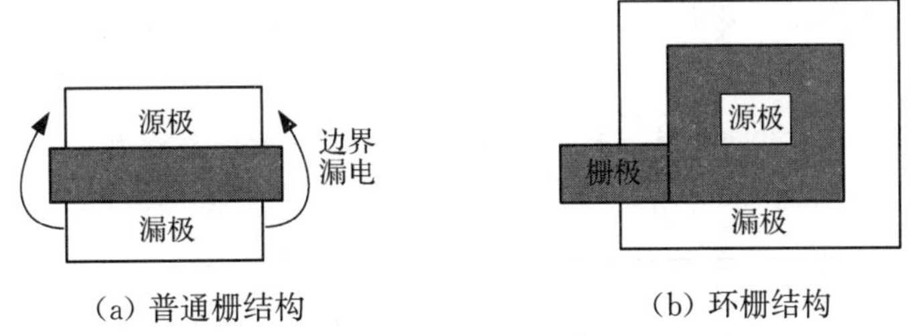

(a) 普通栅结构　　(b) 环栅结构

图 9.39　MOS 器件普通栅与环栅结构

上述设计加固方法在改善芯片抗辐照性能的同时，均不同程度提高了电路规模与版图面积，另外工艺也更加复杂，所以积极通过软件仿真提前设计模拟，以及进行可靠的地面模拟轰击验证，对加强芯片抗辐照设计研究意义重大。

3）国内研究水平与面临的主要问题

随着我国航天事业的进一步发展和对空间应用技术的深入研究，越来越多的电子设备需要在外空间使用，基于安全与知识产权等多方面因素考虑，越来越需要自主开发适用于空间的集成电路与器件，芯片抗辐照设计加固逐渐成为研究热点，许多芯片设计单位与应用单位均开始涉足抗辐照技术研究。由于我国航天事业起步较早，国内研究系统级抗辐照单位较多，成绩显著，然而由于我国集成电路设计水平与国外先进水平相比存在一定差距，所以相应的芯片级抗辐照设计加固技术研究也相对落后于世界先进水平。

目前国内集成电路抗辐照研究主要存在以下几方面问题：

（1）器件抗辐照基础理论研究需要进一步深入。随着集成电路先进工艺、先进材料的不断引入，相关材料与工艺以及电路与系统级的抗辐照方法需要深入研究。

（2）地面抗辐照模拟仿真手段与方法相对不足。可靠的抗辐照设计模拟国产软件不多，目前国内部分研究机构与业界企业已经开始摸索开发相关软件产品。

（3）地面辐照试验测试条件不足。国内具备单粒子轰击模拟试验条件的单位不多，主要是中国科学院原子能研究所与兰州核物理研究所，而且两家单位都面临试验机不够用的问题，目前中国科学院原子能研究所已经开始着手扩大测试基础设施规模。

习题与思考题

1. 集成电路按照封装材料分类有哪些种类？按照封装外形分类又有哪些种类？集成电路的封装类型选择主要考虑哪些因素？

2. 集成电路的封装工序一般包括哪些步骤，各自完成什么功能？

3. 集成电路设计如果考虑裸片测试，在前端设计与后端版图绘制过程中各自应该提前考虑哪些问题？

4. 集成电路产品设计时，为何仿真一定需要考虑封装寄生参数和芯片应用时的真实负载？另外最好还需要模拟真实应用环境下的各种干扰与突发情况，请结合单芯片运算放大器芯片，谈谈自己拟定的仿真项目与注意事项。

5. 假设现有一个低频运算放大器芯片，请尝试给该芯片设计一套ESD防护电路方案。可以通过公开发表的论文收集常规ESD防护电路方案，另外如果手头有工艺厂家工艺文件资料，也可以直接借鉴厂家提供的ESD设计指导文件。

6. 请访问网址 www.alldatasheet.com，至少下载一款芯片数据手册，查看手册中该芯片相关ESD防护等级标准与表述用语。

7. 假设你是某款射频芯片技术主管，该芯片最高工作频率超过 1 GHz，请尝试为其寻找设计一套可行的 ESD 保护电路方案。

8. 集成电路抗辐照设计加固技术主要分为哪几个防护层面？各有哪些有效的防护措施？

9. 模拟集成电路与数字集成电路相比，哪种更需要抗辐照设计加固，为什么？

参考文献

[1] Mavis D G, Eaton P H. SEU and SET modeling and mitigation in deep submicron technologies[C]// IEEE 45th Annual International Reliability Physics Symposium. Phoenix, 2007.

[2] Galloway. Perspectives on TID Radiation Effects in MOS Technologies: Micro to Nano [C]//第三届"国际现代先进集成电路设计中的可靠性问题及设计加固与仿真方法"技术研讨会. 北京, 2012.

[3] 陈书明. 抗辐射 IP 群的建设和其在高速处理器设计中的应用[C]//第三届"国际现代先进集成电路设计中的可靠性问题及设计加固与仿真方法"技术研讨会. 北京, 2012.

[4] 郝跃. 高性能电子元器件在空间应用的挑战和长期发展战略[C]//第三届"国际现代先进集成电路设计中的可靠性问题及设计加固与仿真方法"技术研讨会. 北京, 2012.

[5] 赵元富. 基于纳 CMOS 工艺的高性能 FPGA 的抗辐射加固技术和前瞻[C]//第三届"国际现代先进集成电路设计中的可靠性问题及设计加固与仿真方法"技术研讨会. 北京, 2012.

[6] 郭刚. 现代空间电子元器件单粒子效应辐照试验技术及展望[C]//第三届"国际现代先进集成电路设计中的可靠性问题及设计加固与仿真方法"技术研讨会. 北京, 2012.

10

第 10 章
模拟集成电路设计方法与实例

关键词

- 模拟集成电路设计方法与流程
- 带隙基准电压源设计、低压基准电压源设计
- 自启动电路
- 基准电压源版图设计

内容简介

本章将以模拟集成电路中经典的带隙基准电压源完整设计过程为例，介绍模拟集成电路通用的设计方法、设计流程，包括模块电路指标论证、电路方案选择与计算推导、版图绘制注意事项等，另外结合芯片产品级性能开发需求，专门介绍了启动电路用途与设计运用方案。

10.1 节概述模拟集成电路设计方法与流程，不同于数字功能电路的“自顶向下”(Top Down)逻辑综合设计方法，模拟电路设计至今还是采用“自底向上”(Bottom Up)设计流程，类似于搭积木的方式通过先设计子模块后再进行系统拼接方式完成整个模拟芯片的设计合成。

10.2 节为运算放大器设计实例。运算放大器是模拟集成电路设计中最经典也是最基础的核心功能电路，鉴于不同的指标设计需求，如低功耗、宽频带、高增益、轨到轨、大压摆率等，运放的电路结构与复杂程度相差迥异，设计难度也千差万别，所以运放的设计，在模拟集成电路设计中既是基础也是核心，本节从基本两级运放入手，带领读者进入运放的设计空间。

10.3 节为基准电压源设计。基准源设计一直是模拟集成电路设计中的难点与重点，如何设计出一款符合设计需求、高可靠高稳定度的基准源，无论是基

准电压源,还是基准电流源,都是考验模拟芯片设计工程师经验和能力的好方法。本节从常规带隙基准电压源开始,逐步过渡到目前更为广泛运用的低压基准源,讲原理、讲方法、讲硬件电路的“算法实现”。

10.4 节为启动电路设计简介。类似于数字计数电路设计中可能的死循环一样,如果运气很差,即便是万分之一的出现概率,一旦遇到芯片上电后偏置电路无法启动,整个芯片将无法工作,在某些重要的芯片应用场合将发生极其恶劣的影响,如航空航天、车用芯片等领域,所以务必评估芯片偏置电路无法自行启动可能的风险,并寻找适当的方法予以解决。

10.5 节为模拟集成电路版图设计工程实例。通过对电路工作原理的分析与评估,得出版图设计时需要注意的事项,如版图匹配、抗干扰等要求,进而为优化运放与基准电压源版图设计提供依据。

10.1 模拟集成电路设计方法与流程

10.1.1 模拟集成电路设计基本方法

模拟集成电路设计作为IC设计的一个重要分支,与数字集成电路设计相比,其重要特色在于不追求电路规模与电路功能的复杂度,而是希望用尽可能少的电路器件,设计出最稳定、最可靠的电路功能与性能。除了设计完整的单芯片模拟集成电路之外,很多场合下,模拟集成电路设计是作为数模混合设计工作中的一部分,主要用于设计模拟IP模块,然后与其他数字电路模块混合集成,共同构成系统级芯片,所以模拟电路设计的第一步,务必准确定义好模块的电路功能、输入/输出接口关系以及性能指标要求。

鉴于模拟电路性能指标、器件工作状态与电路拓扑结构等方面的复杂性与多样性,目前,模拟集成电路设计方法主要还是采用“自底向上”(Bottom Up)类似于搭积木的方式进行电路设计。对于一般芯片项目,系统级工程师接到芯片设计任务后,首先会确定芯片总体方案,之后会按照功能需求进行模块分割,同时定义好模块相互之间的端口关系与指标要求,最后落实到每一个模拟设计工程师手头的任务,就是完成具备一定功能、端口关系明确、性能指标具体的模拟电路模块设计。

优秀的模拟集成电路设计,在电路端口定义之初,工程师就会同步规划好模块流片后的测试验证方案，因此会在正常输入/输出端口之外，提前布置好测试监控端口与测试校准端口，并且在流片之前，结合芯片测试方案，完成详细的仿真验证，以便流片后将测试结果与仿真数据作对比验证，另外对个别需要进行工艺校准的芯片，也会提前给出芯片校准方案。

10.1.2　模拟集成电路设计基本流程

图 10.1 为模拟集成电路设计基本流程。作为模拟集成电路设计第一步，电路功能与性能指标定义至关重要，会直接影响后续电路方案的选择以及加工工艺的选择。因此芯片系统级工程师在做芯片模块分割时，需要综合考虑工艺成本、可靠性与先进性之间的权衡，不同于院校与研究所前沿探索性项目，企业界在论证芯片性能指标、制定芯片方案和选择加工工艺时，会优先考虑可靠性与成品率，并同时优先考虑性价比，用相对较低的工艺制程完成更高性能的芯片设计是企业界优选方向。

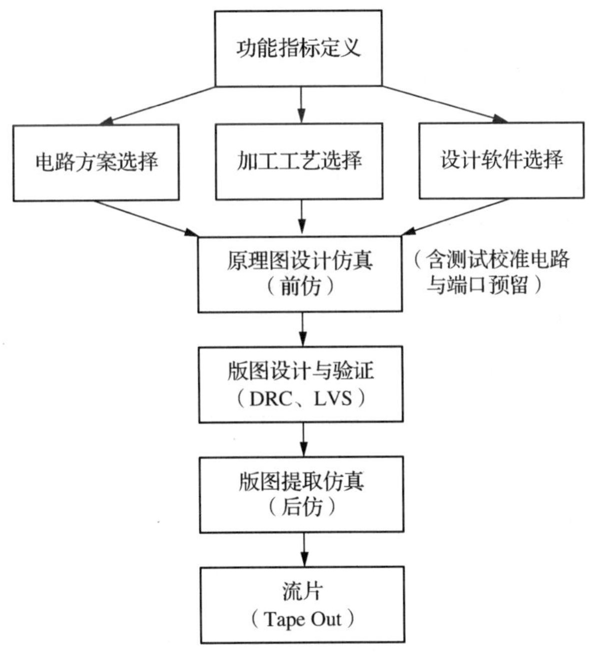

图 10.1　模拟集成电路设计流程

芯片性能指标定义、电路方案、加工工艺与设计软件选择，一般是芯片系统级工程师（项目经理或主管）主要负责的工作，在其完成之后，作为模拟集成电路工程师，参与到模拟电路设计中的主要工作包括：原理图设计仿真、版图设计与验证、版图提取后仿、芯片或模块测试等。在原理图设计仿真环节，就需要同步考虑模块的测试验证，因此仿真时需要预留测试监控端口与工艺校准端口，另外版图设计面积大小与版图区域形状规划，同样需要与系统级工程师或项目主管及时沟通。

10.2 运算放大器设计实例

运算放大器是模拟集成电路设计中最经典也是最基础的核心功能电路。鉴于不同指标设计需求,如低功耗、宽频带、高增益、轨到轨、大压摆率等,运放电路结构与复杂程度相差迥异,设计难度也千差万别,因此本章模拟集成电路设计实例通过运放的工程设计需求展开讲解,主要讨论不同需求条件下的运放性能指标确定与方案选择。例如,本节讲授的运放电路,将用于后续的带隙基准电压源设计,如图 10.2 所示带隙基准电压源电路,输出参考基准电压 $V_{ref}=1.25$ V,其供电电源电压为 3 V/5 V 兼容,该方案中需求运放电路见图中 OPA 模块,下面研究该运放的性能指标要求与端口定义。

从电路结构上看,该运放是一款双入单出经典结构。从电路功能上看,该运放用于温度变化时通过电压负反馈自动稳压控制,因为温度变化是一个缓变信号,几秒甚至于更长时间才会变化一次,折算成频率为 Hz 级以下,所以该运放的带宽需求不高,从性能指标上讲,运放作为负反馈稳压运用,其开环电压增益在 60 dB(即 1000 倍)以上就已足够,但是在基准源应用上对电路功耗、相位裕量和电源抑制比等性能指标要求较高。

综上需求分析,同时考虑到初学入门,推荐采用图 10.3 所示两级运放电路,该图为运放核心电路,图中偏置电流源 I_{BIAS} 在实际工程设计中可以取自芯片系统级提供的基准电流源,也可以自行设计基准电流源,通过镜像后输出供给。

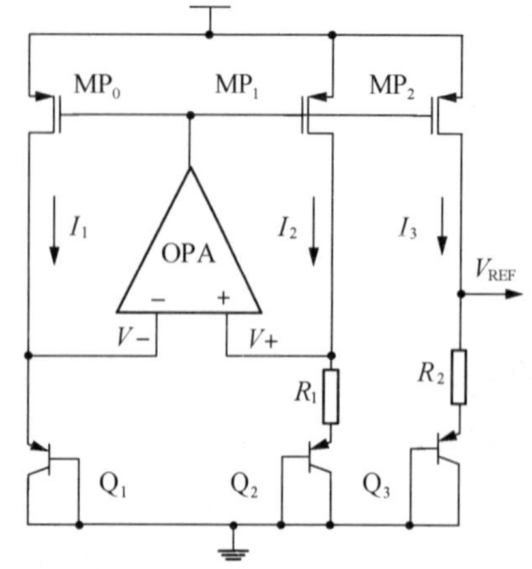

图 10.2 带隙基准电压源中的运放

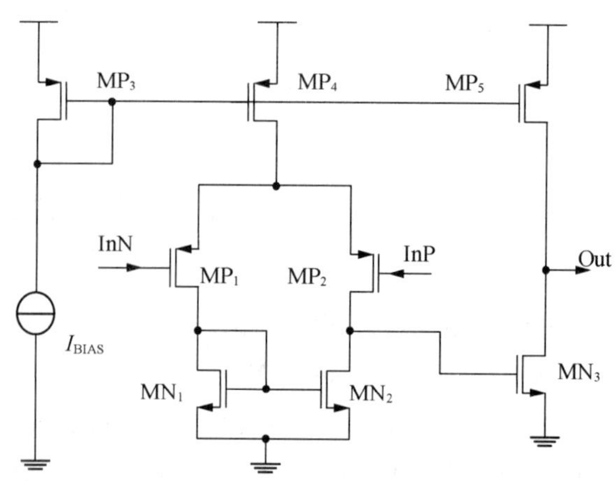

图 10.3 经典两级运放电路

综上，不妨梳理总结一下上述带隙基准电压源方案对运放模块的基本要求：

(1) 双端输入、单端输出，直流增益大于 60 dB；

(2) −3 dB 带宽大于 1 Hz 即可(一般温度变化频率不会超过每秒 1 次)；

(3) 相位裕度 60 度以上；

(4) 直流功耗越低越好，假设要求 10 μA 以内；

(5) 电源抑制 PSR 小于−40 dB。

上述运放指标仅为设计方法举例，不同运用场景下性能指标需求会略有差异。下文将基于上述主要性能指标要求，首先设计运放核心电路，假设偏置电流 2 μA，合理分配运放偏置电流完成运放设计后，再按需设计基准电流源。运放工程设计过程中根据性能仿真需要，在满足芯片整体功耗要求情况下，可以灵活调整偏置电流大小。

10.2.1 运放核心电路设计

运放核心(OPA core)电路是指除了偏置电流源之外的电路，图 10.3 中所示运放核心电路由 PMOS 差分对和 NMOS 共源放大器两级构成，原理图设计有以下几点注意事项：

(1) 为何选择 PMOS 差分输入对管而不是选择 NMOS 差分输入对管？原因在于本应用实例中运放输入共模电压为三极管的 V_{BE}，大小约 0.7 V，对于 3 V 至 5 V 宽电源电压供电而言，0.7 V 处于 VDD/2 以下，即共模电压整体偏低，所以采用 PMOS 差分输入可以让差分放大器更可靠地工作于饱和区。

(2) 考虑工艺相对误差对电路性能的影响，模拟电路器件栅长选择一般不取工艺对应的最小栅长，而是取放大数倍后的值，比如本例中，采用 0.35 μm CMOS 工艺，运放的栅长可以取 2 μm，相比于最小栅长 0.35 μm 放大了约 5 倍，这样可以很大幅度减小工艺相对误差对模拟电路匹配性能的影响。

(3) 考虑镜像电流源、差分输入对管等电路的版图匹配与对称设计，器件并联叉指数量一般多取偶数，更便于版图绘制。

图 10.4 为经典两级运放电路 AC 仿真特性，由图可得该运放直流电压增益为 92 dB，−3 dB 带宽是 100 Hz，0 dB 带宽为 4.15 MHz，0 dB 增益(又名单位增益)对应的相位裕度为 42°。从仿真指标上分析，目前直流增益已经远远大于设计目标值，带宽也已足够支撑带隙电压源稳压运用，需要改进的是相位裕度目前还不够，一般放大器开环验证时，相位裕度要求 45°以上，工程设计时为可靠起见往往确保大于 60 度，因此可以考虑相位密勒补偿，密勒补偿后的 AC 频率特性如图 10.5 所示，可以看出此时相位裕度已经由 42°变为 66°，大幅提高了运放环路运用时的稳定性能。增加密勒补偿电容 C 后的电路原理如图 10.6 所示，相应的密勒补偿工作原理在本科阶段模拟电子技术课程中已经介绍，这里不再赘述。

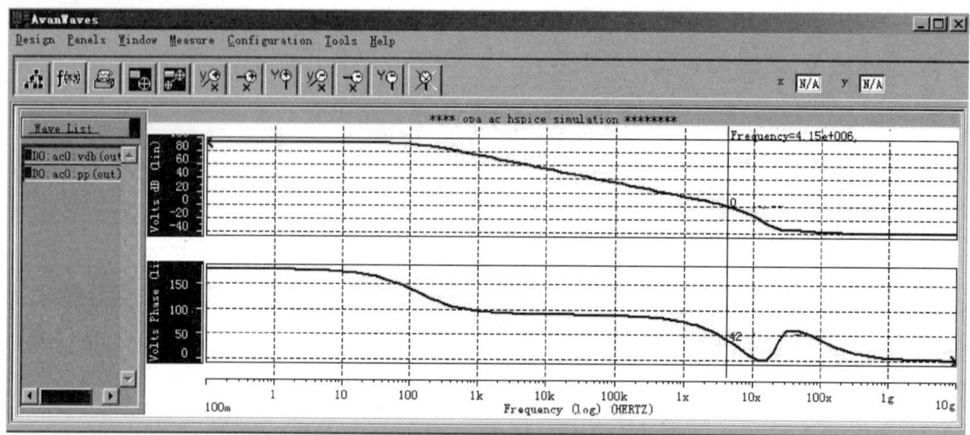

图 10.4 运放密勒补偿前相位裕量仿真

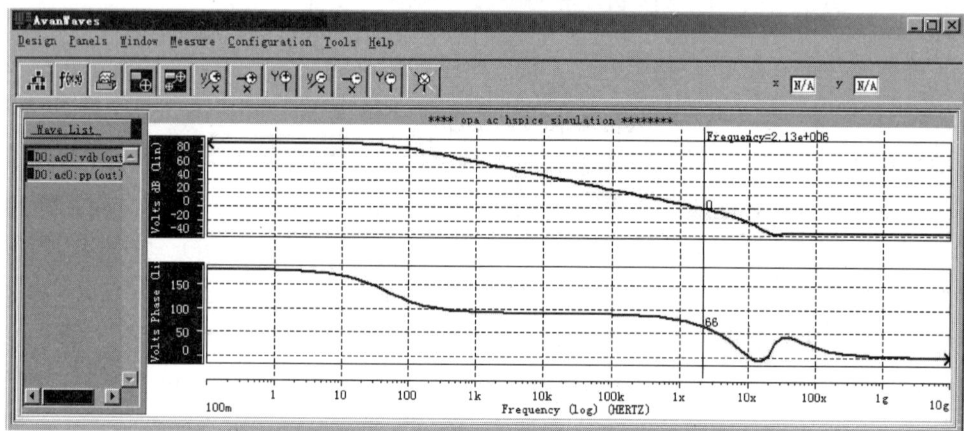

图 10.5 运放密勒补偿后相位裕量仿真

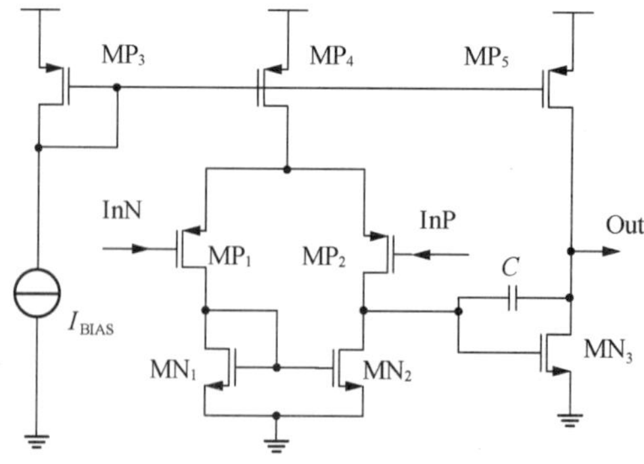

图 10.6 运放增加密勒补偿电容 C

10.2.2　偏置电流源设计

芯片实际工程设计中，整个芯片的系统偏置电流源一般是集中设计，并且会远离数字电路和功率电路放置，以此避免数模混合电路中可能的数字电路或功率电路噪声干扰。系统偏置电流源设计时，首先需要设计系统基准电流源，之后根据功能模块的不同电流需求，采用多路镜像输出的方法，分别镜像给各个功能模块使用，如图 10.7 所示，由图可以看出，各模块获取电流精度的高低取决于两方面，一方面是基准电流源 I_{BIAS1} 本身精度，另一方面是电流源镜像比例精度。实际运用中，如果电源电压裕度允许，可以换成双层 Cascode 电流镜，进一步提高电流源镜像比例精度。

对于基准电流源本身精度的提升，本书第 6 章提及了一种与电源电压无关的基准微电流源，如图 10.8 所示。如果电流源精度要求较高，例如还要求与温度变化无关，电路可以进一步改进，如图 10.9 所示，图中 MOS 管 MN_1 源极可以采用正、负温度系数互相抵消的两个电阻 $R_T(+)$、$R_T(-)$，或者通过优化设计，使得温度变化导致的 MN_1 与 MN_2 之间 ΔV_{GS} 与电阻变量 ΔR 同步，由公式 $I_s=\Delta V_{GS}/\Delta R$ 可知，可以一定程度上降低温度变化对电流的影响，另外图中双层 PMOS 电流源设计还可以改善镜像电流源的镜像比例精度。

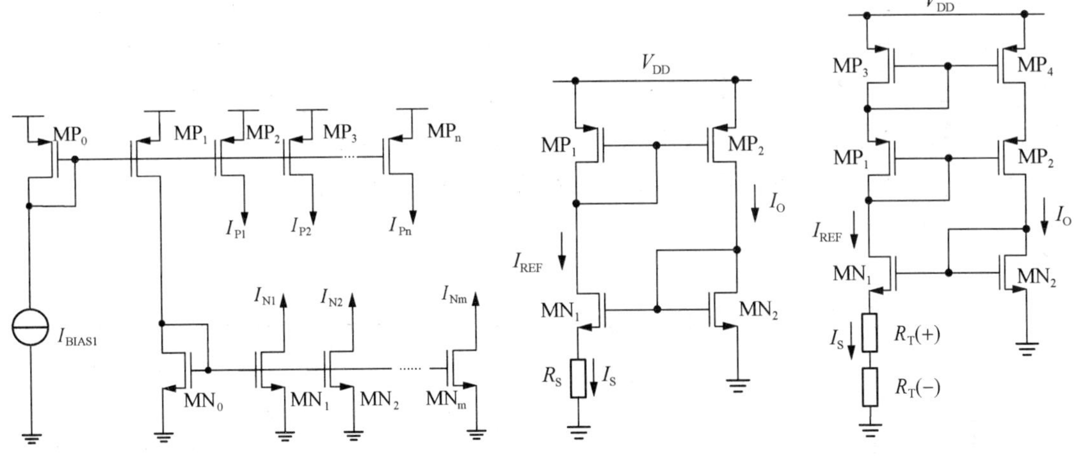

图 10.7　系统级基准电流源多路镜像输出示意图　图 10.8　基准微电流源　图 10.9　改进型基准微电流源

10.3 基准电压源设计实例

10.3.1 带隙基准电压源工作原理

众所周知，半导体一个重要特性就是温度特性，即当温度发生变化时，半导体上的电压或电流等参数将会发生变化，如果与温度变化成正比称正温度系数，反之如果与温度变化成反比称负温度系数。

如果想得到一个与温度变化无关的基准电压源，常用的方法如图 10.10 所示，即采用正温度系数电压与负温度系数电压相叠加的方法去实现零温度系数。图中三极管发射结压降 V_{EB} 在室温附近温度系数为 $-2.2\ \mathrm{mV/℃}$，而热电压 V_T（$V_T=kT/q$）的温度系数为 $0.085\ \mathrm{mV/℃}$，如果将 V_T 乘以合适的系数 K 后与 V_{EB} 相加，就可以得到零温度系数的电压 V_{REF}。

$$V_{REF}=KV_T+V_{EB} \tag{10-1}$$

在室温附近，式(10-1)对温度 T 微分，并令微分结果等于零，即可解出 K 的理论设计值，使得输出电压 V_{REF} 理论上基本不受温度变化的影响。图 10.10 中晶体管采用的为 CMOS 工艺中纵向寄生 PNP 管，其工艺构造如图 10.11 所示，N 阱与 P 衬底分别作为 PNP 管的基极 B 与集电极 C，N 阱中 P 型高掺杂注入为发射极 E，该寄生 PNP 管用于带隙电压源电路时，基极 B 与集电极 C 往往连接在一起共同接地，只用发射结电压 V_{EB}。

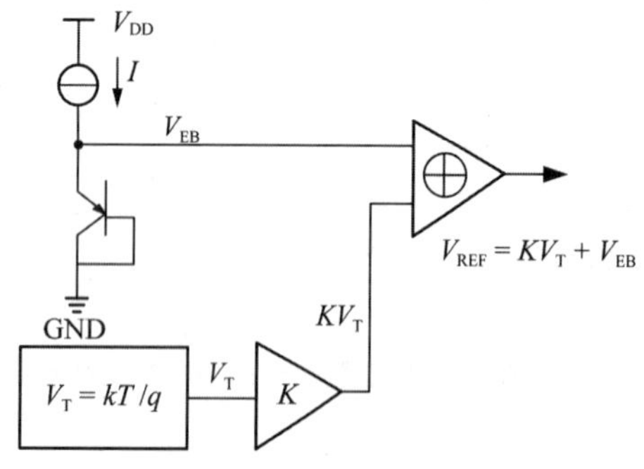

图 10.10 带隙基准电压源生成原理

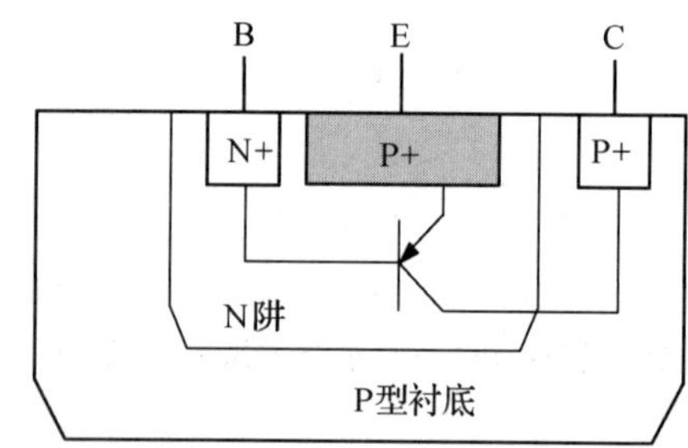

图 10.11 CMOS 工艺中寄生纵向 PNP 三极管

10.3.2 常见带隙基准电压源设计

传统带隙基准电压源（Bandgap Voltage Reference，简称 BVR）电路如前图 10.2 所示，

图中运放工作于深度负反馈状态，所以运放两输入端有 V+＝V−，类似于第 6 章推导所述，图 10.2 中输出基准电压为

$$V_{REF}=V_{EB3}+I_3R_2=V_{EB3}+k\cdot\frac{\Delta V_{EB}}{R_1}\cdot R_2=V_{EB3}+k\cdot\frac{V_T}{R_1}\ln\frac{I_{S2}}{I_{S1}}\cdot R_2 \qquad (10-2)$$

式中，V_T 为电压当量；I_{S1} 与 I_{S2} 分别为三极管 Q_1 与 Q_2 发射极饱和电流，两者在电流 I_1 与 I_2 相等的情况下，其大小与 Q_1 和 Q_2 的发射区 PN 结面积成正比。该方案在多数情况下精度基本满足设计需求，但是在一些性能要求更高的场合，如果仔细分析，会发现电路方案存在一定的缺陷。不妨仔细分析一下，式中 I_3 来自 I_2 的镜像比例输出，两者之间的失配是必然存在的，比例系数“k”为 PMOS 管 MP_1 与 MP_2 镜像电流源之间的比例系数，对于同一晶圆不同部位、同一流片批次不同晶圆，以及不同流片批次晶圆，该比例系数“k”都不可能完全相同，所以对于高精度电压源应用场合，该方案需要进一步改进。

改进方案之一如图 10.12 所示精简电路设计，将基准电压直接从 I_2 电流支路输出，R_2 直接置于 R_1 电阻上方，此时输出电压方程简化为

$$V_{REF}=V_{EB2}+I_2(R_1+R_2)=V_{EB2}+\frac{(R_1+R_2)}{R_1}\cdot V_T\ln\left(\frac{I_{S2}}{I_{S1}}\right) \qquad (10-3)$$

该方案中输出基准电压公式(10－3)相比于公式(10－2)而言，省去了可能存在失配风险的比例系数“k”，所以电路输出精度更高。

本着模拟集成电路设计“精益求精，止于至善”的工作标准，如果再仔细研究图 10.12 的改进电路，会发现该电路还存在进一步的改进空间，为阐述方便，假设图中 PMOS 镜像电流源镜像比例为 1∶1，三极管的发射结面积比例为 1∶m，由此可以得到在电流 I_1 与 I_2 相等的情况下，有 $I_{S2}=mI_{S1}$，故

$$V_{REF}=V_{EB2}+I_2(R_1+R_2)=V_{EB2}+\frac{(R_1+R_2)}{R_1}\cdot V_T\ln(m) \qquad (10-4)$$

式(10－4)成立的前提条件是假设电流 I_1 与 I_2 完全相等，但是事实上，由于沟道调制效应的影响，图 10.12 的电流并不能完全相等，如公式(10－5)与公式(10－6)所示，MP_1 与 MP_2 的电流分别为

$$I_1=\frac{1}{2}\mu_p C_{ox}\left(\frac{W}{L}\right)_{MP_1}(V_{GS}-V_{TH})^2(1+\lambda V_{DSMP1}) \qquad (10-5)$$

$$I_2=\frac{1}{2}\mu_p C_{ox}\left(\frac{W}{L}\right)_{MP_2}(V_{GS}-V_{TH})^2(1+\lambda V_{DSMP2}) \qquad (10-6)$$

式中 $V_{DSMP1}=V_{DD}-V_{EB}$（约 0.7 V），而 $V_{DSMP2}=V_{DD}-V_{REF}$（约 1.25 V），所以 $V_{DSMP1}\neq V_{DSMP2}$，而且相差较大，所以无法精确保证 $I_1=I_2$，故而公式(10－4)存在误差，并且当温度发

生变化时，由于V_{EB}与V_{REF}的温度系数不一样，电流I_1与I_2的偏差会更大，所以，为了克服沟道调制效应的影响，本书笔者早期研究提出了进一步的改进方案如图10.13所示。

图10.13所示带隙基准电压源改进电路中，在PMOS管MP_1漏极增加一个大小和类型与R_2完全一样的电阻R_3，由于电阻R_2和R_3阻值相等，流经电流I_1和I_2也相等，所以R_3电阻上端电压值也近似为V_{REF}，即$V_{DSMP1}=V_{DSMP2}=V_{DD}-V_{REF}$，所以沟道调制效应对PMOS管电流源$MP_1$与$MP_2$的影响相同，提高了$I_1$与$I_2$的匹配精度。

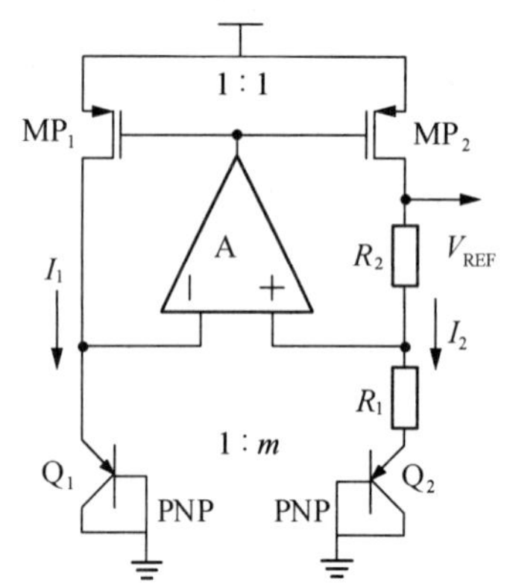

图10.12　带隙基准电压源改进电路一

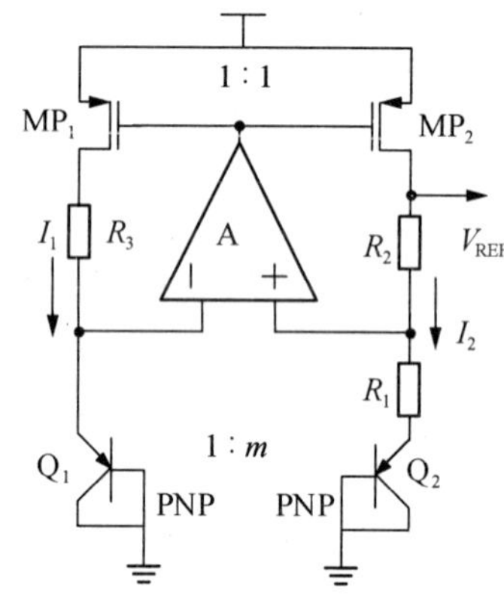

图10.13　带隙基准电压源进一步改进电路二

由表10.1可以看出，增加R_3电阻前后，图10.12与图10.13电路中三极管Q_1与Q_2单位面积电流密度失配大幅减小，从改进电路一的0.225 μA，减小为改进电路二的0.001 μA。

表10.1　改进方案一与改进方案二性能对比(m=8时)　单位：μA

	改进方案一(无R_3)	改进方案二(增加R_3)
I_1	87.655	85.563
$(I_1/8)$	10.955	10.695
I_2	10.73	10.696
电流失配$(I_1/8-I_2)$	0.225	0.001

带隙基准电压源的仿真验证主要包括：输出电压DC仿真、运放环路稳定性AC仿真、电源噪声抑制AC仿真(PSR)。图10.14抽样选取了一种典型模式和两种极端模式条件下的仿真验证，由图可以看出，无论是单一模式下，还是不同模式之间，总体输出电压一致性较好。另外，从图10.15运放环路拆环AC仿真结果看，运放0 dB对应的相位裕度为62.9度，满足45度以上的相位裕度要求，实际工程设计中，如果拆环仿真发现相位裕度不够即低于45度，可以在电压输出端增加滤波电容，或者在运放输出端与电源之间增加电容提高环路

稳定性能。

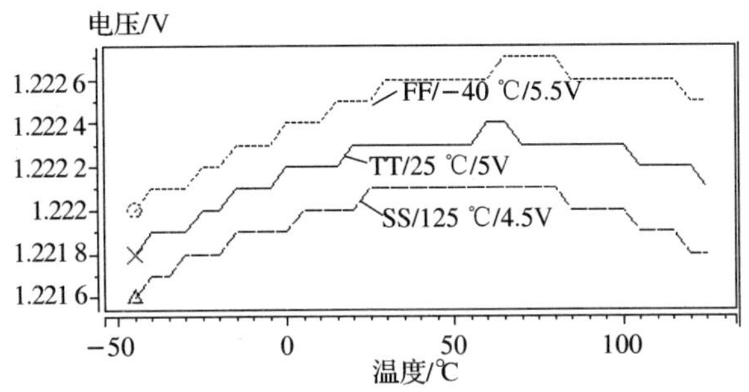

图 10.14　带隙基准电压 DC 仿真

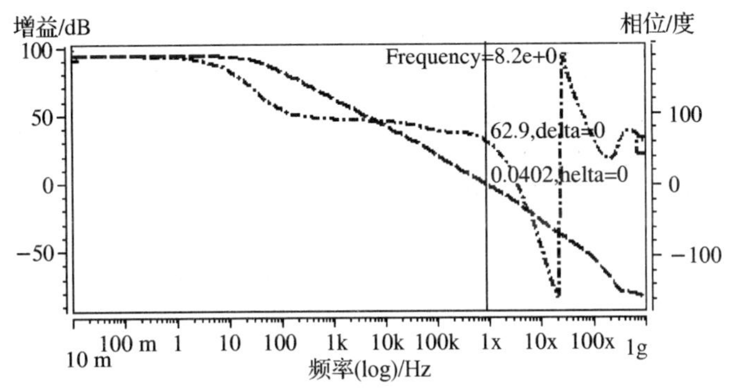

图 10.15　运放环路稳定性 AC 仿真

作为芯片内部基准电路，输出电压源的抗噪声干扰能力也是一个非常重要的性能指标，特别是在数模混合芯片设计中，数字电源与数字地往往存在很大噪声，所以，一方面需要评估电源噪声和地噪声对基准电压源输出电压的影响，另一方面也要设法采取“多措并举”方式减小噪声带来的影响。有关电源与地噪声对输出基准电压的影响评估，常用的一项性能指标为电源抑制比(Power Source Reject Ratio，简称 PSRR)，对于模拟放大电路而言，区别于共模抑制比 CMRR，电源抑制比 PSRR 一般定义为

$$\text{PSRR}=20\lg\frac{A_{vd}}{A_{vs}} \tag{10-7}$$

式中，A_{vd} 为从放大器“输入端”到“输出端”的 AC 差模增益，其仿真验证方法同 CMRR；A_{vs} 为从“电源或地”到“输出端”的 AC 增益。电源 VDD 端 PSRR 仿真设置如图 10.16 所示，特别注意，在评估 A_{vs} 电源噪声对输出端影响时，放大电路直流共模输入电压需正常设置，确保电路静态工作点工作正常。

完整的 PSRR 性能评估，既包括电源端的 PSRR，还包括地端的 PSRR，因为两者分别用于评估电源端与地端噪声对输出端信号的影响。评估地端 GND 噪声对输出端噪声传导影响时，设置方法类似于图 10.16，只需在地端“GND”上增加用于模拟噪声的 AC 信号源即可，此处不再重复。

对于带隙基准电压源电路而言，由于电路只有输出端，除电源与地之外无其他输入信号，所以作 PSRR 仿真时，往往只需给出 A_{vs}，此时指标给出的不再是电源抑制比值 PSRR，而是评估电源上噪声抑制的性能 PSR。例如，由图 10.17 可以看出，低频区该电路电源噪声抑制(PSR)性能为－80 dB 左右，即电源 V_{DD} 上如果存在噪声，传递到输出端噪声的影响会衰减－80 dB，约 1/10 000 倍，所以总体抗低频噪声性能良好，当然读者也会注意到，在噪声频率升高后该电路 PSR 性能明显变差，所以必要时需进一步优化高频区 PSR 性能指标。

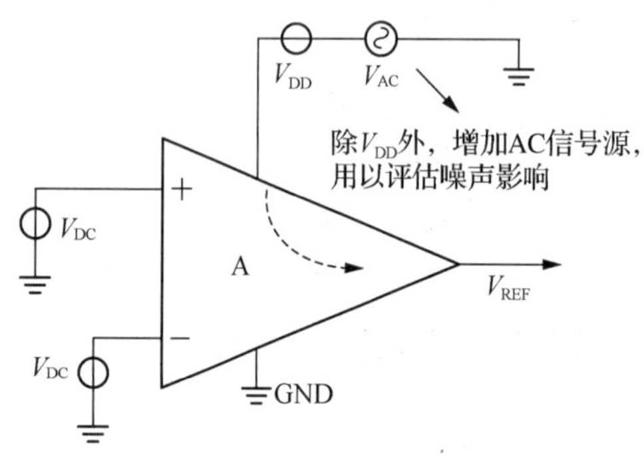

图 10.16　放大器 A_{us} 仿真框图

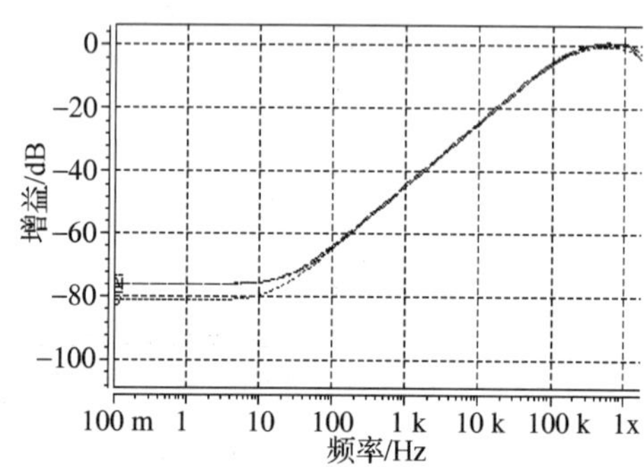

图 10.17　基准电压源 V_{DD} 端 PSR 仿真示例

本例图 10.13 基准电压源电路中，由于 PMOS 电流源 MP_2 工作于饱和区，所以电源端噪声传导到漏极影响较小，但是如果评估地端噪声对输出基准电压的影响，从电路可以看出，输出端与地之间只有电阻 R_1、R_2 和正偏状态下的 Q_1，因此地端 GND 上噪声影响会明显大于电源端 V_{DD} 上噪声的影响，具体地端 PSR 性能评估，读者可以自行仿真验证。

在评估出电源端与地端噪声对输出基准电压可能产生的影响后，可以从电路方案、工艺结构和版图设计等多方面进行设计改进，以便进一步提高基准电压源电路性能。电路方案持续改进方面，读者可以查阅最新的学术论文成果，或者自行设计创新，工艺结构优化方面，可以选择多阱工艺或者带有衬底噪声隔离的工艺，有效减小衬底噪声影响，版图设计优化方面，基准电压源设计要求非常高，务必做好严格匹配设计，后文将详细阐述。

10.4 启动电路设计

10.4.1 为何需要启动电路

BVR 核心电路在正常工作时可以获得精度较高的基准输出电压，但这类电路方案本身存在着电路在极个别条件下无法正常启动的风险。例如图 10.18 电路，如果上电伊始运放输出端为高电平，即为电源电压 V_{DD}，那么 MP_1 与 MP_2 将无法导通开启，会导致双边电流 I_1 与 I_2 均为零，虽然此时 MP_1 与 MP_2 组成的镜像电流源两边支路电流依然平衡(例如：假设 MP_1 与 MP_2 尺寸相等，正常工作情况下有 $I_1=I_2$，但是如果由于某种意外原因，导致电路没有正常启动，虽然电流 I_1 与 I_2 均为零，但是依然满足 $I_1=I_2$ 方程，即满足所谓电路平衡方程的“零解”，此时电路就可能死锁在当前状态，无法正常启动，所以工程运用时必须破除电路方程的“零解”)，但是此时电压源输出端非 1.25 V 输出，所以为确保该类型电压源每次都能正常启动，需要保证 MP_1 与 MP_2 每次都能导通开启，使得两管的电流方程始终获得“非零解”，务必考虑增加启动电路(Start-Up Circuit)设计。

10.4.2 传统启动电路

图 10.18 为一种含传统启动方案的带隙电压源电路。在电源上电伊始，P 沟道 MOS 管 MP_3 正向导通，导致 MN_1 栅压逐步提高，当该栅压提高至大于 MN_1 的门限电压时，MN_1 导通，从而 MP_1 与 MP_2 栅压被瞬间下拉导致 MP_1 与 MP_2 导通(因此解除前面所述 MP_1 与 MP_2 初态可能的死锁)，进而产生 I_1 与 I_2 电流，该电流 I_2 在电阻 R_2 上产生需要的电压，一旦电路稳定后，此电压就是设计需求的基准电压 1.25 V，该基准电压在输出的同时反馈到 MN_2 的栅极，导致 MN_2 导通，进而使 MN_1 的栅压下拉到地，MN_1 重新回到截止区，此时 MN_1 的漏极与源极断开，使整个启动电路与 BVR 核心电路断开，即一旦上述启动过程完成，启动电路将断开与 BVR 核心电路的连接，不再影响 BVR 工作。这种启动电路存在的缺陷是，正常工作条件下 MN_2 与 MP_3 仍然同时导通，因此会始终存在一路无用的静态功耗漏电流，所以电路设计时需要加大 MP_3 的导通电阻以便减小静态漏电流，常用的办法一般是图 10.18 中的 MP_3 采用倒宽长比尺寸设计。

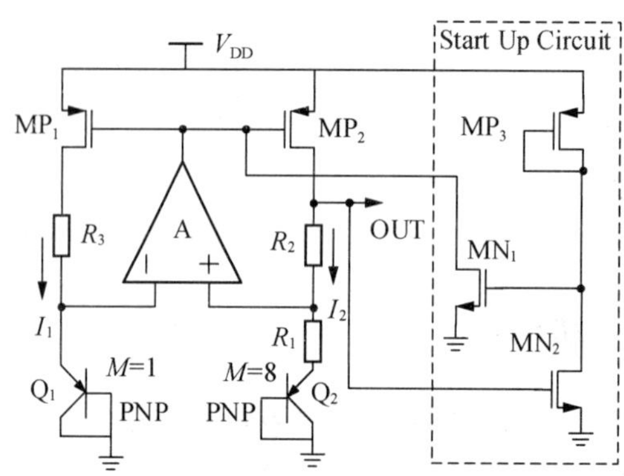

图 10.18　传统启动方案 BVR 电路

10.4.3 改进型启动电路

为消除上述带隙基准电压源正常工作后启动电路持续漏电产生的功耗，近年来有学者提出一种改进型自启动电路方案，电路方案如图 10.19 所示。电源上电之初由于电容两端电压不能突变，所以电容上端电压为零，此时 MP_3 与 MP_4 会瞬时导通，导致 MP_3 的漏极同时也是 MN_1 的栅极电压上升，进而导致 MN_1 导通，所以 MP_1 和 MP_2 的栅极会被下拉从而器件开始工作，由此带隙基准电压源正常工作，输出端 OUT 产生 1.2 V 基准电压，此电压输出的同时反馈送至 MN_2 的栅极，从而使得 MN_2 导通，MN_2 导通后 MN_1 的栅极被下拉到地，所以 MN_1 重新截止从而断开与 BVR 核心电路的连接。

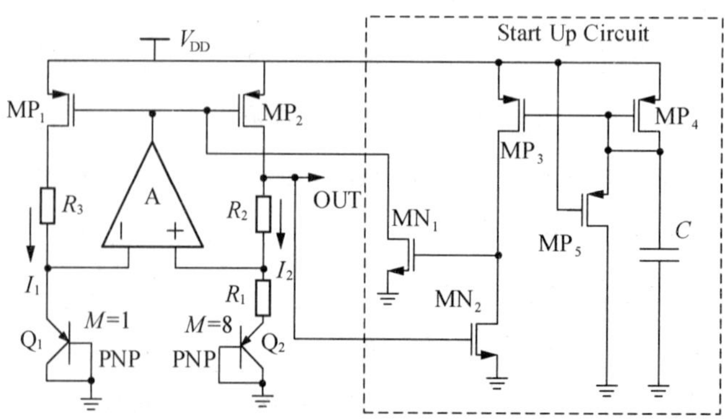

图 10.19　无功耗自启动方案 BVR 电路

与传统启动方案不同的是，本方案启动电路工作后，电容 C 上端电压由于 MP_4 导通充电逐渐上升至 V_{DD}，从而很快迫使 MP_3 与 MP_4 重新截止，所以本启动电路方案在完成电路正常启动后不再导通，不会存在静态漏电流，故无静态功耗，综合性能更加优越，另外，启动

电路中 MP_5 的作用是在每次电源断电时给电容 C 进行快速放电，确保下一次电源上电时电容上端的电压为零，从而保证电路可以重新自启动。

另外，如果是数模混合芯片设计，其实也可以采用一个瞬时脉冲控制，如图 10.20 中的 MN_1 管，使得 MN_1 管在电源上电之初瞬时下拉 MP_1 与 MP_2 管的栅极迫使其导通工作，这种强制启动电路的方案是可行的，但是这种方案有应用前提，即需要确保在带隙基准电压源正常工作之前，MN_1 管的脉冲信号能够先行产生，否则如果在带隙基准电压源正常工作后数字脉冲信号才能产生，那这种方案是不可行的，这其实就是一个“先有蛋还是先有鸡”的老命题，本例中，必须先有触发脉冲，然后带隙基准电压源才能被正常启动工作。

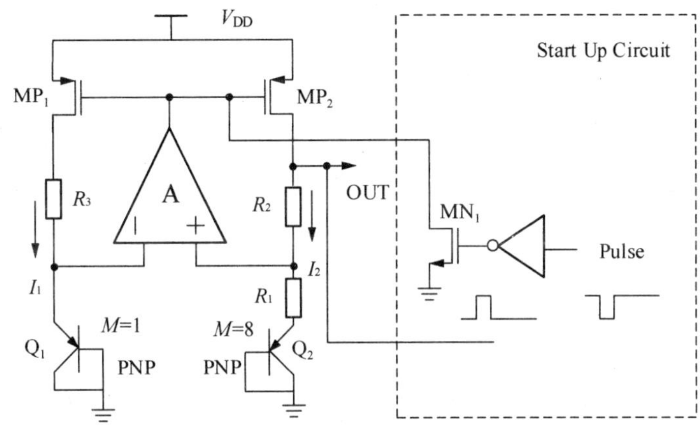

图 10.20　脉冲开关启动方案 BVR 电路

10.5 基准电压源版图设计

如前所述，本章基准电压源电路包含运算放大器，所以运放匹配性能的优劣将直接影响基准电压源输出电压精度。

10.5.1　运放版图设计要求

作为运放版图设计的共性特征，首先要求输入差分对管务必严格匹配，在尽可能的情况下，一般建议采用中心匹配版图设计方案，另外运放涉及的 PMOS 电流源与 NMOS 电流源，为提高其镜像比例精度，至少需要采用轴对称匹配设计，最后在运放模块电路版图设计中为防止栓锁效应，通常需将 PMOS 与 NMOS 分开各自合并集中放置，至于电路中非对称使用的电容，在没有明确形状与匹配要求时，可根据实际版图的剩余空间灵活布置。

项目实践操作中，如果模拟电路原理图设计与版图绘制由不同工程师分工完成，建议原理图工程师在与后端版图工程师交接时，最好明确圈定需要匹配的器件，以便后端版图工程师及时领会版图绘制要求，防止因版图工程师不了解电路性能特点，导致版图绘制不合要求的情况发生，避免版图重新绘制。例如本例运放版图绘制前，可以提前圈出输入差分对、PMOS 电流源和 NMOS 电流源，如图 10.21 所示，以此提醒版图工程师，所有圈中器件版图设计均需要讲究匹配。

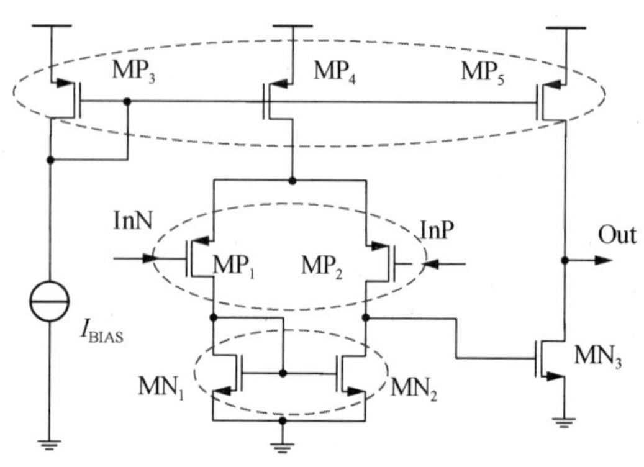

图 10.21　运放版图匹配要求

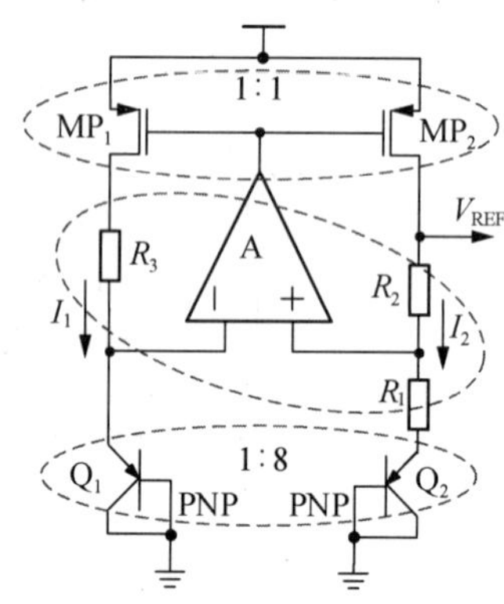

图 10.22　基准电压源匹配要求

10.5.2　基准电压源版图设计要求

图 10.22 所示带隙基准电压源电路，除了运放内部的电流源、差分输入对管等版图务必匹配设计之外，图中 PMOS 电流源 MP_1 与 MP_2 也务必匹配设计，三极管 Q_1 与 Q_2 同样需要中心对称，尽可能匹配到位，所以在原理图设计时两个三极管的面积比 M 特意设计取 8，以便 Q_2 围绕 Q_1 一圈放置，满足完全中心对称要求，另外为了进一步确保所有 Q_1 与 Q_2 周边环境器件的一致性，还可以在 8 个三极管 Q_2 的外围再增加 16 个三极管 Q_3，如图 10.23 三极管布局示意，图中 Q_3 既可以作为版图冗余(Dummy)器件，也可以作为启动电路的一部分一并使用。

Q_3	Q_3	Q_3	Q_3	Q_3
Q_3	Q_2	Q_2	Q_2	Q_3
Q_3	Q_2	Q_1	Q_2	Q_3
Q_3	Q_2	Q_2	Q_2	Q_3
Q_3	Q_3	Q_3	Q_3	Q_3

图 10.23　1∶8∶16 PNP 管中心对称设计

另外，带隙基准电压源中三个电阻 R_1、R_2 与 R_3，其电阻类型与单个叉指宽度及长度也需要严格匹配。由公式(10－4)可以看出，基准输出电压 V_{REF} 与 R_1、R_2 电阻的比值直接相关，如果两个电阻温度系数不一样，或者即便是同类型电阻但是工艺偏差有区别，从公式上就可以分析出会影响输出电压的精度，另外电阻 R_3 用来抵消沟道调制效应，理论上同样可以分析出该电阻需要和电阻 R_2 完全匹配，所以该方案带隙基准电压源在版图绘制过程中，务必确保三个电阻 R_1、R_2 与 R_3 完全匹配。

所以，有经验的模拟集成电路设计工程师在做带隙基准电压源前端设计仿真时，就会考虑三个电阻的同步设计优化。首先，可以选用理想电阻做预先仿真，以便大致确定电阻的取用范围，选定的主要依据包括：一方面电阻大小要考虑带隙基准电压源左右两侧两条通路的功耗，另一方面电阻类型需要结合工艺厂家所能提供的选择空间，考虑该型电阻抗噪声能力的性能；其次，在电阻类型选定、大小范围大致确定后，需要对三个电阻宽长比参数进行同步的设计优化，比如可以先选定电阻的宽度 W，再对所有叉指结构的电阻长度 L 进行扫描优化。设计优化的基本要求是，为保证电阻匹配，三个电阻的宽度与长度必须一致，因此电阻大小的增减只能通过相同类型、相同尺寸的电阻串联、并联得以实现。例如本例中，优化后 R_2 与 R_3 电阻大小相等，都是电阻 R_1 的 m 倍，注意 m 可能是非整数，所以需要采用电阻串联和并联组合的方式才能做到最佳匹配，电阻版图匹配后的结构如图 10.24 所示，要求以 R_1 电阻为中心左右轴对称，另外还可以在电阻两边最外侧各增加一个冗余(Dummy)电阻，其原理与前面增加最外圈冗余三极管 Q_3 一样，可以提高最外侧有用电阻周边环境的一致性。

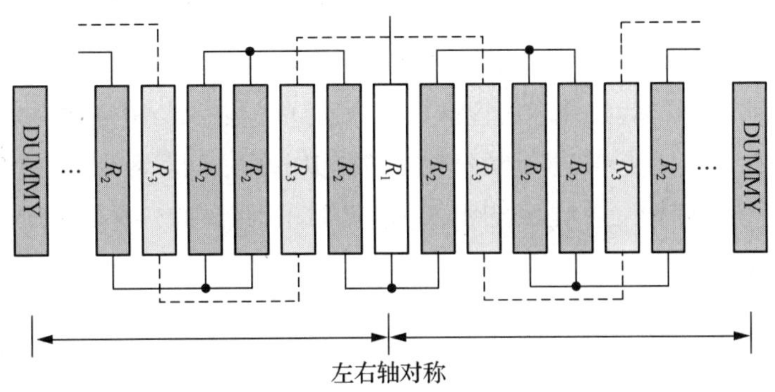

图 10.24 电阻同等宽长匹配设计

10.5.3 基准电压源版图设计实现

本例基准电压源的版图如图 10.25 所示，其中版图左上角为 3 圈 CMOS 标准工艺中的寄生纵向 PNP 三极管，分别对应内圈 Q_1（1 个）、中圈 Q_2（8 个）和外圈 Q_3（16 个），左下角为原理图中的 3 个多晶硅电阻 R_1、R_2 与 R_3，采用交叉排列、左右对称的方式绘制，整个版图的右侧为运放电路，运放内部有匹配设计要求的电路，分别采用了中心对称与轴对称的方式绘制完成。

图 10.25　基准电压源版图设计实现

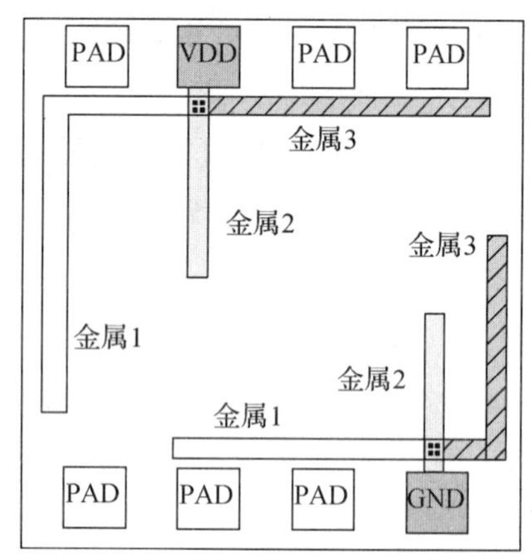

图 10.26　数模混合电源分割供电示意

整个带隙基准电压源模块设计完毕后，一般可以在外围分别增加一层电源环线与地环线，一定程度上可以减小外围电路对基准源的干扰，另外芯片版图整体布局方面，如果该芯片是一款数模混合集成电路，则该带隙基准电压源模块的放置需要尽量远离功放模块与数字电路模块，以期尽可能降低数字噪声与大信号干扰。

带隙基准电压源模块电源与地选择方面，需要数字电源、数字地分开走线供电。条件允许的情况下，采用不同的芯片管脚从芯片外部分开供电，例如可以分别取名 VDDA/GNDA，VDDD/GNDD 等管脚名称；如果芯片管脚有限，只有单一电源与单一地时，芯片内部电源与地走线建议采用树形分割走线，尽量减少数字与模拟电路之间各自电源与地的串扰，电源树形分割供电示意参见图 10.26，实际版图绘制过程中，图中金属 1、金属 2、金属 3 等可以分别采用不同金属层走线。

10.6 基准电压源测试

基准电压源芯片流片完成后，会依次完成划片、封装与测试。由于电压源电路是直流输出，故封装参数对电路性能基本无影响。图 10.27 所示为电压源芯片抽样测试结果，由图可以看到测试电压主要分布在 1.235 V 附近，电压离散性较小、一致性较好，但是输出电压整体较仿真值 1.222 V 偏高。如果是电压精度要求很高的场合，需要对芯片做进一步的测试校准，因此芯片流片加工之初，就需要提前预留芯片的测试与校准端口，限于篇幅此处不再进一步拓展讲解。

有关芯片的温度系数测试，采用温箱测试结果如图 10.28 所示，间隔相同的温度步长测试出不同的输出电压，之后点划线制图即可，再根据温度系数定义，就可以推算出温度系数指标约为 $24.9\times10^{-6}/℃$，该指标性能在多数场合下基本能够满足应用需求，但如果是高精度要求场景下的运用，相应带隙基准电压源的温度系数指标尚需进一步研究改进。

$$TC=\frac{\Delta V/V_{\mathrm{REF}}}{\Delta T}=\frac{(1.237-1.233)/1.235}{90-(-40)}\approx 24.9\times10^{-6}/℃ \tag{10-8}$$

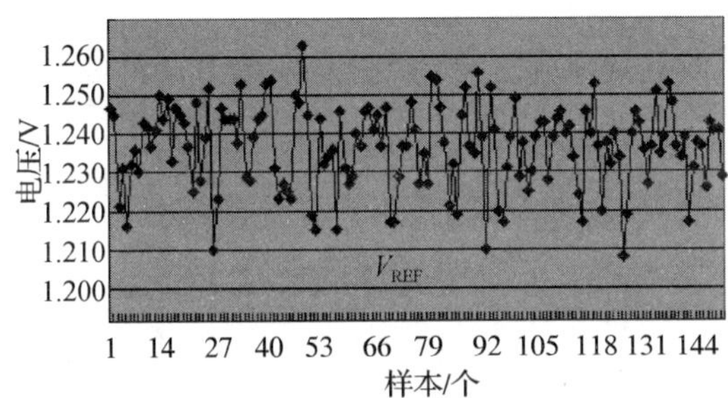

图 10.27　带隙基准电压源测试结果

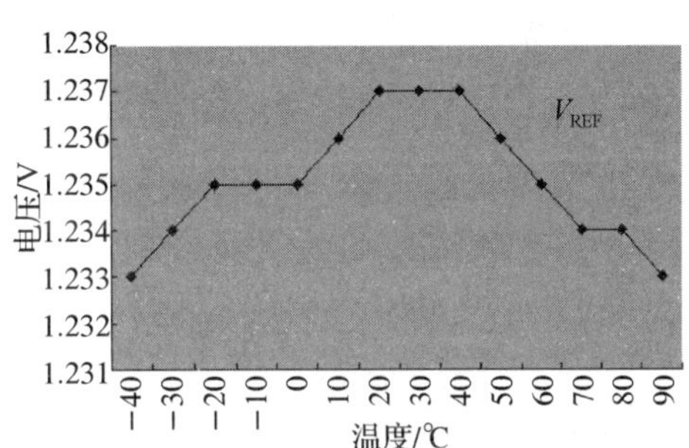

图 10.28　带隙基准电压源温度系数测试

10.7 低压基准电压源设计

近年来，随着芯片工作电压逐渐降低，基准电压源电压幅值大小也越来越低，许多场景下要求 1 V 以内，而传统带隙基准电压源电路，由于其在 V_{BE} 的基础上叠加了 $17.2\,V_{\mathrm{T}}$，所以输出电压在 1.25 V 附近，已经不能适应新的低压运用场景，因此需要寻找能够输出更低电压幅值的基准电压源电路。

如图 10.29 所示为一款在 Banba 等人提出的可调基准源电路基础上略作改动的低压基准源电路结构方案，该方案图中 V_{DD} 为非稳定的电源电压，V_{REF} 为稳定后的基准输出电压。假设 PMOS 管 M_1、M_2 的宽长比为 $(W/L)_1=m(W/L)_2$，而 M_2、M_3 的宽长比相等，即 $(W/L)_2=(W/L)_3$，故有 $I_1=mI_2$，$I_2=I_3$，又假设双极型晶体管 Q_1、Q_2 并联个数的比值为 n。

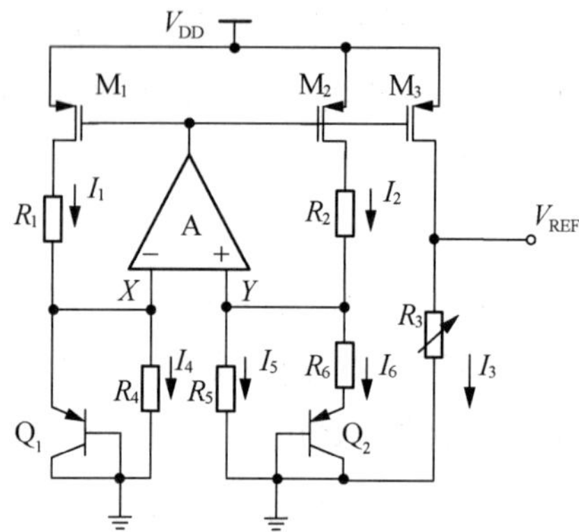

图 10.29　低压基准源电路结构

由图可知，输出电压

$$\begin{aligned}V_{REF} &= R_3 I_3 = R_3 I_2 = R_3 (I_5 + I_6) \\ &= R_3 \left(\frac{V_{EB1}}{R_5} + \frac{V_{EB1} - V_{EB2}}{R_6}\right)\end{aligned} \tag{10-9}$$

由于

$$V_{EB1} - V_{EB2} = V_T \ln mn \tag{10-10}$$

故有

$$V_{REF} = \frac{R_3}{R_5} V_{EB1} + \frac{R_3}{R_6} V_T \ln mn \tag{10-11}$$

为使 V_{REF} 在室温 $T=300$ K 时具有零温度系数，须令$\frac{\partial V_{REF}}{\partial T}=0$，即

$$\frac{\partial V_{REF}}{\partial T} = \frac{R_3}{R_5}\frac{\partial V_{EB1}}{\partial T} + \frac{R_3}{R_6} \ln mn \frac{\partial V_T}{\partial T} = 0 \tag{10-12}$$

所以

$$\frac{R_3}{R_6} \ln mn = -\frac{R_3}{R_5}\frac{\partial V_{EB1}}{\partial T} \Big/ \frac{\partial V_T}{\partial T} \tag{10-13}$$

当 $T=300$ K 时，$\partial V_{EB}/\partial T \approx -1.5$ mV/K，$\partial V_T/\partial T \approx +0.087$ mV/K，代入上式可得

$$\frac{R_3}{R_6} \ln mn \approx \frac{R_3}{R_5} \times 17.2 \tag{10-14}$$

将公式(10－14)代入公式(10－11)，并结合第 6 章带隙基准源输出电压公式(6－51)相关推导，可以得到图 10.29 输出电压为

$$V_{\mathrm{REF}} \approx \frac{R_3}{R_5}V_{\mathrm{EB1}} + V_{\mathrm{T}}\frac{R_3}{R_5}\times 17.2$$
$$\approx \frac{R_3}{R_5}(V_{\mathrm{EB1}} + 17.2V_{\mathrm{T}}) \tag{10-15}$$
$$\approx \frac{R_3}{R_5}\times 1.25\ \mathrm{V}$$

由公式(10－15)可以看出，只要适当选择 R_3 和 R_5 电阻比值，就可以得到比 1 V 更低的基准电压 V_{REF}。参考文献[2]中当输出低压基准 518 mV 时，电路电源电压最低只需要 0.84 V，如图 10.30 所示，对比传统电压源输出 1.25 V 时，电源电压如图示至少需要 1.3 V 才可以正常工作。

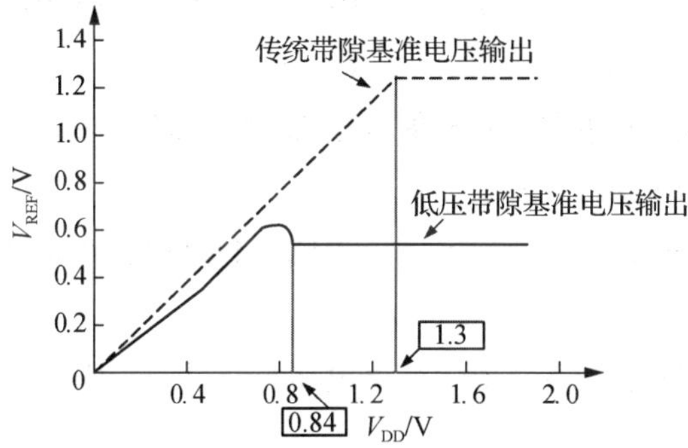

图 10.30　传统与低压基准电压源输出对比

习题与思考题

1. 请概要阐述模拟集成电路设计的基本方法与基本流程。

2. 为什么带隙基准电压源中对运放的带宽要求并不高？请总结运放在带隙基准电压源中的作用。

3. 带隙基准电压源是如何实现室温下零温度系数电压输出的？零温度系数电压设计实现工作原理是什么？

4. 请对比图 10.12 与图 10.13 两种不同方案的带隙基准电压源电路，阐述为何图10.13 电路方案可以获得更高的输出电压精度。

5. 带隙基准电压源电路在实际芯片设计运用时，一般都会增加自启动电路，请解释原因并给出至少一种常见的自启动电路。

6. 带隙基准电压源电路设计时至少需要仿真验证哪些技术指标？请梳理各项指标对

应的仿真方法。

7. 带隙基准电压源芯片版图设计时有哪些关键的匹配注意事项，请逐一说明原因并给出匹配绘制方法。

8. 带隙基准电压源芯片测试时至少需要测试哪些关键性能指标，如何测试？测试结果如果与仿真结果差别较大如何设计改进？

参考文献

[1] 徐勇，王志功，等. 一种高精度带隙电压基准源改进设计[J]. 半导体学报，2006，27(12)：2209－2213.

[2] Banba H，et al. A CMOS Bandgap Reference Circuit with Sub-1-V Operation[J]. IEEE Journal of Solid State Circuits，1999，34(5)：670－674.

[3] 毕查德·拉扎维. 模拟 CMOS 集成电路设计[M]. 陈贵灿，程军，张瑞智，等译. 2 版. 西安：西安交通大学出版社，2018.

[4] Wai-Kai Chen. 模拟与超大规模集成电路[M]. 杨兵，张锁印，译. 3 版. 北京：国防工业出版社，2013.

[5] 徐勇，赵斐，等. 新型自启动带隙基准电压源设计[J]. 固体电子学研究与进展，2009，29(4)：566－569.